PROJETOS MECÂNICOS DAS LINHAS AÉREAS DE TRANSMISSÃO

Blucher

PAULO ROBERTO LABEGALINI
Professor Adjunto da
Escola Federal de Engenharia de Itajubá

JOSÉ AYRTON LABEGALINI
Professor Auxiliar da
Escola Federal de Engenharia de Itajubá

RUBENS DARIO FUCHS
M. Sc., Professor Livre-Docente da
Escola Federal de Engenharia de Itajubá

MÁRCIO TADEU DE ALMEIDA
M. Sc., D. Eng., Professor Titular da
Escola Federal de Engenharia de Itajubá

PROJETOS MECÂNICOS DAS LINHAS AÉREAS DE TRANSMISSÃO

2ª Edição

Projetos mecânicos das linhas aéreas de transmissão
© 1992 Paulo Roberto Labegalini
José Ayrton Labegalini
Rubens Dario Fuchs
Márcio Tadeu de Almeida
2ª edição - 1992
7ª reimpressão - 2022
Editora Edgard Blücher Ltda.

Blucher

Rua Pedroso Alvarenga, 1245, 4º andar
04531-012 - São Paulo - SP - Brasil
Tel 55 11 3078-5366
contato@blucher.com.br
www.blucher.com.br

FICHA CATALOGRÁFICA

Labegalini, Paulo Roberto [et al]
Projetos mecânicos das linhas aéreas de transmissão - São Paulo: Blucher, 1992.

Outros autores: José Ayrton Labegalini, Rubens Dario Fuchs, Márcio Tadeu de Almeida

Bibliografia.
ISBN 978-85-212-0187-8

1. Energia elétrica - Distribuição 2. Linhas elétricas aéreas I. Labegalini, Paulo Roberto II. Labegalini, José Ayrton. III. Fuchs, Rubens Dario. IV. Almeida, Márcio Tadeu de.

04-5169 CDD-621.31922

Índice para catálogo sistemático:
1. Linhas aéreas de transmissão: Engenharia Elétrica 621.31922

Prefácio da primeira edição

Livros, tratando especificamente dos projetos mecânicos das linhas aéreas de transmissão, têm sido publicados em vários países, principalmente na Europa. Certos aspectos do problema, estretanto, aparecem somente em algumas publicações das mais variadas origens, nem sempre acessíveis a quem delas necessite. Essa dificuldade ficou patente aos autores, ao receberem o encargo de preparar um curso, em nível de graduação , a ser ministrado aos alunos da Escola Federal de Engenharia de Itajubá, visando especificamente ao preparo dos mesmos para essa área da técnica. Tal fato, levou ao preparo de notas de aulas que servissem de apoio aos alunos. Essas notas foram sendo ampliadas, através do enfoque de novos tópicos considerados importantes. Foram igualmente utilizados em cursos de especialização técnica para engenheiros promovidos pela FUPAI, Fundação de Pesquisa e Assessoramento à Indústria, com larga aprovação de algumas centenas de participantes. O presente texto é conseqüência da experiência acumulada durante esse período de prova. Com ele, os autores esperam dar aos engenheiros brasileiros uma boa base para o desenvolvimento de seus trabalhos no setor, tendo-se em vista que o número e a quilometragem de linhas a serem projetadas e construídas deverão crescer exponencialmente, face ao tipo de energia primária de que devemos dispor preferencialmente.

Os autores reconhecem que, hoje, uma elevada porcentagem de projetos de linha é feita inteiramente por meio de computadores digitais. Isso não invalida o presente texto, pois tanto usuários de programas como analistas de projeto, ou executores de linhas, têm necessidade — e mesmo obrigação — de conhecer os fundamentos que originam tais programas.

E, àqueles que se vêem obrigados a projetar linhas de transmissão sem terem acesso às citadas máquinas, acreditamos estar servindo ainda mais.

A presente publicação deve-se principalmente ao entusiasmo do amigo e colega, engenheiro Amadeu C. Caminha, cujo incentivo foi decisivo e a quem os autores apresentam seus agradecimentos.

Itajubá, 1981

Prefácio da segunda edição

Esgotada a primeira edição , sua simples reimpressão teria sido o caminho mais fácil, tanto para os autores, como também para a Editora. Não atenderia, porém, aos interesses dos leitores e nem aos propósitos dos autores em proporcionar um texto atualizado que abrangesse a evolução registrada nos últimos anos nessa área da Engenharia Elétrica.

A aprovação e registro pela ABNT da norma NBR 5422/85, em substituição à norma NB 182/72, exigiu substanciais alterações no texto. Novos tipos de condutores e novos conceitos de estrututras passaram às práticas construtivas. Isso levou os autores a repensar na obra em todos os seus aspectos, inclusive na ordem da apresentação dos diversos assuntos, resultando numa nova distribuição da matéria nos capítulos, em geral aplicada em seu conteúdo.

A continuada experiência em cursos de graduação e de especialização (estes ministrados principalmente a engenheiros sem formação específica em sistemas de energia elétrica), mostrou ser desejável uma introdução conceituando os sistemas comerciais de energia, como também um detalhamento maior dos equipamentos e materiais que constituem as linhas elétricas em altas tensões e em extra-altas tensões. Disso resultou um Cap. 1 aparentemente extenso, mas que, no entanto, contém apenas as informações que foram consideradas úteis.

O Cap. 2 aborda com bastante clareza a maneira de se estimar as forças atuantes sobre as linhas e dá um tratamento mais atual e objetivo ao cálculo das deformações elásticas e plásticas dos condutores.

O Cap. 3 aborda a matéria anteriormente coberta pelo Cap. 1, com alguns novos enfoques.

No Cap. 4, como naquele da primeira edição, é apresentado um roteiro para a realização de um projeto de cabos de uma linha. Seus principais aspectos são discutidos, com ênfase para os itens que exigem tomadas de decisão dos projetistas.

No Cap. 5, as estruturas de sustentação dos cabos são estudadas com maior abrangência.

O Cap. 6, vibrações nos cabos, foi completado e atualizado.

O Cap. 7 foi quase todo remodelado no estudo das fundações de estrutruras.

Como outra novidade, decidiu-se apresentar alguns programas de computadores digitais, para facilitar os trabalhos de cálculos dos projetistas. Optou-se por uma linguagem compatível com a maioria dos microcomputadores e das calculadoras programáveis, o "Basic".

Este trabalho teve a colaboração de muitos, aos quais os autores aqui registram seus agradecimentos. Ao Prof. Robson Celso Pires, pelo preparo dos programas para o cálculo dos alongamentos permanentes. À Srta. Ilse Mota, pela caprichosa datilografia de parte do texto. Ao aluno da EFEI, Robson Pimenta, e à Srta. Carla Andréa de Lima Ribeiro pela digitação e ao desenhista Sr. Argemiro do Santos pela preparação dos desenhos que ilustram o livro.

Itajubá, março de 1992

(79º ano da fundação da EFEI)

Principais símbolos empregados

Símbolo	Unidade	Significado
A	m	Vão isolado - distância entre duas estruturas genéricas
A	m^2	Área dos perfis da estrutura exposta ao vento
A_e	m	Vão nivelado equivalente a um vão desnivelado
A_r	m	Vão regulador
a	m	Vão básico para cálculo
a	m	Dimensão da caixa da estrutura
a_{ij}	m	Vão entre as estruturas i e j de um vão contínuo
a_{cr}	m	Vão crítico de uma linha
a_G	m	Vão gravante ou vão de peso
a_m	m	Vão médio ou vão de vento
B	m	Largura da base da estrutura
b	m	Dimensão da caixa da estrutura
C	-	Coeficiente de forma da estrutura
c	-	Constante de integração
c	m	Parâmetro da catenária
C_k	-	Coeficiente de Karman
C_t	kgf/cm^2	Coeficiente de solo
c	m	Dimensão da caixa da estrutura
D_D	m	Distância de descarga
D_U	m	Distância igual à tensão nominal da LT
D_T	m	Distância disruptiva
d	m	Diâmetro nominal do cabo
d_e	cm/kV	Distância de escoamento específico
d_{pr}	m	Distância do pára-raio ao condutor
E	kgf/mm^2	Módulo de elasticidade do cabo
E_i	kgf/mm^2	Módulo de elasticidade inicial

Símbolo	Unidade	Significado
E_f	kgf/mm^2	Módulo de elasticidade final
e_p	m	Espessura do poste
F	kgf	Forças definidas em cada caso
F_A	kgf	Força horizontal na estrutura devido à mudança de direção dos cabos
F_v	kgf	Força de vento resultante transmitida à estrutura
f	Hz	Freqüência de vibração
f	m	Flecha de um cabo suspenso
f_e	m	Flecha de um vão equivalente
f_n	Hz	Freqüência natural de vibração de um cabo
f_s	Hz	Freqüência de vórtices de Strouhal
f_v	kgf/m	Força do vento por unidade de comprimento
H	kgf·s/m	Coeficiente de auto-amortecimento do condutor
H	m	Altura da estrutura
h_{ij}	m	Desnível ou diferença de nível entre os suportes i e j
h_s	m	Altura de segurança
I	cm^4	Momento de inércia da seção reta do condutor
K	-	Coeficiente de segurança
K_{HT}; K_R; K_{HC}; K_{LR}	-	Fatores de correção para a determinação do vento de projeto
K_a	-	Parâmetro de vibração perigosa
K	-	Constante de fluência
L	m	Comprimento do cabo
l	m	Comprimento do poste
l_f	m	Comprimento de flambagem
M	kgf.m	Momento de tombamento
M_t	kgf.m	Momento fletor
M_t	-	Momento de torção
m	kg/m	Massa por unidade de comprimento
m_i, m_j	m	Distâncias horizontais dos vértices das curvas aos pontos de suspensão mais altos
N	kgf	Esforço normal no perfil da estrutura
N_i	-	Número de isoladores
n	-	Número de cabos
n_i, n_j	m	Distâncias horizontais dos vértices das curvas aos pontos de suspensão mais baixos
P	kgf	Carga vertical na fundação
p_c	kgf	Peso do condutor

Símbolo	Unidade	Significado
P_G	kgf	Peso da grelha
p_i	kgf	Peso da cadeia de isoladores
P_T	kgf	Peso de terra
P(V)	-	Probabilidade de um vento de velocidade V ser igualado
pop_i	kgf/m	Peso por metro linear de cabo (i = 1, 2, 3, 4,...)
p_r	kgf/m	Peso virtual de um cabo sob a ação do vento
q_o	kgf/m^2	Pressão do vento no cabo
q	kgf/m^2	Pressão de vento na estrutura
q	-	Coeficiente de amplificação de vibração no condutor
q	kgf/m	Carga distribuída numa grelha
R	-	Coeficiente de área líquida de uma grelha
Re	-	Número de Reynolds
r_k	m	Raio de giração do perfil usado na estrutura
S	m^2 ou mm^2	Área da seção transversal nominal do cabo
T	kgf	Tração axial num condutor-força de cisalhamento no perfil da estrutura
T_{oi}	kgf	Componente horizontal de tração axial num condutor (i = 1, 2, 3,...)
$T_{máx}$	kgf	Valor máximo da tração admissível no cabo
T_{rup}	kgf	Carga de ruptura
T_v	s	Período de duração da vibração
T_e	s	Período de observação da vibração
t	m	Profundidade do bloco da fundação
t	s	Tempo
t_i	°C	Temperatura
$t_{mín}$	°C	Média das temperaturas mínimas anuais
V	m/s	Velocidade do vento
$V_{máx}$	kV	Tensão elétrica máxima
U_{tr}	m/s	Velocidade transversal da onda de vibração
V	kgf	Componente vertical da força axial
V	km/h	Velocidade do vento
V	m^3	Volume de material
V_{10}	km/h	Velocidade do vento normalizado a 10m de altura e tempo de resposta do anemômetro de 2s
V_p	km/h	Velocidade do vento de projeto

Símbolo	Unidade	Significado
$\overline{V}$	km/h	Valor médio das velocidades máximas anuais do vento
W	cm^3	Módulo de resistência do perfil da estrutura
x	m	Distância horizontal de um ponto P qualquer a um ponto de suspensão de um cabo
Y	m	Amplitude de vibração
y	m	Distância vertical de um ponto P qualquer a um ponto de suspensão de um cabo
α	graus, rad	Ângulo vertical entre a força de tração axial T com uma horizontal
α	graus, rad	Ângulo de vibração
α	graus	Ângulo de deflexão da linha
α	-	Coeficiente de efetividade do vento sobre os cabos
α_{ti}	1/°C	Coeficiente de expansão térmica linear inicial
α_{tf}	1/°C	Coeficiente de expansão térmica linear final
β	-	Índice de fluência
β	graus	Ângulo de talude
Γ	-	Circulação
γ	graus	Ângulo que um cabo, sob a ação do vento, faz com a vertical - balanço da cadeia
γ	graus	Índice de fluência
Δ	-	Variação de uma grandeza: por ex., Δt = variação de temperatura
Δ	mm/mm	Elongação total de um cabo
Δ_{teq}	°C	Variação de temperatura equivalente a uma elongação
δ	-	Diferencial
δ	kgf/m^3	Peso específico de um material
δ_p	mm/mm	Elongação de um cabo por mudança do módulo de elasticidade
ε	m/m	Variação de comprimento de um cabo
ε	mm/mm	Elongação devido à fluência
η	-	Amplitude relativa de vibração
θ	°C	Temperatura na fluência
λ	m	Índice de esbeltez do perfil metálico
λ	m	Comprimento da onda de vibração
ρ	kg/m^3	Massa específica do ar
Σ	-	Somatório de uma grandeza: por ex., ΣF = somatório das forças

Símbolo	Unidade	Significado
$\sigma_{1,2,3}$	kgf/cm^2	Tensões no solo
σ_a	kgf/cm^2	Pressão média no solo
σ_c	kgf/cm^2	Tensão de compressão no solo
σ_L	kgf/cm^2	Tensão de flexão longitudinal
$\sigma_{m\S x}$	kgf/cm^2	Tensão máxima
σ_i	kgf/mm^2	Taxa de trabalho nos cabos tensionados
σ_R	kgf/cm^2	Tensão de ruptura do concreto
σ_t	kgf/cm^2	Tensão de flexão transversal
σ_v	-	Desvio-padrão para ventos de intensida-de máxima
σ_s	kgf/cm^2	Pressão máxima admissível do solo
σ_{sh}	kgf/cm^2	Pressão máxima admissível horizontal do solo
τ	%	Período porcentual de vibração
τ_a	kgf/cm^2	Tensão de aderência entre concreto-aço
τ_t	-	Desvio-padrão das temperaturas mínimas plurianuais
φ	-	Índice de fluência
ω	rad/s	Freqüência circular de vibração

Conteúdo

CAPÍTULO 2 - Elementos básicos para os projetos das linhas aéreas de transmissão

CAPÍTULO 3 - Estudo do comportamento mecânico dos condutores

CAPÍTULO 4 - Roteiro dos projetos mecânicos dos condutores

CAPÍTULO 5 - Estruturas para linhas de transmissão

CAPÍTULO 6 - Vibrações e tensões dinâmicas nos cabos

CAPÍTULO 7 - Fundações

1

Introdução à transmissão de energia elétrica por linhas aéreas de transmissão

1.1 - GENERALIDADES

As primeiras aplicações de caráter econômico de energia elétrica datam de 1870, aproximadamente, época em que as máquinas elétricas (dínamos e motores de corrente contínua) atingiram o estágio que permitiu seu uso na geração e na utilização da energia elétrica como força motriz em indústrias e nos transportes. A iluminação pública, com lâmpadas arco voltaico, apresentava-se como uma alternativa à iluminação pública a gás. Como energia primária, utilizava-se quase exclusivamente máquinas a vapor estacionárias, ou locomóveis, queimando carvão ou lenha, em pontos próximos ao de sua utilização.

Somente em 1882 é que foi constituída a primeira empresa destinada a gerar e vender energia elétrica aos interessados, agora mais facilmente utilizável, em virtude da invenção da lâmpada incandescente por Thomas A. Edison. Foi o mesmo Edison o autor do projeto e o responsável pela instalação da usina da rua Pearl, em N. York, cujos dínamos eram acionados por máquinas a vapor. A rede de distribuição subterrânea abrangia uma área de 1600m de raio em torno da usina. A energia fornecida, em 110V de corrente contínua era para uso geral, abrangendo inicialmente a iluminação pública e a residencial, além de umas poucas aplicações de força motriz. A aceitação foi imediata e o sistema exigiu novas adições. Isso só era possivel com a construção de novas centrais, em virtude das limitações econômicas e técnicas impostas ao transporte da energia elétrica a distâncias maiores. Esse fato , por si só, constituía-se em importante limitação ao uso da energia elétrica, sem atentar para o fato de que o potencial energético hidráulico estava fora do alcance, na maioria das vezes, como fonte de energia primária.

O emprego da corrente alternada foi desenvolvido na França, com a invenção dos transformadores, permitindo o transporte econômico da energia elétrica, em potências maiores e tensões mais elevadas a distâncias maiores, sem prejuízo da eficiência no uso para fins de iluminação. Os direitos de uso desse sistema, nos Estados Unidos, foi adquirido por George Westinghouse em 1885 e que, já em início de 1886, instalou uma rede em CA para iluminação pública com 150 lâmpadas.

Em maio de 1888, Nicola Tesla, na Europa, apresentou um artigo descrevendo motores de indução e motores síncronos bifásicos. O sistema trifásico seguiu-se, logo, com o desenvolvimento de geradores síncronos e motores de indução. As vantagens sobre os sistemas de CC fizeram com que os sistemas de CA passassem a ter um desenvolvimento muito rápido. Inicialmente eram sistemas monofásicos e, em seguida, sistemas bi e trifásicos.

Registram-se:

1886 -uma linha monofásica com 29,5km e capacidade de transporte de 2.700HP, para Roma, Itália;

1888 -uma linha trifásica, em 11.000V, com um comprimento de 180km na Alemanha;

1890 -primeira linha em CA, de 20km, monofásica no estado de Oregon, nos EUA, operando em 3300V;

1907 -já era atingida a tensão de 110KV;

1913 -foi construída uma linha em 150kV;

1923 -foram construídas linhas de 220kV;

1926 -foram construídas linhas com 244kV;

1936 -a primeira linha de 287kV entrou em serviço;

1950 -entrada em serviço de uma linha de 1.000km de comprimento, 50Hz e 400kV, na Suécia;

1953 -alcançada a tensão de 345kV nos Estados Unidos;

1963 -energizada a primeira linha de 500kV nos Estados Unidos;

1965 -é energizada a primeira linha de 735kV no Canadá;

A primeira linha de transmissão de que se tem registro no Brasil, foi construída por volta de 1883, na cidade de Diamantina, Minas Gerais. Tinha por fim transportar a energia produzida em uma usina hidrelétrica, constituída por duas rodas d'água e dois dínamos Grame, a uma distância de 2km, aproximadamente. A energia transportada acionava bombas hidráulicas em uma mina de diamantes. Consta que era a linha mais longa do mundo, na época [8].

Uma rápida pesquisa na bibliografia disponível mostrou ser difícil um levantamento geral das linhas construídas no Brasil, suas datas e características, e, no relato que se segue, haverá, por certo, omissões.

Em 1901, com a entrada em serviço da central hidrelétrica de Santana do Parnaíba, a então San Paulo Tramway Light and Power Co. Ltd. construiu as primeiras linhas de seus sistemas de 40kV. Em 1914, com a entrada em serviço da usina hidrelétrica de Itupararanga, a mesma empresa introduziu o padrão 88kV, que até hoje mantém e que adotou também para subtransmissão. Esse padrão de tensão foi, em seguida, adotado pela Companhia Paulista de Estradas de Ferro, Estrada de Ferro Sorocabana e, através desta, pela USELPA, hoje integrado ao sistema CESP. Entre 1945 e 1947, foi construída a primeira linha de 230kV no Brasil, com um comprimento aproximado de 330km, destinada a interligar os sistemas Rio Light e São Paulo Light, operando inicialmente em 170kV, passando em 1950, a operar com 230kV.

Foi também a primeira interligação de dois sistemas importantes realizado no Brasil [6].

Seguiram-se, a partir daí, em rápida sucessão, as linhas de 345kV da CEMIG e FURNAS, 460kV da CESP, as linhas de 500kV do sistema de FURNAS e 800kV do sistema de Itaipu.

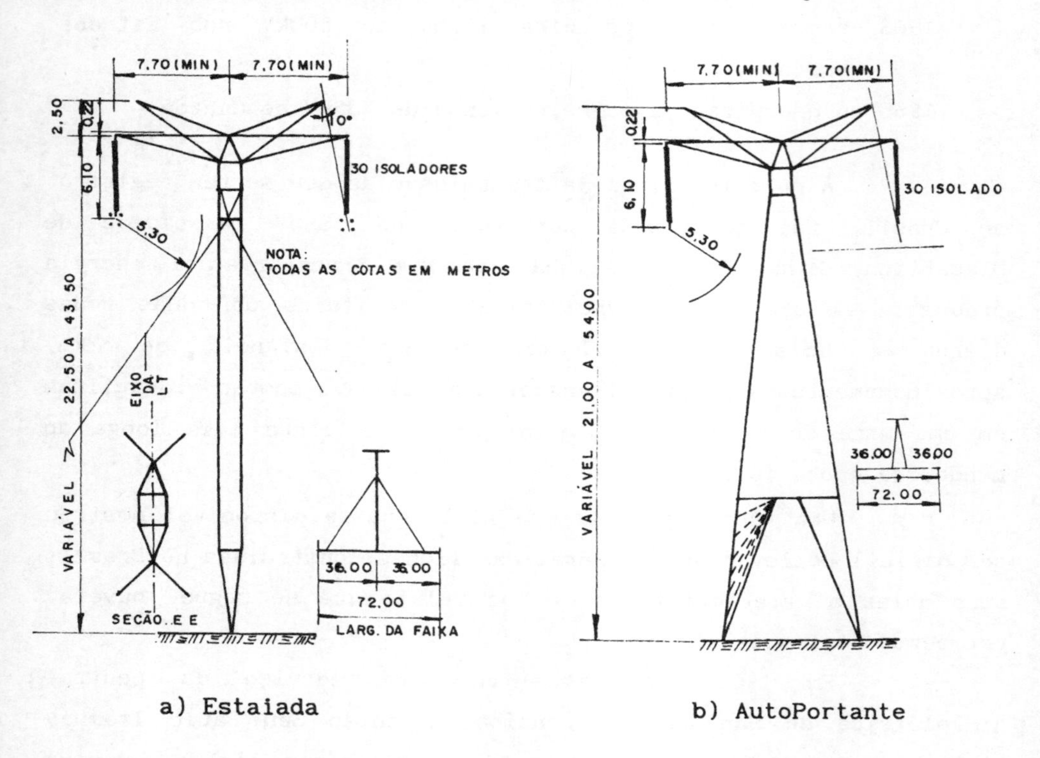

Fig. 1.1 - Estruturas das LT de CC de ± 600kV, de Itaipu [7]

1.2 - TENSÕES DE TRANSMISSÃO - PADRONIZAÇÃO

Edison, ao escolher a tensão 110V para o seu sistema, praticamente iniciou uma padronização das tensões de energia elétrica a nível de consumidor. Essa tensão, ainda hoje é usada em numerosos sistemas monofásicos a dois ou três fios.

Desde logo ficou conhecida a supremacia dos sistemas polifásicos sobre os sistemas mono e bifásicos. Os geradores e os motores síncronos são mais compactos do que os mono ou bifásicos, pela melhor utilização do espaço disponível no induzido. Os motores

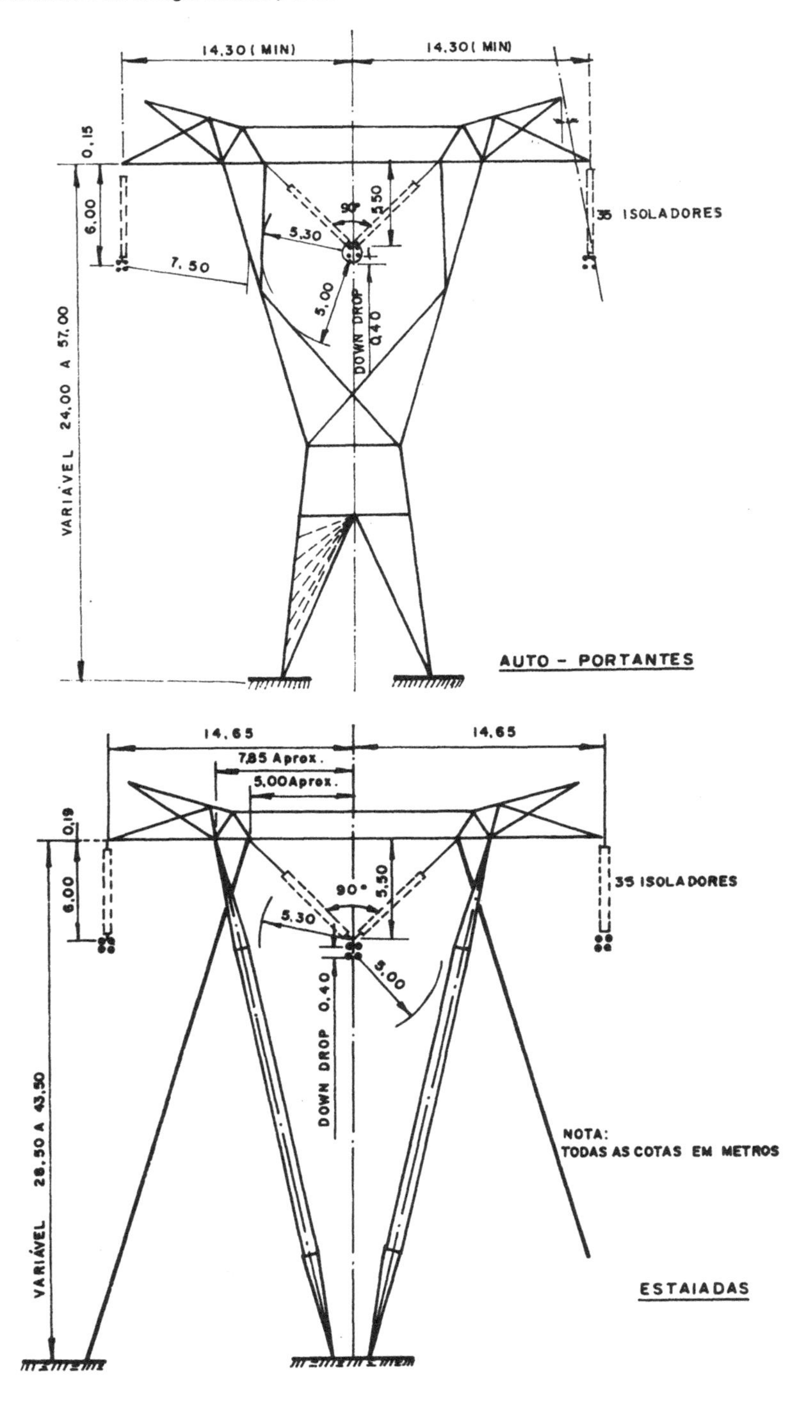

Fig. 1.2 - Estruturas da LT de CA de Itaipu em 800kV

de indução, por sua vez, além da vantagem acima, também permitiam partidas diretas, com elevado conjugado inicial. Havia ainda a vantagem de que os sistemas mono ou bifásicos podiam ser derivados dos mesmos. Nos sistemas convencionais de energia elétrica, a corrente alternada, adotou-se o sistema trifásico para as indústrias, reservando-se os sistemas monofásicos para a distribuição residencial e mesmo rural.

A crescente demanda da energia elétrica exigiu constante ampliação das instalações, conseqüentemente a encomenda pelas concessionárias e pelos usuários de novos e mais potentes equipamentos, e que, por razões econômicas, deveriam operar com tensões mais altas, criava sérios problemas para os fabricantes desse material. Isso fez com que muito cedo se reconhecesse a necessidade de uma padronização das tensões de operação do equipamento e, conseqüentemente, das instalações das empresas concessionárias. A padronização das tensões não podia ser, evidentemente, individual por fabricante. Adotaram-se padrões de caráter nacional, estendendo-se também a outros países. A experiência ditava os valores mais convenientes a cada caso, em geral fixados por considerações de ordem tecnológica e econômica.

No Brasil, que não desenvolveu sua indústria de equipamentos, cada concessionária adotou os padrões dos países de origem dos diversos fornecedores de equipamento ou das matrizes das empresas concessionárias de energia elétrica. A unificação das tensões é recente.

Convencionou-se que nos sistemas trifásicos as tensões seriam especificadas por seus valores fase-a-fase, consideradas suas tensões nominais.

Um esforço em nível internacional, através da IEC -International Eletrotechnical Comission, levou a uma padronização de tensões, que foram agrupadas em três categorias:

Altas Tensões (AT) 600V < U < 300kV
Tensões Extra-Elevadas (EAT) 300kV < U < 800kV
Tensões Ultra-Elevadas (UAT) U > 800kV

Instituiu-se em cada categoria as "classes de tensão". Uma classe de tensão é constituída por um ou mais valores de "TENSÃO NOMINAL" e um valor de "TENSÃO MÁXIMA DE OPERAÇÃO EM REGIME PERMANENTE".

Para as altas tensões o caráter de padronização nacional ainda prevalece, enquanto que para as tensões extra-elevadas a padronização internacional está estabelecida e aceita.

No Brasil são as seguintes as classes de altas tensões e extra altas tensões recomendadas pelo COBEI da ABNT, para sistemas trifásicos, tensões fase-a-fase.

TABELA 1.1 - CLASSES DE TENSÃO PARA USO NO BRASIL

TENSÕES NOMINAIS	TENSÕES MÁXIMAS	CATEGORIA
33 ou 34,5kV	38kV	altas tensões
62 ou 69kV	72,5kV	
132 ou 138kV	145kV	
220 ou 230kV	242kV	
330 ou 345kV	362kV	tensões extra elevadas
500kV	550kV	
750kV	800kV	

A IEC ainda reconhece a classe 380 ou 400kV / 420kV, de uso nos sistemas nacionais interligados da Europa.

Estudos realizados na Europa e Estados Unidos (1) mostraram que, em um mesmo sistema, deve-se evitar a sobreposição de muitos níveis de tensões. Assim, nos Estados Unidos e Canadá, a classe de 345kV foi desenvolvida para ser sobreposta ao sistema de 138kV, enquanto que a classe de 500kV foi desenvolvida para ser sobreposta ao sistema de 161kV e/ou 230kV. Por sua vez, à classe de 345kV recomenda-se a sobreposição por sistemas de 750kV. na Europa, a classe de 400kV foi sobreposta aos sistemas de 230kV.

Prevê-se, para um futuro próximo, o advento da transmissão da energia elétrica na categoria das Tensões Ultra--Elevadas (UAT), discutindo-se no momento sua padronização, possivelmente em duas classes (1100kV e 1500kV).

1.3 - FORMAS ALTERNATIVAS DE TRANSMISSÃO DE ENERGIA ELÉTRICA

1.3.1 - Trasmissão em corrente contínua em AT e EAT

Apesar da aceitação geral da transmissão por correntes alternadas, a transmissão por corrente contínua prosseguiu a ter defensores, em virtude de algumas vantagens que apresenta sobre a anterior. E nem foi inteiramente abandonada. O esquema advogado não pretendia ser alternativo ou substitutivo aos sistemas de CA. A geração e a utilização, assim como a maior parte da transmissão e distribuição, continuariam operando de CA. A transmissão em CC seria sobreposta ao sistema de CA ou seria utilizada como interligação entre sistemas de CA.

Esse esquema requer uma conversão da CA para CC no transmissor da linha e sua inversão (CC para CA) junto ao receptor. O sucesso desse esquema ficou na dependência do desenvolvimento de conversores adequados. Vários equipamentos foram desenvolvidos e testados até chegar aos modernos retificadores e inversores que empregam SCR - Retificadores Controlados de Silício.

Historicamente, destaca-se o sistema desenvolvido na França por René Trury, já em 1880, operando até 1937, quando a última instalação foi desmantelada. Ele empregava na retificação geradores série de CC, cujas armaduras eram igualmente ligadas em série. Na inversão, motores de CC série ligados em série acionavam geradores de CC ou de CA de baixa tensão ligados em paralelo. Os geradores eram acoplados aos seus motores por acoplamentos isolantes, e as armaduras das máquinas de CC em série eram isolados do solo entre si. Uma das instalações foi usada para transmitir 19,3MW a 225km de distância com uma tensão de 125kV.

A retificação foi viabilizada, com a invenção em 1903 por Hewitt dos retificadores a vapor de mercúrio de piscina de mercúrio. A adição em 1923 do ignitor, de grades de controle em 1939, viabilizaram o emprego dos retificadores a vapor de mercúrio do tipo de piscina na transmissão de energia elétrica em CC, pois permitiam não só a retificação controlada, como também a inversão.

Uma alternativa desenvolvida, mais ou menos na mesma época, e que permitiu também a transmissão em corrente contínua, era aconstituida pelos TIRATRONS, válvulas triodos a vapor de mercúrio. Uma linha experimental de 27km, operando a 30kV e 175A entre a hidrelétrica de Mechanicsville e a cidade de Schenectady, EUA, foi operada pela General Electric. O sistema era alimentado por CA de 40Hz e entregava no receptor CA de 60Hz, mostrando sua característica assíncrona e a viabilidade de trasmissão por CC como interligação de sistemas com freqüências diferentes. O sistema operou entre 1936 e 1945, inicialmente pelo sistema de corrente constante, posteriormente com tensão constante.

Durante a II Guerra Mundial, na Alemanha, iniciou-se a construção de um sistema para transmitir 60MW a uma distância de 110km por cabo de 400kV, e que não foi completado. O equipamento e os projetos foram levados para a União Soviética, como reparação de guerra, onde a transmissão em CC recebeu especial atenção.

Na Suécia, a ASEA investiu grandemente no aperfeiçoamento do equipamento conversor, tomando a dianteira tecnológica na área, a partir da linha submarina de 96km, operando com 100kV e transmitindo 20MW para ilha de Gotland, empregando a transmissão monopolar, com retorno pelo solo e pela água do mar.

A União Soviética, por sua vez, colocou em operação em 1950 uma linha de 112 km, 30 MW e ± 100 kV. Em 1965 iniciou a operação de uma linha comercial de 473 km, ± 400 kV e 720 MW.

O número de linhas a CC, a partir da linha de Gotland cresceu bastante, principalmente empregando cabos subterrâneos e submarinos. A experiência adquirida e a confiabilidade demonstrada fizeram com que fosse empregada a transmissão por correntes contínuas também em linhas aéreas, para transmitir grandes potências a longas distâncias, ou como linhas alimentadoras ou em sobreposição aos sistemas de CA, dado seu efeito estabilizador. A bibliografia é bastante rica na descrição das instalações em CC existentes.

No Brasil opera uma linha em ± 600kV, 3150MW e aproximadamente 800km de extensão, interligando o setor de 50Hz de Itaipu com o sistema interligado do Sudeste, que opera em 60Hz. Uma linha idêntica e paralela a esta está prevista.

Por volta de 1970, as válvulas a vapor de mercúrio tipo piscina passaram a ser substituídas por TIRISTORES. Trata-se de Retificadores Controlados de Silício (SCR), que apresentam inúmeras vantagens sobre as válvulas a vapor de mercúrio.

1.3.1.1 - Esquemas de transmissão a CC

A transmissão em CC pode se processar de três modos, a saber:

- Transmissão monopolar

Representa a sua forma mais simples, possui apenas um condutor metálico e emprega o solo como retorno. É também aquela que requer o menor investimento para as linhas. Apresenta a mesma confiabilidade de uma linha a corrente alternada a um circuito. O condutor métalico pode ser de polaridade negativa ou positiva, sendo preferida a polaridade negativa (Fig. 1.3).

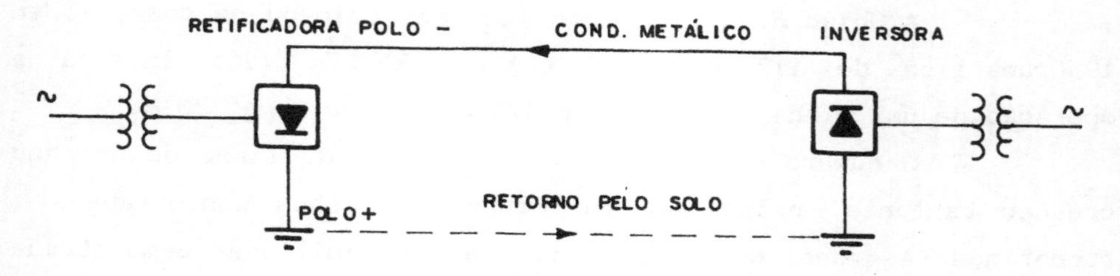

Fig. 1.3 - Esquema de transmissão monopolar

-Transmissão bipolar

Emprega dois condutores métalicos, um para cada um dos pólos. Em cada um dos seus terminais existem dois conversores ligados em série no lado de corrente contínua, e cujos pontos neutros podem ou não ser aterrados. Em caso de aterramento de ambos os neutros, cada um dos pólos pode operar independentemente do outro, durante contigências, com aproximadamente metade da potência total. Equivale em confiabilidade a uma linha de corrente alternada a circuito duplo (Fig. 1.4).

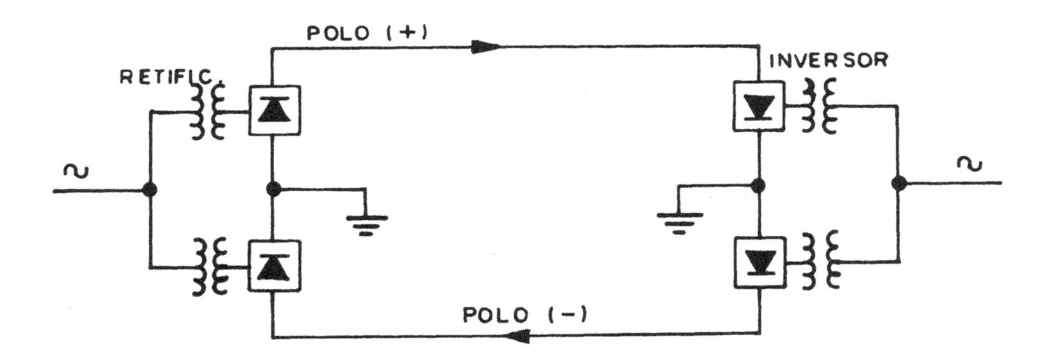

Fig. 1.4 - Esquema de transmissão a CC bipolar

- Transmissão momopolar

A linha é constituída de dois ou mais condutores de mesma polaridade, em geral negativa, empregando o solo como retorno. No caso de falta de um dos condutores, o conversor inteiro fica ainda disponível para operar com mais da metade da potência total. Não havendo restrições quanto à permanência de correntes no solo, este esquema oferece alguma vantagem sobre o anterior, inclusive de rendimento, por serem menores as perdas (Fig. 1.5).

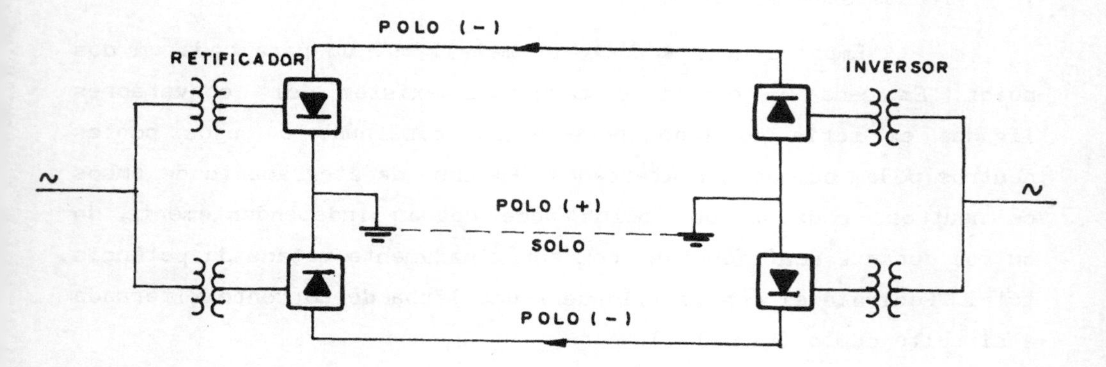

Fig. 1.5 - Esquema de transmissão a CC homopolar

1.3.1.2 - Vantagens e desvantagens da transmissão em CC

São as seguintes as vantagens oferecidas pela transmissão a corrente contínua:

a - torna econômica e tecnicamente viável a transmissão, a distâncias relativamente grandes, de potências consideráveis por cabos subterrâneos e submarinos, pela ausência da corrente de carga;

b - trata-se de uma ligação assíncrona entre sistemas, podendo portanto interligar sistemas de freqüências diferentes, como também transferir energia de um para outro, sem problemas de estabilidade do sistema interligado, podendo mesmo aumentá-la;

c - para uma mesma potência transferida, uma linha bipolar de CC, com o mesmo nível de isolamento de uma linha de CA e condutores de mesma bitolas, necessita apenas 2/3 da quantidade de cabos e 2/3 do número de isoladores do que a de CA. Suas dimensões globais serão menores empregando estruturas mais leves e simples e exigindo faixas de servidão mais estreitas;

d - o solo representa um ótimo condutor para a CC, com resistividade praticamente nula. Pode, economicamente, substituir os condutores metálicos em regime normal ou durante contigências;

e - a CC não conhece, em regime permanente, a indutância e a capacitância. Destarte, uma mesma intensidade de corrente produz, em um condutor idêntico, uma queda de tensão menor do que uma corrente de CA de mesma intensidade. O condutor possui, à CC, uma resistência bem menor do que à CA, pela ausência dos efeitos pelicular e de proximidade, o que permite uma transmissão mais econômica, principalmente a grandes distâncias;

f - a linha de CC somente transmite potências ativas. Ocorrendo um curto-circuito em um dos sistemas de CA, a linha de CC não contribui para aumentar as correntes de curto circuito;

g - o controle de fluxo da energia entre dois sistemas interligados é relativamente fácil, através do controle do equipamento conversor.

Em contrapartida, há igualmente desvantagens, citando-se principalmente:

a - os conversores são muito caros e seu controle tende a ser sofisticado;

b - os conversores requerem muita energia reativa, exigindo a instalação junto a eles de grandes bancos de capacitores estáticos;

c - os conversores geram harmônicos, tanto do lado da CC, como do lado da CA, exigindo a instalação de filtros para evitar a sua propagação. Os capacitores usados nos filtros suprem parte da energia reativa aos conversores;

d - a ausência de disjuntores de AT e em EAT para CC limita a possibilidade de se construir redes multiterminais em CC.

Isso, no estágio atual, restringe a operação das linhas de CC ao sistema ponto-a-ponto.

1.3.1.3 - Principais aplicações da transmissão em CC

As discussões anteriores, referentes às vantagens e desvantagens da transmissão CC, sugerem os seguintes casos de aplicação:

a - para as linhas em cabos subaquáticos com comprimentos maiores de 35km;

b - para a interligação de sistemas de CA com freqüências diferentes ou quando for desejada uma interligação assíncrona;

c - para transmitir potências elevadas através de longas distâncias por linhas aéreas. Isso faz com que essas linhas sejam associadas a usinas hidrelétricas de grande porte situadas em regiões remotas ou a usinas térmicas a carvão, do tipo boca de mina, quando o transporte de energia elétrica é mais econômico do que o transporte do combustível a longa distância, para sua geração próxima aos centros de consumo;

d - um dos maiores problemas com que se defrontam as concessionárias em áreas urbanas, é o reforço do suprimento de energia às suas áreas centrais, pois, em geral, novas linhas aéreas estão excluídas, pela impossibilidade de se obter as necessárias faixas de servidão, como também os cabos subterrâneos em CA sofrem limitação econômica pelas distâncias. Neste caso, alimentadores em CC subterrâneos podem ser indicados; exemplo, em Londres. Para este tipo de aplicação, cabos "criogênicos" desempenharão no futuro um importante papel, pois, pelas suas baixas perdas e quedas de tensão em CC, poderão transmitir correntes elevadas com baixas tensões.

1.3.2 - Transmissão polifásica de ordem superior

Já fora verificado, há algum tempo, que o emprego de um número de fases maior do que três na transmissão de energia elétrica poderia ser bastante vantajoso em linhas aéreas de transmissão.

Estas, para serem construídas, exigem o estabelecimento de áreas de segurança, constituídas pelas faixas de servidão, cuja largura é estabelecida pelas normas técnicas em função da classe de tensão da linha e de suas dimensões. Visa-se, com isso, resguardar a segurança de pessoas e bens. Poder-se-ia dizer que uma linha ocupa no espaço um volume de forma prismática de comprimento e área de seção transversal variável a cada caso, para transmitir a potência prevista em projeto. Nas linhas trifásicas, a densidade de potência por área de seção transversal da linha é, em geral, relativamente baixa, o que leva à conclusão de que há um baixo fator de utilização das faixas de servidão em uso.

À medida em que a demanda de energia elétrica cresce, novas linhas de capacidade de transporte crescente são exigidas, levando a se empregar linhas com níveis de tensão mais altos, conseqüentemente também com dimensões maiores, exigindo um número maior de faixas de servidão, de largura maior. Estas se tornam muito difíceis de serem obtidas, pelo seu custo elevado ou por causa do impacto visual que as linhas representam na paisagem, portanto, nem sempre bem aceitas pela população. Isso é especialmente verdadeiro em zonas suburbanas.

A elevação da tensão de linhas existentes tem resolvido o caso em algumas instâncias, como também a troca de uma linha a circuito simples por outra a circuito duplo na mesma faixa.

A transmissão por ordem mais elevada de fases — seis, nove ou doze fases — oferece uma combinação de vantagens, o que a torna especialmente recomendada para linhas que devem ocupar faixas de servidão estreitas. Elas permitem maiores densidades de potência na sua seção transversal, menores gradientes de potencial nos condutores, portanto, menor atividade de corona (perdas de energia, ruídos sonoros e de radiointerferência). Suas dimensões mais reduzidas permitem que sejam também mais estéticas.

As vantagens derivam do menor defasamento existente entre fases. Por exemplo, num sistema de 345kV, a tensão fase-terra corresponde a 199kV. Num sistema hexafásico (6 fases), os mesmos 199kV representam igualmente as tensões fase-fase; no sistema dodecafásico, aos 199kV fase-terra, teremos apenas 103kV fase-a fase. O resultado disso é que uma linha menor pode ser usada para transportar uma potência maior.

A transformação para o sistema hexa ou dodecafásico, a partir de um sistema trifásico e vice-versa, é possível através de transformadores. Tem sido usado para a alimentação de pontes retificadoras industriais há muitos anos e é confiável. A figura 1.6 mostra um esquema de conexão viável, com dois transformadores trifásicos ou seis monofásicos para se obter um sistema hexafásico.

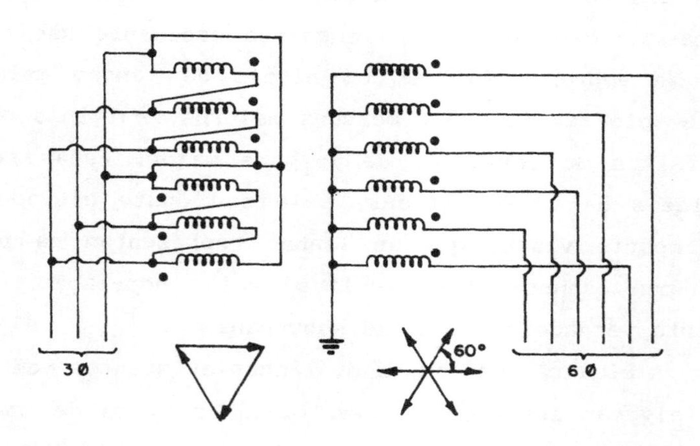

Fig. 1.6 - Transformação trifasica-hexafasica

A Fig. 1.7 mostra a configuração de estruturas propostas para linhas de transmissão a seis e a doze fases, projetadas para mesmas tensões fase-terra [5].

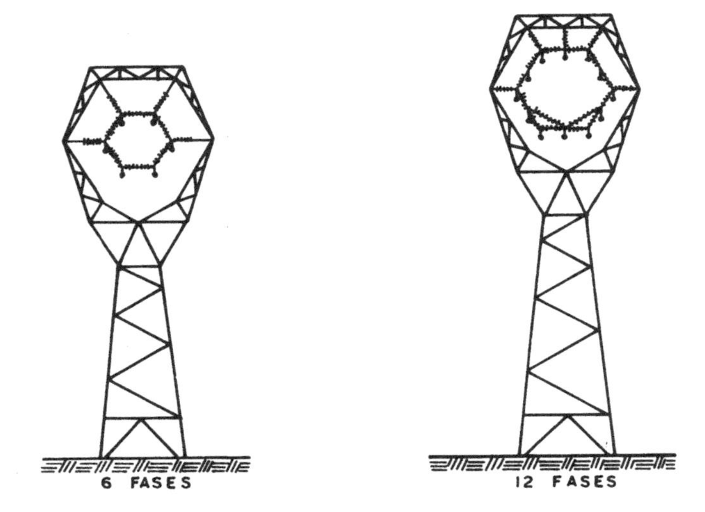

Fig. 1.7 - Estruturas propostas para linhas de transmissão polifasicas

A viabilidade técnica da transmissão por linhas aéreas de níveis mais elevados de ordem de fases, foi verificada em linhas experimentais. Já há linhas hexafásicas operando nos Estados Unidos. Outras deverão se seguir, por transformação de linhas a circuito duplo trifásicas para o modo de operação hexafásica. Prevê-se que as linhas hexa ou dodecafásicas sejam aceitas no futuro como alternativas para as linhas de tensões ultra-elevadas.

1.4 - COMPONENTES DAS LINHAS AÉREAS DE TRANSMISSÃO

O desempenho elétrico das linhas está diretamente relacionado com as características de seus componentes, como também de sua configuração geométrica. Temos, de um lado, a suportabilidade elétrica de sua estrutura isolante e seu desempenho técnico, e do outro lado, sua capacidade de suportar as solicitações mecânicas a que são submetidas, que devem ser consideradas concomitantemente. E, isso, sem descuidar de um outro fator de igual importância, que é o econômico. O transporte de energia elétrica pelas linhas de transmissão tem, dentro de um sistema elétrico, o caráter de "prestação de serviço". Deverá, pois, ser eficiente, confiável e econômico. Para se transportar uma determinada quantidade de energia elétrica a uma distância preestabelecida, há um número muito grande de soluções possíveis, em função do grande número de variáveis associadas a um linha, como:

- valor da tensão de transmissão;
- número, tipo e bitolas dos cabos condutores por fase;
- número e tipo dos isoladores e distâncias de segurança;
- número de circuitos trifásicos;
- materiais estruturais e a forma dos suportes resistirem aos esforços;
- etc.

De todas as soluções possíveis, apenas uma ou poucas satisfazem aos requisitos básicos do transporte da energia, ou seja, o de permitir o "transporte de 1kWh na distância especificada, ao menor custo, dentro de parâmetros técnicos preestabelecidos, e com a confiabilidade necessária".

Essa solução é encontrada através dos estudos de "otimização". Para tanto, para cada solução aceitável, são feitos verdadeiros anteprojetos eletromecânicos, que são avaliados tecnicamente. Feitos os orçamentos de custos e de perdas de energia, por comparação é encontrada a solução mais adequada.

De um modo geral, para idênticos parâmetros de desempenho e confiabilidade, deve ser escolhida a solução para a qual a parcela anual dos investimentos feitos, mais os custos de manutenção e operação (aqui incluídos os custos da energia anualmente perdida) sejam mínimos (ver item 1.4.2).

Todos os fatores intervenientes estão relacionados com os componentes físicos das linhas.

Uma linha de transmissão se compõe das seguintes partes principais, que serão analisadas suscintamente (Fig. 1.8):

- cabos condutores de energia e acessórios;
- estruturas isolantes;
- estruturas de suporte;
- fundações;
- cabos de guarda ou pára-raios;
- aterramentos;
- acessórios diversos.

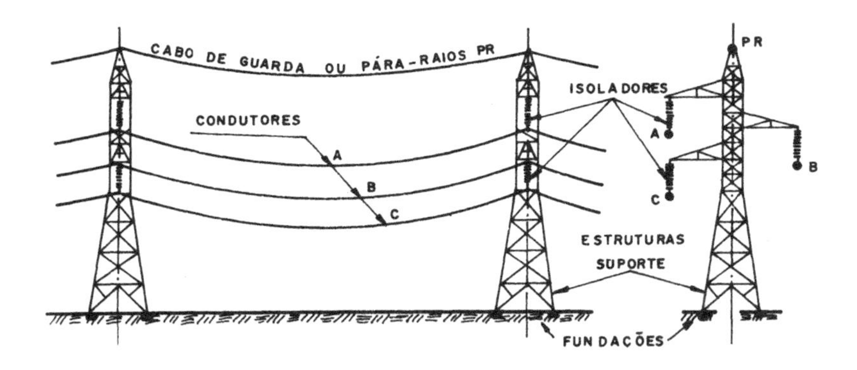

Fig. 1.8 - Principais elementos das linhas de transmissão

1.4.1 - Condutores

A Teoria da Transmissão mostra que os agentes do transporte da energia elétrica são os campos elétricos e os campos magnéticos, para os quais os condutores constituem "guias". Sua escolha e dimensionamento corretos são decisivos na limitação das perdas de energia (por efeito Joule ou por Corona), como também para controlar os níveis de radiointerferência e ruídos acústicos. Problemas de natureza mecânica podem igualmente ocorrer, em casos de solicitações excessivas.

As perdas por efeito Joule são controladas pela escolha de condutores com áreas de seções transversais adequadas às correntes que deverão conduzir, concomitantemente com a escolha de materiais com resistividade compatíveis. As correntes são proporcionais às potências a serem transmitidas e inversamente proporcionais aos níveis de tensão adotados. Já as manifestações do efeito Corona, que dependem do gradiente de potencial nas imediações dos condutores, aumentam com o nível das tensões e diminuem com o aumento nos diâmetros dos condutores. Este fator faz com que, principalmente em níveis de tensões acima de 200kV, a escolha das dimensões dos condutores obedeça ao critério de minimização das manifestações do efeito Corona, já que existe consenso entre projetistas de linhas de que não se consegue, economicamente, sua total eliminação.

Os condutores, como os demais materiais empregados em engenharia, estão sujeitos a falhas. Estas são decorrentes dos tipos e intensidades das solicitações a que são submetidos e também de sua capacidade de resistir às mesmas. Os condutores das linhas aéreas de transmissão, para se manterem suspensos acima do solo são submetidos a forças axiais. Estas variam com a mudança das condições ambientais: abaixamentos de temperatura provocam aumentos nas trações e vice-versa. O vento atmosférico, incidindo sobre a superfície dos condutores, exerce sobre os mesmos uma pressão, que se traduz também em aumento na tração axial. Quando a tração resultante atingir valores maiores do que a resistência dos condutores à ruptura, esta poderá ocorrer. O vento, por outro lado, induz nos condutores vibrações de freqüências elevadas, que podem provocar a sua ruptura por fadiga junto aos seus pontos de fixação aos isoladores. Quanto maior for a taxa de trabalho à tração nos condutores, maiores serão os problemas decorrentes das vibrações. Quanto menor a tração maior será a flecha resultante, como mostra a figura 1.9, exigindo, pois, estruturas mais altas ou um maior número delas. Outro fator que pode influenciar a escolha dum tipo de condutor é sua capacidade de operar com temperaturas mais elevadas, sem perdas acentuadas de resistência mecânica, admitindo maiores densidades de corrente.

Na figura 1.9 é mostrado o diagrama das forças com que as estruturas de suporte das linhas absorvem os esforços transmitidos pelos condutores.

T (newton) é a força axial do condutor. Ela possui duas componentes, uma força horizontal To [N], absorvida pela estrutura, e uma força vertical $P = \frac{a.p}{2}$, que é equilibrada pelo peso do condutor na metade do vão "a" [m].

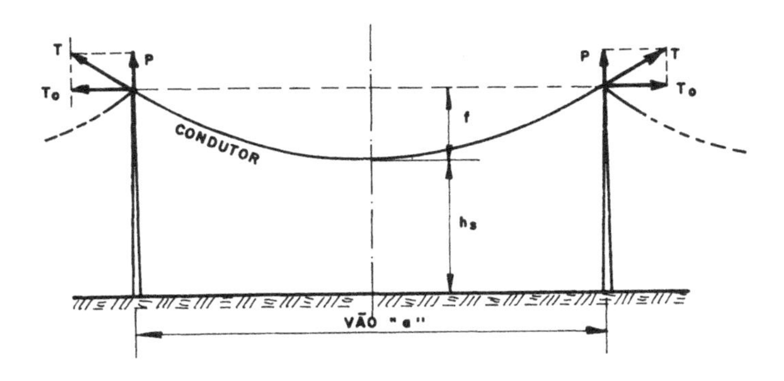

Fig. 1.9 - Vão de uma linha aérea de transmissão

A flecha do condutor no vão "a", f [m], pode ser calculada pela equação abaixo [9], admitindo-se que a curva assumida pelos cabos seja uma parábola,

$$f = \frac{a^2.p}{8To} \qquad (1.1)$$

na qual p, em newton por metro, representa o peso unitário do condutor.

A menor distância do condutor ao solo é chamada "altura de segurança", e é determinada em função da tensão da linha e da natureza do terreno atravessado, da maneira prescrita em normas de procedimentos (no Brasil, vigora para esse fim a NR 5422 [10]). Na figura 1.9 está representada por h_s.

Os condutores empregados em linhas aéreas de transmissão são constituídos por cabos. Estes são obtidos pelo "encordoamento" de fios metálicos. Sobre um fio de secção transversal circular são enrolados, em forma espiral, outros fios envolvendo-o, formando uma, duas ou mais camadas. O sentido de enrolamento de cada uma das camadas é sempre oposto ao da camada anterior. A camada mais externa é torcida para a direita. Os fios que compõem um cabo podem ser todos de um mesmo diâmetro, caso mais comum, ou podem possuir diâmetros diferentes em camadas diferentes. Podem ser de materiais diferentes, desde que compatíveis eletroliticamente entre si.

Os cabos com fios de mesmo diâmetro são formados obedecendo à seguinte lei:

$$n = 3x^2 + 3x + 1 \tag{1.2}$$

na qual:

n - representa o número total de fios;

x - representa o número de camadas ou capas.

Assim:

- 1 camada, 7 fios
- 2 camadas, 19 fios
- 3 camadas, 37 fios
- 4 camadas, 61 fios, etc.

Os cabos são especificados pelo seu diâmetro nominal, a área de sua secção transversal nominal, o número de fios componentes, e pelos metais ou ligas com que são confeccionados.

- Diâmetro nominal do cabo é o diâmetro do círculo que tangencia a geratriz externa dos fios componentes da camada externa (Figura 1.10).
- A área de secção transversal é determinada pela soma das áreas das secções transversais dos fios componentes.

São encontrados em manuais de Engenharia Elétrica e catálogos de fabricantes. A essas grandezas nominais devemos associar tolerâncias de fabricação e que também são normalizadas. Para os diâmetros a tolerância é de ± 1%, conseqüentemente, para as áreas de secções transversais, 2%.

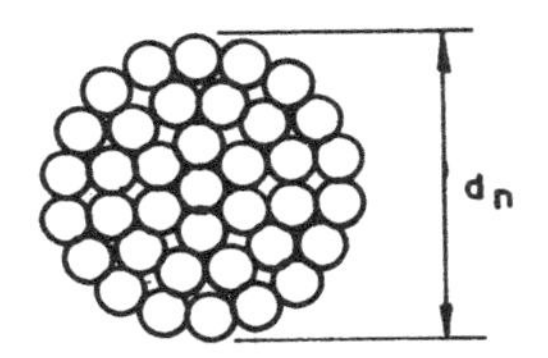

Fig. 1.10 - Diâmetro nominal de um cabo com 3 camadas (37 fios)

1.4.1.1 - Padronização de dimensões de fios e cabos

O número de diâmetros de fios e a variedade de cabos que podem ser obtidos é praticamnte ilimitado. Logo, uma padronização de medidas e composições teve que ser estabelecida, para restringir essa variedade a um número economicamente e também tecnicamente aceitável. Essa padronização, no entanto, foi feita nacionalmente, estando em uso diversas séries de dimensões. Um esforço internacional prossegue na tentativa de unificação, o que já se consegue no âmbito do IEC para fios e cabos de cobre. No Brasil foi adotada a escala hoje conhecida por AWG (American Wire Gage), pela qual se estabeleceram inicialmente 40 tamanhos padronizados de fios de cobre, ordenados em ordem decrescente de diâmetro e mantendo uma relação constante entre os diâmetros de dois tamanhos sucessivos. O maior diâmetro escolhido foi de 0,01168 [m] - (0,4600 ") e que recebeu a designação de 0000. O menor diâmetro, com 0,000127 [m] - (0,005") recebeu o número 36. Entre 0000 e 36 existem 38 diâmetros padronizados. Logo entre dois números consecutivos a relação é igual a 1,123. A relação entre as áreas de duas secções transversais é de 1,261. Por outro lado, a relação entre o diâmetro de um fio com o outro, cujo número de ordem for acrescido de 6, é 2, e a relação entre as áreas de fios que diferem da ordem numérica de 10 é também igual a 10. A numeração sucessiva é 0000, 000, 00, 0, 1, 2, ..., 35, 36. A tabela foi estendida posteriormente para acomodar fios mais finos do que 36 e cabos maiores do que 0000.

A unidade de área adotada para definir a secção transversal dos condutores é o CM — "Circular Mil", que corresponde à área de um círculo cujo diâmetro é de um milésimo de polegada, ou seja, $0{,}506707 \cdot 10^{-3}$ [mm^2]. Assim, o condutor 0000 tem uma secção transversal de 211.600CM ou 211,6kCM e o número 36, 25CM. Para diâmetros maiores do que 0000, abandonou-se a lei de formação da escala, escolhendo-se o tamanho seguinte com 250kCM e a partir desse valor, acréscimos constantes de 50 kCM permitiram atingir cabos de diâmetros consideráveis.

Essa escala também foi adotada pelas normas ASTM (American Society for Testing Materials) e pelas da ABNT (Associação Brasileira de Normas Técnicas) para fios e cabos de alumínio e de ligas de alumínio, porém com a intercalação de secções transversais diferentes daquelas da escala dos condutores de cobre (ver tabelas do Apêndice no final do livro).

1.4.1.2 - Tipos de cabos para condutores de linhas de transmissão

Metais empregados na fabricação de cabos para linhas aéreas de transmissão:

COBRE - Apesar de sua elevada condutividade elétrica, menor apenas do que aquela da prata, o cobre vem sendo cada vez menos usado em linhas aéreas de transmissão, principalmente por razões de ordem econômica.

No Brasil, as normas referentes aos condutores de cobre são NBR 5111, NBR 5159, NBR 5349. No final do livro encontram-se as tabelas do apêndice com as características de condutores nus, segundo especificações da ASTM.

ALUMÍNIO - O alumínio é hoje inteiramente dominante para a fabricação de condutores para linhas aéreas de transmissão, tanto em sua forma pura, como em liga com outros elementos, ou associados com o aço. As objeções históricas ao seu uso estão inteiramente superadas.

Condutividade - O alumínio para condutores apresenta uma condutividade cerca de 61% daquela do cobre usado em cabos, porém, devido ao seu baixo peso específico, a condutividade do alumínio é mais do que o dobro daquela do cobre por unidade de peso.

Resistência mecânica - A do alumínio é praticamente a metade daquela do cobre. Esse inconveniente pode ser sanado com o uso de condutores de liga de alumínio ou através de sua associação com o aço, resultando nos cabos de alumínio com alma de aço. O critério de escolha entre cabos de alumínio, alumínio-aço ou de liga de alumínio, em função de sua resistência mecânica, não é necessariamente decisivo, pois, na maioria das vezes, mesmo nas condições de solicitação máxima, as taxas de trabalho são mantidas baixas (fatores de segurança de 2,5 a 3), a fim de proteger os cabos de ruptura por fadiga provocada pelas vibrações eólicas. A ruptura dos cabos por excesso de tração é extremamente rara.

Resistência à corrosão - Tanto os fios de alumínio como os de suas ligas, ao serem resfriados ao término dos processos de trefilação, sofrem um processo de oxidação que recobre os fios com um filme de pequena espessura. Este filme é bastante duro e estável, protegendo o fio contra futuras agressões externas. Diversas ligas de alumínio são indicadas para ambientes de atmosferas marítimas ou mesmo de atmosferas industriais bastante agressivas.

Baixo preço - Seu preço por unidade de peso é cerca da metade do preço de igual quantidade de cobre, donde se conclui que o investimento necessário em cabos para transportar uma mesma corrente, com o mesmo rendimento em condutor de alumínio, é cerca de um quarto daquela necessária à sua realização por condutor de cobre.

A - CABOS DE ALUMÍNIO - São confeccionados com fios de pureza de 99,45% e têmpera dura. Sua condutividade é de 61% IACS (International Annealed Copper Standard = Padrão Internacional de Cobre Recozido = 100). Sua fabricação obedece no Brasil à norma NBR 293 - Cabos de Alumínio (CA) e Cabos de Alumínio com Alma de Aço

(CAA) para fins elétricos. Essa norma é similar às normas norte-americanas ASTM que regem o assunto.

No Brasil estes cabos devem ser especificados pela área de sua secção transversal em mm^2 e pelo número de fios que os compõem. Pode se usar subsidiariamente o número correspondente à área em CM, da norma ASTM, sem indicação de unidade. As indústrias produtoras empregam uma palavra código para a sua identificação. Cada um dos cabos CA é designado pelo nome de uma flor no idioma inglês.

Exemplos:

- LILAC - cabo composto de 61 fios de alumínio com uma área de 795kCM ou 402,83mm^2. Diâmetro nominal de 26,11mm.

- ARBUSTUS - cabo composto de 37 fios de alumínio com uma área de 795kCM ou 402,83mm^2. Diâmetro nominal de 26,07mm.

- TULIP - cabo composto de 19 fios de alumínio com uma área de 336,4kCM ou 170,46mm^2. Diâmetro nominal de 16,91mm.

B - CABOS DE ALUMÍNIO COM ALMA DE AÇO (CAA) - São cabos idealizados para suprir a falta de resistência mecânica à tração dos cabos de alumínio. Em torno de uma "alma" constituída por um fio ou um cabo constituído por 7, 19 ou mesmo mais fios de aço galvanizados, são enroladas uma, duas ou mais camadas ou coroas concêntricas de fios de alumínio do mesmo tipo usado nos cabos de alumínio (CA). Nos catálogos dos fabricantes desses cabos encontra-se uma variedade grande de composições, variando a relação entre as áreas das secções transversais do aço com relação ao alumínio. A figura 1.11 mostra algumas das composições mais comuns de cabos CAA.

A galvanização dos fios de aço que compõem as almas desses cabos, pode ser especificada com 3 categorias de espessuras de recobrimento pelo zinco: classes A, B e C. Os cabos de fabricação normal apresentam espessuras A.

No Brasil, os cabos CAA devem ser especificados pela área de sua secção transversal, em mm^2, e pela sua composição, isto é, pelo número de fios de alumínio e o número de fios de aço desejado. Pode-se indicar também o número de kCM correspondente, além da classe de galvanização da alma de aço. Para esses cabos, no Brasil, vigora a NBR-293 já mencionada.

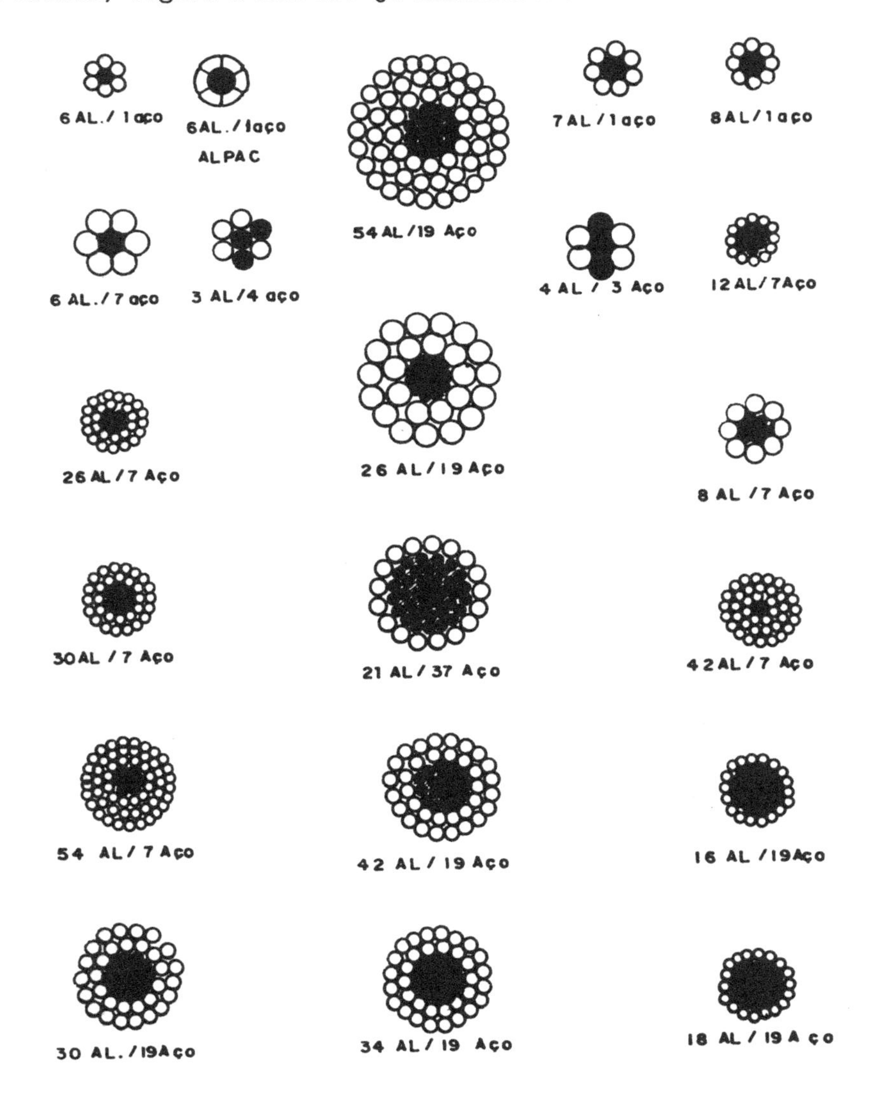

Fig. 1.11 - Composição de cabos alumínio-aço (Alcan - Alumínio do Brasil S/A)

Nas normas ASTM, a palavra código que identifica cada um dos cabos CAA, é o nome de uma ave, também em inglês.

Exemplos:

- PENGUIN - cabos CAA com 1 fio de aço e 6 de alumínio, correspondente ao número 0000AWG, com uma área de 125,09 mm^2 e diâmetro nominal de 14,41mm. Tração nominal de ruptura 37,167kN.

- KINGBIRD - cabo CAA com 1 fio de aço e 18 fios de alumínio, com uma área de 636kCM de alumínio e área total de 340,25mm^2 e diâmetro nominal de 23,88mm, tração nominal de ruptura de 69,823 kN.

- ROOK - cabo CAA com 7 fios de aço e 24 fios de alumínio, com uma área de 636kCM de alumínio e área total de 340,25mm^2 e diâmetro de 24,81mm. Tração nominal de ruptura de 100,812kN.

- GROSBEAK - cabo CAA com 7 fios de aço e 26 fios de alumínio, com uma área de 636kCM de alumínio e área total de 374,79mm^2. Tração nominal de ruptura de 135,136kN.

Nos cálculos elétricos, considera-se que os fios de aço não participam da condução das correntes elétricas. Sua função é apenas mecânica.

Em locais cuja atmosfera, por sua agressividade, desaconselha o uso do zinco como elemento de proteção do aço das almas do cabo, pode-se empregar fios aluminizados ou fios aço-alumínio ("aluminium clad"). No primeiro caso, a camada a revestir o aço é muito fina enquanto que, no segundo, o revestimento do alumínio é espesso, perfazendo cerca de 25% da área total do fio. As normas ASTM designam estes cabos como ACSR/AW. O isolamento da alma dos cabos do meio ambiente por meio de graxas apropriadas, aplicadas durante o encordoamento dos cabos, é também usado para sua proteção.

A fim de reduzir o gradiente de potencial nas imediações dos condutores das linhas, procura-se aumentar os diâmetros dos cabos, sem, no entanto, aumentar a quantidade de metal condutor. Inicialmente, empregaram-se cabos "ocos" de cobre ou bronze. Foram desenvolvidos em seguida os cabos designados por CAA expandidos, até hoje ainda em uso. Neste tipo de cabo, sobre sua alma de aço, são enroladas uma ou duas camadas de cordões de fibra ou papel impregnado e, sobre este, as camadas de alumínio.

Consegue-se um aumento de diâmetro da ordem de 25% a 30% sobre os cabos convencionais (Fig. 1.17).

C - LIGAS DE ALUMÍNIO - A fim de aumentar a resistência mecânica à tração e a estabilidade química do alumínio, recorre-se à adição de diversos elementos de liga como ferro, cobre, silício, manganês, magnésio, zinco, etc. As suas composições, os processos metalúrgicos para sua obtenção e trefilação, são normalmente objetos de patentes e são por isso comercializados sob nomes registrados como ALDREY (Suíça), ALMEC (França), DUCTALEX (Suécia), etc. Suas características são variáveis. Uma coisa têm em comum: todos apresentam condutividades menores, de 57 a 59,5 IACS, o que não é de todo uma desvantangem, pois, nos cabos CAA, se considerarmos a área bruta de sua secção transversal ao invés apenas daquela do alumínio, sua condutividade é de apenas 53% IACS, conforme a sua composição.

C.1 - CABOS DE LIGA DE ALUMÍNIO - Empregam fios de liga de alumínio, encordoados da forma convencional; designados no Brasil por CAL, e fabricados de acordo com as normas ASTM. São especificados pelo tipo de liga, sua área em kCM ou mm^2, número de fios e seu diâmetro nominal.

C.2 - CABOS DE ALUMÍNIO REFORÇADOS COM FIOS DE LIGA DE ALUMÍNIO - No Brasil são designados abreviadamente por CALA. Os fios de liga de alumínio são usados como alma para os cabos, constituindo um cabo central, sobre o qual são enrolados os fios de alumínio. Na primeira camada sobre a alma pode haver fios de alumínio e de liga. Nas camadas mais externas, há apenas fios de alumínio (Figura 1.12), dependendo da relação entre o número de fios de liga e o de alumínio; designados pela ASTM como cabos ACAR. São especificados pela área total em kCM, diâmetro nominal, número de fios de alumínio e número de fios de liga.

D - CABOS ESPECIAIS [12, 13, 14] - Conforme já foi mencionado, um dos fatores que podem comprometer a vida útil de uma linha é o problema com as vibrações nos cabos pelo vento, o que impede o emprego de trações mais condizentes com a resistência mecânica dos

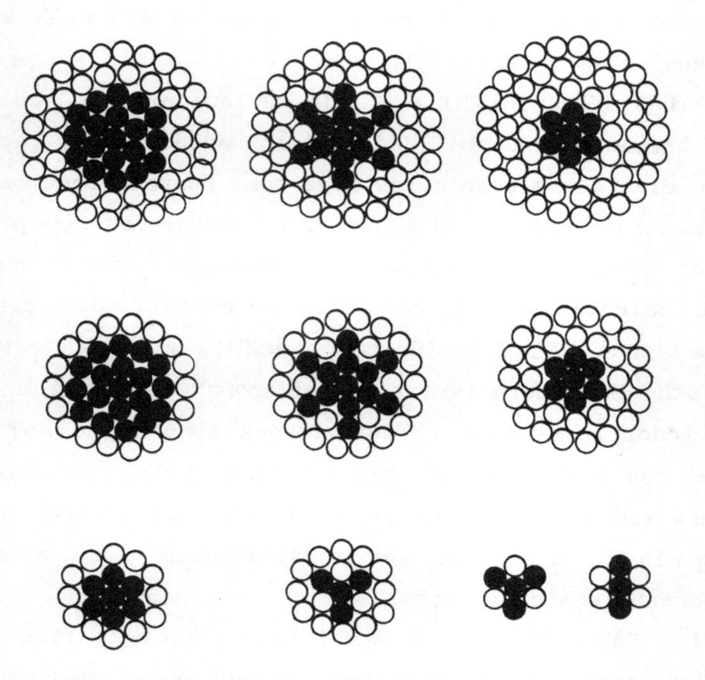

Fig. 1.12 - Cabos de alumínio com alma de ligas de alumínio [11]

cabos. A penalidade econômica decorrente é bastante elevada, pelo maior investimento em estruturas. Procurando minimizar o problema, um número grande de dispositivos foram inventados. Condutores com desempenho mais adequado foram igualmente desenvolvidos. Estes se baseiam na sua capacidade de auto-amortecimento das vibrações, podendo-se, com isso, empregar trações bem mais elevadas, reduzindo-se as flechas, podendo-se espaçar mais as estruturas, ou reduzir as suas alturas.

Os principais tipos, em uso nos Estados Unidos há algum tempo, são:

D.1 - CONDUTORES DE ALUMÍNIO SUPORTADOS PELO AÇO - (SSAC - Steel Supported Aluminum Conductor) - De construção semelhante aos cabos CAA, porém empregando fios de alumínio de têmpera mole. Após o seu tensionamento, os fios de alumínio deixam de absorver esforços mecânicos, transferidos inteiramente para o cabo da alma.

-VANTAGENS :

- menores perdas de energia, pois sua condutibilidade é de 63% IACS;
- pode-se usar taxas de trabalho cerca de 50% mais elevadas do que nos cabos normais, reduzindo as flechas, pois a energia das vibrações é dissipada por atrito entre os fios frouxos sobre a alma de aço;
- ótimas propriedades térmicas, podendo operar com temperaturas de até 200°C, sem perda de resistência mecânica ou incremento nos alongamentos permanentes.

D.2 - CABOS AUTO-AMORTECIDOS - CAA - SD - São cabos construídos com fios trapezoidais, como mostra a figura 1.13, em torno de um cabo de aço ou de liga de alumínio. São construídos mantendo uma folga entre as camadas ou coroas. Sob a ação do vento, as vibrações induzidas provocam movimentos relativos a atritos entre elas, dissipando a energia das vibrações.

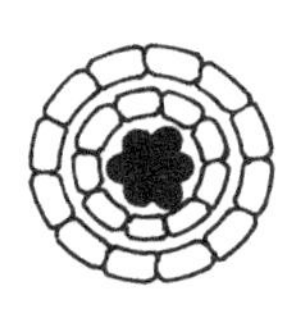
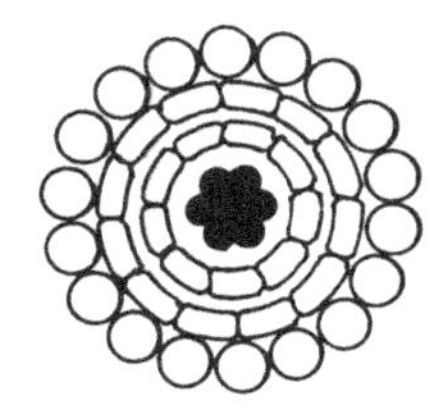

Fig. 1.13 - Cabos CAA - SD

D.3 - PAR TORCIDO - (Twisted pair) - Um condutor construído com dois cabos convencionais (CA, CAL, CAA, etc) enrolados um sobre o outro em forma de espiral de passo longo (± 2,70m), como na figura 1.14, criando uma superfície irregular exposta no vento, apresentando as seguintes vantagens:

- menor balanço sob a ação do vento;
- menores vibrações e capacidade de dissipação dessa energia por atrito entre os cabos componentes. Logo, admite-se trações maiores, com flechas menores;
- maior superfície de irradiação de calor para uma mesma secção transversal de condutor. Logo, maior ampacidade (ver ítem 1.4.1.4).

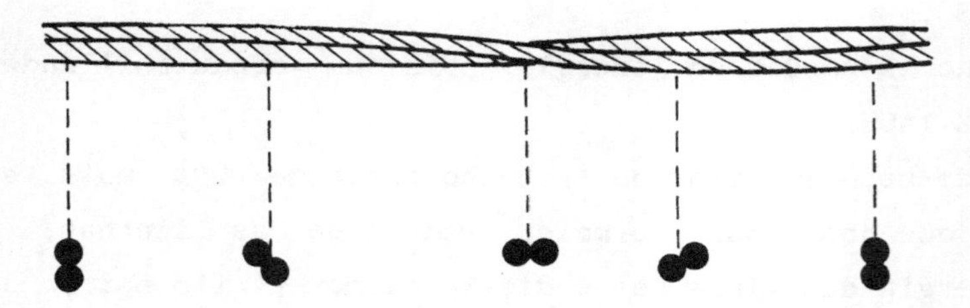

Fig. 1.14 - Cabo "par torcido"

1.4.1.3 - Cabos para pára-raios

A função principal dos cabos de guarda ou pára-raios das linhas aéreas de transmissão, é a de interceptar as descargas atmosféricas e evitar que atinjam os condutores, reduzindo assim as possibilidades de ocorrerem interrupções no fornecimento de energia pelas linhas. Subsidiariamente, podem ser usados como condutores para sistemas de telemedição ou comunicação por onda portadora. Nesse caso, deverão ser isolados dos suportes por isoladores de baixa tensão disruptiva, e que perdem sua condição isolante sob a ação das sobretensões atmosféricas, para permitir sua condução ao solo, sendo para tanto equipados com centelhadores.

São os seguintes os tipos de cabos empregados, igualmente eficientes em sua função principal:

A - CORDOALHA DE FIOS DE AÇO, ZINCADA - fabricados e especificados no Brasil pela NBR 5908, idêntica à normal ASTM correspondente. São de dois tipos, distinguindo-se por sua resistência mecânica forte, alta resistência AR (HS) e extra-forte EAR (EHS).

A zincagem, em geral a quente, é feita com 3 categorias de espessura, A, B e C, sendo a primeira a mais comumente usada.

Sua especificação é feita pelo tipo, classe de galvanização e diâmetro nominal - em polegadas ou seu equivalente métrico.

B - CABOS CAA EXTRA-FORTES - quando se deseja cabos com menor atenuação, empregam-se cabos CAA extra-fortes, CAA-EF, que se distinguem por uma menor relação área de alumínio/área de aço. Próprios para uso em linhas com pára-raios isolados, quando se emprega sistema de ondas portadoras ligado aos para-raios.

C - CABOS AÇO-ALUMÍNIO (Aluminum clad ou Alumo-weld) - confeccionado com fios de aço extra-fortes revestidos de espessa camada de alumínio. Indicados para atmosferas agressivas ao aço galvanizado e também quando se deseja usar os pára-raios com onda portadora.

1.4.1.4 - Capacidade térmica dos cabos - Ampacidade

As correntes elétricas, ao percorrem os cabos das linhas aéreas de transmissão, provocam perdas de energia, como conseqüência do efeito Joule. Essa energia se manifesta através da geração de calor, provocando o seu aquecimento, que será tanto maior quanto maior for a densidade de corrente nos cabos.

Esse problema deverá ser encarado sob dois aspectos: o econômico e o técnico. Sob o ponto de vista econômico, é possível identificar para cada linha de transmissão uma densidade de corrente que resulte não nas menores perdas e sim num valor considerado o mais econômico. Para essa corrente, especifica-se as áreas das secções transversais dos cabos condutores, conforme estabeleceu a lei de Kelvin (1881): "a área de secção mais econômica de um condutor para a transmissão de energia será encontrada, comparando-se o valor das perdas anuais de energia em cada condutor visado com a parcela anual de custo do investimento a ser feito na aquisição dos condutores correspondentes. A solução mais econômica é aquela para a qual as duas parcelas de custos são iguais" [15] (figura 1.15). Assim posto, o problema está simplificado em excesso, pois, a comparação deveria englobar outros custos além daquele dos condutores, como estruturas, isolamentos, compensações etc, resultando, como é feito modernamente, em "ESTUDOS DE OTIMIZAÇÃO", pelos quais todos os componentes das linhas são escolhidos com os mesmos critérios.

Sob o ponto de vista técnico, deve-se considerar o efeito de temperatura elevadas no comportamento mecânico dos condutores. De um modo geral, para cada tipo de cabo existe um valor limite superior de temperatura para operar em regime permanente sem que haja degradação de sua resistência mecânica, acompanhada de aumentos nas taxas de alongamentos permanentes. Por outro lado, temperaturas mais elevadas podem ser toleradas por curtos intervalos de tempo em condições de emergências.

As máximas temperaturas de cabos de CA, CAA, CAL, para operação segura em regime permanente, são fixados entre 70 e 85°C, podendo, em contingências curtas, operar com 100°C [11].

A capacidade de condução da corrente de um cabo é denominada AMPACIDADE, e é fixada como a corrente permissível no mesmo para que, nas condições ambientais prefixadas, não ultapasse

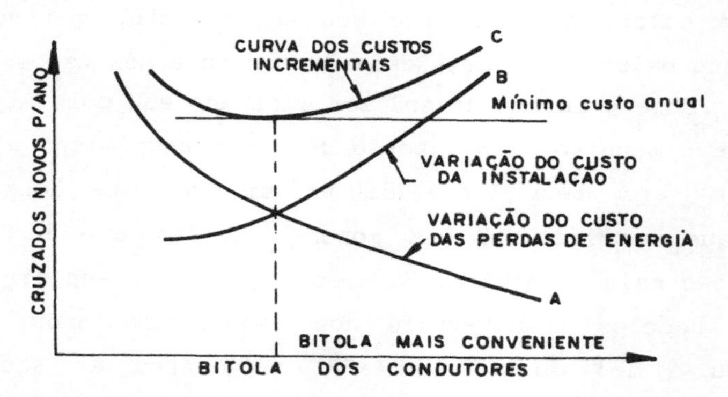

Fig. 1.15 - Variação do custo anual da perdas e dos investimentos no transporte da energia

o valor máximo de temperatura fixado para regime permanente. Para sua determinação, é necessário estabelecer alguns parâmetros ambientais de referência como temperatura do ar, insolação e velocidade do vento.

Grande é o número de trabalhos efetuados procurando equacionar corretamente o problema, originando outras tantas publicações com os resultados e respectivas conclusões.

Verificou-se que cerca de 13 fatores podem afetar a temperatura de um cabo de linha aérea de transmissão. Alguns são denominantes, outros de influência praticamente insignificante. A referência [16] é bastante elucidativa a respeito. Um método bastante divulgado é um método simplificado usado em [11] para a elaboração das curvas de ampacidade aí publicadas, e aqui transposto para o sistema SI. É um método aceitável para a maioria das aplicações práticas.

Um cabo atinge uma temperatura em regime permanente quando houver equilíbrio entre calor ganho e calor perdido pelo cabo. Um cabo ganha calor, principalmente, pelo efeito Joule $q_j = I^2 \cdot r$ [W/km] e pela radiação solar q_s [W/m] e perde calor por dois mecanismos conhecidos: por irradiação q_r [W/m] e por convecção q_c [W/m]. A equação do equilíbrio será:

$$I^2 \cdot r + q_s = q_r + q_c \qquad (1.2)$$

Da qual obtemos:

$$I = \sqrt{\frac{(q_r + q_C - q_s)10^3}{r}} \quad [A] \qquad (1.3)$$

Sendo r [ohm/km] a resistência do condutor à temperatura de equilíbrio.

Lembrando as leis de transmissão de calor, teremos:

$$q_r = 179{,}2 \cdot 10^3 \cdot \varepsilon \cdot d \left[\left(\frac{T}{1000} \right)^4 - \left(\frac{To}{1000} \right)^4 \right] \quad [W/m] \qquad (1.4)$$

$$qs = 945{,}6\ t - t_o) \cdot 10^{-4} \cdot [0{,}32 + 0{,}43(45946{,}8 \cdot d \cdot V)^{0{,}52}] \quad [W/m] \qquad (1.5)$$

$$q_s = 204.d \quad [W/m] \qquad (1.6)$$

Valor médio indicativo em climas temperados

Nestas valem:

ε - emissividade - varia de 0,23 a 0,90, conforme a cor do cabo. Para cabos de alumínio, ε ≅ 0,5 é recomendado [11].

d [m] - diâmetro nominal do cabo.

t [°C] - temperatura final do cabo.

to [°C] - temperatura do meio ambiente.

T = (273 + t) [K] - temperatura absoluta final do cabo.

To = (273 + to) [K] - temperatura absoluta do ambiente.

V [m/s] - velocidade do vento (em geral de 0,6 a 1,0m/s).

Exemplo 1.1

Qual a ampacidade de um cabo CAA DRAKE, considerando-se to = 35°C e t = 85°C, vento de 0,67m/s, coeficiente de reflexão ε = 0,50 e ε = 0,23 (cabo novo). A resistência do cabo e de 0,09 ohm/km.

Solução:

Fazendo as substituições teremos:

$$q_r = 179{,}2 \cdot 10^3 \cdot 0{,}5 \cdot 0{,}02814 \left[\left(\frac{358}{1000} \right)^4 - \left(\frac{308}{1000} \right)^4 \right] = 18{,}762 W/m$$

$$q_c = 945{,}6 \cdot 50 \cdot 10^{-4} [0{,}32 + 0{,}43(45946{,}8 \cdot 0{,}02814 \cdot 0{,}67)^{0{,}52}]$$

$$q_c = 70{,}018 W/m$$

$$q_s = 204 \cdot 0{,}02814 = 5{,}4056 W/m$$

Logo:

1) para ε = 0,50, com sol e com vento:

$$I = [10^3(18{,}716 + 70{,}018 - 5{,}406)]^{1/2} = 962{,}28 A$$

2) sem efeito do sol, com vento e ε = 0,50:

$$I = 993{,}0 A$$

Uma informação importante para a confecção dos projetos da linhas é a temperatura máxima que um condutor pode atingir sob a ação da corrente na linha em sobreposição às condições ambientais existentes, pois desta temperatura dependerá o valor da flecha nos cabos e, conseqüentemente a distância dos condutores ao solo. É, pois, o problema inverso do anterior: dadas as condições ambientais e a corrente no cabo, determinar a temperatura que irá atingir. A metodologia apresentada se presta a esse fim, porém não há solução direta, podendo-se recorrer a processos iterativos.

Exemplo 1.2

Uma linha de subtransmissão de 230kV supre de energia uma região urbana onde dominam comércio e os servicos, de forma que a ponta de carga fica deslocada para os horários de maior calor, em virtude do uso intenso da climatização. A demanda registrada no receptor da linha, com tensão de 220kV, e de 225MVA, $\cos\phi_2 = 0,88$, quando a temperatura ambiente é de 36°C, com sol. Observou-se uma brisa estimada em 0,8m/s perpendicular aos cabos.

Qual a temperatura que os cabos GROSBEAK usados nesta linha deverão atingir?

Solução:

Podemos resolver o problema admitindo três valores arbitrários de temperatura máxima dos cabos e determinar as ampacidades correspondentes, que levamos a um gráfico, obtendo a lei de variação t=f(I).

Por interpolação e valor da temperatura correspondente, a corrente da linha será achada.

Temos:

$t_o = 36°C$; $d = 0,025146m$; $V = 0,8m/s$

Admitamos:

$\varepsilon = 0,5$; $t_1 = 40°C$; $t_2 = 50°C$ e $t_3 = 70°C$

$R_{40} = 0,09277\Omega/km$; $R_{50} = 0,1005\Omega/km$; $R_{70} = 0,10455\Omega/km$.

Empregando o método usado no exemplo anterior, encontraremos respectivamente:

$I_{40} = 137A$; $I_{50} = 453A$ e $I_{70} = 768A$

que permitem construir a curva da figura 1.16. Entrando nesta com:

$$I_2 = \frac{225000}{\sqrt{3} \cdot 220} = 590A, \text{ encontraremos } t_{cabo} = 57°C.$$

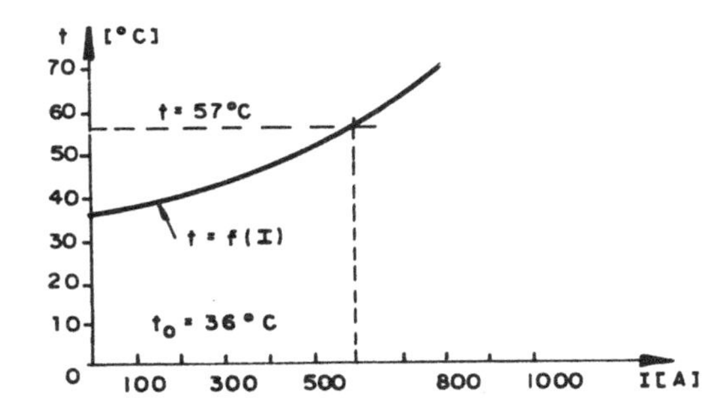

Fig. 1.16 - Determinação da temperatura do cabo em função da corrente do exemplo 1.2.

1.4.1.5 - Condutores para linhas em extra e ultra-altas tensões

O aumento progressivo das tensões das linhas de transmissão de energia elétrica em CA foi uma decorrência natural da necesidade de se transportar economicamente, e também sob condicões técnicas satisfatórias, potências cada vez maiores a distâncias igualmente crescentes, principalmente quando a energia primária disponível é hidráulica.

Para uma mesma potência a transmitir em tensões maiores, resultam correntes menores, conseqüentemente em perdas menores por efeito Joule e, igualmente, numa melhor regulação das tensões. Esse aumento nos valores das tensões a partir de certo nível exigia, por outro lado, um aumento no diâmetro dos condutores, afim de minimizar as conseqüência do "Efeito Corona". O aumento dos diâmetros dos condutores provoca um aumento em seus custos, como também daquele das estruturas das linhas que devem suportá-los. Um aumento do diâmetro dos cabos e sem um acréscimo da área da secção transversal útil dos cabos era, pois, desejável.

Em resposta, os fabricantes de condutores desenvolveram os cabos ocos de diversas construções, verdadeiros tubos flexíveis fabricados de cobre ou bronze. Seu custo era, no entanto, elevado, e a sua manipulação no campo durante a montagem das linhas era igualmente complexa e dispendiosa, pelo que caíram em desuso, face a novas soluções que foram propostas [1].

Os cabos de alumínio de mesma resistência à CA exigiam uma área de secção transversal cerca de 38% maior do que a do cobre equivalente. Seu diâmetro é cerca de 26% maior e seu peso corresponde a apenas 48% daquele do cabo de cobre equivalente.

O desenvolvimento dos cabos CAA, resolvendo o problema de baixa resistência mecânica do alumínio, fez aumentar, proporcionalmente, ainda mais os diâmetros dos cabos de mesma resistência elétrica. A possibilidade de se aumentar ainda mais o diâmetro destes últimos cabos, resultou no desenvolvimento dos cabos CAA-Expandidos, com diâmetro de até 30% acima daqueles dos cabos CAA convencionais de mesma resistência elétrica. A figura 1.17 mostra sua composição.

Os condutores CAA-expandidos têm sido usados com sucesso em linhas de até 345kV. Seu custo, no entanto, aconselhou a busca de outras soluções.

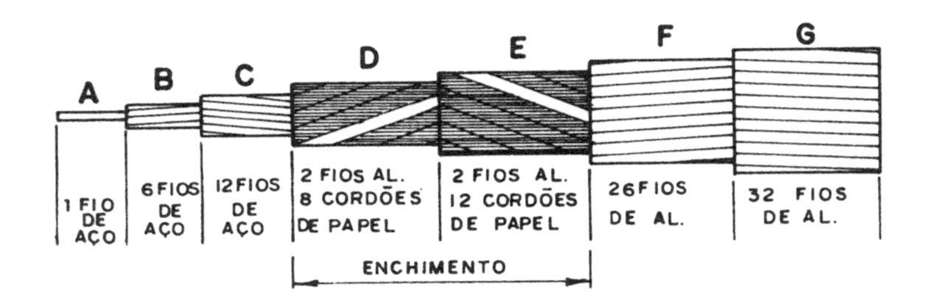

Fig. 1.17 - Condutor CAA-expandido de 1187kCM. Diâmetro nominal de 0,0419m equivalente a um cabo CAA de 0,0330m de diâmetro.

Em 1908 foram apresentados dois trabalhos [18,19] ao AIEE por P.H. Thomas, sugerindo o emprego de mais de um condutor por fase, montados paralelamente entre si a pequenas distâncias. Com isso seria possível uma substancial redução da impedância das linhas, em especial de sua reatância, permitindo uma substancial melhoria em sua regulação. Os condutores utilizados seriam de fabricação normal existentes no mercado e mantidos separados entre si no meio de vãos por espaçadores adequados. O grau de redução de sua reatância indutiva, dependia, verificou Thomas, do número de subcondutores e do espaçamento entre eles. O feixe assim formado, comportava-se como se fosse utilizado um cabo de diâmetro muito alto, o que levou-o a concluir que os campos magnéticos individuais dos subcondutores se compunham para formar um único, semelhante àquele, devido a um cabo único de grande diâmetro, suspenso no centro e em lugar do feixe. O mesmo acontece com os campos elétricos, resultando num grande aumento na capacitância das linhas (Fig. 1.18).

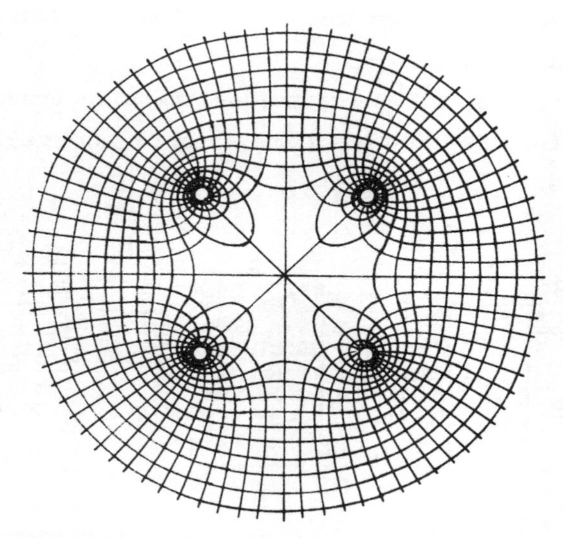

Fig. 1.18 - Campo elétrico de condutores multiplos.

Por questões de estabilidade mecânica, os subcondutores são montados igualmente espaçados sobre a periferia de um círculo, como mostra a figura 1.19. Seu número é variável, desde 2 por fase, prevendo-se o emprego de até 10 ou 12 nas futuras linhas em TUE (1.100 a 1.500kV). Devido à necessidade de padronização das ferragens associadas, o seu espaçamento entre si é igualmente padronizado, sendo preferido para as linhas em EAT a distância de 0,40 e 0,457m. Prevê-se o emprego de 0,61m nas linhas de UAT. A figura 1.19 mostra as configurações mais comumente usadas nas linahs de EAT.

Além da melhoria obtida na regulação das linhas longas, em virtude da redução do valor da impedância e o aumento das capacitâncias, os seguintes benefícios adicionais podem ser mencionados:

a - menores gradientes de potencial nas superfícies dos subcondutores, reduzindo com isso as atividades do EFEITO CORONA;

b - redução da impedância característica da linha, aumentando,

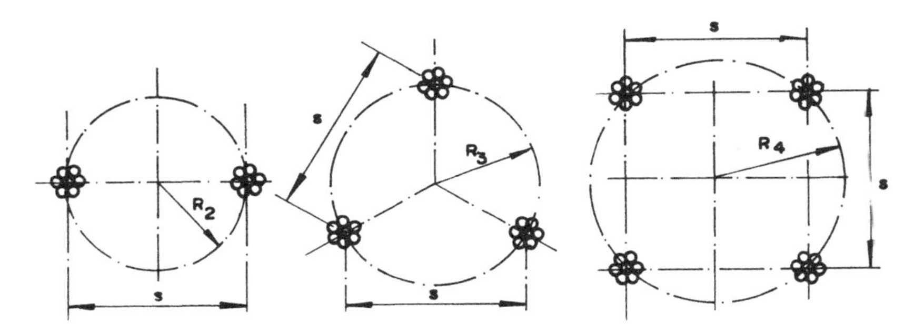

Fig. 1.19 - Condutores multiplos para linhas em EAT.

conseqüentemente, a sua potência característica, que representa o ponto ideal de operação de uma linha;

c - a redução da reatância indutiva aumenta o limite de transmissão com estabilidade dinâmica e transitória [2.20];

d - os valores das sobretensões provocadas por descargas atmosféricas nos condutores das linhas são iguais ao produto da corrente que se propaga em cada uma das direções da linha a partir do ponto de impacto, pelo valor de sua impedância de surtos ou impedância natural. Esta pode ser calculada por $(L/C)^{\frac{1}{2}}$ cujo valor, como se vê, é grandemente reduzido, pelos condutores múltiplos, reduzindo, portanto, também o valor das ondas de sobretensão.

e - os condutores múltiplos não dependem de cabos de fabricação especial, podendo-se empregar qualquer dos tipos já descritos, e de fabricação normal, inclusive os cabos expandidos, o que os torna mais baratos. O seu custo de montagem é levemente maior.

A generalização do uso de cabos múltiplos ocorreu a partir do início da década de 1950/60, não ficando limitado ao uso em linhas de EAT, havendo grande números de linhas em 138 kV cu 220 kV empregando mais de um cabo por fase, inclusive no Brasil.

1.4.2 - Isoladores e ferragens

Os condutores das linhas de transmissão, devem ser isolados eletricamente de seus suportes e do solo, o que nas linhas aéreas é feito basicamente pelo ar que os envolve, auxiliado por elementos feitos de material dielétrico, denominados isoladores. Dessa estrutura isolante, que é dimensionada em função das solicitações elétricas a que são submetidas, depende as dimensões da parte superior dos suportes.

As solicitações elétricas das estruturas isolantes são de origem interna ou externa aos sistemas elétricos das linhas, e se caracterizam pelas sobretensões que podem ocorrer. Estas são classificadas como:

a - sobretensões de impulso devidas às descargas atmosféricas;

b - sobretensões internas de tipo impulso, conseqüência de uma alteração brusca do "estado do sistema". São designadas sobretensões de manobras (ou chaveamento);

c - sobretensões senoidais de freqüência industrial.

As primeiras são aquelas que apresentam, de longe, os valores mais elevados, tendo, no entanto, curtíssima duração, apenas umas poucas dezenas de microssegundo. As do segundo grupo, também de amplitude bastante elevada, tem uma duração bem maior, podendo atingir algumas centenas de microssegundos. As sobretensões em freqüências industriais têm maior duração, porém a menor amplitude.

Como a suportabilidade elétrica dos meios isolantes depende não só da amplitude das solicitações, mas igualmente de sua duração, a estrutura isolante pode resistir a valores muito mais altos de solicitações por descargas atmosféricas.

Além das solicitações elétricas, os isoladores são igualmente solicitados mecanicamente, podendo mesmo ser parte integrante das estruturas como na linha ilustrada na figura 1.45, devendo apresentar, portanto, também resistências mecânicas compatíveis com os esforços máximos esperados. A norma NBR 5422 limita esses esforços a 40% da carga de ruptura dos isoladores e respectivas ferragens. São as seguintes as normas aplicáveis aos isoladores das linhas aéreas: NBR 5032, NBR 5049 e NBR 7109

Nas linhas aéreas de transmissão são empregados isoladores confeccionados com:

- porcelana vitrificada
- vidro temperado
- material sintético composto.

A fabricação de isoladores de porcelana exige uma tecnologia bastante avançada, a fim de se obter corpos de composição homogênea e compacta, isenta de bolhas de ar em seu interior ou de impurezas que possam comprometer sua rigidez dielétrica. Não devem, por outro lado, sofrer deformações durante os processos de queima, pois sua eficiência depende grandemente de sua geometria. A fim de tornar sua superfície impermeável, devem ser revestidos por uma camada de vidro. É com esse processo que adquirem as cores desejadas. Tradicionalmente, a vitrificação em cor marrom é a mais comum, porém, para torná-los menos visíveis nas linhas, emprega-se a cor cinza azulada, reduzindo o perigo de sua destruição por vandalismo.

Seu desempenho elétrico é considerado bom. Seu maior inconveniente reside em seu preço, que é muito alto, comparado com o dos isoladores de vidro temperado. Outra objeção que se lhes faz é a dificuldade na identificação de isoladores faltosos por simples inspeção a distância, pois podem apresentar falhas, como trincas, quase invisíveis.

Os isoladores de vidro temperado têm um custo de fabricação bem menor, tanto pelo custo das matérias primas, como também dos processos de fabricação. Após a sua formação eles sofrem um tratamento térmico que os torna mais resistentes, que porém cria em seu interior um estado de tensão tal que, sob a ação de choques mecânicos mais fortes, estilhaça-os inteiramente, não admitindo trincas. Os isoladores faltosos são fáceis de indentificar à distância, por simples inspeção visual. Sua rigidez dielétrica é maior do que daqueles de porcelana e sua resistência mecânica, igualmente. Suportam bem os choques térmicos a que ficam submetidos em serviço. Devidos a essas razões, no Brasil, tem sido preferidos aos de porcelana pela maioria das concessionárias.

Estão sendo introduzidos isoladores sintéticos compostos. Estes são construídos basicamente por uma peça de resistência, em geral feita de fibras de vidro ou de carbono, ligadas por resina do tipo "epoxi", e que pode ser dimensionada para resistir a esforços muitos elevados. Essa peça, em forma de haste ou bastão, é revestida pelas "saias" do isolador, manufaturadas por compostos poliméricos ou borrachas à base de silicone. Podem ser manufaturados em uma única peça para as tensões máximas em uso, sendo mais curtas que uma cadeia de isoladores para o mesmo nível de isolamentos e muito mais leves, facilitando seu trasnporte e montagem. São menos afetados pelo vandalismo. Seu maior inconveniente ainda reside em seu preço, muito elevado.

1.4.2.1 - Tipos de isoladores

Em transmissão de energia elétrica são empregados três tipos básicos de isoladores.

a - isoladores de pino;

b - isoladores tipo pilar ou coluna;

c - isoladores de suspensão.

a - Isoladores de pinos - são fixados às estruturas, através de um pino de aço. Para tanto, em seu interior possuem um furo rosqueado, com rosca soberba de filetes redondos normalizados (diâmetros nominais de 25,4 mm e 35,93 mm). Os pinos de aço forjado possuem em sua parte superior uma cabeça de chumbo filetada com o mesmo tipo de rosca e sobre a qual se aparafusa o isolador. O conjunto isolador-pino pode ser solicitado à compressão e à flexão. São fabaricados tanto de vidro como de porcelana vidrada. Seu emprego fica limitado a linhas de classe 66/75 kV, pois para tensões maiores, tornam-se muito grandes e volumosos. Para tensões maiores do que 25 kV, em geral são compostos de várias partes cimentadas entre si, como mostra a figura 1.20.

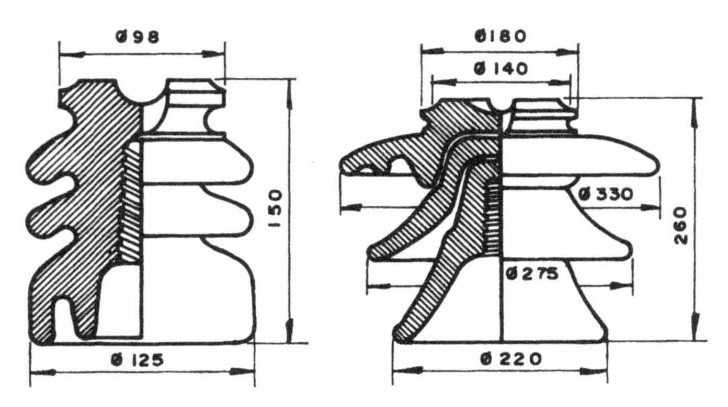

Fig. 1.20 - Isoladores a pino, linha até 69 kV.

b - Isoladores tipo "Pilar" ou "Coluna" - são pouco usados no Brasil em linhas de tranmissão. São construídos de uma única peça em porcelana vidrada e também em vidro temperado, como mostra a figura 1.21.

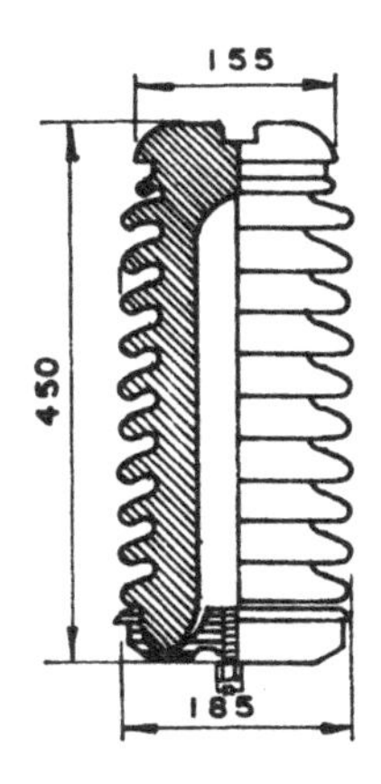

Fig. 1.21 - Isoladores tipo pedestal

Em sua parte inferior é cimentada uma base de ferro maleável galvanizada, com um furo rosqueado no centro, que serve para sua fixação às estruturas. São igualmente disponíveis, fabricados com materiais sintéticos compostos.

Trabalham à compressão e à flexão, o que limita um pouco as intensidades das cargas a que podem resistir.

c - Isoladores de suspensão - são empregados em dois tipos:

- isoladores monocorpo;
- isoladores de disco.

Os isoladores monocorpo são feitos de uma peça longa de porcelana ou vidro, com comprimento adequado ao nível de isolamento desejado (até 220kV), podendo-se, para tensões mais altas, empregar duas ou mais peças ligadas em cascata, umas às outras; de uso restrito a alguns países na Europa. Os isoladores compostos (sintéticos) são desse mesmo tipo, fabricados numa só peça, para qualquer classe de tensão em uso.

Com o uso de isoladores pendentes tipo monocorpo, que para um mesmo nível de solicitação elétrica são mais curtos do que uma cadeia de isoladores a disco, há uma redução nas dimensões globais da estrutura isolante das linhas, portanto, de seus suportes; figura 1.22.

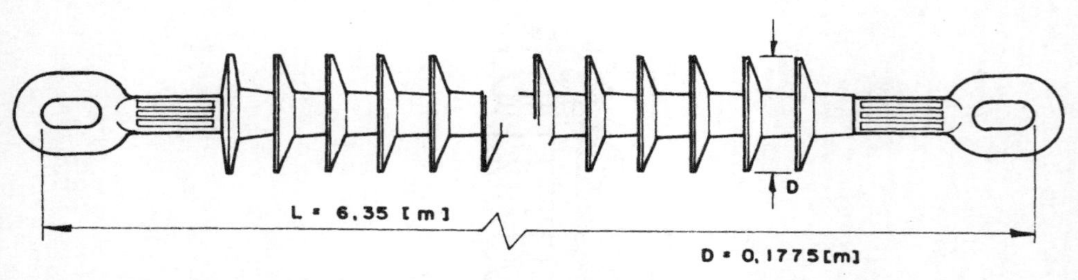

Fig. 1.22 - Isoladores pendentes monocorpo (Ohio-Brass)

Os isoladores de disco são compostos de um corpo isolante de porcelana ou de vidro, ao qual são cimentadas as ferragens necessárias à sua montagem, como mostra a figura 1.23. Através dessas ferragens, unidades individuais de isoladores são conectadas entre si, formando as cadeias de isoladores. Essas ferragens são idealizadas a fim de permitir uma grande liberdade de movimento relativo entre unidades, além de obrigar os isoladores a trabalhar sob tração sob quaisquer condições. Além do mais, é conveniente que o sistema de engate permita fácil manutenção (por exemplo, troca de isoladores com linha energizada). Os dois sistemas de engate em uso, concha-bola e garfo-olhal, são hoje padronizados em âmbito internacional pela IEC (International Eletrotecnical Comission). O mesmo acontece com os seus diâmetros e o seu passo, permitindo assim o intercâmbio, numa cadeia de isoladores, de unidades de diversos fabricantes, mesmo de países diferentes. A figura 1.23 mostra alguns tipos de isoladores a disco e as dimensões básicas padronizadas.

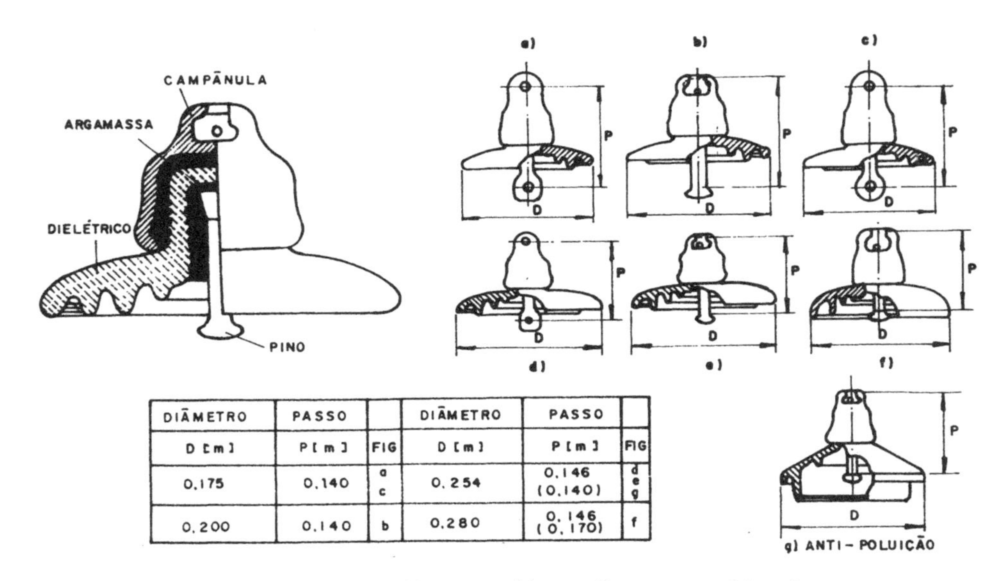

DIÂMETRO D [m]	PASSO P [m]	FIG	DIÂMETRO D [m]	PASSO P [m]	FIG
0.175	0.140	a c	0.254	0.146 (0.140)	d e g
0.200	0.140	b	0.280	0.146 (0.170)	f

Fig. 1.23 - Isoladores de disco e dimensões normalizadas

1.4.2.2 - Características dos isoladores de suspensão

Os isoladores, conforme vimos, são submetidos a solicitações por esforços mecânicos e também a solicitações devidas aos intensos campos elétricos existentes nas linahs de TEE.

As grandezas que definem sua capacidade de resistir aos esforços mecânicos e que devem ser especificadas pelo comprador, garantidas pelo fabricante, e verificados pelos ensaios normalizados, são:

- carga de ruptura;
- resistência ao impacto;
- resistência aos choques térmicos.

As solicitações elétricas podem comprometer a suportabilidade dos isoladores de duas maneiras:

- por perfuração do dielétrico;
- por disrupção superficial.

A perfuração do dielétrico nos isoladores causa sua inutilização. Acontece quando o gradiente de potencial transversal ultrapassa a rigidez dielétrica do material. Esta é função do tipo e da qualidade do material (porcelana de 6 a 6,5 kV/mm e o vidro temperado em torno de 14 kV/mm) e do tipo do campo - constante ou alternado.

A disrupção superficial é função da distância de escoamento do isolador (Fig. 1.24), ou seja, de sua geometria, da tensão aplicada e da condição na superfície dos isoladores _ seca ou molhada - e da existência ou não de depósitos de material poluente. Quanto mais intensa a poluição atmosférica da região, maior deverá ser a sua distância de escoamento.

O usuário deveria especificar e o fabricante garantir valores mínimos, conforme consta das normas técnicas correspondentes, podendo ser comprovados por ensaios normalizados, para:

- tensões disruptivas a seco e sob chuva, com freqüência industrial;
- tensão disruptiva sob impulso (onda padrão IEC 1,2 x 50μs; nos Estados Unidos 1,5 x 40μs), com polaridade positiva e negativa;
- tensão de perfuração;
- tensão de corona e radiointerferência.

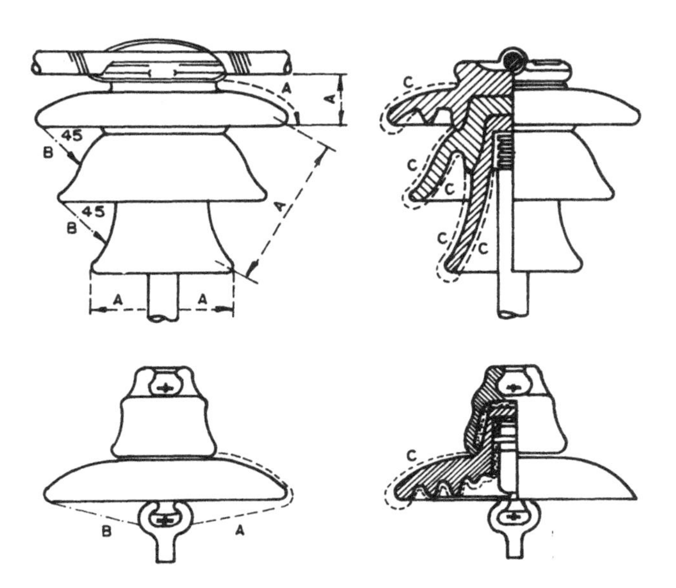

Fig. 1.24 - Distância de arco e distância de escoamento

A - Distância de arco a seco;

B - Distância de arco sob chuva;

C - Distância de escoamento.

A figura 1.25 mostra como variam as tensões disruptivas de impulso e as de freqüência industrial em cadeias de isoladores de suspensão de até 20 isoladores.

1.4.2.2.1 - Número de isoladores em uma cadeia de suspensão

O número de isoladores em uma cadeia varia bastante em linhas de mesma classe de tensão. O critério de escolha baseia-se, não só na tensão nominal das linhas como também no nível ceráunico (número de dias por ano nos quais se registram descargas atmosféricas na região) e grau de proteção desejado contra as descargas.

Nas linhas em EAT, hoje esse critério mudou ligeiramente e a escolha fez-se, em primeira aproximação, em função

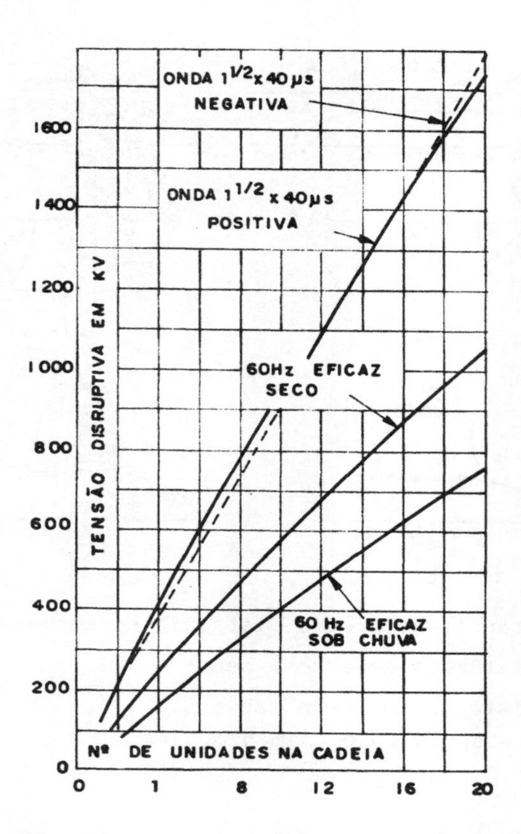

Fig. 1.25 - Tensões disruptivas a 60Hz e de impulsos em cadeias de isoladores.

do desenho dos isoladores pela distância especificada de escoamento e da máxima tensão em regime permanente da linha, em sua classe de tensão, podendo-se empregar a seguinte equação:

$$ni = \frac{Umax \; . \; d_e}{\sqrt{3} \; . \; d_i}$$

Sendo:

ni - número de isoladores de disco na cadeia de suspensão

Umax [kV] - a tensão máxima de operação da linha em regime permanente;

d_e [cm/kV] - a distância de escoamenteo específica, sugerindo-se:

- sem poluição 2,0 a 2,3
- poluição ligeira 3,2
- poluição intensa 4,5
- poluição muito intensa 6,3

d_i [cm] - distância de escoamento dos isoladores. Depende de seu desenho e é obtida dos catálogos de fabricantes.

Exemplo 1.3

Qual poderá ser o número de isoladores tipo disco, em uma cadeia de suspensão, sendo os isoladores de 0,254m de diâmetro nominal e o seu passo de 0,146m? A linha de transmissão e da classe de 500/550kV, a ser operada em região de ar limpo.

Solução:

Temos: d_i = 30 cm ; d_e = 2,3vm/kV ;

Umax = 550kV

logo: $$ni = \frac{550 \ . \ 2,3}{\sqrt{3} \ . \ 30} = 24,34$$, ou seja, 24 isoladores.

A decisão final sobre o número de isoladores deve ser feita através de uma análise do nível das sobretensões de manobra e da suportabilidade da cadeia a esse tipo de solicitação. Também é usual efetuar-se a previsão do número de falhas anuais do isolamento das linhas provocados por descargas atmosféricas, a fim de confirmar a aceitabilidade do número de isoladores escolhido.

1.4.2.3 - Ferragens e acessórios

As cadeias de isoladores são completadas por um conjunto de peças, que se destinam a suportar os cabos e ser ligados a elas e estas, às estruturas. No conjunto, a sua concepção e projeto são de suma importância, mesmo em seus mínimos detalhes, podendo afetar a durabilidade dos cabos ou constituir-se em fortes fontes de corona, com a conseqüente radiointerferência ou intereferência em recepção de TV. Assim, as modernas ferragens e seus acessórios são projetados de forma a não possuirem pontas, angulosidades, irregularidades superficiais, nas quais poderão ocorrer gradientes de potencial superiores aos gradientes iniciadores de eflúvios de corona. Por outro lado, os materiais que têm contato com os cabos de alumínio ou suas ligas devem ser compatíveis eletroliticamente com os mesmos, para que não ocorra a sua corrosão galvânica.

1.4.2.3.1 - Cadeias de suspensão

As cadeias de isoladores devem suportar os condutores e transmitir aos suportes todos os esforços recebidos destes. Em sua parte superior possuem uma peça de ligação à estrutura, podendo ser usado um conjunto composto de um conector bola-gancho e uma manilha ou de um conector bola-garfo e a manilha. O conector poderá, ou não, possuir facilidades para a montagem do anel de potencial ou de chifre. Na parte inferior da cadeia de isoladores são fixados os cabos condutores, empregando-se grampos ou pinças de suspensão. Havendo apenas um cabo por fase, haverá uma única pinça, fixada ao isolador inferior da caadeia através de um conector.

Havendo mais de um cabo por fase, será usada uma chapa multiplicadora, à qual serão fixadas tantos grampos ou pinças quantos forem os cabos por fase. As chapas são presas às cadeias de isoladores por meio de conectores.

Dispositivos especiais permitem a colocação dos anéis de potencial ou os anéis anticorona.

O conjunto de solicitações que atuam sobre os cabos, sejam eles verticais ou horizontais, cria no condutor uma tensão mecânica nos pontos de suspensão; em virtude do peso do cabo e da sua natural rigidez, aparecem esforços de flexão e cisalhamento bastante elevados. É, pois, necessário que a curvatura inferior da calha da pinça se amolde perfeitamente à curvatura natural dos cabos e que seu raio seja o mesmo dos cabos, para não ocorrer o esmagamento dos fios que os compõem, pois sua superfície de apoio fica reduzida.

Nas linhas com cabos de alumínio, é usual o emprego de varetas antivibrantes ou "armor rods" nos pontos de suspensão como reforço dos cabos, evitando que seus fios sofram ruptura por ação das vibrações eólicas. Estas constam de um jogo de 10 ou 12 varetas de alumínio, cilíndricas ou afiladas em ambas as extremidades (bicônicas) que são enroladas em forma de espiral em torno do cabo, no mesmo sentido que o enrolamento dos fios de sua última camada. Com isso, o diâmetro do cabo junto ao grampo de suspensão fica aumentado em cerca de 80 a 85%, nos casos das varetas bicônicas, e em cerca de 70% no caso das paralelas. Seu comprimento, após a sua aplicação, atinge de 85 a 100 vezes o diâmetro do cabo aumentado pelas varetas antivibrantes.

São usadas varetas de dois tipos: as convencionais, que para sua colocação exigem ferramentas especiais, com as quais é feita a torção no próprio local, e as varetas pré-formadas, nas quais as hélices são moldadas na fábrica. São fornecidas com 3 a 4 varetas cimentadas entre si e que podem ser aplicadas aos cabos com as mãos, sem o emprego de ferrametnas.

Os grampos de suspensão são de dois tipo:

Convencionais, como mostra a figura 1.26, nos quais os cabos, revestidos das varetas antivibrantes, são prensados na calha por uma telha apropriada por meio de grampos. São fixados aos isoladores através de ferragens adequadas.

Armados, os grampos de suspensão armados são constituídos por um coxim de neoprene que abraça o cabo condutor. Um jogo de varetas antivibrantes pré-formadas é parte integrante do grampo, e é aplicado sobre o cabo e envolvendo o coxim. Esse conjunto é fixado, por duas sapatas de alumínio-liga abraçadas por uma cinta com um parafuso de aperto, ao conector que o prende ao isolador ou placa multiplicadora (Figura 1.27).

Uma cadeia de isoladores é submetida, em condições de operação em regime permanente, à tensão U [kV], de fase da linha. Havendo ni isoladores, a cada isolador deveria corresponder U/ni [kV], teoricamente. Isso não acontece em virtude dos acoplamentos capacitivos entre ferragens dos isoladores (pinos e

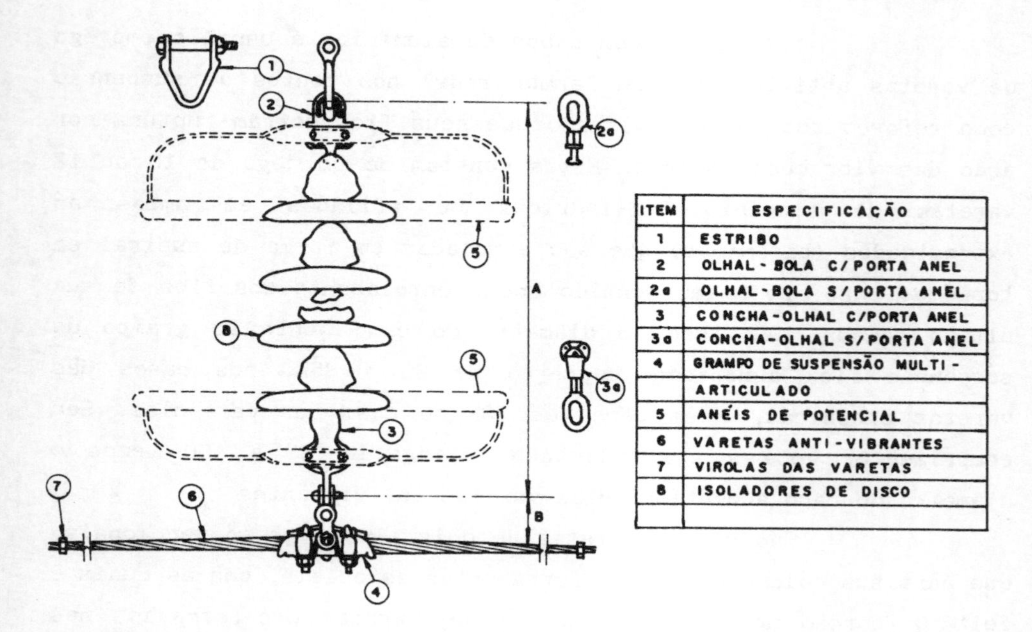

ITEM	ESPECIFICAÇÃO
1	ESTRIBO
2	OLHAL - BOLA C/ PORTA ANEL
2a	OLHAL - BOLA S/ PORTA ANEL
3	CONCHA - OLHAL C/PORTA ANEL
3a	CONCHA - OLHAL S/PORTA ANEL
4	GRAMPO DE SUSPENSÃO MULTI - ARTICULADO
5	ANÉIS DE POTENCIAL
6	VARETAS ANTI - VIBRANTES
7	VIROLAS DAS VARETAS
8	ISOLADORES DE DISCO

Fig. 1.26 - Cadeia de suspensão convencional

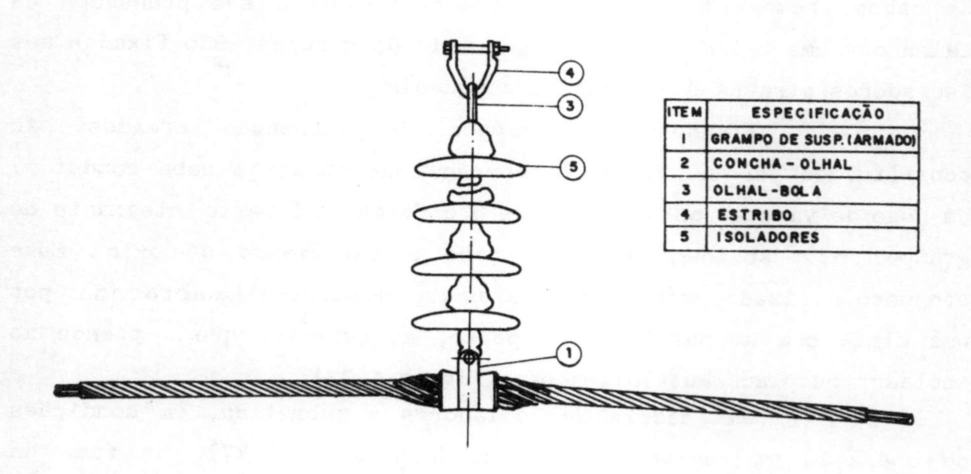

ITEM	ESPECIFICAÇÃO
1	GRAMPO DE SUSP. (ARMADO)
2	CONCHA - OLHAL
3	OLHAL - BOLA
4	ESTRIBO
5	ISOLADORES

Fig. 1.27 - Grampo de suspensão armado

campânulas) com os cabos e as estruturas, cabendo a maior parcela aos isoladores mais próximos aos cabos, que são, portanto, os mais solicitados eletricamente. Esse fato, no início da transmissão por altas tensões, em virtude da tecnologia de fabricação de isoladores ainda incipiente, fazia com que ocorressem defeitos nesses isoladores, por perfuração do dielétrico ou a abertura de arco em torno da primeira unidade e que podia se propagar à cadeia inteira.

Verificou-se que, se o primeiro isolador fosse envolvido por um anel metálico com 2 a 3 vezes o diâmetro dos isoladores, haveria uma melhor distribuição dos potenciais ao longo das cadeias. Verificou-se também que, se na parte superior da cadeia fosse montado um anel idêntico, além da melhora da distribuição das tensões, haveria também a possibilidade de protegê-la dos arcos voltaicos que são iniciados pelas sobretensões devido às descargas atmosféricas (Fig. 1.28)

A melhoria da qualidade dos dielétricos e, no caso dos isoladores de porcelana de seu revestimento vítreo, aliada a um aperfeiçoamento em sua geometria, fizeram com que esses anéis fossem considerados dispensáveis para a maioria das linhas, permitindo inclusive, sem reduzir a distância disruptiva da cadeia necessária a uma mesma classe de tensão, eliminar um isolador.

Com o advento das transmissões em EAT, foi observada a formação de eflúvios de corona em pontos das ferragens das cadeias de isoladores. A solução imediata encontrada foi através do uso de "anéis de corona" ("Corona shields"), colocados lateralmente às ferragens de suspensão, como mostra a figura 1.28. O desenvolvimento de ferragens à prova de corona fez com que seu uso aos poucos venha a ser abandonado, como no caso de linhas de construção mais recente em 345, 500 ou 750kV

As cadeias de isoladores empregadas podem ser do tipo reto (cadeira "I"), constituídas de uma coluna de isoladores e mesmo duas, montadas verticalmente (fig. 1.26). O segundo tipo, conhecido por "cadeia em V", é composto de duas colunas de isoladores montadas de forma a manterem com a vertical um ângulo de

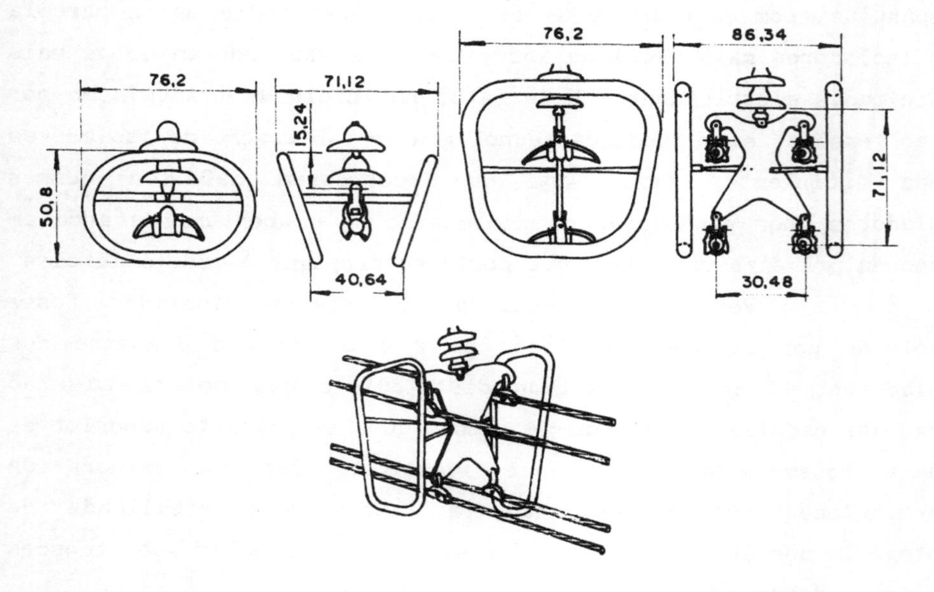

Fig. 1.28 - Anéis de corona

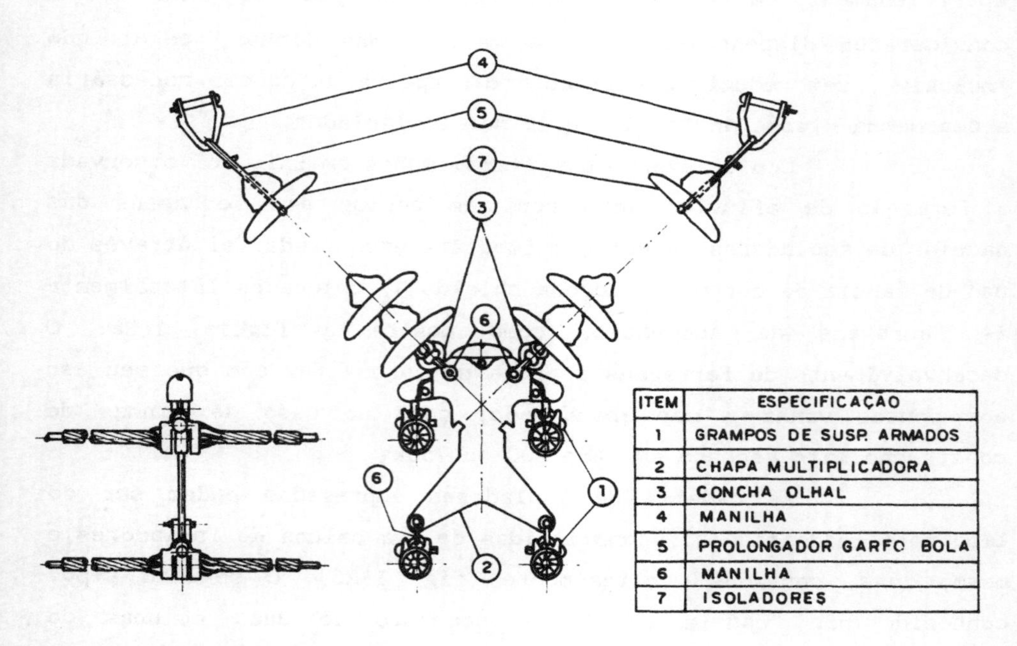

ITEM	ESPECIFICAÇÃO
1	GRAMPOS DE SUSP. ARMADOS
2	CHAPA MULTIPLICADORA
3	CONCHA OLHAL
4	MANILHA
5	PROLONGADOR GARFO BOLA
6	MANILHA
7	ISOLADORES

Fig. 1.29 - Cadeia em "V"

45°, aproximadamente, fixadas, em sua parte inferior, a uma chapa duplicadora que suporta os grampos de suspensão e, na sua parte superior, cada coluna é fixada à estrutura (fig. 1.29). Esse tipo de cadeia impede o efeito do balanço da cadeia de isoladores, devido à pressão do vento lateralmente sobre os cabos, o que permite uma redução nas dimensões horizontais das estruturas. O acréscimo no número de isoladores e das ferragens é compensado pela economia no custo dos suportes.

1.4.2.3.2 - Cadeias de ancoragem

São mais solicitadas mecanicamente, pois elas devem suportar todos os esforços transmitidos axialmente pelos cabos em quaisquer condições de solicitação. São também denominadas cadeias de retenção. São montadas acompanhando a curvatura dos cabos, que, junto às estruturas, ficam praticamente na posição horizontal.

Os cabos são presos às cadeias de isoladores ataravés de grampos de tensão, dimensionados para resistir cerca de 110 a 150% da máxima tração de serviço. São empregados dois tipos básicos de grampos de tensão, ilustrados na fig. 1.30. Os grampos de passagem, como o nome diz, permitem a passagem dos cabos neles fixados, sem cortes dos mesmos. Devido ao sistema de fixação empregado, não são considerados à prova de corona, portanto, pouco empregados em linhas com tensão extra-elevadas. O segundo tipo, de uso mais geral, requer o corte dos cabos, que são fixados aos mesmos por pressão.

Para cabos monometálicos, constam basicamente de um tubo de liga de alumínio terminado em um olhal para a sua fixação às chapas multiplicadoras ou aos concectoresw de ligação com os isoladores. São equipados com chapas de conexão elétrica. O tubo terá paredes de espessura suficiente para resistir ao esforço mecânico; o diâmetro interno do tubo será igual ao do diâmetro nominal do cabo, com peque4na tolerância para mais, permitindo que seja enfiado sobre o cabo. Empregando-se uma prensa hidráulica com mordentes adequados, o conjunto luva-cabo amolda-se um ao outro, ficando o cabo retido.

No caso dos cabos bimetálicos, o grampo será composto de duas peças, uma de aço para a retenção da alma do cabo

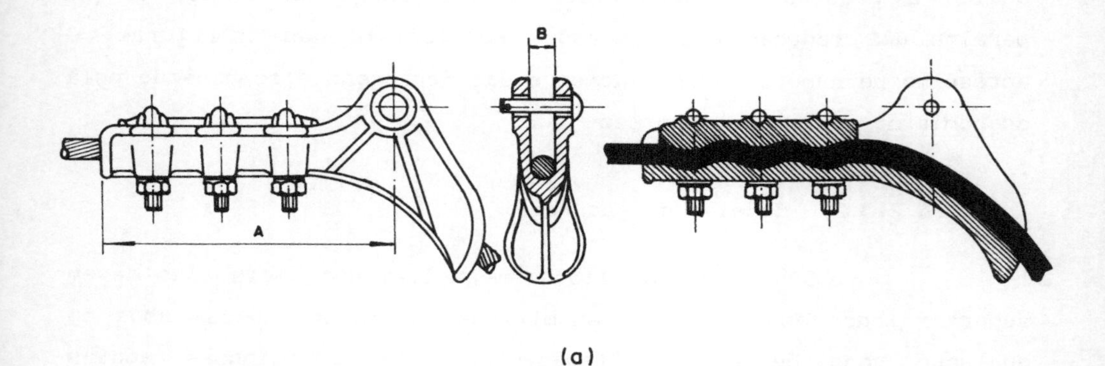

(a)

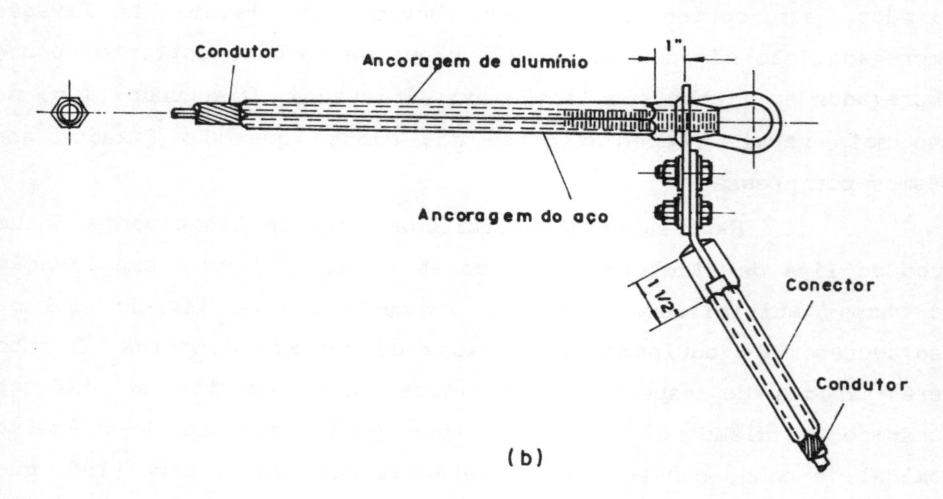

(b)

Fig. 1.30 - Grampo de tensão

e uma de alumínio para a fixação dos fios de alumínio e para a condução (elétrica). Esta reveste a anterior. Ambas são aplicadas a pressão.

1.4.2.3.3 - Emendas dos cabos

Os cabos para as linhas de transmissão são fornecidos normalmente acondicionados em carretéis (bobinas) de dimensões padronizadas, adequados aos diversos tipos e bitolas de cabos e ao seu manuseio no campo, durante a montagem das linhas. Há, portanto, um limite no comprimento dos cabos que podem ser fornecidos, sempre inferior ao comprimento das linhas, exigindo assim a realização de emendas dos mesmos. Essas emendas deverão assegurar continuidade elétrica ao circuito e também resistir aos esforços de tração a que ficam submetidos os cabos.

Empregam-se três tipos de emendas para cabos de alumínio, alumínio-a;o ou liga:

a - Emenda do tipo torção - reservada a cabos de pequenos diâmetros de até cerca de 15mm. Composta de tubos de alumínio de secção transversal ovalizada, nos quais são introduzidas as extremidades dos cabos a serem emendados, como mostra a figura 1.31. Empregando-se um par de chaves apropriadas, afetua-se a torção das luvas juntamente com as extremidades dos cabos.

Fig. 1.31 - Luva de emenda de torção

b - Emenda do tipo compressão - exigem para a sua aplicação um compressor mecânico ou hidráulico com capacidade superior a 50 Ton, equipado com matrizes apropriadas. Para cabos de alumínio ou liga de alumínio, é empregada uma única luva de alumínio de secção transversal anular (tubo), na qual são introduzidas as pontas dos cabos. Empregando-se a pressão, comprime-se o conjunto, em geral alterando a superfécie externa do tubo de circular para sextavada. Empregando-se tubos de secção externa ovalizada e furo circular, estes assumem secção anular após sua compressão.

No caso de cabos CAA, prefere-se usar duas luvas de compressão, uma para a alma, em geral de aço e outra para o alumínio. Ambas terão após a compressão, a mesma forma ou sextavada ou circular. A figura 1.32 mostra uma luva de compressão e suas componentes.

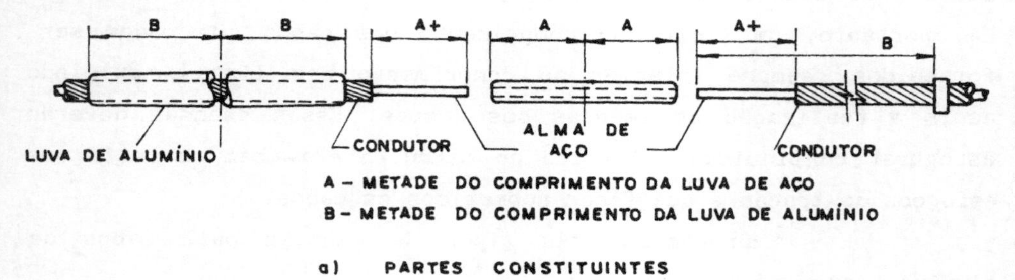

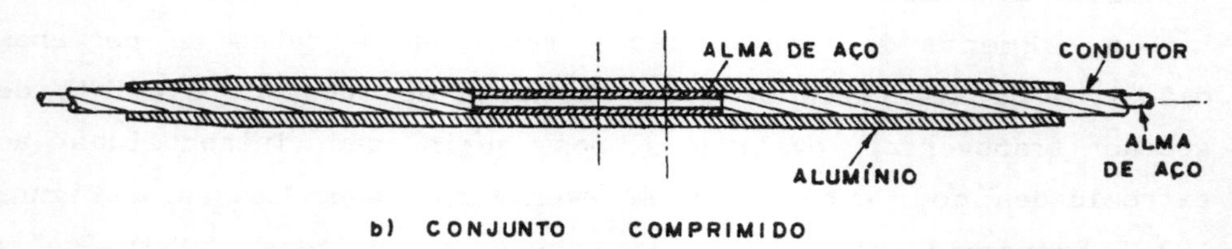

Fig. 1.32 - Luva de emenda de compressão

c - Emendas tipo "pré-formados" - são constituídas por jogos de varetas pré-formadas semelhantes às varetas antivibrantes. Para cabos CA ou CAL constituem-se por um único jogo de varetas aplicadas sobre os cabos a serem emendados. Nos cabos CAA são usados três conjuntos de varetas: um conjunto para mendar a alma de aço, interna, um conjunto para emendar a camada de alumínio, externa, e um conjunto de varetas para encher o vão entre a emenda do aço e aquela do alumínio. Sua resistência mecânica é de 100% daquela do cabo com o qual é usado. Resistem por aderência às extremidades dos cabos por elas unidos.

1.4.2.3.4 Dispositivos Antivibrantes

Conforme já mencionado anteriormente, um dos fatores que limita a utilização dos cabos mecanicamente é o fenômeno da fadiga de seus fios componentes sob efeito das vibrações induzidas pelo vento nos mesmos. Com o emprego de dispositivos capazes de dissipar a energia envolvida, pode-se reduzir substancialmente o perigo, da ruptura dos cabos junto aos seus pontos de suspensão, podendo-se mesmo aumentar as trações nos mesmos, reduzindo suas flechas.

Um razoável número de dispositivos foi inventado e aplicado ao longo do tempo[9],com resultados variáveis. Há basicamente três tipos de proteção contra o efeito das vibrações.

a - Varetas Anti-Vibrantes ou Armaduras Anti Vibrantes - já descritas em item anterior, representando reforços dos cabos junto aos pontos de suspensão;

b - Amortecedores de Vibrações - há uma gama bastante grande de dispositivos conhecidos genericamente por amortecedores de vibrações e que tem por finalidade absorver e dissipar a energia das vibrações. O tipo mais conhecido e usado é o tipo "STOCKBRIGE" ilustrado na figura 1.33. Suas dimensões depedem dos diâmetros dos cabos. Seu posicionamento com relação ao grampo de suspensão depende do comprimento das ondas das vibrações a serem amortecidas [9].

c - Pontes Anti-Vibrantes ou Festões - constituídas por alças confeccionadas com o próprio cabo e montadas em paralelo com o mesmo, como mostra a figura 1.34.

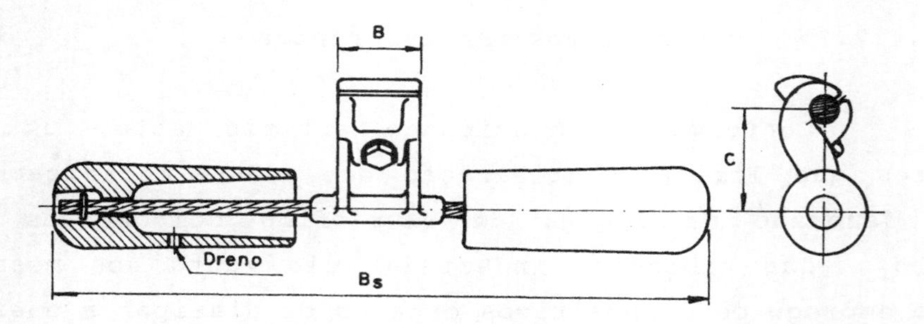

Fig. 1.33 - Amortecedor Tipo Stockbridge.

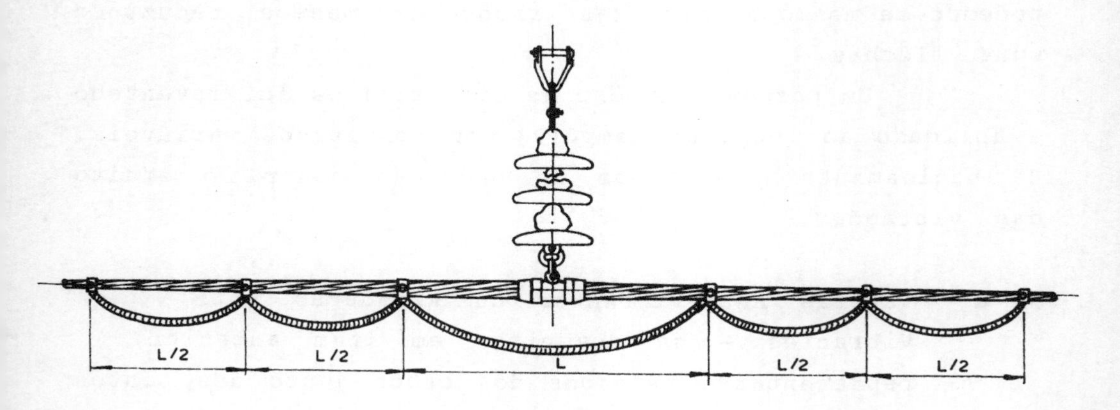

Fig. 1.34 - Amortecedor Tipo Festão.

1.4.2.3.5 Espaçadores para Condutores Múltiplos

Afim de manter constantes a impedância e a capacitância dos condutores múltiplos sob quaisquer condições meteorológicas, é preciso que eles se mantenham paralelos entre si ao longo de toda a linha. Isso é obtido através de espaçadores montados a intervalos regulares ao longo dos vãos das linhas. Esses espaçadores, sendo de material condutor ajudam a dividir as correntes e os potenciais os subcondutores (Figura 1.35).

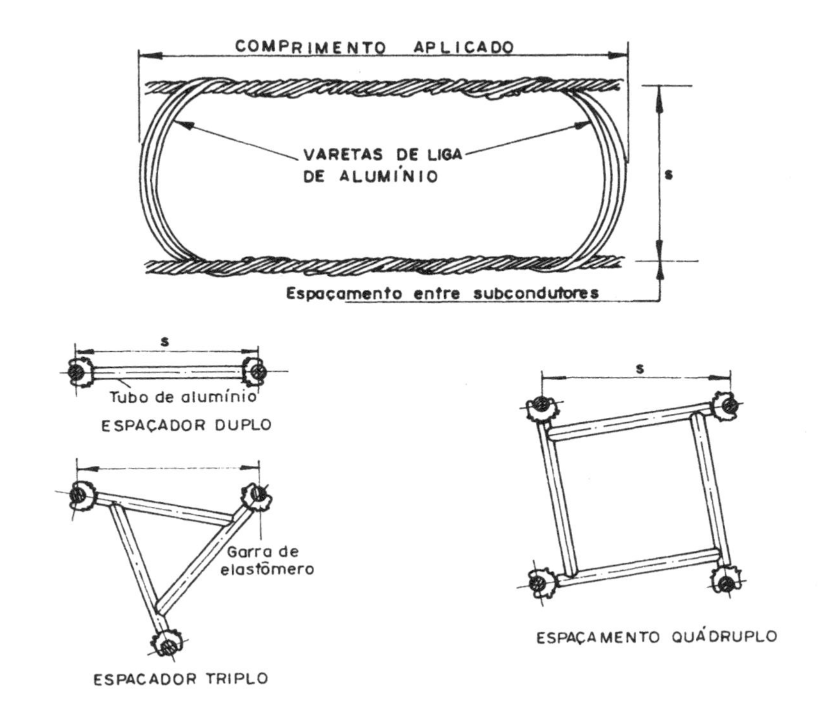

Fig. 1.35. - Espaçadores para Condutores Múltiplos.

1.4.2.3.6 Sinalização de Advertência

As linhas aéreas de transmissão devem ser equipadas com dispositivos de sinalização afim de assegurar a sua segurança física e operacional da ação de terceiros como também a segurança destes últimos.

Os critérios mínimos para essa sinalização estão indicados na norma NBR 7276 de 1982 e constam basicamente de:

a - sinalização de advertência a pedestres, na forma duma placa afixada aos suportes, em locais de fácil acesso;

b - em travessias sobre vales profundos, quando os cabos mais altos estiverem a mais de 145m de altura sobre o fundo dos mesmos, é requerido que nesses cabos sejam montadas esferas (na cor vermelha ou laranja) com diâmetros mínimos de 500 mm, espaçadas de no mínimo 40 metros, com a finalidade de advertir aeronaves que possam aí trafegar;

c - sinalizações sobre rodovias, ferrovias ou dutos. São empregados esferas do mesmo tipo nos cabos mais altos, no mínimo duas por travessia, colocadas nos pontos de intersecção de linha com o eixo do limite da faixa de servidão desses obstáculos;

d - sinalização de advertência de estais.

1.4.3 Estruturas das Linhas

Também designadas suportes, desempenham uma dupla função nas linhas aéreas de transmissão:

a - proporcionam os pontos de fixação dos cabos condutores através de sua estrutura isolante, garantindo as distâncias de segurança entre condutores energizados, entre êstes e partes do próprio suporte e entre os condutores e o solo.

b - amarram, através de suas fundações, as linhas ao terreno, ao qual transmitem as forças resultantes de todas as solicitações a que são submetidos os elementos que compõem o suporte.

O seu dimensionamento deverá atentar, pois, para os dois aspectos, o elétrico e o mecânico. O dimencionamento elétrico é responsável pela fixação das dimensões mínimas das distâncias de segurança, portanto das dimensões básicas do suporte. Através do dimencionamento mecânico é que determinamos as dimensões adequadas a cada elemento do suporte afim de resistir aos esforços a que são submetidos. A forma final dos suportes decorre da "arquitetura" mais adequada aos materias estruturais empregados, escolhidos com base em considerações de natureza operacional (confiabilidade em serviço) e de seu custo.

1.4.3.1 Dimensões Básicas de um Suporte

São fixadas de modo assegurar segurança e desempenho aceitável face aos diversos tipos de sobretensões a que são submetidos. Suas estruturas isolantes definem essas dimensões. Estas, como já mencionamos no Item 1.4.2, são constituídas por combinações adequadas de isoladores e distâncias de ar. O número e tipo de isoladores para uma determinada classe de tensão, como também as distâncias de isolamento são fixadas por critérios de vários. As normas técnicas, que se preocupam com o fator segurança, fixam valores mínimos para as distâncias de segurança. No Brasil vigora o que é determinado pela norma NBR 5422 de março de 1985 [10], aplicável a linhas com tensões nominais maiores do que 38 kV, e menores do que 800 kV. Os demais países possuem seus próprios regulamentos a respeito.

As estruturas isolantes das linhas de transmissão são solicitadas, como foi visto (item 1.4.2) por três tipos de sobretensões, além das tensões normais de operação.

Através de seu dimensionamento adequado se procura reduzir os efeitos das sobretensões nos sistemas elétricos, que podem provocar interrupções no fornecimento de energia, cujo número e durações devem ficar em níveis aceitáveis.

As sobretensões de origem atmosféricas são aquelas que podem apresentar os valores mais elevados e sobre as quais não se tem controle algum. Os outros dois tipos são gerados no próprio sistema. A redução de seus valores a níveis razoáveis é em geral economicamente viável.

A proteção mais eficiênte das linhas contra as descargas atmosféricas consiste em evitar que as mesmas atinjam diretamente os cabos condutores, caso em que dificilmente a estrutura isolante resistirá, facilitando a abertura de um arco voltaico entre condutores e suporte, seguido de uma corrente em freqüência industrial para o solo, caracterizando um curto-circuito de fase à terra.

1.4.3.1.1 - Efeito dos cabos pára-raios

O emprego de cabos pára-raios adequadamente localizados com relação aos condutores, como já foi mencionado no item 1.4.1.3, reduz sua exposição direta, evitando que a grande maioria dos raios que demandam a linha atinja os condutores.

São suspensos, ordinariamente, na parte mais alta das estruturas, e sua altura é determinada em função do "ângulo de cobertura" por eles oferecido. Está comprovado que quanto menor for esse ângulo, mais eficiente será a proteção, o que, no entanto, aumenta os custos das estruturas. O ângulo de cobertura é definido pelo ângulo que faz um plano vertical que contém os pára-raios, com o plano inclinado que contém os cabos pára-raios e os cabos condutores, como mostra a figura 1.36. A figura 1.37 mostra os valores mais adequados do ângulo em função das alturas das estruturas. Normalmente, as flechas dos cabos pára-raios são menores do que aquelas dos cabos condutores, o que faz com que, no meio do vão, os ângulos de cobertura sejam menores do que junto às estruturas.

1.4.3.1.2 - Altura das estruturas

Dependem do comprimento das cadeias de isoladores, do

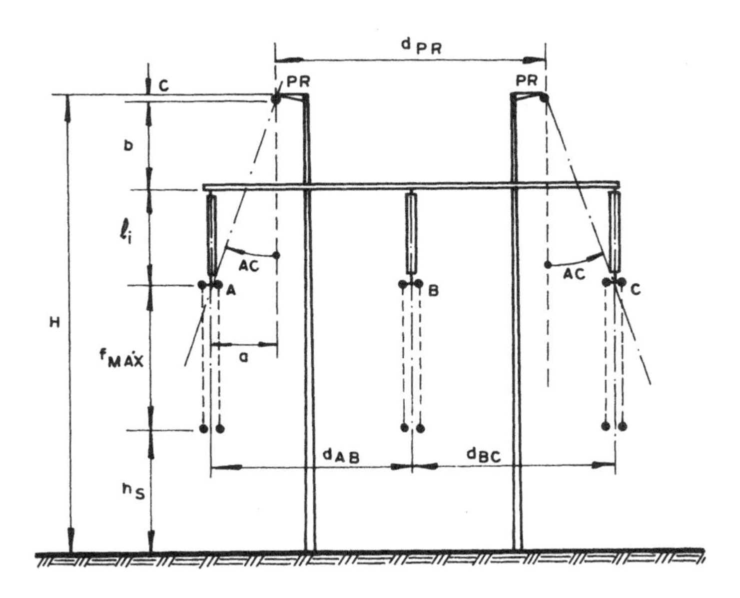

Fig. 1.36 - Dimensões básicas de uma estrutura

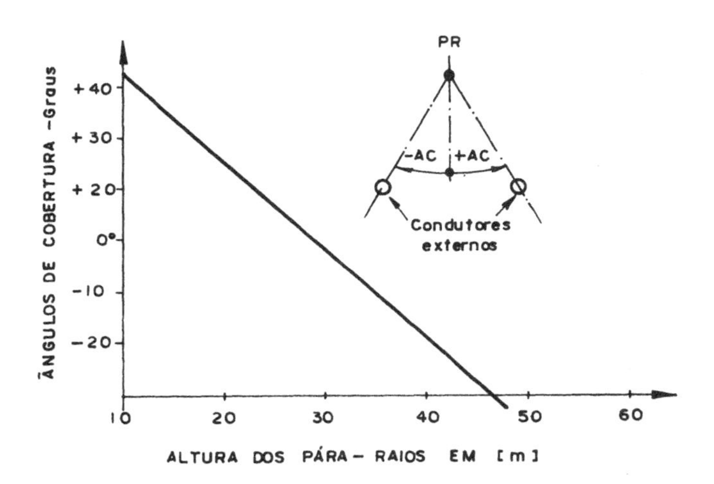

Fig. 1.37 - Ângulos de cobertura propostos por Armstrong e Whitehead [21] para proteção efetiva

valor das flechas máximas dos condutores e das alturas de segurança necessárias.

O comprimento da cadeia de isoladores (l_i na figura 1.36) é função do tipo desta (I ou V), do número de isoladores e das ferragens que as compõem. O número de isoladores pode ser determinado da maneira vista em 1.4.2.2.1. As dimensões dos isoladores e ferragens são obtidas dos catálogos dos respectivos fabricantes.

As flechas máximas (f_{max} na fig. 1.36) são determinadas em função do vão médio ao qual a estrutura se destina, pela Eq. 1.1. A tração a ser usada deve ser calculada para a condição de máxima temperatura, como recomenda a NBR 5422 em seu item 5 2 2, e como será visto no Capítulo 4.

As alturas de segurança, h_s, mostradas na figura 1.9 e 1.36, representam a menor distância admissível entre condutores e o solo em qualquer momento da vida da linha. São fixadas igualmente pela NBR 5422, em seu item n.º 10.2.1.1. Dependedendo da classe de tensão das linhas e da natureza do terreno ou dos obstáculos por ela cruzados, a referida norma apresenta dois métodos de cálculo dessas distâncias. Um método designado "Convencional" e um método alternativo, que para sua aplicação depende de uma análise probabilística dos valores máximos das sobretensões a que as linhas poderão ser submetidas.

Para efeito de dimensionamento da altura básica dos suportes, pode-se empregar a seguinte expressão:

$$h_s = a + 0{,}01\left(\frac{D_u}{\sqrt{3}} - 50\right) \qquad (1.8)$$

para U > 87kV ou D = a, para U ≤ 87kV

Sendo:

U - tensão máxima de operação da linha, valor eficaz, fase-fase, em kV;

D_u - distância, em metros, numéricamente igual a U;

a - distância básica, em metros, obtida da Tabela n.º 5 da referida norma. Para a presente finalidade, pode-se usar a = 6,5m. Para fins de distribuição das estruturas sobre os perfis (locação), as demais distâncias deverão ser observadas, face a cada tipo de obstáculo (Capítulo 4).

Exemplo 1.4

Qual a altura mínima admitida para os condutores de uma linha de 138/145kV sobre terreno agriculturável? E para uma linha de 500/550kV?

Solução:

Pela equação (1.8) teremos:

a) 138kV - $h_s = 6{,}5 + 0{,}01 \left(\frac{145}{\sqrt{3}} - 50 \right)$ [m]

$h_s = 6{,}84m$

b) 550kV - $h_s = 6{,}5 + 0{,}01 \left(\frac{550}{\sqrt{3}} - 50 \right)$ [m]

$h_s = 9{,}18m$

1.4.3.1.3 - Distâncias entre partes energizadas e partes aterradas dos suportes

Trata-se igualmente de distâncias de segurança, portanto têm seus valores mínimos para cada classe de tensão estabelecidas por normas. Recomenda a NBR 5422/1985:

"As distâncias mínimas do suporte devem ser, obrigatoriamente, determinadas em função de estudos que levem em consideração as várias solicitações elétricas a que a linha de transmissão será submetida, devidamente coordenadas com as condições de vento que ocorrem simultaneamente com cada uma das referidas solicitações."

"Caso esteja previsto o uso de manutenção em linha viva, todos os espaçamentos deverão ser verificados, de forma a garantir a segurança dos eletricistas envolvidos nessa atividade."

A referida norma ainda condiciona que todas as distâncias decorrentes desses estudos devem ser, no mínimo, iguais àquelas determinadas da maneira exposta em seus itens 10.2.1 ou, alternativamente, no item 10.2.2.

A figura 1.38 mostra o modo de se determinar essas distâncias em estrutura, empregando cadeia de isoladores pendentes (tipo I), com liberdade de oscilar movidas pelo vento, no sentido transversal ao do eixo da linha. O cálculo do ângulo de balanço, β, da cadeia de isoladores, será visto nos Capítulos 2 e 4.

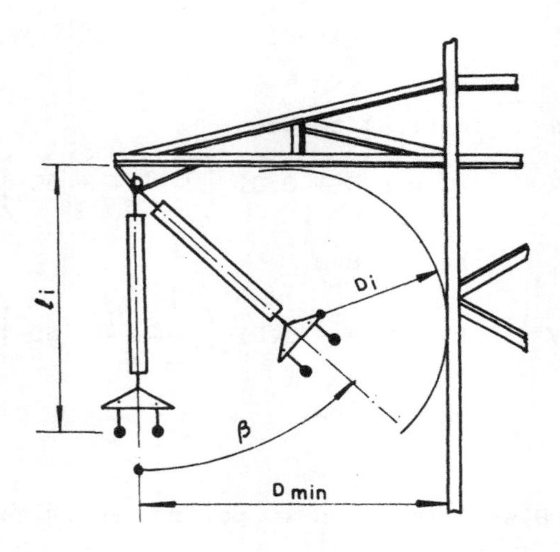

Fig. 1.38 - Determinação da distância de seguranca mínima - D_{min}

A distância D_i pode ser determinada, em primeira aproximação, tornando-a igual à "distância disruptiva reta da cadeia". Designando por n_i o número de isoladores na cadeia, P_i o seu passo e d_i sua distância de escoamento (p_i e d_i são obtidos dos catálogos dos fabricantes), a distância disruptiva reta de uma cadeia de isoladores será:

$$D_i = (n_i - 1)\ p_i + d_i \quad [m] \tag{1.9}$$

Exemplo 1.5

Qual deverá ser o valor recomendado para a distância de segurança mínima num suporte de uma linha de tensão nominal de 345 kV?

Solução:

A fim de empregarmos a Eq. 1.9, devemos escolher o tipo de isolador, determinando o seu passo e a distância de escoamento. Para saber o seu número, é necessário especificar a distância de escoamento específica, d_2. Admitindo-se ar limpo, pode-se usar d_e = 2,2cm/kV. Para isoladores tipo "standard", temos d_i = 30cm e pi = 14,6cm.

O número de isoladores, pela Eq. 1.7, será:

$$n_i = \frac{362 \cdot 2{,}2}{\sqrt{3} \cdot 30} = 15{,}33 \text{ isoladores}$$

Adotaremos 15. Pela Eq. 1.9 teremos:

$$D_i = (15 - 1) \cdot 14{,}6 + 30 = 234{,}4\text{cm}$$

ou

$$D_i = 2{,}35\text{m}$$

Essa distância deverá ser assegurada, estando a cadeia na posição de balanço máximo. Ficarão, assim, definidas as distâncias de segurança com a cadeia em repouso, l_i e D_{min}, na Fig. 1.38.

O seu comportamento elétrico, face às sobretensões, deverá ser verificado analiticamente e possivelmente por ensaio em laboratório. Deverá ser analisada, igualmente, para efeito de manutenção em linha viva.

De acordo com a norma citada, essa distância não poderá ser menor do que aquela calculada pela expressão (Tab. 4):

$$D_i = 0{,}03 + 0{,}005 D_u \text{ [m]} \qquad (1.10)$$

Exemplo 1.6

Verificação da aceitabilidade da distância calculada no exemplo anterior:

Solução:

$D_i = 0,03 + 0,005 \cdot 362m$
$D_i = 1,84m$

Verifica-se, pois, que a distância de 2,35m é aceitável, face a norma aplicável.

No caso de serem empregadas cadeias em "V", esta deverá ser considerada em repouso. As distâncias de segurança são estabelecidas pelos mesmos critérios (Fig. 1.39).

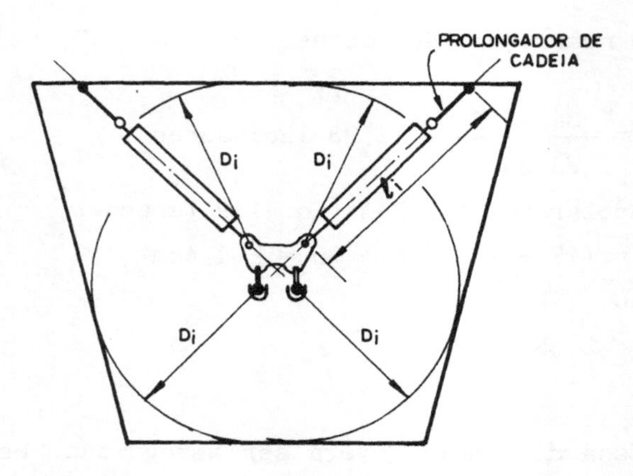

Fig. 1.39 - Contorno mínimo de uma janela com cadeia em "V"

1.4.3.1.4 - Disposição dos condutores nas estruturas

É um fator importante na definição das dimensões das estruturas. São empregadas três disposições básicas dos condutores:

a - disposição em plano ou lençol horizontal - quando todos os condutores de fase de um mesmo circuito estão em um plano horizontal. Essa disposição é empregada em todos os níveis de tensão, de preferência em linhas a circuito simples. É a disposição que exige estruturas de menor altura, sendo, portanto, preferida para linhas em TEE e TUE. As figuras 1.1, 1.2 e 1.36 ilustram essa disposição;

b - disposição em plano ou lençol vertical - nesta disposição os condutores se encontram em um mesmo plano vertical. Essa disposição é reservada em linhas a circuitos simples, quando estas sofrem limitações das larguras das faixas de servidão. É, tipicamente, o caso quando as linhas devem acompanhar vias públicas. São empregadas principalmente em linha a dois circuitos trifásicos no mesmo suporte, reduzindo, assim, as larguras das faixas de servidão. Estas linhas são encontradas em todos os níveis de tensões, até 500kV. A figura 1.40 mostra esse tipo de disposição;

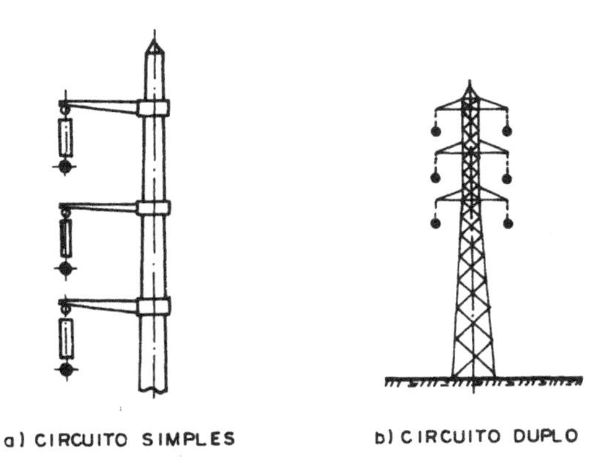

Fig. 1.40 - Disposição vertical dos condutores

c - disposição triangular - neste caso os condutores são dispostos segundo os vértices de um triângulo. Esse tipo de disposição é encontrado em todos os níveis de tensões, mesmo em EAT. Resulta em estruturas de alturas intermediárias entre as duas disposições anteriores. Os triângulos são normalmente isóceles, e são empregadas tanto para linhas a circuitos simples como para circuitos duplos. A figura 1.41 exemplifica alguns casos.

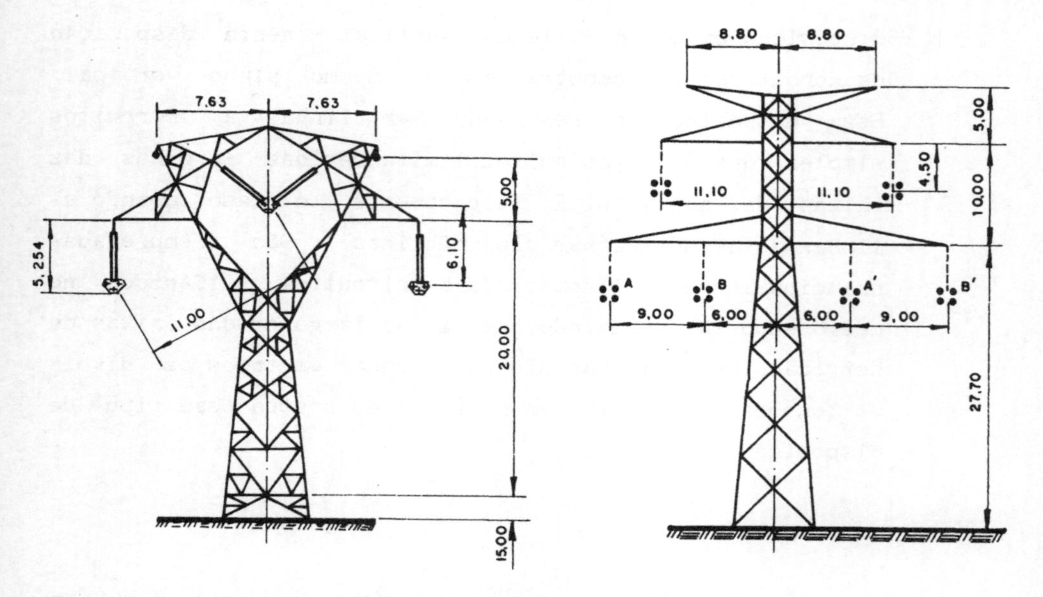

Fig. 1.41 - Linhas com disposição triangular

1.4.3.1.5 - Classificação das estruturas em função das cargas atuantes

Os elementos que compõem um suporte devem ser dimensionados a fim de resistir, com segurança, às solicitações a que são submetidos. Devem suportar os esforços necessários à manutenção dos cabos suspensos, as forças decorrentes da pressão do vento sobre os cabos e sobre seus próprios elementos, o peso dos cabos e de seus acessórios, como também as forças decorrentes das variações da temperatura desenvolvidas nos cabos e também de mudanças de direção no seu traçado. Essas forças atuam em direções diferentes, permitindo um tipo de "especialização" às estruturas, atribuindo-lhes funções específicas.

As forças podem ser classificadas em:

a - Forças verticais - atuam normalmente no plano vertical e são decorrentes de:

- peso dos cabos condutores e pára-raios;
- pesos dos isoladores, ferragens e acessórios;
- peso próprio dos componentes do suporte.

Poderão ainda ser solicitadas por componentes verticais dos esforços horizontais (estruturas estaiadas - item 1.4.3.1.6.b) ou decorrentes de cargas adicionais de montagem e manutenção.

b - Forças horizontais - apresentam-se em direções diferentes, devido a causas variadas:

b.1 - Forças horizontais em direção transversal aos eixos das linhas - decorrem da força resultante da pressão do vento sobre cabos e isoladores, bem como sobre os elementos dos suportes;

b.2 - Forças horizontais longitudinais - como se verá no Capítulo 3, para que os cabos se mantenham suspensos eles desenvolvem forças axiais de tração, variáveis com as variações de temperatura e com a pressão do vento e que devem ser suportadas pelas estruturas da linha;

b.3 - Forças horizontais ao longo das bissetrizes dos ângulos horizontais- são resultantes das forças de tração longitudinais dos cabos nos sentidos dos dois alinhamentos que se interceptam.

Os suportes podem ser classificados nos seguintes tipos, e que normalmente integram uma "família de estruturas", ou "série de estruturas", para uma linha:

a - tipo "suspensão" ou "alinhamento" - são suportes dimensionados para, em condições normais de operação, resistir aos esforços verticais devido ao peso dos cabos, isoladores e suas ferragens. Poderão, como veremos no próximo item, ser solicitados igualmente no sentido vertical pelas forças decorrentes do estaiamento. Devem suportar igualmente as forças horizontais transversais decorrentes da pressão do vento sobre cabos, isoladores e sobre seus próprios elementos. Excepcionalmente são solicitados por forças verticais adicionais, como aquelas decorrentes da montagem e de manutenção, como também por forças horizontais longitudinais decorrentes da ruptura de um ou mais cabos.

Esse tipo de estruturas é, na maioria das linhas, o mais freqüentemente empregado, podendo haver em uma mesma linha suportes calculados para dois ou mais vãos básicos de referência. São os suportes menos reforçados da linha.

b - tipo "terminal" ou "ancoragem total" - constituem os suportes utilizados no início e no fim das linhas, cabendo-lhes a responsabilidade de manter os cabos esticados. São solicitados unilateralmente pelas mesmas forças que atuam nos suportes de suspensão e adicionalmente pelas forças axiais longitudinais na condição de maior intensidade de vento. São os suportes mais solicitados, sendo, portanto os mais reforçados. São usados com cadeias de isoladores em tensão (de ancoragem), mesmo em linhas de tensões mais baixas que empregam isoladores de pino ou pedestal;

c - tipo "ancoragem intermediária" - semelhantes ao tipo anterior, porém empregados no meio das linhas, com trações longitudinais equilibradas à frente e à ré. São menos reforçados que os anteriores, pois devem resistir unilateralmente apenas aos esforços decorrentes do tensionamento dos cabos durante a montagem, ou após a ruptura de alguns deles, supondo-se ausência de ventos de máxima intensidade. São igualmente empregados em pontos de ângulo relativamente elevados. Muitos projetistas recomendam o uso desse tipo de suporte a intervalos regulares ao longo das linhas, a fim de facilitar trabalhos de retensionamento de cabos quando necessário;

d - para "ângulos" - são estruturas dimensionadas para suportar, além dos esforços verticais e transversais, também as forças decorrentes da resultante das forças de tração nos cabos nos dois alinhamentos que se cruzam (Capítulo 3). Para ângulos menores empregam cadeias de suspensão e com ângulos maiores de tensão. Têm sua cabeça modificada com relação às demais, a fim de assegurar as distâncias de segurança necessárias. Uma "família" de estruturas possui freqüentemente mais de um tipo delas;

e - para "transposição" ou "rotação de fases" - a fim de se assegurar o equilíbrio eletromagnético das linhas, e com isso a igualdade das quedas de tensão nas três fases, efetua-se a transposição de fases [9], o que exige estruturas especiais. Recomenda-se que em cada trecho de linha haja pelo menos uma rotação completa, o que nos níveis mais baixos de tensão se consegue com o emprego de duas ou três estruturas especiais;

f - para "derivação" - freqüentemente se efetuam sangrias nas linhas para alimentar um ramal, sem necessidade de algum pátio de seccionamento e manobras. Nesses casos, uma estrutura especialmente projetada para esse fim é utilizada.

1.4.3.1.6 - Classificação dos suportes quanto à forma de resistir

Os esforços a que os suportes ficam submetidos são transmitidos ao solo. Essa transferência é feita somente pelos elementos dos suportes, ou por estes auxiliados por tirantes ou estais ancorados no solo. Esse fato serve de critério para classificar as estruturas em dois grupos, ou seja, estruturas autoportante e estruturas estaiadas.

a - Estruturas autoportantes - são dimensionadas para transmitir todos os esforços ao solo através de suas fundações. São de três tipos:

a.1 - Rígidas - aquelas que, mesmo sob a ação das maiores solicitações, não apresentam deformações elásticas perceptíveis em qualquer direção. São, portanto, as mais reforçadas e volumosas. As figuras 1.1b, 1.2b e 1.41b e c mostram estruturas deste tipo.

a.2 - Flexíveis - são aquelas que, sob a ação das solicitações de maior intensidade, apresentam deformações sensíveis, que, por serem elásticas, desaparecem ao cessar a solicitação. Essas deformações ocorrem no sentido das forças solicitantes, na forma de flechas em sua parte superior. São típicos deste tipo de suportes, os postes e os pórticos articulados, independentemente do material com que são confeccionados. Atuam como vigas engastadas no solo. A figura 1.42 mostra exemplos típicos de postes para diversos níveis de tensão e, a figura 1.43, pórtico articulado.

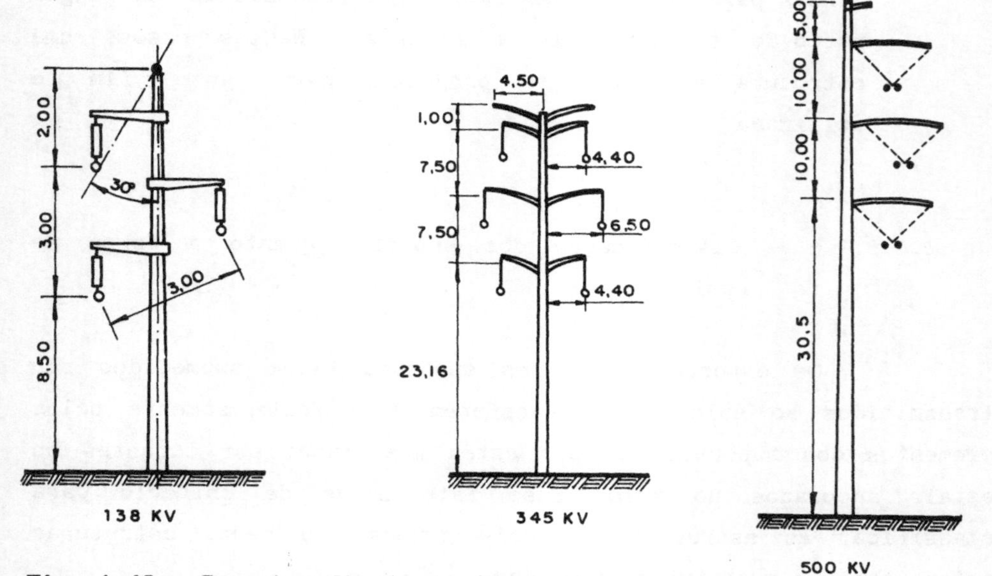

Fig. 1.42 - Suportes flexíveis (postes)

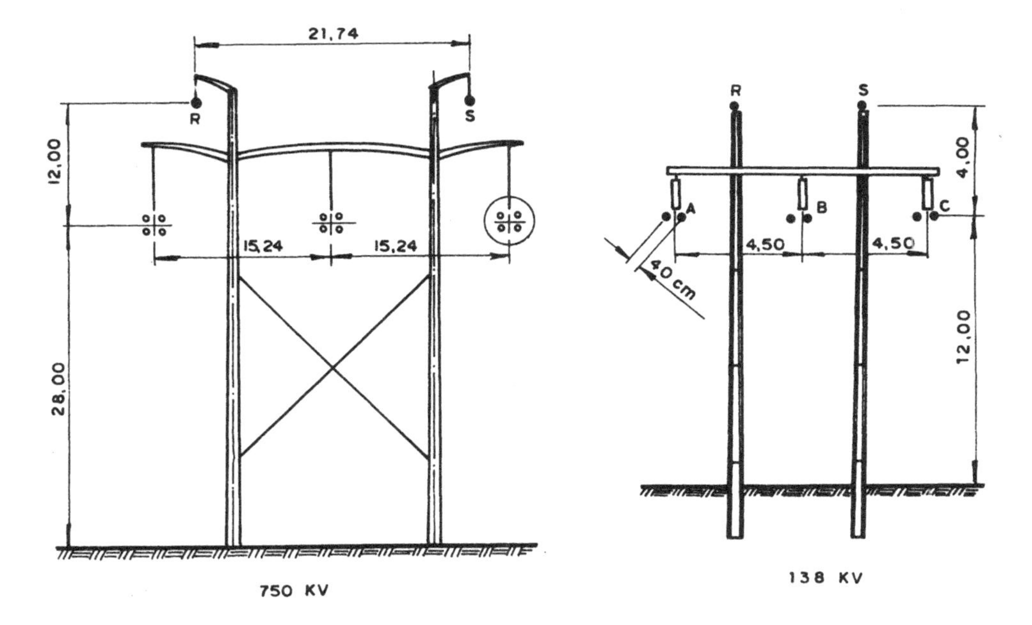

Fig. 1.43 - Suportes em pórticos

a.3 - Suportes mistos ou semi-rígidos - são suportes que apresentam rigidez em uma das direções principais. São em geral, assimétricas, com dimensões maiores na direção de sua rigidez, que é, em geral, na direção transversal ao eixo da linha. Exemplos típicos estão na figura 1.43, na forma de pórticos contraventados.

b - Estruturas estaiadas - neste tipo de suportes são empregados tirantes ou estais para absorver os esforços horizontais transversais e longitudinais. O emprego de tirantes é uma prática bastante antiga, principalmente em distribuição e em linhas de tensões menores, constituídas por postes engastados ou pórticos articulados engastados, a fim de enrijecê-las. Com o advento das linhas em EAT verificou-se que substancial economia de custo dos suportes (ver figura 1.45) é realizável através de seu estaiamento. Nestas, os estais assumem toda a responsabilidade de mantê-las em pé, pois são articuladas com o maciço de sua fundação, o que exige de quatro a seis tirantes por suporte, dependendo de seu tipo.

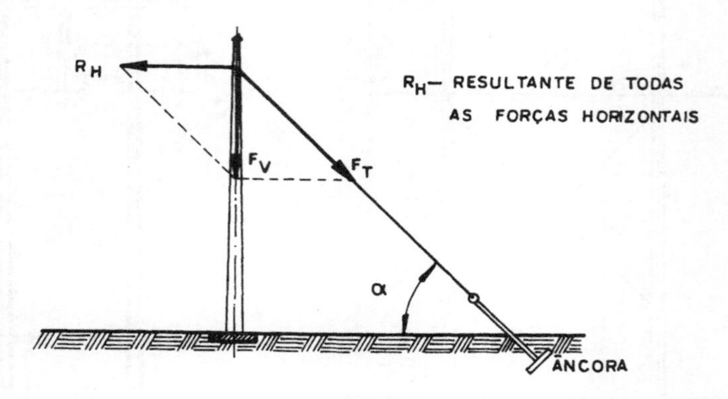

Fig. 1.44 - Forças atuantes em suporte estaiado

Os estais compõem-se de um cabo de aço, normalmente galvanizado, do tipo AR (forte) ou EAR (extra-forte). Em locais de atmosfera agressiva ao zinco empregam-se cabos aço-alumínio ("alumoweld") ou aço-cobre ("copperweld"). Os estais transferem ao solo, através de âncoras adequadas, componentes das resultantes horizontais que devem equilibrar, como mostra a figura 1.44. As figuras 1.1a e 1.1b mostram as estruturas estaiadas empregadas no sistema de transmissão de Itaipu.

Verificou-se, em época bastante recente, que maiores economias poderiam ser realizadas com o emprego de estruturas com suspensão flexível, nas quais, como mostra a figura 1.45, as cadeias de isoladores são também suspensas de cabos de aço. A figura 1.46 mostra essa suspensão em detalhes.

A aceitação desse tipo de estruturas tem sido boa, dada a grande confiabilidade apresentada, permitindo, além do mais, uma maior compactação nas dimensões das estruturas.

As maiores objeções ao sistema de suportes estaiados é que estes, além de requererem espaço para os estais nas faixas de

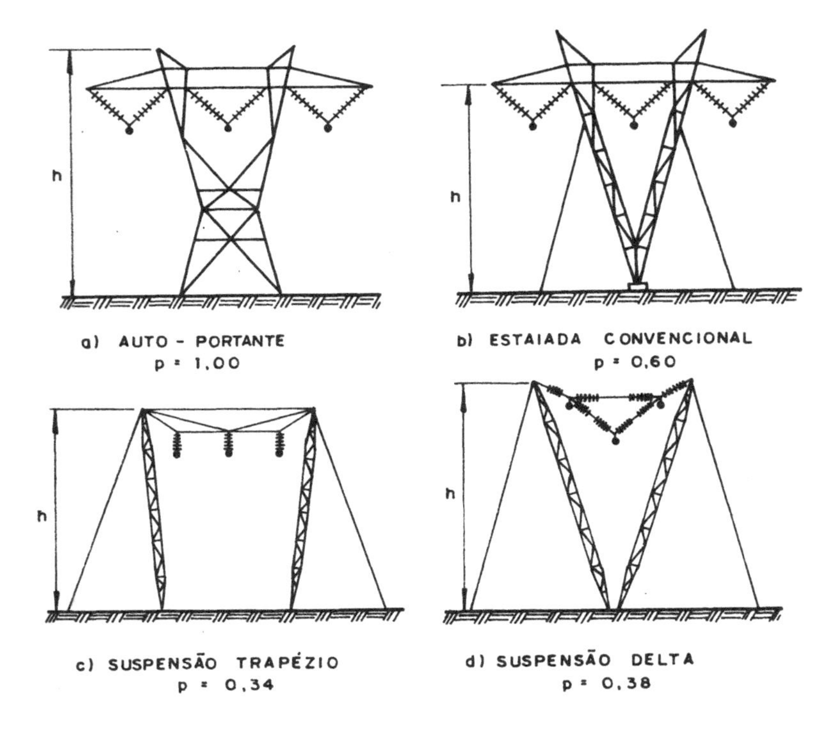

Fig. 1.45 - Estruturas estaiadas e com suspensão flexível. Pesos relativos p(500kV) (Ohio-Brass)

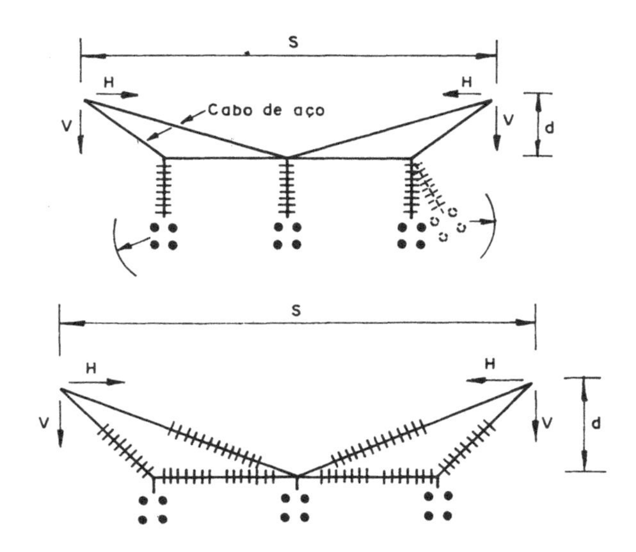

Fig. 1.46 - Jogos de forças nas estruturas isolantes [22]

servidão, exigem também terrenos de topografia favorável à implantação dos estais. Em terrenos irregulares prefere-se suportes auto-portantes, que também são preferidos como estruturas de ancoragem e terminais, levando na maioria das linhas às soluções mistas.

Alega-se, contra os estais, sua maior vulnerabilidade a vandalismos.

1.4.3.1.7 - Materiais estruturais

Em linhas aéreas de transmissão empregam-se, para a fabricação de suportes, os seguintes materiais:

a - Metais

- a.1 - aço carbono comum e de alta resistência;
- a.2 - alumínio ou liga de alumínio,

b - Concreto armado

- b.1 - com armadura convencional
  - b.1.1 - concreto vibrado;
  - b.1.2 - concreto centrifugado.
- b.2 - com armadura para pré-tensionamento.

c - Madeira

- c.1 - madeira ao natural;
- c.2 - madeira imunizada;
- c.3 - laminados de madeira.

Os metais, particularmente os aços, é que permitem que se obtenha a maior variedade de tipos e formas de estruturas, desde as treliçadas convencionais até as modernas estruturas tubulares de chapas dobradas.

As estruturas de alumínio ou de liga ainda sofrem limitações de uso em virtude de seu custo elevado, ficando restritas ao uso em locais em que o custo de transporte, devido ao seu menor peso, o justifique econômicamente.

As estruturas de aço devem ser protegidas contra a oxidação e corrosão, empregando-se para esse fim vários métodos. O mais freqüente é o uso de galvanização a fogo, através do qual o aço recebe uma camada de proteção de zinco por imersão das peças em um banho de zinco fundido. Empregam-se igualmente aços passivados como o "COR-TEN" (U.S. STEEL) e o "NIOBRAS" (C.S.N.), nos quais a primeira camada de óxido que se forma é estável, protegendo-o. Isolamento por pintura é também empregado para esse fim, porém com o inconveniente de exigir renovação periódica.

O concreto armado tem-se apresentado como ótima alternativa para suportes de linhas, com viabilidade econômica para linhas de até 500kV. Podem ser executadas nas formas autoportante ou estaiadas, em forma de postes para os níveis mais baixos de tensões, e como pórticos articulados ou contraventados em todos os níveis. Pendentes os processos de fabricação, poderão ser obtidas seções transversais quaisquer, sendo muito divulgados no Brasil seções circulares ocas e seções em duplo TEE. Postes de seção anular são fabricados por processos de centrifugação e por vibração, enquanto que os de seção qualquer, por vibração. Nos catálogos dos fabricantes nacionais relacionam-se postes componentes das estruturas com comprimentos unitários de até 40m e resistências nominais de até 5.000kgf. Há experiência acumulada de linhas até 500kV.

Dado seu grande peso e comprimento, seu uso, por razões econômicas, fica restrito, em geral, a locais de fácil acesso por meios de transporte convencionais.

A madeira é, talvez, o material estrutural mais tradicional para estruturas de linhas, podendo ser empregada para estruturas de até 500kV. No Brasil o seu uso está restrito a linhas de 230kV, na forma de postes ou de pórticos.

As madeiras adequadas devem apresentar as seguintes características:

- ser resistentes ao ataque de fungos da podridão;
- resistir bem à exposição ao tempo;

- indeformabilidade com a idade;
- resistência mecânica satisfatória.

Esses requisitos podem ser satisfeitos por madeiras "in-natura" ou através de tratamento de imunização com impregnação profunda da madeira em autoclaves com creosoto ou sais de cobre (sais de Wollmann). As madeiras que dispensam essa imunização são hoje de obtenção muito difícil, pois, sendo de crescimento lento , não são objeto de reflorestamento. São muito conhecidas as aroeiras, a massaranduba, o óleo vermelho e outras. Há registros de suportes de aroeira com mais de 50 anos de serviço.

A imunização se faz no Brasil com algumas das muitas variedades de eucaliptos, bastante abundantes em virtude do reflorestamento feito com essas essências. Sua vida útil gira em torno de 20 a 25 anos, dependendo do local de emprego.

Umas, como as outras, são empregadas em suas formas naturais, sem torneamento para retificação.

1.5 - BIBLIOGRAFIA

1 - FUCHS, Rubens Dario, - Transmissão de Energia Elétrica - 2ª Ed., Livros Técnicos e Científicos Ed. S.A. - Rio de Janeiro, 1979.

2 - STEVENSON, William D. - Elementos da Análise de Sistemas de Potência - 2ª Ed. - Mc Graw Hill São Paulo, SP, 1986.

3 - KIMBARK, Eduard W. - Direct Current Transmission - Vol. 1 - Wiley Interscience - N. York, 1971.

4 - BARNES, H.C. e BARTHOLD, L.O. - High Phase Order Power Transmission-Electra - nº 24, 1973 - pag.153 - Paris, França.

5 - STEWART, J. R. e GRANT, I.S. - High Phase Order - Ready for Application - IEEE Transactions, pag 101, n.º 6 - Junho de 1983 - N. York.

6 - SÃO PAULO LIGHT S.A. - Departamento Técnico - A Interligação São Paulo-Rio. Revista do Clube de Engenharia. Rio de Janeiro, Jan. 1960. Nº 281 - págs. 1-7.

7 - PEIXOTO, C.A. de O - Sistema de Transmissão de ITAIPÚ - Rev. Energia Elétrica - Set. 1979 - págs. 24 a 50.

8 - SAVELLI, M.- Do Óleo de Peixe à Lâmpada Incandescente - Diário de São Paulo, 23/08/1960.

9 - FUCHS, R.D. e ALMEIDA M.T. - Projetos Mecânicos das Linhas Aérea de Transmissão - Ed. EFEI/BLÜCHER 1982 - Itajubá/São Paulo.

10 - ABNT - NBR 5422 - Projetos de Linhas Aéreas de Transmissão de Energia Elétrica - Mar. 1985

11 - THE ALUMINUM ASSOCIATION - Aluminum Eletrical. Conductor Handbood - 1ª Ed. 1971 - N. York. Estados Unidos

12 - POFFENBERGER, J.C. e outros - Over Head Conductors in the United States. Proc. Cigre Open Conference - Rio de Janeiro, Agosto 1983

13 - EDITORES - New Conductors offer Greater Transmission Efficienty - Transmission and Distribution - Vol. 35, n.º 10 - pag. 12 - Outubro 1983 - Cos Cob, Ct - Estados Unidos.

14 - EDITORES - Controlling Conductor Vibration and Galloping - Transmission and Distribution - Vol 36, n.º 2 - pag. 16 - Fevereiro 1984 - Cos Cob, Ct. Estados Unidos.

15 - WADDICOR, H. - The Principles of Electric Power Transmission - Chapman and Hall Ltd. - 5ª Ed. 1964 - Londres.

16 - STELLA, M.S. - Determinação da Capacidade de Transporte de Corrente de Linhas Aéreas de Transmissão - ESCOLA FEDERAL DE ENGENHARIA DE ITAJUBÁ, 1984 - Dissertação de Mestrado.

17 - TANGEM, K.O. e ANDERSON, J.G. - EHV Transmission Line Reference Book - Cap. 7 - Edison Electric Institute - 1º Ed. 1968 - N. York.

18 - THOMAS, P.H. - Output and Regulation in Long Distance Lines. Transactions AIEE, Nova York, 1909 - Vol. 28, Parte I, pags. 615 a 640

19 - THOMAS, P.H. - Calculation of High Tension Lines - Id. ibid, pags. 641 a 686.

20 - CENTRAL STATION ENGINEERS - Electrical Transmission and

Distribution Reference Book - Ed Westinghouse - 4ª Ed. 1950 - East Pittsburgh, PA. Estados Unidos.

21 - ARMSTRONG, H.R. e WHITEHEAD, E.R. - Lightning Stroke Pathfinder - IEEE Power Apparatus & Systems - Vol. 83, 1964 - Pag. 1223 - N. York, NY - Estados Unidos.

22 - OHIO BRASS - Building for Tomorrow - Publ nº 2778-H - Mansfield, Ohio - Estados Unidos.

2

Elementos básicos para os projetos das linhas aéreas de transmissão

2.1 - CONSIDERAÇÕES GERAIS

Para cada transmissão de energia elétrica entre dois pontos existem numerosas soluções tecnicamente viáveis; porém, apenas um número relativamente pequeno é capaz de assegurar um serviço de padrão ótimo e, ao mesmo tempo, propiciar o transporte do kWh a um custo mínimo. O estudo de otimização de uma transmissão visa exatamente identificar essas soluções, e, dentre elas, escolher aquela mais adequada ao caso particular. Sob o ponto de vista puramente econômico, a solução mais adequada é aquela em que a soma dos custos das perdas de energia, durante a vida útil da linha mais o custo do investimento, é mínima. Decorre daí que todas as alternativas possíveis, consideradas aceitáveis sob o ponto de vista técnico, devem ser examinadas e comparadas entre si.

A rigor, o trabalho de projeto mecânico se inicia somente após os estudos de otimização, quando a escolha final já tenha sido feita, com a definição da classe de tensão, tipos de estruturas, bitolas e composições dos cabos condutores e pára-raios, composição das cadeias de isoladores, etc. Para os estudos de otimização, são feitos verdadeiros anteprojetos de cada solução, em que os elementos básicos para os cálculos mecânicos e elétricos já são definidos, dada a influência que podem exercer sobre o custo de cada uma das soluções. O projeto definitivo obedecerá, então, aos parâmetros assim determinados.

Entende-se por projeto mecânico de uma linha de transmissão, a determinação de todos os esforços atuantes sobre os elementos de que se compõe, efetuar o seu dimensionamento adequado, produzir desenhos de detalhes construtivos e de montagem e as respectivas especificações e instruções. Os trabalhos de projeto mecânico das linhas permitem que se considerem divisões ou fases:

a - projetos dos cabos e da distribuição dos suportes sobre os perfis dos terrenos;
b - projetos dos suportes;
c - projetos das fundações.

O projeto dos cabos consta da determinação das forças atuantes nos mesmos, sob a ação das solicitações a que ficarão submetidos quando em serviço, bem como dos parâmetros das curvas que assumirão quando suspensos nos suportes, a fim de permitir, através destas, que se escolha os pontos mais adequados à implantação dos suportes na linha. O estudo do comportamento mecânico dos cabos suspensos, que será feito no Capítulo 3, fornecerá o necessário ferramental. A distribuição dos suportes sobre os perfis dos terrenos é o objetivo do Cápitulo 4. Os projetos dos suportes serão abordados no Capítulo 5 e os das fundações no Capítulo 7.

O presente capítulo é destinado a apresentar as metodologias recomendadas para a determinação dos fatores causadores das solicitações, ou seja, dos esforços devidos à pressão do vento sobre os elementos componentes das linhas e daqueles devido às variações das temperaturas. Serão feitas, inclusive, considerações sobre a segurança das linhas e o seu dimensionamento, admitindo-se "riscos de falha". O comportamento elástico dos cabos condutores, bem como as deformações permanentes (alongamentos) que irão sofrer serão igualmente discutidos, e metodologias para sua predeterminação apresentadas.

2.2 - CONSIDERAÇÕES SOBRE A SEGURANÇA DAS LINHAS

Sob o ponto de vista da Engenharia, as linhas aéreas de transmissão constituem tipos particulares de estruturas físicas, cujos elementos básicos são os cabos (condutores e pára-raios) e os suportes, que, através das fundações, devem propiciar sua amarração ao terreno atravessado, ao qual devem ser adaptadas. Só esse fato já seria suficiente para diferenciá-las da grande maioria de obras de Engenharia, nas quais ocorre o inverso: o terreno é que é escolhido ou adaptado às finalidades pretendidas. Enquanto, na maioria das obras, as dimensões dos elementos estruturais são função do comportamento mecânico desejado, face às solicitações previstas, o mesmo ocorre apenas parcialmente nas linhas aéreas de transmissão: a escolha dos tipos e bitolas dos cabos condutores obedece, normalmente, a critérios técnicos e econômicos [1] e, muito raramente, mecânicos. A escolha dos materiais para os suportes, sua configuração e dimensões básicas dependem tanto das solicitações mecânicas e elétricas, do terreno no qual devem ser implantados, como também de considerações de segurança geral. Esta implica, evidentemente, em assegurar um mínimo risco de falhas mecânicas, que, além de comprometer a continuidade do transporte da energia, poderá ameaçar vidas e propriedades.

Na solução de quaisquer problemas de Engenharia de estruturas, os projetistas devem iniciar pelas seguintes providências básicas, que constituem as "Hipóteses de Cálculo":

a - estabelecimento das chamadas hipóteses de carga, através das quais se procuram fixar os valores das solicitações mecânicas, normais e anormais, que poderão incidir sobre as estruturas no decorrer de sua vida útil — principalmente daquelas que, por sua maior intensidade ou por sua maior duração, mais solicitam os materiais empregados;

b - através do conhecimento do comportamento dos materiais a serem empregados, face aos tipos de solicitações a que serão submetidos, escolher as taxas de trabalho mais adequadas a cada caso.

Na maioria dos países, uma vez que a segurança das obras de Engenharia em geral envolve a segurança de seres vivos ou de propriedades, o projetista é limitado, em seu arbítrio para a escolha dos elementos acima, pelos "Códigos de Segurança" ou pelas "Normas Técnicas", que, para cada tipo de estrutura, procuram estabelecer condições mínimas de segurança, fixando, em geral, tanto as hipóteses de carga mínimas, como também as solicitações máximas admissíveis nos diversos materiais. São elementos de orientação para o projetista. Sua adoção pura e simples não o exime, no entanto, de responsabilidade profissional.

Quando um determinado elemento estrutural é submetido a um certo tipo de esforço, e se este for suficientemente elevado, poderá ocorrer sua destruição ou ruptura. Esse valor recebe o nome de carga de ruptura. Esse termo, no entanto, não deve ser entendido ao pé da letra: às vezes ele, é associado a valores de solicitações que provocam deformações permanentes em elementos das estruturas, de ordem tal, a provocar o colapso da estrutura inteira. Seu valor também não pode ser considerado singular ou absoluto: nos materiais técnicos usados em obras, aceitam-se tolerâncias de fabricação tanto em suas dimensões físicas finais, quanto em suas características específicas (peso, resistência específica à tração ou compressão, etc). Admite-se, pois, um valor médio para cada grandeza e uma tolerância. Esta será tanto menor quanto mais rigorosas forem as especificações de fabricação, de controle de qualidade e aceitação. Nestas condições, as cargas de ruptura devem ser entendidas como grandezas estatísticas, definíveis, por exemplo, por seu valor médio e pelo desvio padrão ou pela variância. Pode-se, pois, a cada valor de esforço que atua sobre um elemento estrutural, associar um risco de falha. Este será tanto menor quanto maior for a relação carga de ruptura/carga máxima atuante. Essa relação determina o fator de segurança, para uma dada solicitação. Por outro lado, quanto maior for o fator de segurança, maiores as dimensões dos elementos estruturais e, portanto, seu custo.

Por outro lado, as cargas que atuam sobre as estruturas, principalmente quando decorrentes de fenômenos naturais, também não podem ser previstas com precisão e, para quaisquer valores supostos, existe sempre um risco de que os mesmos sejam ultrapassados durante a vida útil da obra.

Há, pois, uma tendência natural de se superestimarem as cargas ou de se superestimarem as resistências das estruturas, levando a superdimensionamentos, com conseqüentes penalidades econômicas.

Uma vez que, tanto a suportabilidade de uma estrutura ou aquela de um de seus elementos estruturais aos esforços mecânicos, podem ser consideradas grandezas estatísticas, como o são as forças atuantes, o risco de falha existirá sempre para qualquer combinação de forças atuantes e suportabilidades, como ensina a teoria da probabilidade.

Seja P(L) a curva cumulativa de distribuição das suportabilidades de uma estrutura pertencente a um lote de estruturas. No caso das linhas, essa distribuição pode ser considerada normal, com um desvio padrão entre 5 e 10% [3]. Seja fo(L) uma distribuição de valores extremos — velocidades máximas anuais dos ventos responsáveis pelas solicitações, e que pode ser descrita pela lei de GUMBELL I. O risco de falha R é representado, na figura 2.1, pela área hachurada. Sua expressão matemática é:

$$R = \int_0^{\infty} P(L) \cdot fo(L) \, dL \qquad (2.1)$$

O risco teórico de falha de uma estrutura pode ser determinado pela posição relativa das duas curvas P(L) e fo(L). A posição da curva P(L) é determinada pela "suportabilidade estatística garantida L_1", e é definida pela carga de 90% das estruturas de um mesmo lote que devem resistir quando submetidas a uma carga igual a L_1.

A posição da curva fo(L) é definida pela probabilidade da carga L_1 ser igualada ou excedida, ou pelo período de retorno T

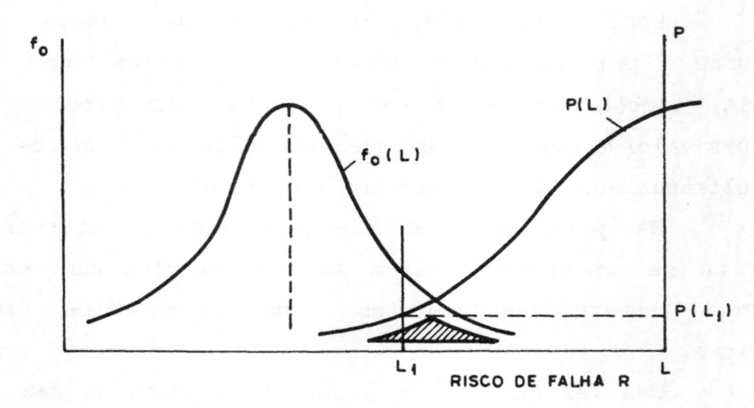

Fig. 2.1 - Risco de falha de uma estrutura

de L_1. T é igual ao inverso da probabilidade da ocorrência de uma carga L, maior ou igual a L_1. Quanto mais $f_0(L)$ estiver afastada de P(L), menor será o risco de falha.

Para cargas de vento, um período de retorno de 50 anos, como recomendado pela NBR 5422, conduz a um risco teórico de falha anual de uma estrutura de cerca de 10^{-2}, para um desvio padrão na suportabilidade das estruturas de 7,5%.

A IEC [3] sugere que se considere "classes de segurança" para as linhas e indica três classes para os riscos teóricos de falha, dependendo de sua importância no sistema. Para falhas sob a ação do vento sugere, respectivamente, os seguintes riscos anuais 10^{-2}, 10^{-3} e 10^{-4}.

2.3 - DETERMINAÇÃO DOS ELEMENTOS SOLICITANTES

As solicitações mecânicas dos cabos das linhas aéreas de transmissão e, conseqüentemente, também de suas estruturas e fundações são, como vimos, decorrentes das variações das condições atmosféricas nas regiões em que se encontram as linhas. Os dados básicos de projeto deveriam, portanto, ser coletados em postos de observação meteorológicas na própria região, ou em regiões climáticas próximas e semelhantes. E é preciso que estas informações sejam confiáveis. Tratando-se de fenômenos naturais, os eventos meteorológicos têm uma natureza completamente aleatória e, conseqüentemente, só podem ser analisados e quantificados por processos estatísticos e probabilísticos. Isso requer, evidentemente, um número grande de registros, feitos também no decorrer de um grande número de anos.

Para um trabalho seguro, a coleta de dados deveria ser feita por aparelhos registradores automáticos e contínuos, isenta, portanto, de falhas humanas.

São as seguintes as informações meteorológicas necessárias para o estabelecimento das hipóteses de carga:

a - Temperaturas

- valores das máximas temperaturas anuais;
- valores das mínimas temperaturas anuais;
- valores das temperaturas médias anuais, obtidas por taxa horária de amostragem.

b - Velocidades máximas anuais de ventos

Na impossibilidade de se obterem esses dados nas condições desejáveis, como, por exemplo, número suficiente de anos de registros, o projetista poderá recorrer às cartas meteorológicas constantes do anexo A da NBR 5422 [2], que deverá, no entanto, usar com prudência. Essas cartas, para facilidade de consulta, foram reproduzidas neste capítulo.

2.3.1 - Determinação das temperaturas necessárias aos projetos

2.3.1.1 - Método estatístico

A tabela 2.1, anexa, apresenta dados meteorológicos obtidos em uma estação próxima ao traçado de uma linha. Com os dados registrados em cada um dos anos assinalados, foram calculadas:

TABELA 2.1 — DADOS METEOROLÓGICOS DE UM POSTO EM REGIÃO DE IMPLEMENTAÇÃO DE LINHA

ANO	Média das temperat. mínimas t_{min} [°C]	Média das temperat. médias diárias t [°C]	Média das temperat. máximas t_{max} [°C]	Vento em km/h, 10m altura e 2 segundos Rugosidade B
1950	+13,78	19,31	28,04	88,3
1951	+12,85	18,45	27,85	64,1
1952	+15,32	20,32	26,80	76,7
1953	+10,45	19,36	27,65	60,3
1954	+ 8,30	19,03	29,32	68,5
1955	+11,83	18,88	30,01	52,8
1956	+12,45	22,47	26,78	78,0
1957	+12,52	22,03	25,88	67,9
1958	+11,45	20,50	26,03	66,5
1959	+10,22	20,85	26,83	72,9
1960	+ 9,85	18,09	27,93	65,3
1961	+10,30	18,98	29,03	75,3
1962	+10,90	17,98	28,88	87,3
1963	+ 8,36	16,53	28,03	95,6
1964	+12,87	22,45	26,98	100,3
1965	+14,36	23,08	28,93	78,8
1966	+15,85	22,88	27,85	66,8
1967	+12,89	19,97	27,08	99,0
1968	+11,56	19,45	29,02	76,5
1969	+10,02	19,58	30,30	79,6
1970	+ 9,95	18,89	30,20	84,7
Médias	$\bar{t}_{min}$ = 11,44	$\bar{t}$ = 19,96	$\bar{t}_{max}$ = 28,07	$\bar{V}_{max}$ = 76,42
Desvio padrão	2,09	1,74	1,31	12,69

a - Médias das temperaturas mínimas diárias - t_{min}

b - Médias das temperaturas médias diárias - t

c - Médias das temperaturas máximas diárias - t_{max}

Foram calculados, igualmente, as médias plurianuais e os desvios padrão correspondentes.

Essas temperaturas permitem que se determine as temperaturas de projeto, para a formulação das usuais hipóteses de cálculo, nas diversas condições de solicitações das linhas, como recomendam a NBR 5422 [2] e também a IEC [3]:

a - Para a condição de maior duração - a temperatura é definida pelo valor das médias plurianuais das temperaturas do ar - $\bar{t}$;

b - Temperatura mínima - é o menor valor de temperatura do ar calculada com uma probabilidade de 2% de ser igualada ou ocorrer um valor menor. Corresponde a um período de retorno de 50 anos.

Pode ser determinada por:

$$t_{50min} = \bar{t}_{min} - 2,59\ \sigma_{min} \qquad (2.2)$$

onde:

$\bar{t}_{min}$ - média das temperaturas mínimas anuais [°C];

σ_{min} - desvio padrão da distribuição de temperaturas mínimas anuais.

c - Temperatura máxima - é a maior temperatura do ar, determinada para uma probabilidade de 2% a ser igualada ou excedida. Corresponde, igualmente a um período de retorno de 50 anos.

É calculada por:

$$t_{50max} = \bar{t}_{max} + 2,59\ \sigma_{max} \qquad (2.3)$$

onde:

$\bar{t}_{max}$ - média das temperaturas máximas anuais [°C];

σ_{max} - desvio padrão da distribuição de temperaturas máximas anuais.

Exemplo 2.1

Quais os valores, na região da linha para a qual foram coletados os dados constantes da tabela 2.1, das temperaturas necessárias à formulação das hipóteses de carga a serem usados em projeto?

Solução:

a - Temperatura da condição de maior duração - e, como vimos, o valor da média das temperaturas médias anuais. Para n anos:

$$\bar{t} = \frac{1}{n} \sum_{i}^{n} t_{anual} \qquad (2.4)$$

de acordo com a tabela: $\bar{t}$ = 19,96°C ou $\bar{t}$ = 20°C

b - Temperatura mínima do ar, com período de retorno de 50 anos:

$$t_{50min} = \bar{t}_{min} - 2{,}59\ \sigma_{min} \qquad \text{(Eq. 2.2)}$$

com os valores da tabela:

$$t_{50min} = 11{,}44 - 2{,}59 \cdot 2{,}09$$

$$t_{50min} = +\ 5{,}97°C \text{ ou } t_{50min} = +\ 6°C$$

c - Temperatura máxima do ar, com período de retorno de 50 anos:

$$t_{50max} = \bar{t}_{max} + 2{,}59 \cdot \sigma_{max} \qquad \text{(Eq 2.3)}$$

$$t_{50max} = 28{,}07 + 2{,}59 \cdot 1{,}31$$

$$t_{50max} = 31{,}46°C \text{ ou } t_{50max} = 32°C$$

d - Temperatura coincidente - não havendo registros simultâneos das temperaturas coincidentes com os ventos de máxima intensidade e como não foi possível,ainda, estabelecer uma correlação entre essas duas grandezas para fins de projeto, deve-se usar [2,3] a temperatura media plurianual das mínimas anuais.

Da tabela:

$$t_{min} = 11{,}44°C \text{ ou } t_{min} = 11{,}50°C$$

2.3.1.2 - Método direto ou gráfico

Com os dados meteorológicos coletados por todo o país, foi possível preparar cartas meteorológicas do Brasil, nas quais foram ligados todos os pontos de igual temperaturas, dando origem às curvas "isotermais". Essas cartas foram apresentadas no Anexo A da NBR 5422/1985 [2], aqui reproduzidas para facilitar a consulta dos leitores:

Temperaturas médias - ilustradas na fig. 2.2;

Temperaturas máximas médias - encontram-se na fig 2.3;

Temperaturas máximas - reproduzidas na fig. 2.5;

Média das temperaturas mínimas - estão na fig. 2.6.

Para o seu uso, deve-se localizar a linha nos mapas através de suas coordenadas, a fim de se obter das figuras os valores das temperaturas correspondentes.

Exemplo 2.2

Uma LT deverá ser construída em uma região cujas coordenadas aproximadas são 12°S e 48°W. Quais as temperaturas do ar necessárias à elaboração do projeto?

Solução:

a - Temperatura média - da fig. 2.2 - $\bar{t}$ = 25°C

b - Temperatura máxima média - da fig. 2.3 - por interpolação aproximada - t_{max} = 31,7°C

c - Temperatura mínima - da fig. 2.4 - por interpolação aproximada t_{min} = 9,5°C

d - Temperatura máxima - da fig. 2.5 - t_{max} = 40°C

e - Média das temperaturas mínimas diárias - da fig. 2.5 - $\bar{t}_{min}$ = 19°C

2.3.2 - Determinação das velocidades dos ventos de projeto

A determinação do efeito do vento sobre estruturas de Engenharia, há muito vem preocupando os projetistas dos diversos ramos e, apesar do grande número de trabalhos de pesquisas realizadas ou em andamento, a palavra conclusiva sobre a maneira correta de considerar esse efeito ainda não foi dada. No caso das linhas de transmissão, em particular nos últimos anos, razoáveis

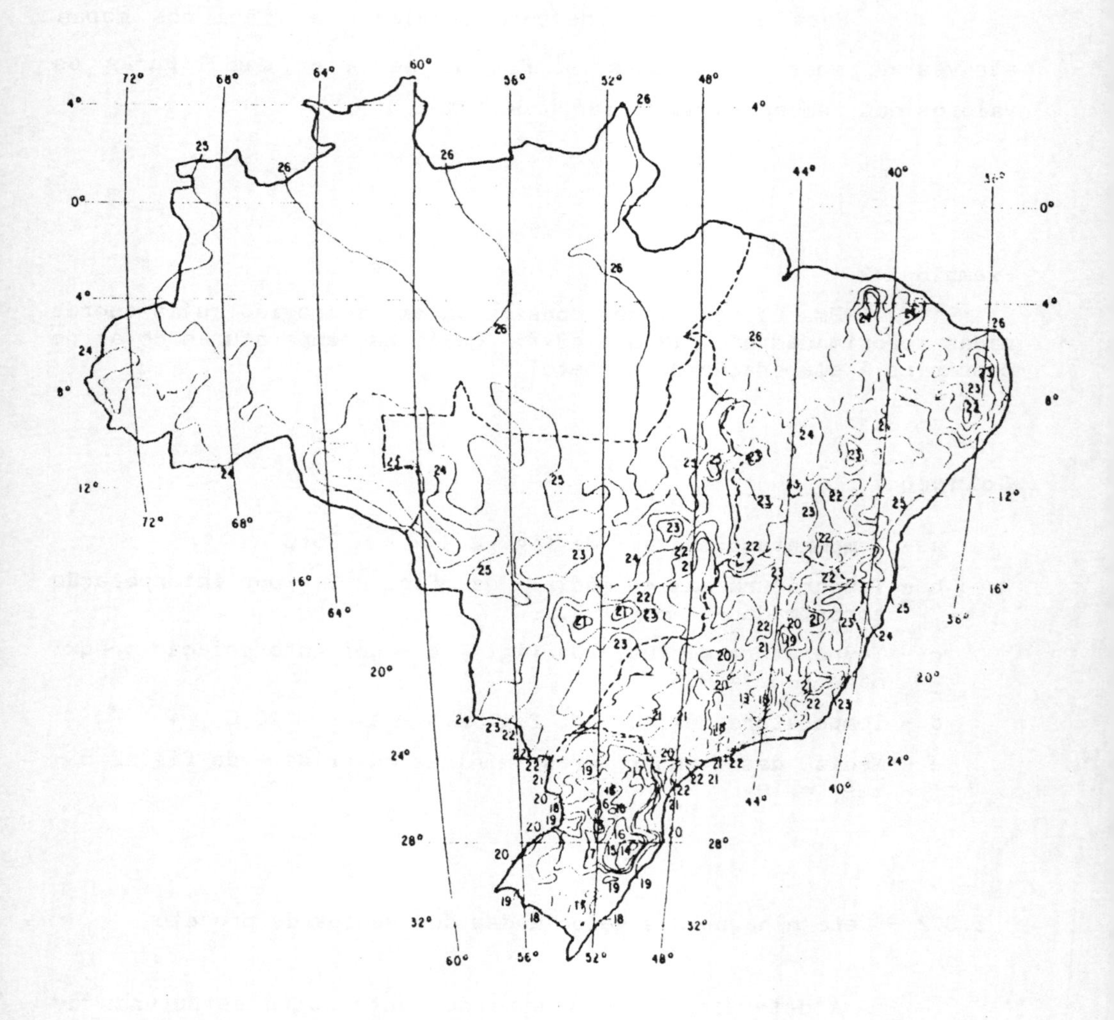

Fig 2.2 - Temperatura média [∘C] (NBR 5422/1985)

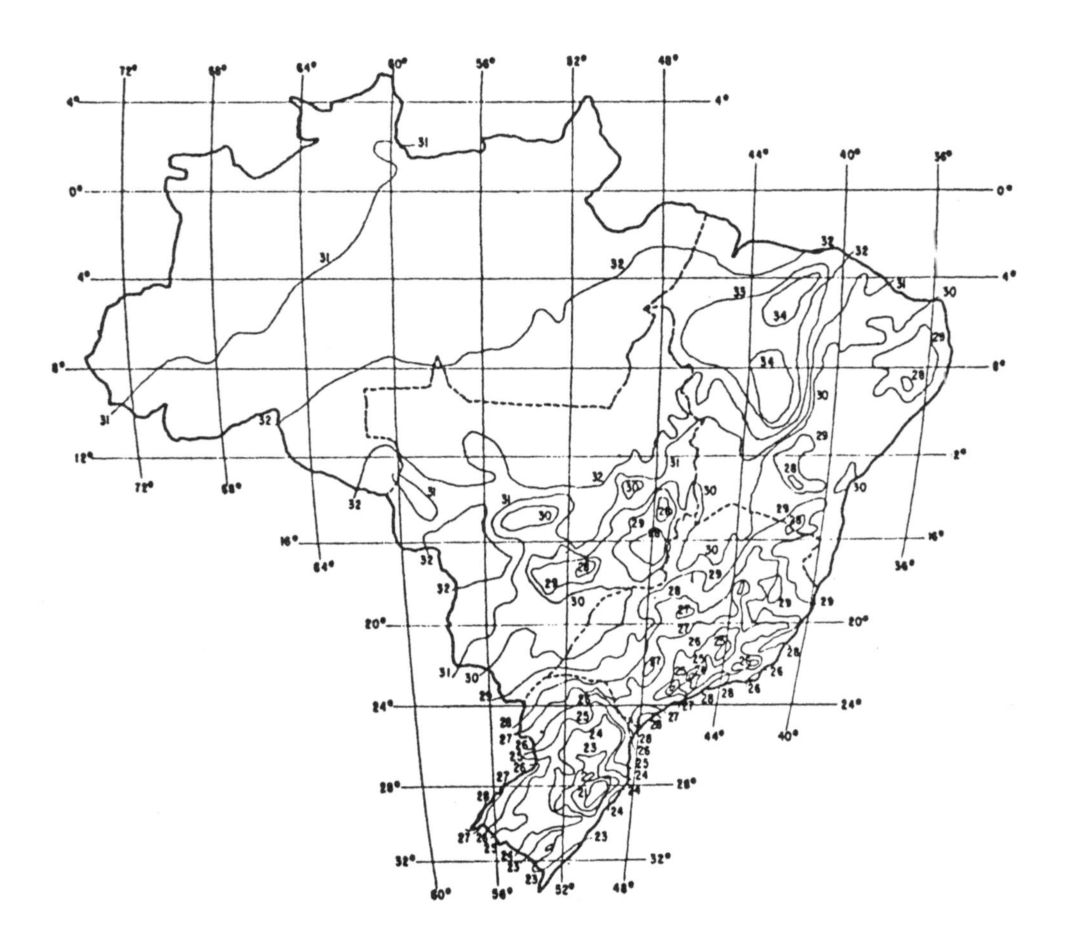

Fig. 2.3 - Temperatura máxima média [∘C] (NBR 5422/1985)

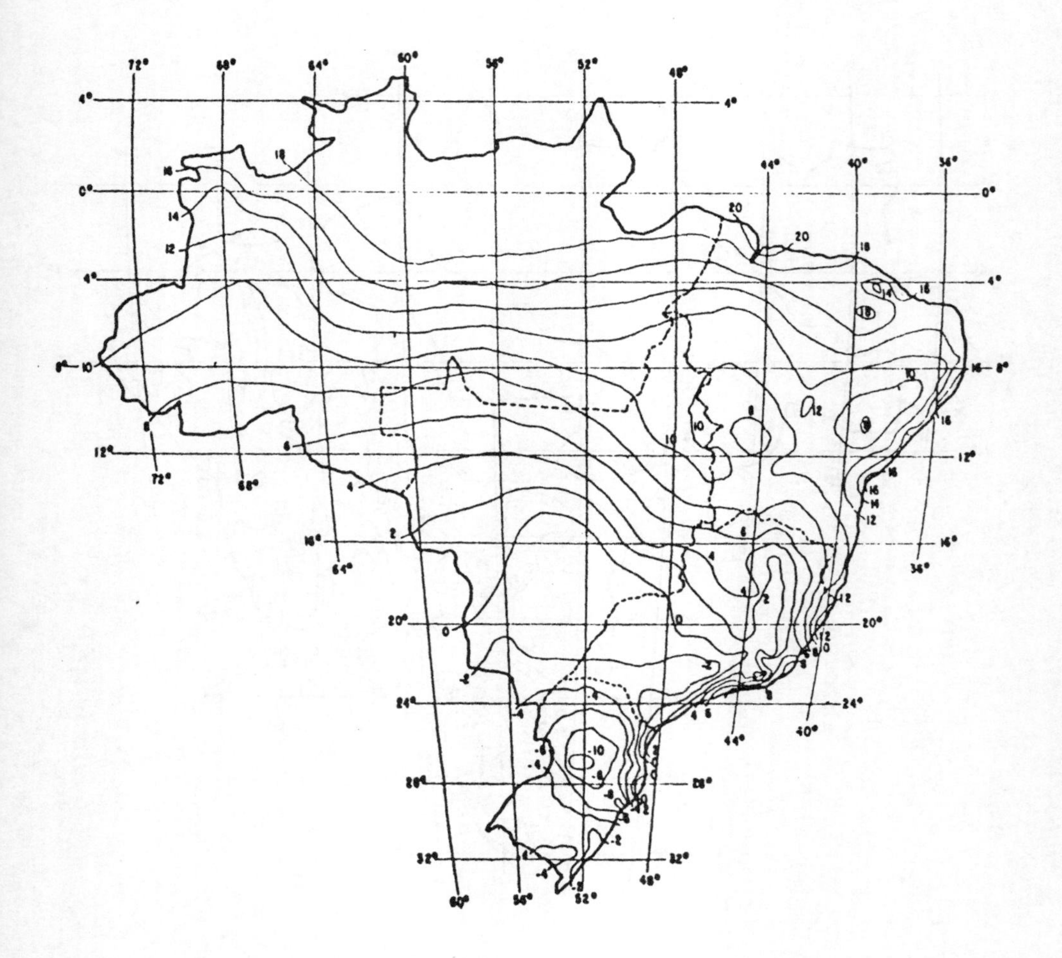

Fig. 2.4 - Temperaturas mínimas [∘C] (NBR 5422/1985)

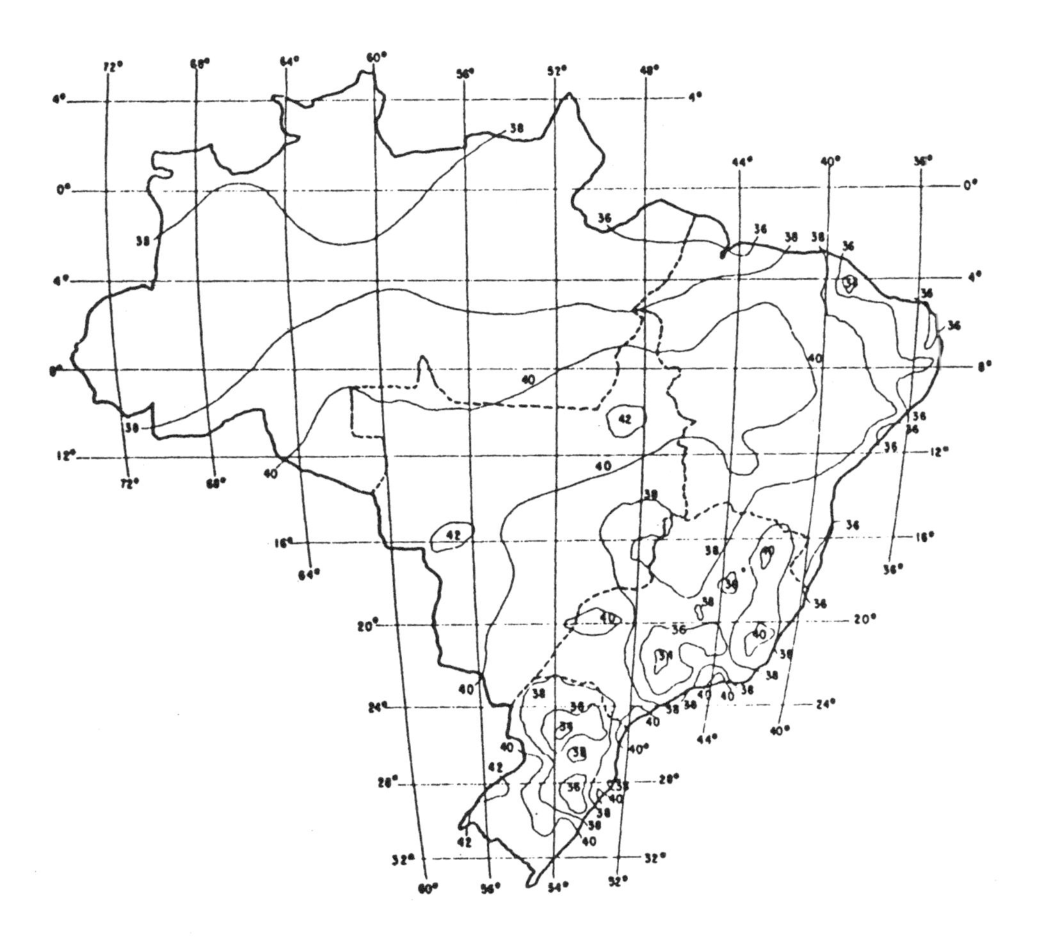

Fig. 2.5 - Temperatura máxima [∘C] (NBR 5422/1985)

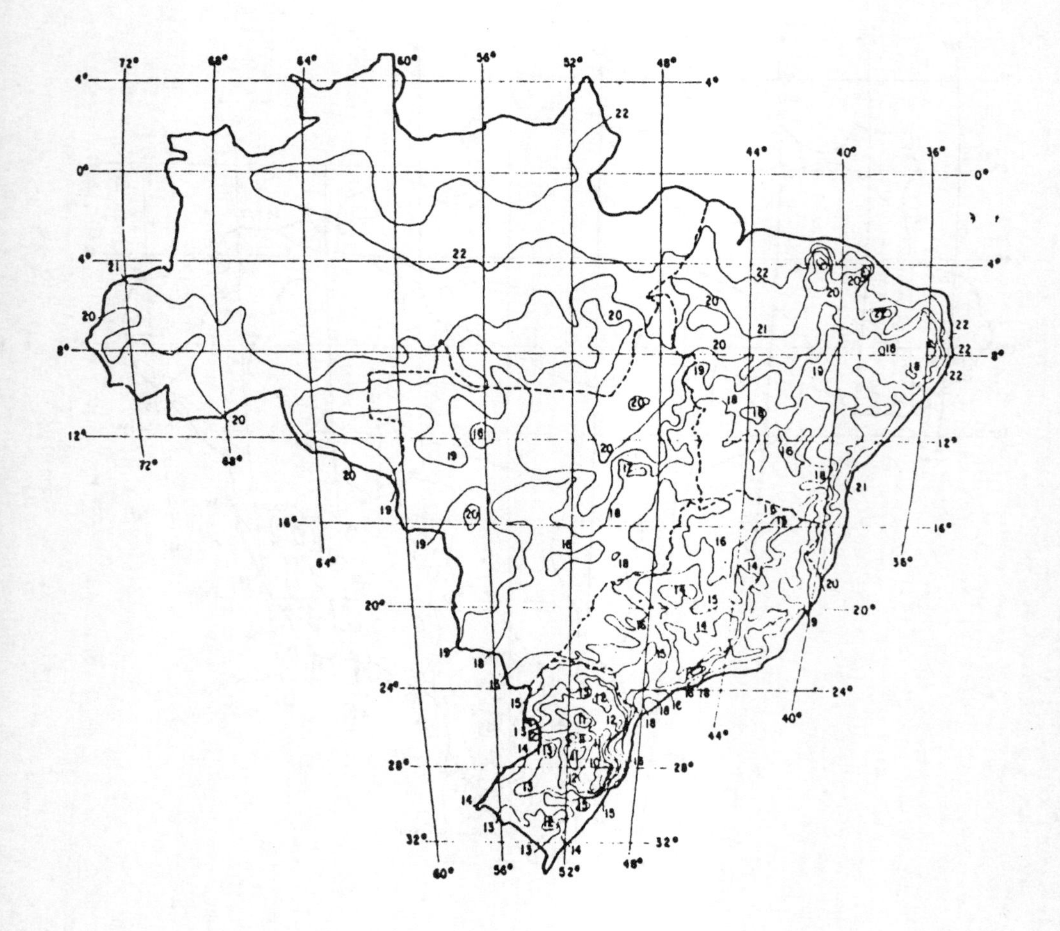

Fig. 2.6 - Média das temperaturas mínimas diárias [∘C]
(NBR 5422/1985)

progressos foram realizados, principalmente quando se passou das pesquisas em túnel de vento para as pesquisas em linhas especialmente construídas para esse fim em campo aberto. Verificou-se que, se certos aspectos relevantes sobre o comportamento dos ventos forem devidamente considerados, não só substanciais economias podem ser realizadas, pelo dimensionamento mais realista das estruturas, como também maior segurança contra falhas mecânicas podem ser conseguidas.

O trabalho realizado na instalação de Horningsgrinde, Alemanha Ocidental [4], e pelos grupos de trabalho da Eletricité de France, do Central Electricity Research Laboratories, da Inglaterra, e do Centro Degli Ricerca Elettrica, da Itália [5], e outros, têm contribuído decisivamente para o melhor entendimento dos ventos em si e de seus efeitos sobre as linhas.

Este último trabalho serviu de base para a elaboração da publicação "OVERHEAD LINE TOWER LOADING" - Recommendation for Overhead Lines - do Comitê Técnico nº 11 da IEC (International Electrotechnical Comission) [3]. A NBR 5422/85 [2], por sua vez, incorporou os procedimentos aí recomendados.

Esses estudos levaram ao reconhecimento de diversos fatores de importância fundamental na escolha dos chamados ventos de projeto, a partir dos dados disponíveis, dentre os quais deve-se notar:

a - a ação do vento depende da rugosidade do solo. Quanto maior for essa rugosidade, maior será a turbulência do vento e menor a sua velocidade;

b - devido à maior turbulência próxima à superfície do solo, sua velocidade aumenta com a altura sobre o solo;

c - os ventos, em geral, apresentam-se na forma de rajadas, cujas frentes são pouco extensas — apenas algumas centenas de metros — extensão pela qual seus efeitos podem ser sentidos simultâneamente;

d - os diferente obstáculos que se opõem ao vento possuem tempos de resposta diferentes à sua solicitação. Assim, sobre um determinado elemento estrutural, ventos de intensidades elevadas de curta duração podem ter efeitos menores do que outros, menos intensos, porém de maior duração.

Esses fatores, se devidamente considerados, permitem maior segurança e economia no dimensionamento das estruturas das linhas.

A determinação da velocidade dos ventos em determinado local é feita por aparelhos denominados anemômetros, que, através de mecanismos vários, informam, continuamente, as velocidades dos ventos. Os anemógrafos registram essas velocidades continuamente para posterior consulta. Há várias construções de anemômetros, sendo mais comuns as "de conchas", cuja velocidade de giro é proporcional à velocidade do vento medido. Suas indicações ou registros, por outro lado, apresentam um tempo de resposta às flutuações na velocidade do vento, que é função dessa mesma velocidade e de seu sistema de medidas. Anemômetros sensíveis têm tempos de resposta de ordem tal, que indicam velocidades médias de ventos integradas por períodos de 2s. A figura 2.7 mostra um diagrama V = f(t) de uma frente de rajada de vento, com as várias velocidades e respectivos tempos de integração.

Na figura 2.7, V_1, V_2, V_3, V_4 e V_{max} são os valores das velocidades parciais da rajada, obtidos por integração em intervalos com instrumento cujo tempo de integração é, por exemplo, 2s. À V_{10} correspondem 10s.

Velocidades de vento são publicadas com diferentes tempos de integração, daí a necessidade de se padronizar a forma de fazê-lo. Felizmente os dados já obtidos e publicados não são perdidos, pois é possível convertê-los todos à mesma base de tempo, como veremos.

A altura de instalação dos anemômetros também foi padronizada em 10m. Dados obtidos em alturas diferente podem

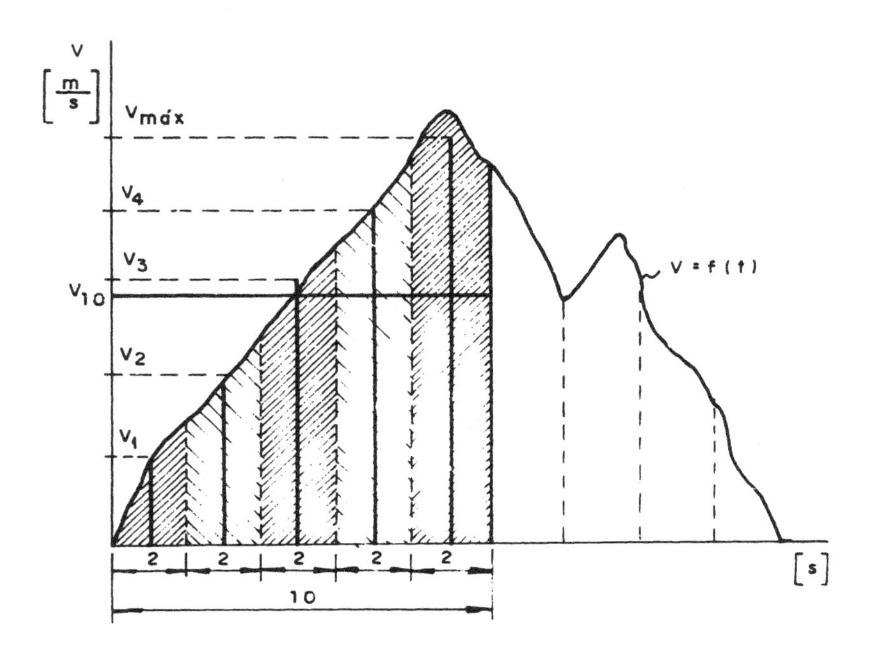

Fig. 2.7 - Efeito dos tempos de integração nas velocidades dos ventos

igualmente ser corrigidos, como também se deve efetuar a correção da velocidade do vento para os cabos e estruturas situados a alturas maiores.

O efeito rugosidade sobre as velocidades médias. como também sobre as velocidades de ventos nas linhas quando os terrenos destas têm rugosidades diferentes, também requerem correções.

2.3.2.1 - Efeito da rugosidade dos terrenos

Tanto a ABNT [2], como a IEC [3], classificam os terrenos em quatro categorias de rugosidade, descritas na Tabela 2.2, que segue. A caracterização de um terreno em uma dessas categorias é um tanto subjetiva e se pretende que o projetista seja capaz de reconhecê-la.

TABELA 2.2 — CLASSIFICAÇÃO DOS TERRENOS DE ACORDO COM SUA RUGOSIDADE. COEFICIÊNTES DE RUGOSIDADE [2,3].

CATEGORIA DE RUGOSIDADE	CARACTERÍSTICA DO SOLO	COEFICIENTE DE RUGOSIDADE K_r
A	Vastas extensões de água a sotavento; áreas costeiras planas; desertos planos.	1,08
B	Terreno aberto com poucos obstáculos, com várzeas, glebas cultivadas com poucas árvores ou edificações.	1,00
C	Terreno com obstáculos numerosos e pequenos, como cercas vivas, árvores e edificações.	0,85
D	Áreas urbanizadas; terrenos com muitas árvores altas	0,67

Obs: - Linhas que cruzam áreas altamente urbanizadas, devem ser consideradas localizadas em terrenos de categoria D, pois é muito difícil a sua real avaliação.

- Em vales que possibilitem a canalização de vento em direção desfavorável para o efeito em questão, deve se adotar para K_r uma categoria imediatamente anterior a que foi definida com as características da tabela 2.1.

- As mudanças previstas nas características da região atravessada devem ser levadas em conta na escolha de K_r.

- Os valores de K_r da tabela correspondem a uma velocidade média sobre 10 minutos (período de integração de 10min), medida a 10m de altura sobre o solo.

2.3.2.2 - Velocidade básica de vento

Velocidade básica de vento é uma velocidade calculada para um período de retorno de 50 anos, medida de maneira convencional a 10m de altura sobre o solo de categoria B, com um período de integração de 10 minutos.

Sua determinação obedece igualmente a dois processos: um método estatístico, a partir de velocidades medidas no campo, e um método a ser usado na impossibilidade de se empregar o anterior. Baseia-se nas cartas com curvas "isótacas" publicadas no anexo da NBR 5422/1985, reproduzidas na figura 2.8.

2.3.2.2.1 - Método estatístico

Sejam V_{imax} as n velocidades máximas anuais dos ventos, obtidas em posto meteorológico, em cada um dos n anos de observação.

Empregando esses dados, é possível determinar o valor da velocidade que poderá ser igualada ou excedida uma vez em T anos, através da expressão [2,3]:

$$P(V) = 1-\exp\left[-\exp\left[-\frac{\pi}{\sqrt{6}\ \sigma_v}\left(V-\overline{V}+0,45\cdot\sigma_v\right)\right]\right] \qquad (2.5)$$

na qual:

$P(V) = \frac{1}{T}$ é a probabilidade anual do vento V [m/s] a ser igualado ou excedido;

V [m/s] - é o valor da velocidade do vento com uma probabilidade anual de P(V);

$\overline{V}$ [m/s] - é o valor médio da distribuição das n velocidades máximas observadas;

σ_v - desvio padrão amostral nas n velocidades.

É aconselhável que esse método só seja empregado quando se tenha um número grande de anos de observação: para $\overline{V}$, no mínimo 10 anos e, para o cálculo de σ_v, seria aconselhável dispor de 20 anos de dados.

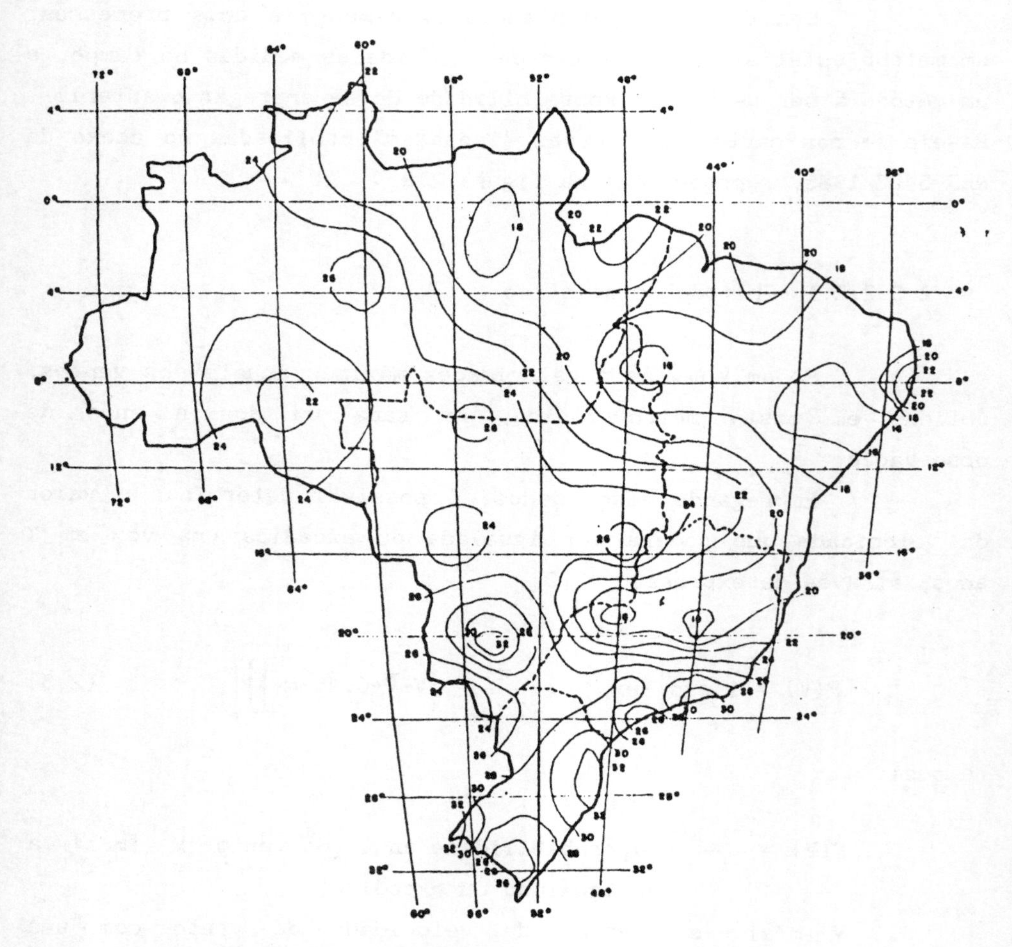

- tempo de integração da média: 10min
- período de retorno: 50 anos
- a 10m de altura
- terreno de categoria B

Fig. 2.8 - Velocidade básica do vento [m/s]

Exemplo 2.3

A tabela 2.1 fornece os valores das velocidades máximas anuais de vento colhidas em um posto meteorológico por meio de anemômetro com 2s de resposta, a 10m de altura, em terreno de rugosidade B.

Qual o valor da velocidade básica de vento, ou seja, a velocidade com um período de retorno de 50 anos?

Solução:

As velocidades de vento da tabela estão especificadas em km/h, enquanto que a velocidade básica é em m/s. Poder-se-ia converter os n valores ou operar com km/h e fazer a conversão posterior, o que é menos trabalhoso.

Temos:

$$P(V) = \frac{1}{50} = 0{,}02$$

$$\overline{V} = 76{,}42\text{km/h}$$
$$\sigma_v = 12{,}69\text{km/h}$$

Aplicando a equação 2.5 para obter o valor de V:

$$P(V) = 1 - e^{-e^{x}}$$

Sendo:

$$x = -\frac{\pi}{\sqrt{6}\cdot\sigma_v}\,(V - \overline{V} + 0{,}45\cdot\sigma_v)$$

Temos:

$$P(V) - 1 = -e^{-e^{x}}$$

$$1 - P(V) = e^{-e^{x}}$$

$$e^{x} = -\,\text{Ln}[1 - P(V)]$$

$$e^{x} = -\,\text{Ln}[1 - 0{,}02]$$

$$e^{x} = -\,0{,}02020$$

$$x = 3{,}90194$$

Para:

$$x = \frac{\pi}{\sqrt{6}\cdot 12{,}69}\,[V - 80{,}1305]$$

Logo:

$$V = 120,378km/h = 33,358m/s$$

A velocidade máxima de vento será, pois 33,538m/s para um período de retorno de 50 anos e tempo de integração de 2 segundos. Para obter seu valor com um tempo de integração de 10 minutos, devemos determinar na figura 2.9 o fator K_d para por ele dividir o valor acima encontrado. Para terreno de categoria B, na interseção da abscissa de 2s com a curva B, encontramos $K_d = 1,4$. Logo o vento básico será de:

$$V_b = 23,956 \simeq 24m/s$$

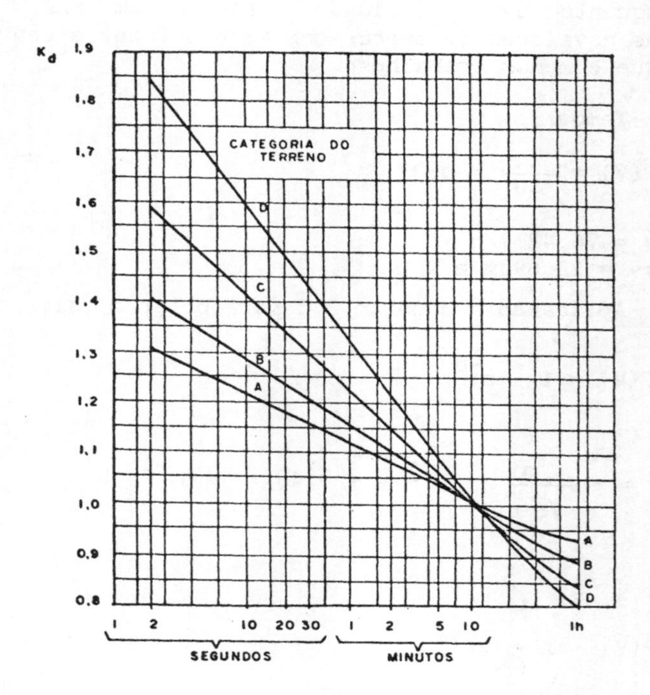

Fig. 2.9 - Fatores K_d para conversão de velocidades de vento com tempos de integração diferentes

2.3.2.2.2 - Método direto ou gráfico

O valor da velocidade básica do vento pode ser lida diretamente das curvas isótacas constantes da figura 2.8, da mesma maneira como são obtidas as temperaturas.

Exemplo 2.4

Qual a velocidade básica do vento a ser usada na linha especificada no exemplo 2.2?

Solução:

Para as coordenadas 12°S e 48°W, obtemos aproximadamente 22,8m/s por estimativa entre as curvas de 22 e 24m/s.

2.3.2.3 - Velocidade do vento de projeto

É a velocidade a ser usada na determinação das solicitações provocadas pelo vento sobre os elementos das linhas. Ela é calculada a partir da velocidade básica de vento, com as correções devidas aos seguintes fatores:

a - quando a rugosidade do terreno for diferente de "B", deve-se multiplicar a velocidade básica de vento pelo "coeficiente de rugosidade de K_r" referente ao terreno da linha K_r e obtido da tabela 2.2;

b - os diversos elementos da linha têm tempos de resposta diferentes à ação do vento. Assim, por exemplo, para a ação do vento nos suportes e nas cadeias de isoladores, o período de integração deve ser considerado igual a 2 segundos, enquanto que sobre os cabos recomenda-se usar 30s. Os coeficientes de conversão K_d são obtidos da figura 2.9;

c - para obstáculos cuja altura sobre o solo seja diferente de 10 m, deve-se aplicar um fator de correção dado por:

$$K_h = \left[\frac{H}{10}\right]^{1/n} \qquad (2.6)$$

na qual:

- H(m) é a altura do obstáculo
- n é um fator que depende da rugosidade do terreno da linha e do período de integração t, e que pode ser obtido da tabela 2.3.

TABELA 2.3 — VALORES DE n PARA A CORREÇÃO DA VELOCIDADE DO VENTO EM FUNÇÃO DA ALTURA

Categoria do terreno	n	
	t = 2 s	t = 30 s
A	13	12
B	12	11
C	10	9,5
D	8,5	8,0

Portanto, a velocidade de vento de projeto será determinada por:

$$V_p = K_r \cdot K_d \cdot K_h \cdot V_b \tag{2.7}$$

Exemplo 2.5

Qual deve ser o valor do vento de projeto para a determinação da forca resultante da pressão que o vento exerce sobre os cabos de uma linha, cuja altura média sobre o solo é de 18 m, estando a linha em terreno de categoria C. O vento basico de projeto é de $V_b = 20 m/s$.

Solução:

Devemos empregar a Equação 2.7. Os coeficientes de correção serão:

$K_r = 0,85$ - Tabela 2.2 para categoria C
$K_d = 1,30$ - t = 30s - Categoria C
n = 9,5 - Tabela 2.3 - para t = 30s e categoria C

$$K_h = \left(\frac{18}{10}\right)^{1/9,5} = 1,06383$$

Portanto:

$$V_p = 0,85 \cdot 1,30 \cdot 1,06383 \cdot 20 m/s$$

$$V_p = 23,51 m/s$$

2.3.2.4 - Velocidade básica com período de retorno qualquer

O período de retorno de 50 anos é considerado geralmente satisfatório. Desejando-se, no entanto, aumentar a segurança da linha, pode-se aumentar o período de retorno para 100, 500 ou mesmo 1000 anos, a critério dos proprietários das linhas. Também neste caso há dois procedimentos.

2.3.2.4.1 - Método estatístico

Empregando-se a Equação 2.5 com valor de P(V) correspondente, pode-se determinar o valor da velocidade básica para o valor de T especificado, como foi mostrado no exemplo 2.3.

Repetindo os cálculos do exemplo com T = 500 anos, P(V) = 0,002, a velocidade do vento de projeto será V = 132,19km/h ou 36,72m/s.

2.3.2.4.2 - Método direto ou gráfico

Podemos determinar V_b para um período de retorno diferente de 50 anos pela Equação [2]:

$$VT = \hat{\beta} \frac{Ln\left(-Ln\left(1-\frac{1}{T}\right)\right)}{\hat{\alpha}} \qquad (2.8)$$

na qual:

$\hat{\alpha}$ - estimador do fator de escala da distribuição de Gumbel, que pode ser obtido da figura 2.10;

$\hat{\beta}$ - estimador do fator de posição da distribuição de Gumbel, obtido da figura 2.11;

T - período de retorno em anos.

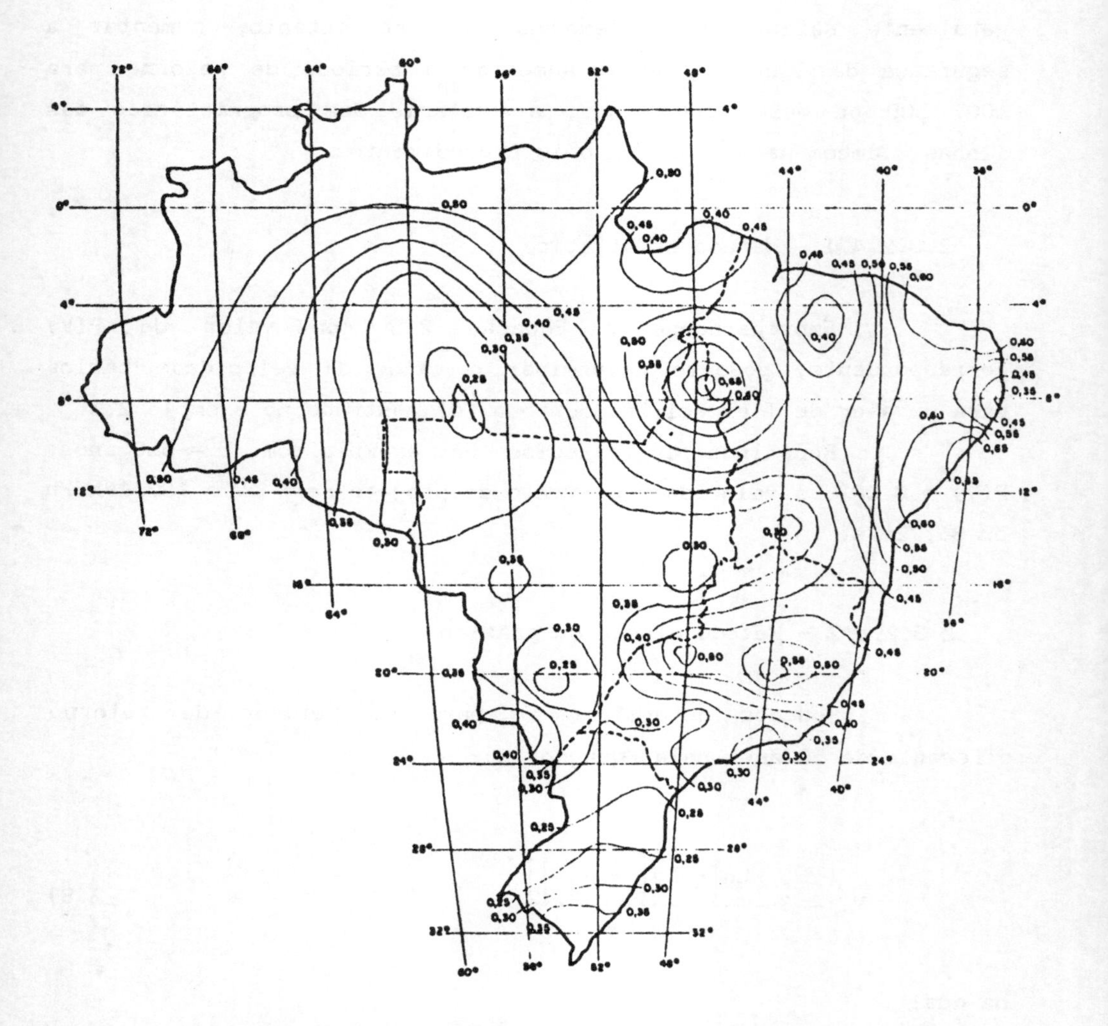

. período de integração da média: 10min
. a 10m de altura
. terreno com grau de rugosidade B

Fig 2.10 - Parâmetros alfa da distribuição estatística de Gumbel $(m/s)^{-1}$

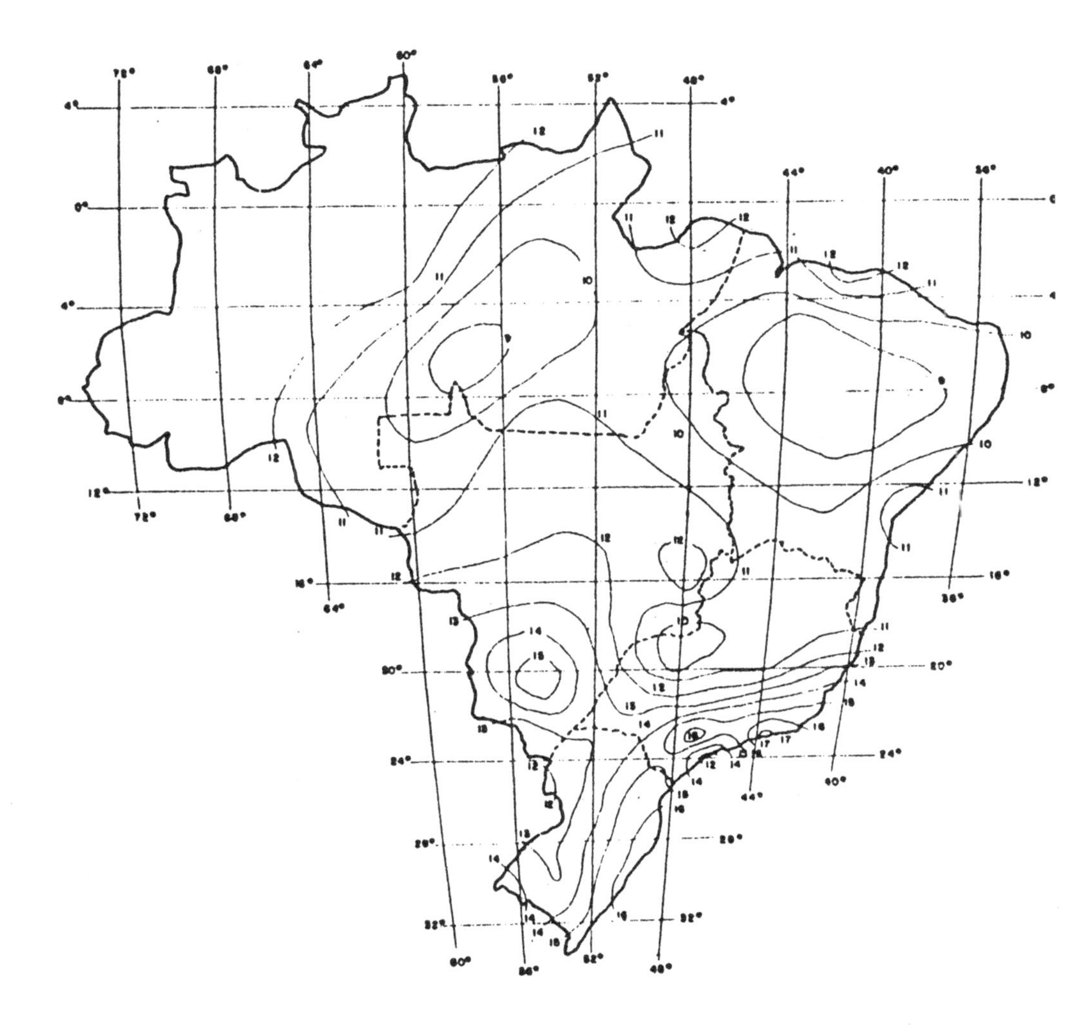

- período de integração da média: 10min
- a 10m de altura
- terreno com rugosidade B

Fig. 1.22 - Parâmetro beta da distribuição estatística de Gumbel (m/s)

Exemplo 2.6

Determinar a velocidade de vento básico da linha localizada nas coordenadas 12°S e 40°W com um período de retorno de 500 anos

Solução:

Pela equação (2.8) teremos para $\hat{\alpha} = 0{,}40$ e $\hat{\beta} = 11$:

$$V_T = 11 - \frac{Ln\left(-Ln\left(1 - \frac{1}{500}\right)\right)}{0{,}40}$$

logo:

$$V_T = 26{,}53 m/s$$

2.3.3 - Determinação da pressão do vento

Determina-se o valor da pressão que o vento exerce sobre um elemento da linha, denominada "pressão dinâmica de referência", através da expressão:

$$q_o = \frac{1}{2} \rho \cdot V_p^2 \quad [N/m^2] \qquad (2.9)$$

na qual valem:

V_p - [m/s] - velocidade do vento do projeto;

ρ [kg/m³] - massa específica do ar.

A massa específica do ar pode ser determinada por:

$$\rho = \frac{1{,}293}{1+0{,}00367 \cdot t} \left[\frac{16000+64 \cdot t-ALT}{16000+64 \cdot t+ALT}\right] \quad [kg/m^3] \qquad (2.10)$$

sendo:

t [°C] - a temperatura coincidente;

ALT [m] - a altitude média da implantação da linha.

Exemplo 2.7

A linha localizada a 12°S e 48°W, objeto dos vários exemplos anteriores, apresentou uma velocidade básica de 22,8m/s.

Ela deverá ser implantada em terreno tipo C, com condutores em altura média de 15m, em local de altitude média de 350m, cuja temperatura coincidente é de 19°C.

Qual a pressão dinâmica que o vento irá exercer sobre os seus condutores?

Solução:

Temos que:

$$q_o = \frac{1}{2} \rho \cdot V_p^2 \ [N/m^2] \qquad \text{(Eq. 2.9)}$$

e

$$V_p = K_r \cdot K_d \cdot K_h \cdot V_b \quad [m/s] \qquad \text{(Eq. 2.7)}$$

sendo:

$K_r = 0{,}85$ - terreno cat. C

$K_d = 1{,}30$ - tempo de integração 30s - cat. C

$$K_h = \left(\frac{15}{10}\right)^{1/9,5} = 1{,}0436$$

logo:

$$V_p = 0{,}85 \cdot 1{,}30 \cdot 1{,}0436 \cdot 22{,}8 = 26{,}30 m/s$$

e,

$$\rho = \frac{1{,}293}{1+0{,}00367 \cdot 19} \left[\frac{1600+64 \cdot 19-350}{1600+64 \cdot 19+350} \right]$$

$$\rho = 0{,}94147 kg/m^3$$

Portanto:

$$q_o = \frac{1}{2} 0{,}94147 \cdot (26{,}3)^2$$

$$q_o = 325{,}60 N/m^2$$

2.4 - FORMULAÇÃO DAS HIPÓTESES DE CÁLCULO

Como foi mencionado no item 2.2, as hipóteses de cálculo se originam da associação de uma hipótese de carga com uma restrição ao uso de materiais, para aquele tipo de solicitação. Normas técnicas ou códigos de segurança impõem limites às solicitações, porém a experiência do projetista é também essencial.

Para os projetos dos cabos, como também para os demais elementos das linhas, elas devem ser formuladas a partir das mesmas solicitações.

Na prática de projetos de linhas no Brasil é usual a formulação, no mínimo, das seguintes hipóteses de carga ou de solicitação, as quais corresponderão às respectivas limitações de solicitação:

1 — Hipóteses de carga de maior duração - a ela estão associados os esforços atuantes quando a linha estiver sob ação de uma temperatura do ar correspondente ao seu valor médio, $\overline{t}$, sem estar sob o efeito de vento.

2 — Hipótese de carga de flecha mínima - considera-se a linha sujeita à menor temperatura que pode ocorrer, como vimos, geralmente considerando o período de retorno de 50 anos, sem considerar o efeito do vento.

3 — Hipótese de carga de vento máximo - esta condição corresponde àquela que mais solicita os elementos da linha, pois considera a linha sob a ação dos ventos de máxima intensidade, com a temperatura coincidente, que, como vimos, corresponde à média das temperaturas mínimas.

Para cada uma das hipóteses correspondem limitações nas taxas de trabalho dos materiais nos diversos elementos das linhas.

Para os cabos condutores e pára-raios, a NBR 5422/1985 estabelece:

a - "Na condição de trabalho de maior duração, caso não tenham sido adotadas medidas de proteção contra os efeitos da vibração, recomenda-se limitar o esforço de tração nos cabos aos valores máximos indicados na tabela":

TABELA 2.4 — CARGAS MÁXIMAS RECOMENDADAS PARA CABOS NA CONDIÇÃO DE TRABALHO DE MAIOR DURAÇÃO, SEM DISPOSITIVOS DE PROTEÇÃO CONTRA VIBRAÇÃO [2]

TIPOS DE CABOS	% CARGA DE RUPTURA
Aço AR	16
Aço EAR	14
Aço-Cobre	14
Aço-Alumínio	14
CA	21
CAA	20
CAL	18
CALA	16
CAA-EF	16

Obs: Mesmo com o emprego de armaduras antivibrantes ou grampos armados, os projetistas de linhas em EAT têm limitado a tração nos cabos CAA a 18% da sua carga de ruptura, com muito bons resultados.

b - "Na hipótese de velocidade máxima de vento, o esforço de tração axial nos cabos não pode ser superior a 50% da carga nominal de ruptura dos mesmos".

Obs: Na prática, neste caso, limita-se o valor de tração a cerca de 35% de sua carga de ruptura.

c - "Na condição de temperatura mínima, recomenda-se que o esforço de tração axial nos cabos não ultrapasse 33% da carga de ruptura dos mesmos".

Exemplo 2.8

Admitamos que a linha a ser construída na região em que foram obtidos os dados meteorológicos da Tabela 2.1 deva ser construída com um cabo CAA, de 26Al+ 7Fe, cuja área de secção transversal é de 468,51mm^2 (Codigo Drake - de 795MCM). Sua carga nominal de ruptura e de 140.235N (14.300kgf).

Quais as hipóteses de cálculo?

Solução:

a) Condição de maior duração:

À temperatura de 20°C, a tração nos cabos condutores deverá ser de 25.251N (2.574kfg), sem efeito do vento.

b) Condição de flecha mínima:

À temperatura de +6°C, sem o efeito de vento, a tração axial nos cabos nao deverá exceder 49.082N (5.005kgf).

c) Condição de vento máximo:

A tração axial nos cabos, sob a ação do vento de projeto de 23,51m/s, à temperatura coincidente de +20°C, não poderá exceder 46.278N (4.719kgf).

2.5 - FATORES QUE AFETAM AS FLECHAS MÁXIMAS DOS CABOS

O trabalho da distribuição racional das estruturas das linhas sobre o terreno é feito a partir de um projeto, no qual as estruturas são locadas sobre a restituição do perfil longitudinal da faixa de servidão, desenhado a partir do levantamento topográfico efetuado.

A localização de cada estrutura é feita, em função de sua própria altura, da topografia do terreno, das alturas de segurança exigidas e da forma da curva que os cabos terão quando estiverem com sua flecha máxima. Independentemente do processo usado, convencional (manual) ou por computador, busca-se sempre uma distribuição otimizada e que redunde no menor custo em estruturas e fundações.

A flecha a ser usada para definir essa curva deverá ser a maior flecha que poderá ocorrer durante a "vida útil" da linha, porém não maior, pois penalizaria o custo da linha.

O valor da flecha, como será visto, depende do comprimento desenvolvido do cabo quando suspenso. Este está sujeito a variações em função de sua temperatura e também devido ao alongamento permanente que irá sofrer com o decorrer de seu tempo de uso, como será visto mais adiante.

2.5.1 - Temperatura máxima

O valor da temperatura máxima deverá ser determinado em função dos seguintes fatores:

a - temperatura máxima média do ar;

b - efeito da corrente máxima coincidente com a temperatura máxima do ar;

c - efeito da radiação solar por ocasião da temperatura máxima do ar;

d - admite-se um fator de redução na forma de uma brisa de até 1,0m/s.

No Capítulo 1, ítem 1.4.1.4, foi exposto um método que permite, com precisão suficiênte para o projeto mêcanico, determinar a temperatura dos cabos para a condição de flecha máxima.

Outros métodos mais ou menos sofisticados são encontrados na literatura sobre linhas de transmissão [7,8] e no mercado de "software".

2.5.2 - Características elásticas dos cabos

Os alongamentos permanentes que os cabos das linhas podem sofrer, quando em serviço, decorrem de suas características elásticas. Seu conhecimento é importante para o cálculo de sua magnitude.

Além de suas dimensões físicas, secção, diâmetro e peso unitário, para o estudo do comportamento mecânico dos cabos, é necessário que se conheçam sua carga de ruptura, seu coeficiênte de expansão térmica e seu módulo de elasticidade. Essas grandezas normalmente podem ser obtidas dos catálogos dos fabricantes de cabos condutores. Os valores aí indicados são, em geral, os valores médios que seriam obtidos em um número grande de medições realizadas em lotes de amostras de condutores, devendo-se, pois, esperar variações nesses valores, para mais ou menos, com tolerâncias especificadas em normas. Assim, por exemplo, as normas ASTM e as da ABNT [10] permitem uma tolerância no peso da ordem de ± 2% e, no diâmetro, da ordem de ± 1%. Essas tolerâncias devem ser estendidas às demais características físicas.

Os metais empregados na fabricação dos cabos usados nas linhas, que, em outras aplicações, podem ser considerados perfeitamente elásticos, neste caso não o podem, pois, em virtude da elevada relação comprimento/secção, apresentam, após o seu primeiro tensionamento, alongamentos residuais de tal ordem, que influenciam os valores das flechas, podendo, conseqüentemente comprometer as alturas de segurança das linhas.

2.5.2.1 - Deformações plásticas e modificação no módulo de elasticidade em fios metálicos

Os diagramas de tensões — deformações obtidas em ensaios de tração em laboratórios de resistência dos materiais, são conhecidos dos estudantes de Engenharia. Nesses diagramas, registram-se, em ordenadas, as tensões aplicadas às amostras de fios e, em abcissas, os alongamentos unitários medidos. Nos procedimentos normais, esse teste é conduzido até o limite de escoamento, ou mesmo à ruptura da amostra. Se, no entanto, o ensaio for interrompido com valor inferior ao de seu limite elástico, a tração reduzida gradativamente até zero e os valores das tensões e dos alongamentos igualmente registrados, o diagrama tomará o aspecto da figura 2.11. Observamos inicialmente que a amostra, sob a ação da tensão, σ_A, estará com o seu comprimento aumentado em um valor proporcional $\overline{OA'}$. Ao retornar ao estado de repouso, seu comprimento terá sofrido um aumento proporcional a $\overline{OA''}$. O alongamento $\overline{A'A''}$ é transitório, representando, portanto, uma deformação elástica.

Se a mesma amostra for novamente tracionada, verificaremos que, entre $\sigma = 0$ e $\sigma = \sigma_A$, ela obedecerá à lei dada pela curva A"A, passando em seguida a descrever a curva AB para valores maiores que σ_A, até $\sigma = \sigma_B$. O comprimento da amostra é, sob essa tensão, acrescido de um valor proporcional a $\overline{OB'}$. Uma nova redução gradativa da tensão faz com esse acréscimo diminua também, tornando-se proporcional a $\overline{OB''}$, quando a tensão voltar a ser nula. Há, portanto, um aumento na deformação permanente sofrida pela amostra. No entanto, observa-se que as retas AA" e BB" são paralelas.

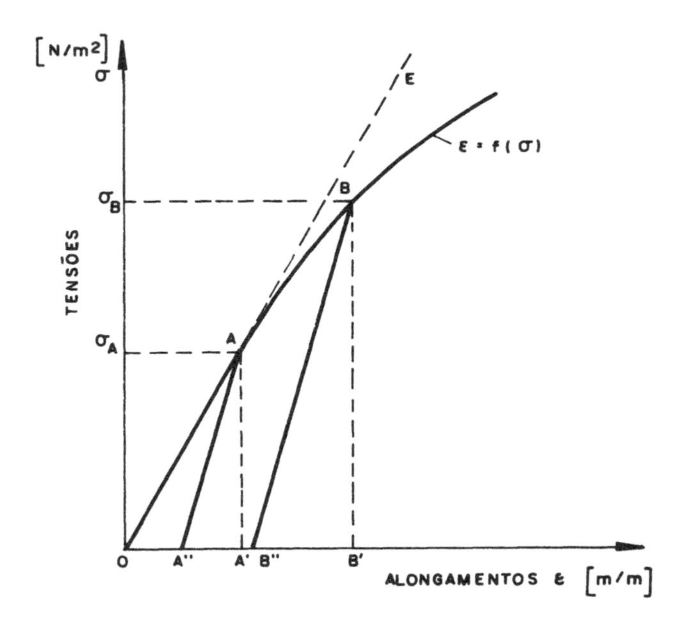

Fig. 2.11 - Diagrama tensões x alongamentos

No plano (σ, ε), retas inclinadas representam os módulos de elasticidade dos materiais. Como demonstrou Hooke:

$$\sigma = E \cdot \varepsilon \; [N/m^2] \text{ ou } [Pa] \qquad (2.11)$$

ou

$$E = \frac{\sigma}{\varepsilon} \; [N/m^2] \text{ ou } [Pa]$$

A curva OAB representa a variação do módulo de elasticidade quando o fio é tensionado pela primeira vez, sendo constante para os valores baixos da tensão ($\sigma_1 < \sigma_A$), apresentando um valor de E para cada valor de σ subseqüente. É denominada "curva inicial" e define os módulos no estado inicial.

As curvas AA" e BB" representam os módulos de elasticidade após o primeiro tensionamento a determinados valores de σ. Como são paralelas, representam o mesmo valor de módulo de elasticidade. É o módulo de elasticidade final, que é constante e independente do valor máximo de σ.

Verifica-se que, quando um fio metálico é tracionado pela primeira vez, ele sofre uma mudança em seu módulo de elasticidade, devido ao fenomêno de "encruamento", ou seja, de têmpera por trabalho a frio. Ele é acompanhado de um aumento em seu comprimento. Esse alongamento depende da natureza do material e do valor máximo da tensão a que foi submetido.

Se uma nova amostra for submetida a um ensaio até um valor de tensão correspondente a σ_A e esta for mantida constante durante um razoável intervalo de tempo t, observa-se, como mostra a figura 2.12, que o seu comprimento original é acrescido de um valor proporcional a $\overline{OC'}$. Se a tensão for reduzida a zero, o comprimento do condutor terá sofrido um acréscimo proporcional a $\overline{OC''}$, portanto maior do que $\overline{OA''}$; $\overline{C'C''}$ é igual a $\overline{A'A''}$.

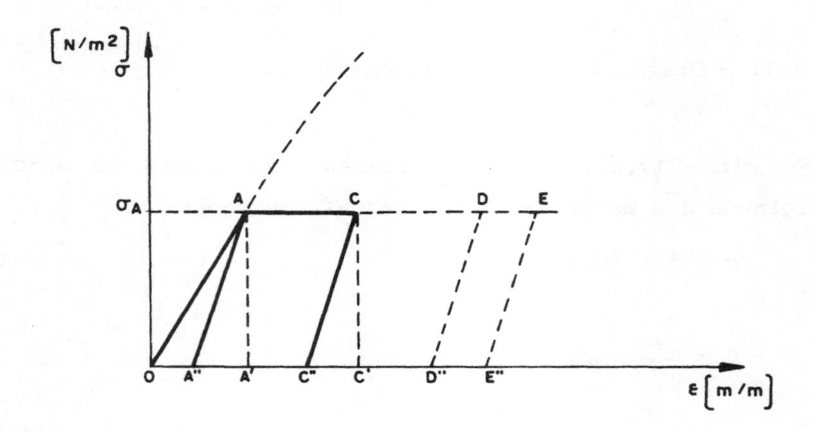

Fig. 2.12 - Alongamentos por mudança de módulos de elasticidade e por fluência

Se, ao invés de ter permanecido sob a tensão σ_A durante o tempo t, tivesse ficado durante um intervalo de tempo 2t, o seu aumento de comprimento seria proporcional a $\overline{OE''}$.

Fica, assim, evidenciado que esses alongamentos adicionais não são linearmente dependentes do tempo. Dependem, além disso, do valor da tensão e da temperatura do material.

Esse fenômeno é conhecido em Metalurgia por fluência, ou "creep". Pode ser definido assim: "fluência é o escoamento ou a deformação plástica do material, que ocorre com o tempo, sob carga, após a deformação inicial, resultante da aplicação da carga".

2.5.2.2 - Diagrama tensões-deformações em cabos

Se os ensaios forem efetuados em cabos compostos de fios de mesmo material, os diagramas resultantes terão o aspecto semelhante ao da figura 2.13.

Se uma amostra de cabo de comprimento razoável (ℓ > 10m) for tensionado pela primeira vez a uma taxa de trabalho

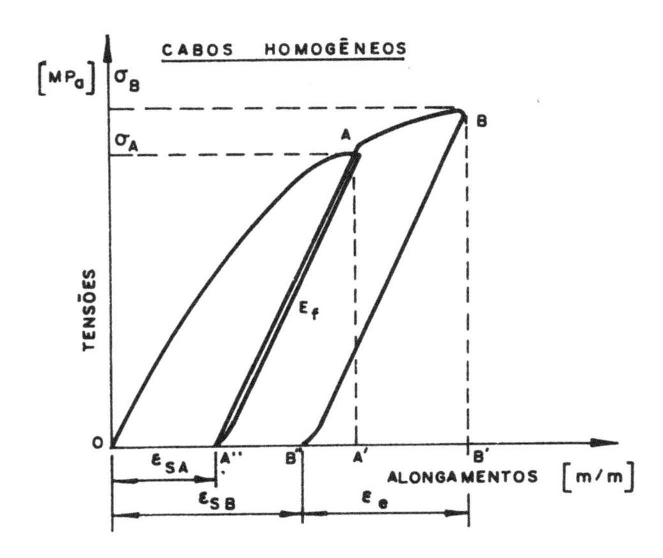

Fig. 2.13 - Diagrama de tensões-alongamentos de cabos monometálicos

correspondente a σ_A [MPa], o cabo se alongará de um valor OA'. Se a tensão for reduzida em segunda a zero, o seu alongamento ficará reduzido a OA" = ε_{SA}, que é permanente. OA' é, pois, composto de duas parcelas: uma primeira $\overline{OA''}$ = ε_{SA}, que se tornou permanente e uma segunda, $\overline{A''A'}$, que cessou com a tensão. É, pois, elástica.

Se a mesma amostra for tracionada novamente, haverá um novo crescimento de $\overline{A''A'}$ até $\sigma = \sigma_A$, crescimento esse que se faz de acordo com a lei de Hooke $\varepsilon = \sigma_A/E_f$, sendo E_f o módulo de elasticidade representado por AA". Prosseguindo o tensionamento até o valor de σ_β ser atingido, o comprimento do cabo ficou acrescido de A'B', atingindo o alongamento total o valor de OB'. A redução da tensão a zero faz com que o alongamento permanente seja OB"= ε_{SB}. OB' terá, pois, as duas componentes ε_{SB}, permanente, e $\varepsilon_e = \sigma_B/E_f$, que é elástica. Os valores de ε_{SA} ou ε_{SB} é que são importantes para a determinação da flecha máxima dos cabos.

Se uma nova amostra do mesmo cabo for tensionada inicialmente ao valor de σ_B e em seguida sua tensão reduzida a σ_A, como mostra a figura 2.14, e mantido nesse valor por um determinado intervalo de tempo de t horas, após o qual a tração será reduzida a zero, obter-se-á o diagrama indicado na referida figura. Observa-se que o alongamento permanente ε possui duas componentes:

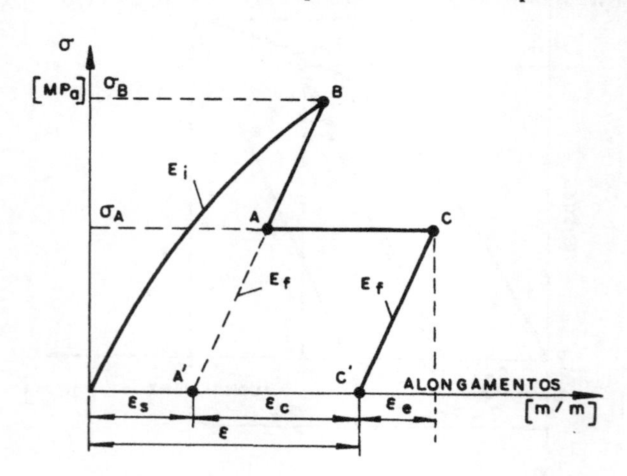

Fig. 2.14 - Alongamentos permanentes totais em cabos homogêneos mantidos sob tensão

ε_s - alongamento proporcional ao valor máximo da tensão aplicada, σ_B. É atribuído à "Acomodação Geométrica", composta de:

a - acomodação dos fios e das camadas de fios entre si;

b - os fios que compõem as várias camadas cruzam-se com superfície de contacto mínimas, o que provoca esmagamentos nos pontos de contato;

c - o efeito de encruamento dos fios componentes.

ε_c - é um alongamento proporcional ao valor da tensão aplicada σ_A e de duração da tensão σ_A em horas. Depende ainda de outros fatores, igualmente importantes. É a componente devido à "Fluência Metalúrgica".

Os cabos não homogêneos, como também os cabos CAA compostos de materiais muito diversos como o alumínio e o aço, possuem diagramas diferenciados, como mostram a figura 2.15 e a figura 2.16.

A curva de tensionamento inicial OA pouco se diferencia daquela dos cabos homogêneos, porém a curva de distensionamento ABC é bastante diferente, pois, há uma nítida mudança no valor do módulo E final do cabo, com tensões relativamente baixas σ_B. É a região em que o alumínio e o aço dividem entre si as forças

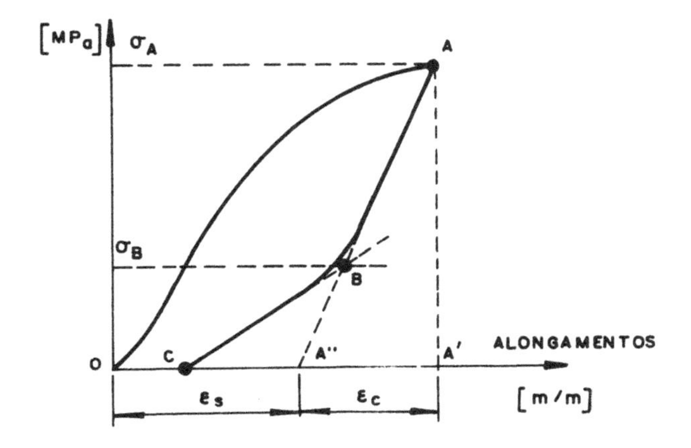

Fig. 1.15 - Diagrama tensões x alongamentos de cabos

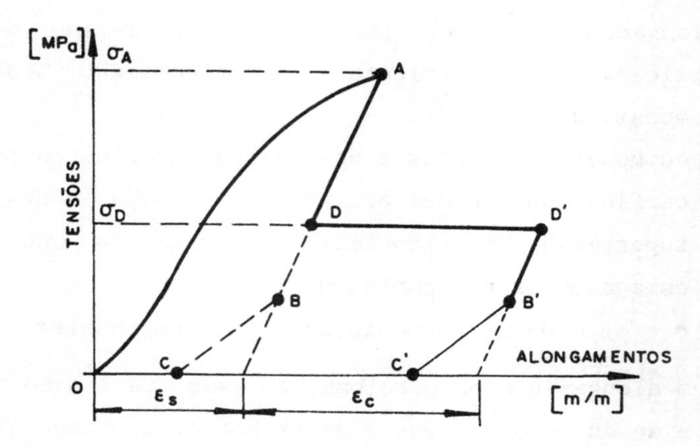

Fig. 2.16 - Alongamentos totais em cabos CAA

solicitantes. A partir de certo valor da tensão (σ_B) os fios de alumínio, que sofreram um alongamento permanente maior do que aqueles de aço, deixam de participar na absorção da tração, que fica inteiramente por conta do aço. Este, além do mais, deve ainda suportar uma sobrecarga devido ao peso do alumínio. O trecho $\overline{BC}$ representa o módulo de elasticidade final do aço E_a multiplicado pela relação entre as áreas das secções do aço e do alumínio.

Nestes tipos de cabos a fluência se manifesta igualmente, como se verifica na figura 2.16.

De uma forma genérica, os alongamentos permanentes podem ser descritos por uma equação geral do tipo:

$$\varepsilon_{tot} = \varepsilon_s \cdot (T_{max}) + \varepsilon_c[T(t), t, \tau] \qquad (2.13)$$

Valendo:

ε_{tot} - alongamento permanente total;

ε_s - alongamento por acomodação geométrica;

ε_c - alongamento por fluência metalúrgica;

T_{max} - valor máximo da tração axial nos cabos;

$T(t)$ - tração axial nos cabos;

t - tempos de duração das diferentes trações axiais nos cabos

τ - temperatura.

Uma solução inteiramente matemática para o problema até o momento ainda não foi possível, dadas as peculiaridades dos fenômenos causadores e o grande número de fatores que podem afetar o resultado final. Daí a necessidade de se recorrer a métodos empíricos, baseados em extenso trabalho experimental, principalmente para cabos do tipo CAA.

São bastante conhecidos os diagramas Tensões-Deformações, obtidos através de ensaios padronizados em amostras de cabos — no Brasil são preparados de acordo com a norma NBR 7302 de abril de 1982 [23]. Esses diagramas, como mostra a figura 2.17, contêm, além das curvas correspondentes, também suas equações. Para cada composição dos cabos é elaborado um diagrama com as respectivas equações, com as quais se pode determinar ε_s. Contêm igualmente curvas e equações para a determinação dos alongamentos por fluência ε_c para durações de tensionamento de 6, 12 e 120 meses. Os diagramas publicados pela "The Aluminum Association" de N. York são considerados válidos para cabos fabricados de acordo com as normas ASTM.

Antes de se tentar a sua aplicação direta na solução do problema da predeterminação dos alongamentos permanentes, convém fazer algumas considerações de ordem qualitativa referentes à fluência.

2.5.3 A - Fluência metalúrgica

O fenômeno da fluência começou a preocupar mais seriamente os projetistas de linhas de transmissão após o advento da transmissão em tensões extra-elevadas, devido ao emprego de condutores múltiplos, com um número crescente de subcondutores por fase. Verificou-se que a falta de conhecimentos mais precisos sobre o assunto poderia acarretar alongamentos desiguais nos diversos subcondutores, comprometendo a configuração geométrica do feixe, exigindo para seu restabelecimento operações custosas após sua

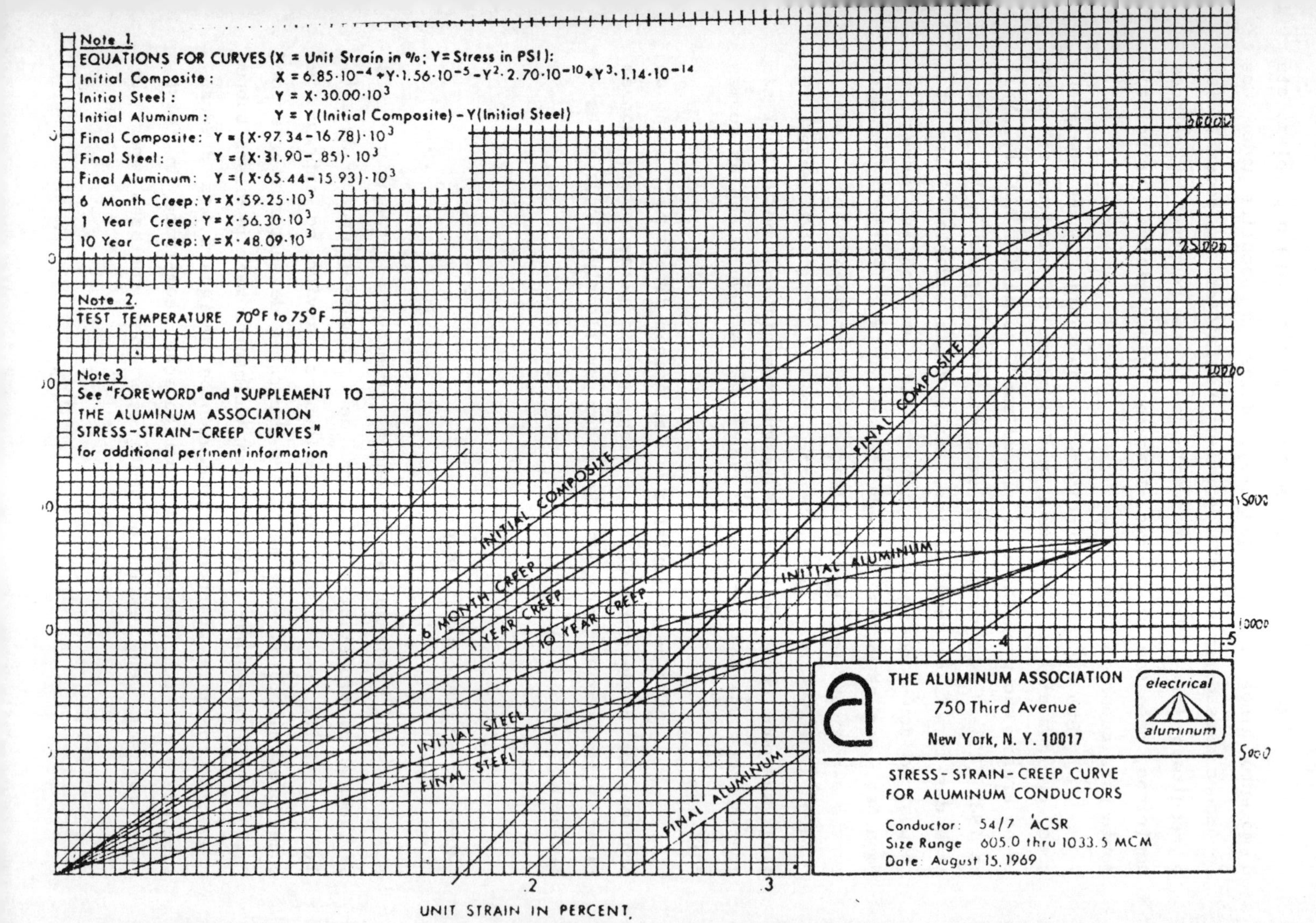

Fig. 2.17 - Diagramas de alongamentos padronizados

ancoragem definitiva. Processos empíricos eram usados para compensar seus efeitos, com razoável sucesso em linhas com um cabo por fase.

Em anos recentes, trabalhos experimentais de envergadura vêm sendo desenvolvidos, visando-se, através de maior experiência, formular leis empíricas sobre a fluência e que levem em consideração todos os fatores que a influenciam. Experiências de longa duração foram realizadas por diversas equipes de pesquisa, destacando-se os trabalhos realizados na Universidade do Colorado [14], que vieram trazer grande contribuição ao entendimento do fenômeno e para seu cálculo. A figura 2.18 apresenta um diagrama de alongamento obtido nesses ensaios em um cabo CAA de 726,39 mm^2, 54 x 19 (Código Pheasant).

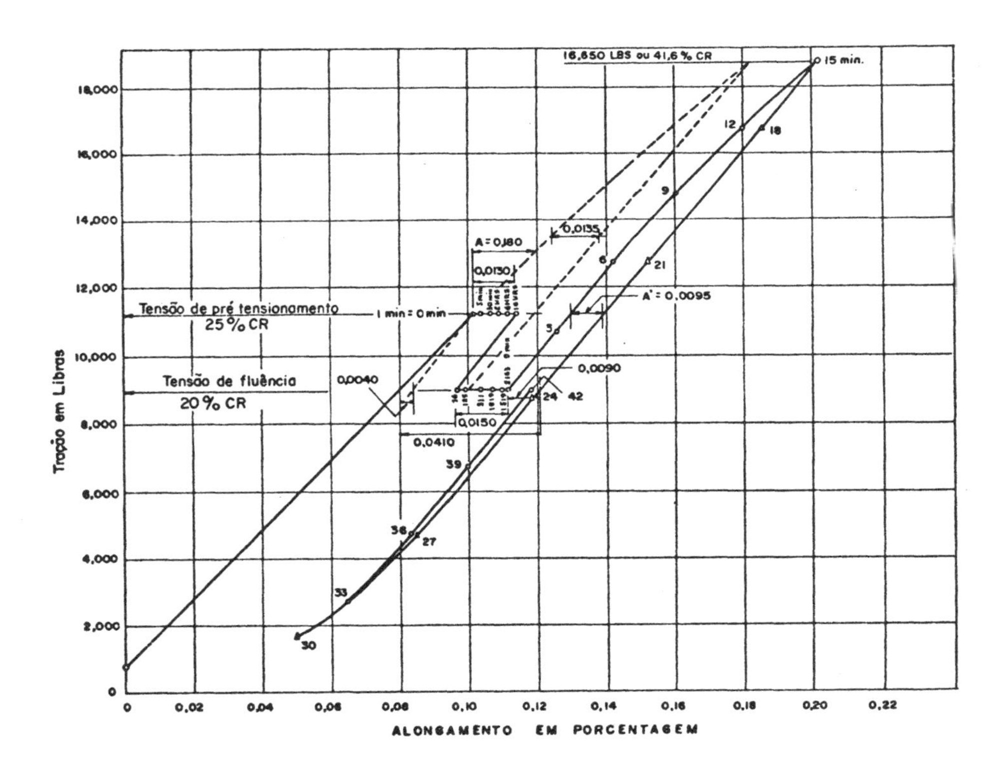

Fig. 2.18 - Diagrama de alongamentos por mudança de módulo e por fluência [2,14]

Esse cabo foi inicialmente submetido a uma tensão correspondente a 25% de sua tensão de ruptura e assim mantido durante 16h, quando a tensão foi reduzida a um valor correspondente a 20% da carga de ruptura. Mediu-se um alongamento correspondente a 0,0130%. A nova tensão foi mantida até serem completadas 2.160 horas. Um novo alongamento de 0,0150% foi medido. Em seguida a tensão foi aumentada gradativamente até atingir 41,6% da tensão de ruptura e assim mantida por 15 minutos, quando foi reduzida lentamente a valores quase nulos, para ser retensionado a 20% da tensão de ruptura, o que ocasionou um alongamento adicional de 0,009%. O alongamento total medido foi de 0,0389%. Uma outra amostra foi submetida a um ensaio, invertendo-se as operações: iniciou-se por submeter o cabo à tração máxima de 41,6% por 15 minutos, reduzindo-se, em seguida a tração para os mesmos 20% da carga de ruptura, mantendo-a assim pelo mesmo intervalo de tempo. O alongamento total medido foi de 0,0410%. A diferença em valor absoluto é de cerca de 5%, o que veio a demonstrar uma interdependência entre os alongamentos por acomodação geométrica e aqueles devido à fluência, o que foi evidenciado também em outros ensaios (fig. 2.19).

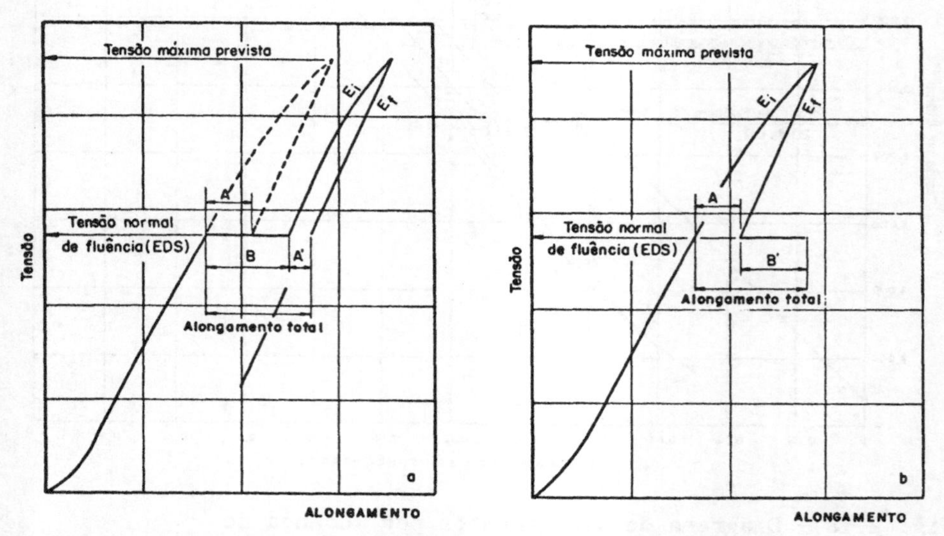

Fig. 2.19 - Influência da seqüência das tensões aplicadas

Experiências mostraram, outrossim, que a fluência total nas linhas a longo prazo, tende a ser igual aos valores calculados para a chamada condição de temperatura média anual, sem vento. Nas trações usuais para essa condição, os alongamentos totais ε independem da "história" de carregamento à qual o condutor foi submetido. A figura 2.20 ilustra bem esse fato, estando [14] representadas na mesma a curva normal de um determinado cabo CAA, com tração correspondente a 20 % de sua carga de ruptura, e as curvas referentes ao mesmo condutor submetido temporariamente a trações maiores, respectivamente 25 a 30% da mesma carga.

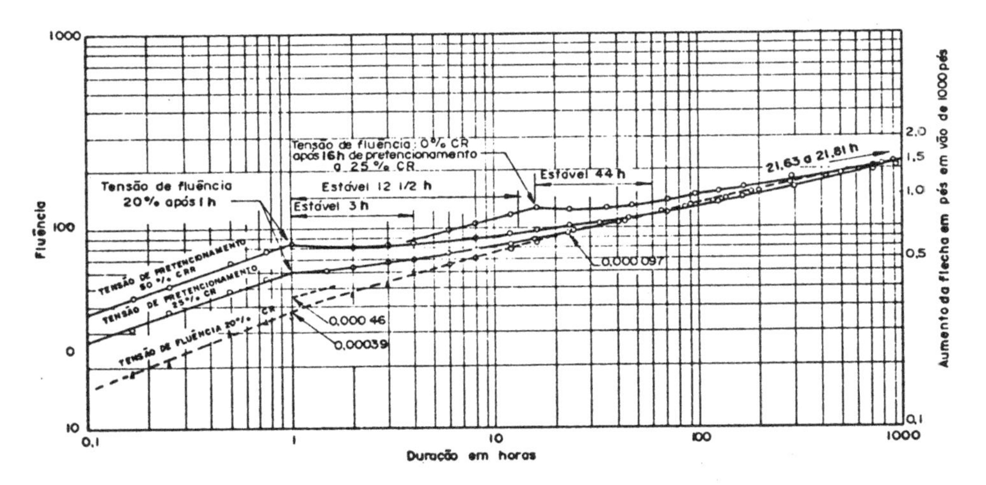

Fig. 2.20 - Efeito da variação de solicitação sobre a fluência [14]

Verifica-se que, durante o período de uma hora, em que trações maiores foram mantidas, as taxas de variação dos alongamentos foram correspondentemente maiores. Após esse período, as trações nas duas amostras foram reduzidas a 20% da carga de ruptura. Essa redução provocou não só uma redução na taxa de variação dos alongamentos, como praticamente estabilizou os cabos por um período razoável: 3h na amostra que foi submetida a 25% da carga de ruptura e 12,5h na amostra submetida a 30%. Neste último caso, verificou-se, inclusive, uma "fluência negativa" durante as três primeiras horas. Após esse período de relativa estabilidade, as taxas de variação aumentaram novamente, passando os alongamentos, nessas duas amostras, cerca de 40h após o seu primeiro tensionamento acompanhar o diagrama da amostra que foi tensionada a 20% de sua carga de ruptura.

Uma quarta amostra, deixada por 16h a 25% da sua carga de ruptura, apresentou um período de relativa estabilidade por 44 h, em que a "fluência negativa" também pôde ser observada. Sua curva encontrou as demais após cerca de 1.000h.

Esses estudos permitiram identificar os principais fatores que infuenciam o alongamento permanente dos cabos das linhas de transmissão e a maneira de quantifíca-los. Podem ser classificados em dois grupos:

a - Fatores externos

São parâmetros independentes dos condutores e se originam, no ambiente externo, de características construtivas e do uso da linha, como:

- Tensão mecânica;
- Temperatura;
- Maquinário e procedimentos de tensionamento.

b - Fatores internos

São fatores que envolvem diretamente as características dos cabos, tais como:

- Tipo do material (composição química, estrutura microspica);
- Tipo do condutor (formação geométrica e características);
- Métodos de fabricação dos condutores.

2.5.4 - Cálculos dos alongamentos permanentes

Alongamentos permanentes vêm sendo determinados, tradicionalmente, a partir dos diagramas tensão-deformação, sendo muito divulgado o processo gráfico desenvolvido por Varney [15]. Outros autores como JORDAN [16], desenvolveram métodos semi-analíticos simplificando ou mesmo linearizando as curvas de tensão-deformação. O desenvolvimento de equações a partir das mesmas, permitiu determinar tanto ε_s como ε_c por meio de cálculo. Mais recentemente, como conseqüência dos trabalhos descritos em [14], novos métodos de cálculo foram desenvolvidos e divulgados [18], [19] e [20]. Dois métodos serão, pois, descritos e ilustrados.

2.5.4.1 - Método convencional

Determinam-se os alongamentos permanentes dos diagramas e da Tabela 2.5. Por conveniência, serão usadas em sua forma original, ou seja, as tensões especificadas em PSI (libras por polegadas quadradas) e os alongamentos em por cento.

a - Alongamento por acomodação geométrica

Seja, na figura 2.21, a curva inicial E_i de um cabo CAA e E_f sua curva final. Seja σ_A a tensão na condição de tração máxima.

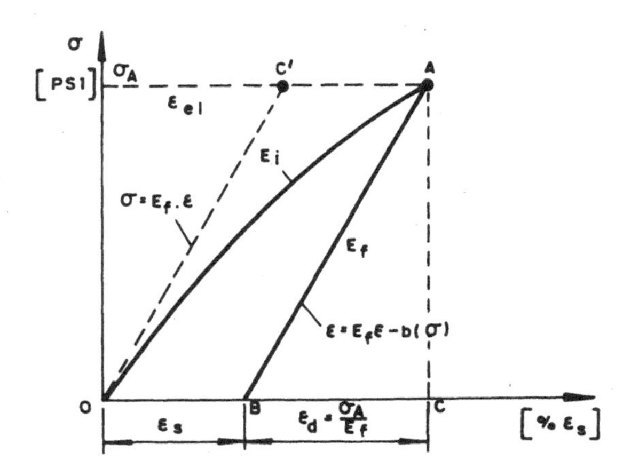

Fig. 2.21 - Determinação do alongamento permanente por acomodação geométrica

TABELA 2.5 — EQUAÇÕES DOS ALONGAMENTOS [22]

COMPOSIÇÃO Al + Fe	EQUAÇÕES
6 + 1	$Xi = 3{,}62E{-}3 + 1{,}02E{-}5 \cdot Y - 6{,}52E{-}11 \cdot Y^2 + 4{,}97E{-}15 \cdot Y^3$ $Xf = 8{,}7245E{-}6 \cdot Y$
18 + 1	$Xi = 3{,}88E{-}3 + 1{,}45E{-}5 \cdot Y - 2{,}64E{-}10 \cdot Y^2 + 1{,}59E{-}14 \cdot Y^3$ $Xf = 10{,}135E{-}6 \cdot Y$
26 + 7	$Xi = 4{,}07E{-}3 + 1{,}28E{-}5 \cdot Y - 1{,}18E{-}10 \cdot Y^2 + 5{,}64E{-}15 \cdot Y^3$ $Xf = 9{,}298E{-}6 \cdot Y$
30 + 7	$Xi = 2{,}30E{-}3 + 1{,}12E{-}5 \cdot Y - 6{,}54E{-}11 \cdot Y^2 + 3{,}08E{-}15 \cdot Y^3$ $Xf = 8{,}817E{-}6 \cdot Y$
45 + 7	$Xi = 7{,}03E{-}4 + 1{,}77E{-}5 \cdot Y - 4{,}80E{-}10 \cdot Y^2 + 2{,}16E{-}14 \cdot Y^3$ $Xf = 10{,}695E{-}6 \cdot Y$
54 + 7	$Xi = 6{,}85E{-}4 + 1{,}56E{-}5 \cdot Y - 2{,}70E{-}10 \cdot Y^2 + 1{,}14E{-}14 \cdot Y^3$ $Xf = 10{,}273E{-}6 \cdot Y$
54 + 19	$Xi = -4{,}76E{-}4 + 1{,}34E{-}5 \cdot Y - 1{,}5E{-}10 \cdot Y^2 + 8{,}90E{-}15 \cdot Y^3$ $Xf = 9{,}891E{-}6 \cdot Y$
Alumínio 7 fios	$Xi = -6{,}54E{-}3 + 1{,}87E{-}5 \cdot Y - 7{,}69E{-}10 \cdot Y^2 + 5{,}26E{-}14 \cdot Y^3$ $Xf = 18{,}893E{-}6 \cdot Y$
Alumínio 19 fios	$Xi = -5{,}60E{-}3 + 1{,}83E{-}5 \cdot Y - 7{,}22E{-}10 \cdot Y^2 + 5{,}35E{-}14 \cdot Y^3$ $Xf = 11{,}27E{-}6 \cdot Y$
Alumínio 37 fios	$Xi = -5{,}31E{-}3 + 1{,}74E{-}5 \cdot Y - 6{,}17E{-}10 \cdot Y^2 + 5{,}05E{-}14 \cdot Y^3$ $Xf = 11{,}74E{-}6 \cdot Y$
Alumínio 61 fios	$Xi = -3{,}99E{-}3 + 1{,}8E{-}5 \cdot Y - 4{,}4E{-}10 \cdot Y^2 + 4{,}45E{-}14 \cdot Y^3$ $Xf = 11{,}83E{-}6 \cdot Y$

Origem das equações: STRESS - STRAIN - CREEP CURVES - THE ALUMINUM ASSOCIATION

As tensões Y são em PSI (libras por polegada quadrada)

$$1 \text{ PSI} = 6{,}89476 \cdot 10^{-3} \text{MPa}$$
$$= 0{,}703070 \cdot 10^{-3} \text{kgf/mm}^2$$

Através da equação correspondente à curva $\overline{OA}$ pode-se determinar o valor de $\overline{OC} = \overline{OB} + \overline{BC}$ e por meio da equação de $\overline{AB}$ pode-se determinar o valor de $\overline{BC}$. Portanto o alongamento permanente $\overline{OB} = \varepsilon_s$ será obtido por $\overline{OB} = \overline{OC} + \overline{BC}$. Sendo dado o valor de E_f, pode-se prescindir da equação correspondente, pois $\varepsilon_{ed} = \frac{\sigma_A}{E_f}$.

Exemplo 2.9

A tração na condição de máximo carregamento em um cabo CAA de $546{,}04mm^2$ de área de secção transversal, composto de 54 Al + 7 Fe (Código Cardinal 954 MCM) é igual a 49.676N (5.066kgf). Qual o valor do alongamento permanente por acomodação geométrica?

Solução:

As equações válidas são:

a - para a curva inicial (figura 2.17)

$$X_i = 6{,}85E\text{-}4 + 1{,}56E\text{-}5 \cdot Y - 2{,}7E\text{-}10 \cdot Y^2 + 1{,}14E\text{-}14 \cdot Y^3$$

b - para a curva final (figura 2.17), deslocada para a origem 0:

$$X_f = 10{,}273E\text{-}6 \cdot Y$$

Para:

$$\sigma = \frac{5066}{546{,}04} = 9{,}278kgf/mm^2$$

ou

$$\sigma = 13.196PSI = Y$$

logo:

$$X_i = 6{,}85 \cdot 10^{-4} + 1{,}56 \cdot 10^{-5} \cdot (13.196) - 2{,}7 \cdot 10^{-10} \cdot (13.196)^2 + 1{,}14 \cdot 10^{-14} \cdot (13.196)^3$$

$$X_i = 0{,}18571\%$$

$$X_f = 10{,}273 \cdot 10^{-6} \cdot (13.196)$$

$$X_f = 0{,}13556\%$$

Portanto, o alongamento permanente será igual a:

$$\varepsilon_s = X_i - X_f = 0{,}18571 - 0{,}13556$$

$$\varepsilon_s = 0{,}05015\%$$

ou, como comumente é especificado:

$$\varepsilon_s = 0{,}0005015m/m$$

ou ainda:

$$\varepsilon_s = 501{,}5mm/km$$

NOTA: Para transformar [kgf/mm2] em PSI (libras por polegada quadrada), multiplicar o valor dado em kgf/mm2 por 1.422,3. Valores em MPa devem ser multiplicados por 145,038 para obtê-los em PSI.

b - Alongamento por fluência

Os diagramas tensões-deformações apresentam também três retas, e suas respectivas equações, destinadas ao cálculo da fluência. São equações do tipo $Y = a \cdot X$ que, portanto, não representam o crescimento exponencial dos alongamentos no tempo, devendo, portanto, ser interpretadas como "escalas de tempo", como mostra a figura 2.22.

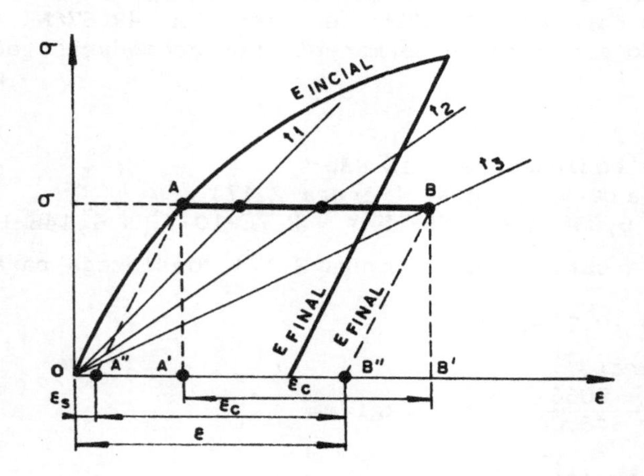

Fig. 2.22 - Determinação do alongamento por fluência

Seja σ_A a tensão para a qual a fluência em um período de t_3 horas deva ser calculado. A linha AB, como foi definida na figura 2.14, representa o alongamento ε_c procurado, pois, sob ação de σ_A, o alongamento total ε possui componente ε_s devido à acomodação geométrica e ε_c devido à fluência. Verifica-se também pela figura, que $\varepsilon_c = \overline{A''B''} = \overline{A'B'}$. Portanto, para a sua determinação numérica o procedimento é simples:

a - por meio da equação da curva inicial E_i e $\sigma = \sigma_A$, determina-se o valor de $\overline{OA'}$;

b - empregando a equação da fluência correspondente ao tempo t_3, determina-se $\overline{OB}$;

c - o alongamento por fluência procurado será $\varepsilon_c = \overline{OB'} - \overline{OA'}$

A tabela 2.6 apresenta as constantes a serem empregadas nas equações para o cálculo de $\overline{OB}'$, que são do tipo para os cabos de uso mais freqüente:

$$\varepsilon t = K \cdot \sigma \qquad (2.14)$$

TABELA 2.6 — CONSTANTES DE FLUÊNCIA PARA CABOS CAA E CA [21]

CONDUTORES		CONSTANTES "K"		
TIPOS	COMPOSIÇÃO	6 MESES	12 MESES	120 MESES
CAA	6 + 1	13,676	14,286	15,625
	18 + 1	20,202	21,277	24,691
	26 + 7	15,444	16,502	18,709
	30 + 7	13,953	14,424	15,463
	45 + 7	19,157	20,619	25,413
	54 + 7	16,878	17,762	20,794
	54 + 19	16,644	17,331	19,716
CA	7	23,095	24,631	30,211
	19	23,585	25,510	32,051
	37	23,641	26,178	32,680
	61	25,316	27,473	34,483

1 - As tensões σ na equação 2.14 devem ser usadas em PSI. Os alongamentos serão dados em %.
2 - Multiplicar os valores da tabela por 10^{-6}.
3 - Origem: "STRESS - STRAIN - CREEP CURVES" - THE ALUMINUM ASSOCIATION.

Exemplo 2.10

Qual o valor do alongamento por fluência do cabo do exemplo anterior, considerando-o operando durante 10 anos com uma tensão correspondente a 18% de sua tensão de ruptura, ou seja, 27.105MPa (2.763kfg/mm^2) à temperatura de maior duração?

Solução:

Devemos calcular inicialmente o alongamento OA' (figura 2.22) e em seguida OB' pela equação da fluência.

Para 27.105MPa, temos 145,038·27·105 = 3.931PSI. Usando esse valor na equação da curva inicial temos:

$$X_1 = 6{,}85E\text{-}4 + 1{,}56E\text{-}5 \cdot 3931 - 2{,}70E\text{-}10 \cdot (3931)^2 + 1{,}14E\text{-}14 \cdot (3931)^3$$

$$X_1 = 0{,}058529\%$$

Com a equação da fluência podemos calcular:

$X_{fl} = 20{,}794E\text{-}6 \cdot \sigma = 20{,}794E\text{-}6 \cdot 3931$
$X_{fl} = 0{,}081746\%$

o alongamento por fluência, em 10 anos, será:

$\varepsilon_{c10} = 0{,}081746 - 0{,}058529 = 0{,}02315\%$

ou

$\varepsilon_{c10} = 0{,}0002315 m/m$ ou $\varepsilon_{c10} = 231{,}5 mm/km$

Para tempos diferentes daqueles indicados nas curvas, pode-se determinar outros valores de ε_c por interpolação em papel Di-log.

c – Alongamento total

De acordo com [14], dada a interação dos dois alongamentos ε_s e ε_c, aconselha-se a observar a seguinte regra para a obtenção do alongamento total:

a - quando a relação entre ε_c e ε_s for maior do que 2, deve se considerar ε igual ao maior dos dois;

b - quando a relação entre ε_c e ε_s for menor do que dois, toma-se o valor do menor, acrescido da metade do valor do maior.

Exemplo 2.11

Qual o alongamento total ε que deve ser usado no dado do cabo cardinal dos Exs. 2.10 e 2.11?

Solução:

Temos $\varepsilon s/\varepsilon c = 0{,}07058/0{,}023212 = 3{,}041$. Logo, de acordo com a recomendação acima, deve-se adotar:

$\varepsilon_{tot} = 0{,}07058\%$

ou

$\varepsilon_{tot} = 0{,}0007058 m/m$

ou

$\varepsilon_{tot} = 705{,}8 mm/km$

2.5.4.2 - Métodos recomendados pelo WG-22 do CIGRÉ

Após a divulgação dos trabalhos de Wood e outros [14], Bradbury e outros [17], Harvey e Larson [18]. propondo novas maneiras de calcular os alongamentos, Bugsdorf e outros [19] do WG-20 do Cigré, estudando os trabalhos anteriores, concluíram por propor dois métodos de trabalho para o cálculo dos alongamentos permanentes e que se diferenciam na maneira de se efetuar os ensaios nos cabos para se obter os diversos parâmetros de fluência. O primeiro método baseia-se no ensaio dos fios de alumínio ou de liga de alumínio com que são fabricados os cabos. O segundo método depende do ensaio do cabo inteiro. Pelo primeiro método é possível determinar ε_s e ε_c separadamente, enquanto que as equações do segundo método só permitem determinar $\varepsilon = \varepsilon_s + \varepsilon_c$, sem individualizar as componentes.

Definido como:

T - esforço de tração nos cabos [kgf];

T_{rup} - carga de ruptura [kgf];

t - tempo de duração da tração [h];

τ - temperatura [°C];

σ - taxa de trabalho à tração em [kgf/mm^2];

K, α, ϕ, μ e δ - coeficientes que dependem das caracaterísticas, dos processos de fabricação, do tipo dos cabos, etc.

Poderemos empregar as seguintes equações:

a - Para cabos CAA:

$$\varepsilon = \varepsilon_s + \varepsilon_c = Ke^{\phi \cdot \tau} \cdot \sigma^{\alpha} \cdot t^{\mu}/\sigma^{\delta} \text{ [mm/km]} \quad (2.15)$$

Os coeficientes de fluência, divulgados até o momento, estão relacionados na Tabela 2.7.

b - Para cabos CA, CAL e CALA:

$$\varepsilon = \varepsilon_s + \varepsilon_c = K\tau^{\phi} \cdot \sigma^{\alpha} \cdot t^{\mu} \text{ [mm/km]} \ (\tau \geq 15 \text{ °C}) \quad (2.16)$$

Os coeficientes de fluência correspondentes a essa equação estão nas Tabelas 2.8, 2.9 e 2.10.

c - Para cabos CAA:

$$\varepsilon = \varepsilon s + \varepsilon c = K\left[\frac{100\sigma}{\sigma rup}\right]^{\alpha} \cdot \tau^{\phi} \cdot t^{\mu} \ \text{[mm/km]} \quad (\tau \geq 15\ °C) \qquad (2.17)$$

A Tabela 2.11 contém os coeficientes de fluência a serem usados nesta equação.

TABELA 2.7 — COEFICIENTES PARA A EQUAÇÃO 2.15. CABOS CAA [19]

COMPOSIÇÃO/ NÚMERO DE FIOS		m*	Processo industrial para a obtenção dos fios	Valores dos coeficientes				
Al	Fe			K	ϕ	α	μ	δ
54	7	7,71	Laminação a quente	1,1	0,018	2,16	0,34	0,21
			Extrusão ou Properzzi	1,6	0,017	1,42	0,38	0,19
48	7	11,37	Laminação a quente	3,0	0,010	1,89	0,17	0,11
			Extrusão ou Properzzi					
30	7	4,28	Laminação a quente					
			Extrusão ou Properzzi	2,2	0,011	1,38	0,18	0,037
26	7	6,16	Laminação a quente					
			Extrusão ou Properzzi	1,9	0,024	1,38	0,23	0,030
24	7	7,74	Laminação a quente	1,6	0,024	1,88	0,19	0,077
			Extrusão ou Properzzi					
18	1	18	Laminação a quente					
			Extrusão ou Properzzi	1,2	0,023	1,50	0,33	0,13
12	7	1,71	Laminação a quente	,66	0,012	1,88	0,27	0,16
			Extrusão ou Properzzi					

$$m^* = \frac{\text{área de alumínio}}{\text{área de aço}}$$

TABELA 2.8 — COEFICIENTES DA EQUAÇÃO 2.16. CONDUTORES CAL [19]

Processo industrial para a obtenção dos fios	Valores dos coeficientes			
	K	ϕ	α	μ
Laminação a quente	0,15	1,4	1,3	0,16
Extrusão ou Properzzi				

TABELA 2.9 — COEFICIENTES DA EQUAÇÃO 2.16. CONDUTORES CA [19]

Processo industrial para a obtenção dos fios	Valores dos coeficientes						
	K				ϕ	α	μ
	Nº de fios do condutor						
	7	19	37	61			
Laminação a quente	0,27	0,28	0,26	0,25	1,4	1,3	0,16
Extrusão ou Properzzi	0,18	0,18	0,16	0,15	1,4	1,3	0,16

TABELA 2.10 — COEFICIENTES PARA A EQUAÇÃO 2.16. CONDUTORES CALA [19]

Processo industrial para a obtenção dos fios	Valores dos coeficientes			
	K	ϕ	α	μ
Laminação a quente				
Extrusão ou Properzzi	$0,04 + 0,24 \frac{m}{m+1}$	1,4	1,3	0,16

$$m = \frac{\text{área de alumínio}}{\text{área de liga de alumínio}}$$

TABELA 2.11 — COEFICIENTES PARA A EQUAÇÃO 2.17.
CONDUTORES CAA [19]

Processo industrial para a obtenção dos fios	Valores dos coeficientes							
	K		ϕ		α		μ	
	$m \le 13$	$m \ge 13$	$m \le 13$	$m \ge 13$	$m \le 13$	$m \ge 13$	$m \le 13$	$m \ge 13$
Laminação a quente	2,4	0,24	0	1	1,3	1	0,16	0,16
Extrusão ou Properzzi	1,4	0,24	0	1	1,3	1	0,16	0,16

$$m = \frac{\text{área total do cabo}}{\text{área do aço}}$$

Informações obtidas junto aos fabricantes de cabos de alumínio indicaram que no Brasil os vergalhões ("wire-bars") de alumínio ou de suas ligas são obtidos através do processo conhecido por "PROPERZZI". Essa informação é importante para a determinação das constantes de fluência nas tabelas.

Um exame das expressões apresentadas mostra uma variação exponencial de ε no tempo. Assim, para cada valor de tensão σ há uma curva $\varepsilon = f(t)$, como mostra a figura 2.23.

Nas linhas de transmissão os cabos são ancorados em suas extremidades por suportes fixos. A tração nos mesmos é constante, a menos que ocorram alterações em seus comprimentos. Estas podem ter causas externas, como alterações meteorológicas, ou internas, como aquelas causadas pelos alongamnetos permanentes. Neste caso há uma continuada redução na tensão dos cabos devido ao continuado aumento em seu comprimento. Essa redução na tensão provoca, por sua vez, uma redução na taxa de alongamento. A própria fluência provoca uma redução nas taxas de alongamentos por fluência. As equações para o cálculo dos alongamentos não tomam esse fato em devida consideração, sendo, pois, necessário desenvolver uma metodologia, como foi proposto em [18, 20 e 21], para a solução do problema.

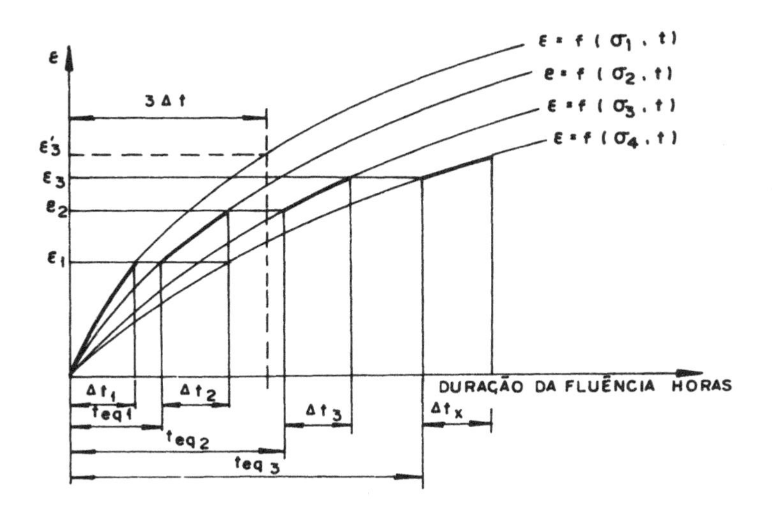

Fig. 2.23 - Variação dos alongamentos com a duração e com a tensão. Redução da fluência pela fluência

Seja σ_1 a tensão com que um cabo foi ancorado em uma linha. Aplicando-se, por exemplo a Eq. 2.15 a esse caso, obtem-se a curva $\varepsilon = f(\sigma_1, t)$ da figura 2.23, para um grande número de intervalos de tempo Δt. Admitamos que o valor de σ_1 atue durante um intervalo Δt. O alongamento provocado será ε_1. Este fará com que a tração seja reduzida, correspondente a uma nova tensão σ_2, cuja curva é $\varepsilon = f(\sigma_2, t)$. O alongamento ε_1, na tensão σ_2, só seria alcançado em um tempo maior do que Δt, ou seja, em t_{eq1}. Ao final de novo intervalo Δt, ou seja ao fim de $t_{eq1} + \Delta t$, o alongamento alcançado será ε_2. Esse novo alongamento $(\varepsilon_2 - \varepsilon_1)$ faz com que a tensão se reduza para σ_3 e ao final de um novo intervalo de tempo Δt, ou seja em $t_{eq2} + \Delta t$, seja alcançado o alongamento total ε_3. Esse alongamento adicional $(\varepsilon_3 - \varepsilon_2)$ provoca nova redução da tensão e assim sucessivamente.

Tivéssemos aplicado a equação com $t = 2\Delta t$ e σ_1, encontraríamos um alongamento total de ε_3' que, como mostra a figura, é maior do que ε_3.

Esse método é bastante trabalhoso, pois o número de intervalos de tempo a serem usados para o cálculo da fluência a longo prazo é muito grande. O valor de Δt, que no início deve ser da ordem de uma ou duas horas devido à elevada taxa de alongamentos, pode ser aumentado gradualmente à medida que o cálculo avança.

O uso de computador digital é aconselhável. Incluímos, no final do Capítulo 4, um programa de cálculo em linguagem "Basic" para computadores pessoais. Nesse capítulo são apresentadas igualmente as hipóteses a serem usadas nos cálculos dos alongamentos.

Exemplo 2.12

Qual é o valor do alongamento permanente de um cabo CAA de $546,04mm^2$, 54Al + 7Fe (CODIGO CARDINAL), que permanecerá durante 30 anos (262.800 horas) sob condições médias (de maior duração) de 20°C e tração inicial de 3070kgf?

Solução:

Será usada a Eq. 2.15 no programa de computador já referido. Completam os dados de entrada:

- módulo de elasticidade inicial $E_i = 5203kgf/mm^2$
- coeficiente de expansão linear $\alpha_t = 18,18.10^{-6}$ °C
- coeficientes de fluência da tabela 2.7:
  $K = 1,6$; $\phi = 0,017$; $\alpha = 1,42$; $\mu = 0,38$ e $\delta = 1,9$

O resultado obtido foi $\varepsilon = 727,25mm/km$ empregando 663 intervalos de tempo que crescem de acordo com a lei:

$$\Delta t = INT\ (1,25\ **\ 0,8 \cdot I)$$

na qual I e o número de ordem do calculo anterior.

Se a equação tivesse sido aplicada diretamente, o resultado sería $\varepsilon = 799,534mm/km$ para as mesmas 262.800 horas, cerca de 10% maior.

2.5.5 - Acréscimo de temperatura equivalente a um alongamento permanente

Um aumento da temperatura de um cabo de t_1°C a t_2°C provoca um aumento em seu comprimento, que pode ser calculado pela expressão:

$$\delta t = \alpha t \cdot (t_2 - t_1) = \alpha t \cdot \Delta t \qquad (2.18)$$

na qual α_{tf} $[\circ C]^{-1}$ é o coeficiente de expansão térmica do cabo no estado final.

Para qualquer valor de alongamento permanente ε é possível encontrar um valor de variação de temperatura Δt_{eq}, de forma que se tenha:

$$\delta t = \alpha_{tf} \cdot \Delta t_{eq} = \varepsilon$$

portanto

$$\Delta t_{eq} = \frac{\varepsilon}{\alpha_{tf}} \quad [\circ C] \qquad (2.19)$$

Essa constatação indica ser possível representar nos cálculos das trações e flechas o efeito dos alongamentos permanentes, na forma de um acréscimo de temperatura à temperatura máxima de projeto dos cabos.

Exemplo 2.13

Admitindo-se que a previsão de temperatura máxima dos condutores da linha do Exemplo 2.11, feita da maneira vista no Capítulo 1, é de 57∘C, qual será o valor da temperatura a ser utilizada para o cálculo da flecha máxima da linha no fim de 30 anos?

Solução:

Para o cálculo da flecha utiliza-se o valor da temperatura final. Para

$\varepsilon = 727{,}25 \cdot 10^{-6}$m/m calculado em 2.12,

sabendo que

$\alpha_{tf} = 19{,}44 \cdot 10^{-6}$ °C, como mostra a tabela 2.12,

tem-se:

$$t_{30} = t_{max} + \Delta t_{eq}$$

$$t_{30} = 57{,}0 + \frac{727{,}25 \cdot 10^{-6}}{19{,}44 \cdot 10^{-6}}$$

$$t_{30} = 57{,}0 + 37{,}4 \circ C$$

$$t_{30} = 94{,}4 \circ C$$

Portanto, ao final dos 30 anos, quando a temperatura for de 57∘C a flecha nos cabos será aquela que o cabo teria a 94,4 ∘C se não tivesse havido fluência.

TABELA 2.12 — CARACTERÍSTICAS ELÁSTICAS E TÉRMICAS DOS CABOS

Tipo do cabo	Composição	Módulo de elasticidade			Coef. de exp. térmica		"A" Mudança de inclinação da curva inicial
		E_i	Inicial kgf/mm²	Final kgf/mm²	Inicial .10⁻⁶ 1/°C	Final .10⁻⁶ 1/°C	σ_A kgf/mm²
Alumínio duro	1			7031		23,04	
	7		5343	6180		23,04	
	19		5060	6080		23,04	
	37		4920	5970		23,04	
	61		4710	5870		23,04	
Aço galvanizado	1			19680		11,52	
	7			19330		11.52	
	19			18980		11,52	
	37			18280		11,52	
Alumínio com alma de aço	6/1	I	6820	8075	18,38	19,10	11,601
		II	4781				
	26/7	I	6117	7664	18,00	18,90	11,250
		II	4922				
	20/7	I	6609	8086	16,75	18,00	12,750
		II	5484				
	30/19	I	6609	8086	16,75	18,00	12,750
		II	5484				
	45/7	I	4500	6575	18,10	19,00	11,250
		II	2812				
	54/7	I	5203	6890	18,18	19,44	9,843
		II	4148				
	54/19	I	5203	6890	18,18	19,44	9,843
		II	4148				
Cobre duro	1		10190	11950		16,92	
	3		9840	11950		16,92	
	12		9840	11950		16,92	
	outros		10190	11950		16,92	
Cobre meio duro	1		9840	11240		16,92	
	outros		9840	10890		16,92	
Alma de aço de cabo CAA	6/1		2728	2865	11,52	11,52	
	27/7		2612	2714	11,52	11,52	
	30/7		3328	3626	11,52	11,52	
Módulo ponderado	54/7		2109	2243	11,52	11,52	
	54/19		2007	2165	11,52	11,52	

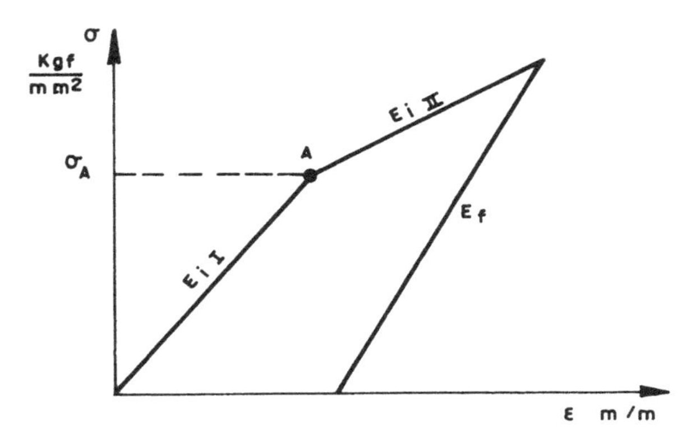

Fig. 2.24 - Curvas tensão deformação linearizadas

2.5.6 - Características térmicas e elásticas dos cabos

A tabela 2.12 fornece dados característicos de cabos usados em transmissão. Os módulos de elasticidade iniciais dos cabos CAA foram linearizados, como mostra a figura 2.24 e serão empregados nas "Equações de Mudança de Estado", que serão desenvolvidas no Capítulo 3 e empregadas nos projetos dos cabos.

Os dados desta tabela permitem, igualmente, calcular alongamentos permanentes por acomodação geométrica, da maneira exposta em [24], empregando as curvas linearizadas.

2.6 - BIBLIOGRAFIA

1 - FUCHS, R.D. - Transmissão de Energia Elétrica em Linhas Aéreas - 2ª Ed., Livros Técnicos e Científicos, Editora S.A. - Rio de Janeiro, 1980.

2 - ABNT, NBR 5422 - Projeto de Linhas Aéreas de Transmissão de Energia Elétrica - Associação Brasileira de Normas Técnicas, Rio de Janeiro, 1985.

3 - TECHNICAL COMMITTEE N.º 11 of IEC - Recomendations for Overhead Lines - "Overhead Line Tower Loading IEC" - Secretariat 11-27 - Genebra - Suíça.

4 - LEIBFRIED, W. e MORS, H. - "The Mechanical Behaviour of Bundled and Single Conductor. New Measurements of the Hormingsgrinde Testing Station" - Report n.º 209, CIGRÉ, Paris, 1960.

5 - ARMITT, J., MANUZIO, C. e outros - "Calculation of Wind Loadings on Components of Overhead Lines" - Proceedings IEE, Vol. 122, n.º 11, Londres, Nov., 1975.

6 - WINKELMANN, P.F. - "Sag-tension Computations and Field Measurements of Bonneville Power Administration". Trans AIEE Vol. 78, Part III. [-PAS, pp 1532/1547, New York.

7 - DAVIS, M.W. - "Nomographic Computation of the Ampacity Rating of Aerial Conductor" - IEE, - PAS, Vol. 89, pp. 387/399, New York, Mar, 1970.

8 - THE ALUMINIUM ASSOCIATION - "Ampacities for Aluminum & ACSR Overhead Electrical conductors" - New York, Set, 1971.

9 - HAZAN, E. - Discussões sobre o artigo "Current Carrying Capacity of ACSR Conductors" - Trans. AIEE, PAS, Vol.77, Vol III, pp. 1174/1175, N.York, 1958.

10 - ABNT, NBR 7270/7271 - "Cabos de Alumínio (CA) e Cabos de Alumínio com Alma de Aço (CAA) para Fins Elétricos - Especificações Brasileiras". Associação Brasileira de Normas Técnicas. Rio de Janeiro.

11 - ABNT, NBR 6756 - "Fios de Aço Zincados para Alma de Cabos de Alumínio" - Associação Brasileira de Normas Técnicas, Rio de Janeiro.

12 - ALUMÍNIO DO BRASIL S.A. - "Cabos Condutores" (dados técnicos). Ed. Alumínio do Brasil S.A., São Paulo, 1965.

13 - KNOWLTON, A.E. - "Standard Handbook for Electrical Engineers" - 8ª Edição - McGraw-Hill Book Co., New York, 1949.

14 - WOOD, A.B. - "A Practical Method of Conductor Creep Determinations" - Revista Electra, n.º 24, CIGRÉ, Paris, Out., 1972.

15 - VARNEY, T.Th. - "ACSR Graphic Method for Sag-tension Calculation" - Ed. Aluminum Company of Canadá, Ltd. Montreal, 1950.

16 - JORDAN, C.A. - "A Simplified Sag-tension Method for Steel Reinforced Aluminum Conductors". Trans. AIEE, Vol. 71, Part III-PAS, New York, 1952.

17 - BRADBURY Jr. e outros - "Long-term Creep Assesment of Overhead Line Conductors" - Proc. IEE - Vol. 22 nº 10 - Londres, Out.,1975.

18 - HARVEY, J.R. e LARSON, R.E. - "Creep Equations of Conductors for Sag-tension Calculation" - IEEE WPM, 1972 - N. York.

19 - BUGSDORF, V. e outros - "Permanent Elongation of Conductors. Predictor Equation and Avaluation Methods" - Revista Electra nº 75 - CIGRÉ, Paris, Mar., 1981.

20 - WG 22-05 - CIGRÊ - "Permanent Elongaion of Conductors" - CIGRÉ Open Conference EHV and UHV Transmission Lines - Rio de Janeiro, 1983.

21 - THE ALUMINUM ASSOCIATION - Stress - Strain - Creep Curves for Aluminum Electrical Conductors - N. York.

22 - ABNT, NBR 7302 - "Condutores Elétricos de Alumínio - Tensão - Deformação e Condutores de Alumínio" - Rio de Janeiro, Abr., 1982.

23 - FUCHS, R.D. e ALMEIDA, M.T. - "Projetos Mecânicos das Linhas Aéreas de Transmissão" - ED. Edgard Blücher Ltda - Ed. EFEI - 1ª Edição - São Paulo, 1982.

3

Estudo do comportamento mecânico dos condutores

3.1 - INTRODUÇÃO

As linhas aéreas de transmissão de energia elétrica constam fundamentalmente de duas partes distintas. Uma parte ativa, representada pelos cabos condutores, que, segundo nos ensina a teoria eletromagnética [1], servem de guias aos campos elétricos e magnéticos, agentes do transporte de energia; e uma parte passiva, constituída pelos isoladores, ferragens e estruturas, que assegura o afastamento dos condutores do solo e entre si. Possuem as linhas, outrossim, elementos acessórios, dentre os quais devemos mencionar os cabos pára-raios e aterramentos, destinados a interceptar e descarregar ao solo as ondas de sobretensão de origem atmosférica, que, de outra forma, atingiriam os condutores, provocando falhas nos isolamentos e, conseqüentemente, a interrupção do serviço.

O projeto mecânico de uma linha aérea de transmissão cuida, pois, não só do dimensionamento de todos os seus elementos, de forma a assegurar seu bom funcionamento face às solicitações de natureza mecânica a que são submetidos, como também de sua amarração ao terreno que atravessa.

Uma vez que a transmissão de energia elétrica por linhas aéreas se faz com o emprego de tensões elevadas — desde centenas de volts até centenas de milhares de volts — e que representam real perigo de vida para os seres vivos e para a integridade física de propriedades, existem regras e normas bastante rígidas que devem ser observadas nos projetos e durante a construção das linhas aéreas de transmissão, a fim de assegurar altos índices de segurança. Essas normas têm, em geral, força de lei, e estabelecem critérios mínimos que devem ser observados pelo projetista, sem eximí-lo de responsabilidade pela sua adoção indiscriminada, sem maiores preocupações com sua aplicabilidade ao caso particular em estudo. E cada linha deve ser tratada como um caso particular. Essas normas especificam as máximas solicitações admissíveis nos elementos das linhas, os fatores mínimos de segurança, bem como, também, indicam quais os esforços solicitantes que devem ser considerados em projeto e a maneira de calculá-los. As distâncias mínimas entre condutores, solo e estruturas são igualmente especificadas.

No Brasil, os projetos de linhas aéreas de transmissão e de linhas de distribuição estão regulamentados pela ABNT [2]. Nos Estados Unidos, vigora o NESC (National Electric Safety Code); na Alemanha, as normas DIN e VDE; na Itália, as normas UNI, etc.

Sendo os cabos condutores os elementos ativos no transporte da energia e que são mantidos sob tensões elevadas, todos os demais elementos da linha de transmissão devem ser dimensionados em função dessas tensões, como também em função das solicitações mecânicas que estes transmitem às estruturas. Por essa razão, é de toda conveniência começarmos o estudo do comportamento mecânico dos condutores.

3.2 - COMPORTAMENTO DOS CABOS SUSPENSOS - VÃOS ISOLADOS

Dos nossos cursos de Mecânica Racional, lembramos que uma corrente de elos iguais, ao ser estendida entre dois pontos suficientemente elevados para que não se apóie sobre o solo, adquire uma forma característica, e que, por isso mesmo, recebe o nome de catenária [do latim catena (corrente)]. Lembramos, por outro lado, que essa corrente poderá ser substituída por um fio, sem que se altere a forma da curva, se esse fio for bastante flexível e inelástico, possuindo, outrossim, o mesmo peso por metro linear que a corrente. Os condutores das linhas áereas de transmissão, normalmente constituídos por cabos, podem ser considerados suficientemente flexíveis quando os pontos de suspensão estiverem razoavelmente afastados entre si, de forma a descreverem, quando suspensos, curvas semelhantes a catenárias.

Os pontos de suspensão dos condutores de uma linha aérea podem estar a uma mesma altura ou, como ocorre mais freqüentemente, a alturas diferentes. Estudaremos os dois casos separadamente.

3.2.1 - Suportes a mesma altura

Consideremos a figura 3.1, que representa um condutor suspenso em dois suportes rígidos, A e B, separados entre si por uma distância A. Essa distância comumente recebe o nome de vão. Como os pontos A e B estão a uma mesma altura, a curva descrita pelo condutor será simétrica, e seu ponto mais baixo, o vértice O, encontra-se sobre um eixo que passa a meia-distância entre A e B.

A distância OF = f recebe o nome de flecha. Nas linhas de transmissão, as alturas de suspensão (H) dos condutores estão diretamente relacionadas com o valor das flechas e com as distâncias dos vértices das curvas ao solo (h_s).

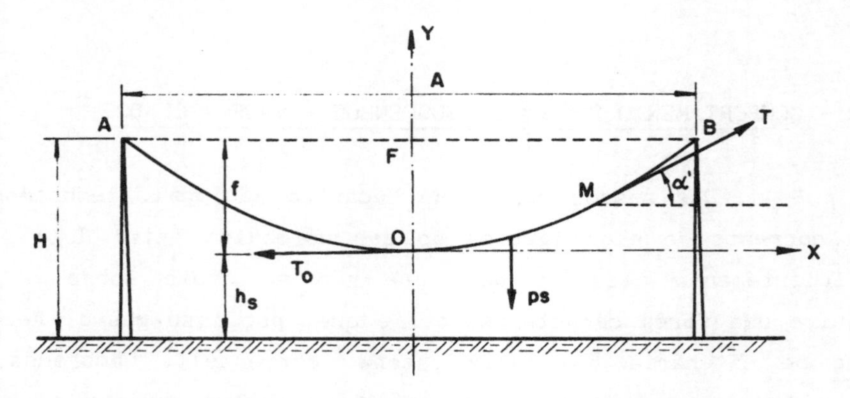

Fig. 3.1 - Condutor suspenso em dois suportes de mesma altura

A flecha, como veremos, depende do vão, da temperatura e do valor da tração aplicada ao cabo quando de sua fixação em A e B. A altura h_s, denominada altura de seguranca, é estabelecida por normas, em função da classe de tensão da linha, do tipo de terrenos e dos acidentes atravessados pelas linhas.

Temos então que:

p [kgf/m] é o peso unitário do condutor, e

L [m] o seu comprimento desenvolvido, sendo:

$L > A$.

Consideremos os eixos OX e OY, aos quais iremos relacionar a equação de equilíbrio. Seja M um ponto qualquer da curva limitando um comprimento de condutor OM = s. Esse segmento de condutor estará em equilíbrio sob a ação das forças atuantes sobre ele. Essas forças são representadas pelo peso do condutor ps, a tração no ponto O, designada por T_o e cuja direção é tangente à curva em O, ou seja, horizontal, e a tração T, cuja direção é a da tangente à curva em M, fazendo com a horizontal um ângulo α'.

Projetando essas forças sobre o eixo OY, teremos:

$$T \cdot \operatorname{sen}\alpha' = p \cdot s \tag{3.1}$$

e, sobre o eixo OX,

$$T \cdot \cos\alpha' = T_o \tag{3.2}$$

Se, ao invés de considerarmos um segmento de comprimento s da curva, considerarmos todo um ramo OB = L/2, o ponto M se deslocará para o ponto B e a força T passará a ser tangente à curva em B. Nessas condições, as eqs. 3.1 e 3.2 se tornam (ver fig. 3.2):

$$T \cdot \operatorname{sen}\alpha = \frac{pL}{2} \tag{3.3}$$

e

$$T \cdot \cos\alpha = T_o \tag{3.4}$$

Uma vez que a força T equilibra as demais, ela é representada pela reação da estrutura ao sistema de forças atuantes:

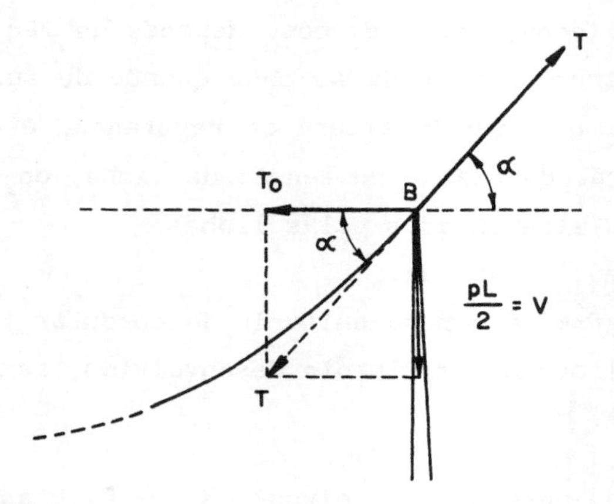

Fig. 3.2 - Forças atuantes

a - uma força horizontal e constante $To = T\cos\alpha$;

b - uma força vertical $V = T \cdot \text{sen}\alpha = pL/2$, portanto igual ao peso do condutor no semivão, referente ao seu comprimento real.

Da eq. 3.1, obtemos:

$$T = \frac{To}{\cos\alpha'} \tag{3.5}$$

Se dividirmos a eq. 3.1 pela 3.2, teremos:

$$\text{tg}\alpha' = \frac{ps}{To} \tag{3.6}$$

ou

$$\alpha' = \text{arctg}\ \frac{ps}{To} \tag{3.7}$$

Essas expressões mostram que, sendo To constante, o mesmo não ocorre com T, que varia ao longo da curva, em função da distância s, do ponto considerado ao vértice da catenária. Ela será mínima para $\alpha' = 0$ (no ponto O), quando então $T = To$. Será máxima em A ou B, quando:

$$\alpha' = \alpha = \text{arctg}\ \frac{pL}{2To} \tag{3.8}$$

Sendo T a força de tração axial no cabo, sua taxa de trabalho (σ) também varia, desde um mínimo, junto ao vértice da curva, a um máximo, junto aos pontos de suspensão.

Por questões de segurança, as diversas normas estabelecem limitações quanto aos máximos esforços de tração admissíveis nos cabos condutores. Algumas normas, como a NBR 5422/85, estabelecem essas limitações em função da carga de ruptura dos cabos:

$$T_{max} = k \cdot T_{rup} \tag{3.9}$$

onde k representa um coeficiente de redução, variável para as diversas condições de funcionamento, e que será discutido em detalhes mais adiante.

Outras normas, como, por exemplo, as DIN, preferem estabelecer um valor máximo para as taxas de trabalho admissíveis em cada tipo de condutor [3,4].

A variação de T em linhas usuais é bastante pequena, principalmente quando os suportes estão no mesmo nível e os vãos têm valores usuais, pois os ângulos α também são pequenos. Nos cálculos despreza-se, então, essa variação.

Exemplo 3.1

Uma linha de transmissão de 138kV deverá ser construída com cabos de alumínio com alma de aço (CAA), composto de 30 fios de alumínio e 7 fios de aço galvanizado, possuindo uma secção de 210,3mm^2 (Especificado nos catálogos de fabricantes norte-americanos e canadenses sob o código Oriole, bitola 336400CM; ver o Apêndice e a ref. [5]). Sua carga de ruptura é igual a 7735kgf e seu peso 0,7816kgf/m. Admitindo o condutor tensionado por uma tração To = 1545kgf, calcular o valor da tração T, nos pontos de suspensão, em vãos de 350m e 1000m.

Solução:

Devemos empregar as eqs. 3.5 e 3.8, admitindo, para efeito comparativo, L ≅ A.

a - Para o vão de 350m:

$$\alpha = \text{arctg}\ \frac{pL}{2To} = \text{arctg}\ \frac{0,7816 \cdot 350}{2 \cdot 1545}$$

$$\alpha = 5,05925°$$

logo:

$$T = \frac{To}{\cos\alpha} = \frac{1.545}{\cos 5,05925} = 1.551,0428\text{kgf}$$

aumento de tração, $\Delta T = 0,391\%$

b - Para o vão de 1.000m:

$$\alpha = \text{arctg}\ \frac{pL}{2To} = \text{arctg}\ \frac{0,7816 \cdot 1.000}{2 \cdot 1545}$$

$$\alpha = 14,19494°$$

e

$$T = \frac{To}{\cos\alpha} = \frac{1.545}{\cos 14,19494} = 1.593,6592\text{kgf}$$

aumento de tração, $\Delta T = 3,1495\%$.

Analisando os resultados assim obtidos, verificamos que, no primeiro caso, o aumento de tração é perfeitamente desprezível, enquanto que, no segundo caso, já merece um pouco mais de atenção. Um vão de 350m poderia ser considerado normal em linhas com essa classe de tensão, enquanto que o vão de 1.000m seria excepcional em qualquer linha.

Exemplo 3.2

Admitindo que o comprimento desenvolvido dos cabos seja aproximadamente igual aos vãos horizontais, com que valor de vão o condutor da linha do exemplo anterior se romperá nos suportes?

Solução:

Pela eq. 3.5:

$$To = T \cdot \cos\alpha \therefore \cos\alpha = \frac{To}{T}$$

para

To = 1.545kgf e T = 7.735kgf (tensão de ruptura do cabo)

$$\cos\alpha = \frac{1.545}{7.735} = 0,199741 \therefore \alpha = 78,4782°$$

pela eq. 3.8,

$$tg\alpha = \frac{PL}{2To}\ ,\ A = \frac{2To \cdot tg\alpha}{p} \quad \text{(fazendo } L \cong A\text{)}$$

logo

$$A = \frac{2 \cdot 1.545 \cdot tg\alpha}{0,7816} = 19.393,95\text{m}$$

Portanto, com um vão da ordem de 19.400m, sem que a tração To, junto ao vértice da parábola, fosse superior a 1545kgf, ou seja, cerca de 20% da tração de ruptura, o cabo não resistiria aos esforços de tração junto aos apoios, e ocorreria a ruptura, teoricamente sem considerar sobrecargas.

3.2.1.1 Equações dos cabos suspensos

Cálculo das flechas

Consideremos novamente o sistema da fig. 3.1: vimos que:

$$tg\alpha' = \frac{ps}{To} \tag{3.6}$$

sendo

$$tg\alpha' = \frac{dy}{dx} = Z \tag{3.10}$$

e podemos escrever

$$Z = \frac{ps}{To} \tag{3.11}$$

Diferenciando, encontraremos:

$$dZ = \frac{p}{To}\, ds = \frac{p}{To} \sqrt{dx^2 + dy^2}$$

ou

$$\frac{dZ}{\sqrt{1 + Z^2}} = \frac{p}{To}\, dx \tag{3.12}$$

Integrando a eq 3.12, teremos

$$\log_e \left(\pm Z + \sqrt{1 + Z^2}\right) = \pm \frac{p}{To}\, x \tag{3.13}$$

cuja constante de integração é nula, pois, para $x = 0$, $Z = 0$. Da eq. 3.13 podemos obter

$$+Z + \sqrt{1 + Z^2} = e^{(p/To)x}$$

$$-Z + \sqrt{1 + Z^2} = e^{-(p/To)x}$$

Subtraindo membro a membro

$$Z = \frac{e^{(p/To)x} - e^{-(p/To)x}}{2} = \text{senh}\left(\frac{x}{To/p}\right) \qquad (3.14)$$

Como $Z = dy/dx$, obtemos, por integração

$$y = \frac{To}{p}\cosh\cdot\left(\frac{x}{To/p}\right) + C$$

para $x = 0$, $y = 0$, $\cosh 0 = 1$, logo, $C = -To/p$. Portanto

$$y = \frac{To}{p}\left[\cosh\cdot\left(\frac{x}{To/p}\right) - 1\right] \qquad (3.15)$$

que é a equação da catenária.

Designando $C_1 = To/p$, teremos

$$y = C_1\cdot\left[\cosh\frac{x}{C_1} - 1\right] \qquad (3.16a)$$

o termo $\cosh x/C_1$ pode ser desenvolvido em série, ficando

$$\cosh\frac{x}{C_1} = 1 + \frac{x^2}{2C_1^2} + \frac{x^4}{4!C_1^4} + \frac{x^6}{6!C_1^6} + \ldots + \frac{x^n}{n!C_1^n} \qquad (3.17)$$

Nas linhas de transmissão reais, o valor de C_1 é sempre muito grande, de ordem superior a 1.000, o que faz com que essa série seja rapidamente convergente, como mostra o Ex. 3.3. Nessas condições, é em geral suficiente empregar os dois primeiro termos da série. Fazendo essa substituição na Eq 3.16a, obteremos:

$$y = \frac{x^2}{2C_1} = \frac{px^2}{2To} \qquad (3.18a)$$

que é a equação de uma parábola.

Calculemos agora as expressões para as flechas. Para a catenária, façamos, em 3.16a

$$x = \frac{A}{2} \quad e \quad y = f$$

$$f = C_1 \cdot \left[\cosh \frac{A}{2C_L} - 1\right] \qquad (3.16b)$$

Para a parábola, usando o mesmo raciocínio, temos:

$$f = \frac{pA^2}{8To} \qquad (3.18b)$$

Exemplo 3.3

Verificar a convergência da série e calcular as flechas da linha descrita no Ex. 3.1.

Solução:

Teremos

$$C_1 = \frac{To}{p} = \frac{1.545}{0,7816} = 1.976,7144$$

Usando o maior valor de x na linha, que é igual a A/2, podemos calcular:

$$\frac{x^2}{2C_1^2} = \frac{A^2}{8C_1^2}; \quad \frac{x^4}{4!C_1^4} = \frac{A^4}{384C_1^4}; \quad \frac{x^6}{6!C_1^6} = \frac{A^6}{46.080C_1^6}$$

Para efeito comparativo entre os vãos de 350 e 1.000m, encontraremos os valores indicados na tabela, que mostra a rápida convergência da série. Mostra, outrossim, que o erro que cometemos ao empregar a equação da parábola do invés da equação da catenária para calcular a flecha é insignificante: 5,1mm nos vãos de 350m e 337,8mm nos vãos de 1.000m, ou seja, respectivamente, 0,066% e 0,53% do valor calculado pela equação exata. São erros que podem ser perfeitamente tolerados em problemas práticos de transmissão.

Vãos A [m]	$\frac{To}{p} = C_1$	$\frac{A^2}{8C_1^2}$	$\frac{A^4}{384C_1^4}$	$\frac{A^6}{46080C_1^6}$	Flechas [m]	
					Eq. 3.16b	Eq. 3.18b
350	1.976,7144	3919E-6	2.20^{-6}	0	7,7515	7,7464
1.000	1.976,7144	3.1990E-6	170E-6	0	63,5741	63,2363

Cálculo do comprimento dos cabos

O comprimento desenvolvido de uma curva qualquer, de acordo com a Geometria Analítica, é dado por [6]:

$$L = \int_{x1}^{x2} \left[1 + \left(\frac{dy}{dx} \right)^2 \right]^{1/2} dx \qquad (3.19)$$

De acordo com a Eq 3.14

$$\frac{dy}{dx} = \text{senh}\, \frac{x}{C_1}$$

Como

$$\cosh \frac{x}{C_1} = \sqrt{1 + \text{senh}^2 \frac{x}{C_1}}$$

Integrando, encontraremos seu comprimento entre o vértice e um ponto de abscissa x:

$$L_x = C_1 \cdot \text{senh}\, \frac{x}{C_1} \qquad (3.20)$$

Considerando a curva inteira, no vão A teremos,

$$L = 2 \cdot C_1 \cdot \text{senh}\, \frac{A}{2C_1} \; [m] \qquad (3.21)$$

Efetuando o seu desenvolvimento em série, obtemos:

$$L = 2C_1 \left[\frac{A}{2C_1} + \frac{1}{3!}\left(\frac{A}{2C_1}\right)^3 + \frac{1}{5!}\left(\frac{A}{2C_1}\right)^5 + \ldots + \frac{1}{n!}\left(\frac{A}{2C_1}\right)^n \right] \qquad (3.22)$$

Mais uma vez estamos frente a uma série rapidamente convergente. Na maioria dos casos, basta considerarmos apenas os dois primeiros termos, ficando:

$$L = A + \frac{A^3}{24C_1^2} = A + \frac{A^3 p^2}{24\, T_0^2} \qquad (3.23)$$

Como $f = A^2 p / 8T_o$ (Eq. 3.18b), teremos:

$$L \cong A + \frac{8f^2}{3A} \; [m] \qquad (3.24)$$

que é a equação do comprimento de uma parábola, desenvolvida em função da flecha e de sua abertura.

Exemplo 3.4

Quais os valores dos comprimentos dos cabos da linha descrita no Ex. 3.1, nos vãos de 350m e 1.000m, calculados através do processo exato, do processo aproximado, e pela equação da parábola?

Solução:

a - Cálculo pelo processo exato. Do Ex. 3.2, C = 1.976,7144; logo:

$$L = 2C_1 \cdot \operatorname{senh} \frac{A}{2C_1} \qquad (3.21)$$

$$L = 2 \cdot 1.976{,}7144 \cdot \operatorname{senh} \frac{A}{2 \cdot 1.976{,}7144}$$

a_1 - Para A = 350m, L_{350} = 350,4573m

a_2 - Para A = 1.000m, L_{1000} = 1.010,6977m

b - Cálculo,pelo processo aproximado:

$$L = A + \frac{8f^2}{3A} \qquad (3.24)$$

Do Ex. 3.3, f_{350} = 7,7464 e f_{1000} = 63,2363; logo

$$b_1 - \quad L = 350 + \frac{8(7{,}7464)^2}{3.350}$$

L_{350} = 350,4572m

$$b_2 - \quad L = 1.000 + \frac{8(63{,}2363)^2}{3 \cdot 1.000}$$

L_{1000} = 1.010,6635m

Comparando os resultados, verificamos que, se calcularmos os comprimentos usando a equação simplificada, os erros serão:

- vão de 350m, erro de 0,002m, ou seja, 0,0006%
- vão de 1.000m, erro de 0,03420m, ou seja, 0,00338%.

c - Analisando o comprimento do cabo pela equação da parábola (3.18a), vem:

$$y = \frac{px^2}{2T_o} \longrightarrow \frac{dy}{dx} = \frac{px}{T_o} \quad \frac{x}{C_1}$$

Na Eq. 3.19:

$$L = 2 \int_0^{A/2} \left[1 + \left(\frac{x}{C_1} \right)^2 \right]^{1/2} dx$$

Resolvendo:

$$L = C_1 \left[\frac{A}{2C_1} \sqrt{\left(\frac{A}{2C_1}\right)^2 + 1} + \ln \left(\sqrt{\left(\frac{A}{2C_1}\right)^2 + 1} + \frac{A}{2C_1} \right) \right]$$

c_1 - L_{350} = 350,4567m

c_2 - L_{1000} = 1.010,5635m

O que mostra, que os processos de cálculo aproximado em vãos nivelados são plenamente satisfatórios, mesmo porque na montagem mecânica não se tem esta precisão.

RESUMO DAS EQUAÇÕES DO CABO PARA VÃO NIVELADO

a - Tração nos apoios: $T = \dfrac{T_o}{\cos \alpha}$ (3.5)

para: $\alpha = \text{arctg} \dfrac{p.L}{8T_o}$ (3.8)

b - Flecha: $f = \dfrac{p.A^2}{8T_o}$ (3.18b)

c - Comprimento do cabo: $L = A + \dfrac{8f^2}{3A}$ (3.24)

3.2.2 - Suportes a diferentes alturas

A Fig. 3.3 mostra um cabo estendido entre dois suportes rígidos,cujas alturas A e B são diferentes entre si, sendo o vão medido na horizontal igual a A. Seja h a diferença de alturas entre A e B.

Se prolongarmos a curva AB até um ponto B', situado a uma mesma altura que o ponto A, obteremos um vão nivelado A_e, chamado vão equivalente, e a catenária correspondente a esse vão. De acordo com a Eq. 3.16a, teremos:

$$h = y_1 - y_2 = C_1 \cdot \left[\left(\cosh \frac{x_1}{C_1} - 1 \right) - \left(\cosh \frac{x_2}{C_1} - 1 \right) \right]$$

ou

$$h = C_1 \cdot \left(\cosh \frac{x_1}{C_1} - \cosh \frac{x_2}{C_1} \right)$$

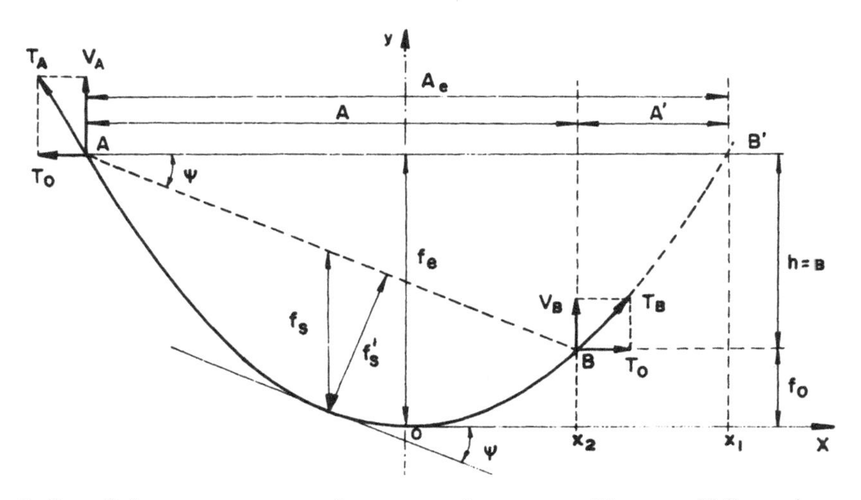

Fig. 3.3 - Cabo suspenso entre suportes com alturas diferentes

que pode ser transformada em

$$h = 2C_1 \cdot \text{senh}\,\frac{x_1 + x_2}{2C_1} \cdot \text{senh}\,\frac{x_1 - x_2}{2C_1}$$

ou, de acordo com a Fig. 3.3

$$h = 2C_1 \cdot \text{senh}\,\frac{A}{2C_1} \cdot \text{senh}\,\frac{A'}{2C_1} \tag{3.25}$$

Desta equação, podemos obter:

$$\text{senh}\,\frac{A'}{2C_1} = \frac{h}{2C_1} \cdot \frac{1}{\text{senh}\,\frac{A}{2C_1}} = \frac{h}{2C_1} \cdot \text{cosech}\,\frac{A}{2C_1} \tag{3.26}$$

Resolvendo essa equação, obteremos A', e, conseqüentemente, o vão equivalente, que, de acordo com a Fig. 3.3 será:

$$A_e = A + A' \tag{3.27}$$

Da série do seno,

$$\text{senh}\,x = x + \frac{x^3}{3!} + \frac{x^5}{5!} + \ldots$$

então:

$$\text{senh}\ \frac{A'}{2C_1} = \frac{A'}{2C_1} + \left(\frac{A'}{2C_1}\right)^3 \frac{1}{3!} + \ldots$$

Usando a série de co-secante:

$$\text{cosech}\ x = \frac{1}{x} - \frac{x}{6} + \frac{7x^3}{360} + \ldots$$

então

$$\text{cosech}\ \frac{A}{2C_1} = \frac{1}{A/C_1} - \frac{A}{12C_1} + \ldots$$

Usando somente os primeiros termos das séries, e substituindo na Eq. 3.26, teremos eliminadas as funções trigonométricas:

$$A' = \frac{2h}{A} C_1 \tag{3.28}$$

e o vão equivalente será

$$A_e = A + \frac{2hC_1}{A}\ [\text{m}]$$

ou aproximadamente

$$A_e = A + \frac{2hT_o}{Ap}\ [\text{m}] \tag{3.29}$$

A carga vertical no ponto superior de suspensão, A, será (trecho AO)

$$V_A = \frac{1}{2} A_e \cdot p = \frac{1}{2}\left(A + \frac{2hT_o}{Ap}\right)p \quad [\text{kgf}]$$

ou

$$V_A = \frac{Ap}{2} + \frac{hT_o}{A} \quad [\text{kgf}] \tag{3.30}$$

No ponto inferior B, teremos (trecho OB)

$$V_B = \left(\frac{1}{2}A_e - A'\right)p = \left(\frac{A}{2} + \frac{hC_1}{A} - \frac{2h}{A}\cdot C_1\right)p$$

ou

$$V_B = \frac{Ap}{2} - \frac{hT_o}{A} \quad [\text{kgf}] \tag{3.31}$$

Quando $A' < A_e/2$:

$$V_B = \left(\frac{A_e}{2} - A'\right)p \quad [\text{kgf}]$$

Quando $A' > A_e/2$:

$$V_B = \left(A' - \frac{A_e}{2}\right)p \quad [\text{kgf}]$$

T_o é constante em qualquer ponto da curva, mas a tração axial nos cabos não o será. Seu valor poderá ser encontrado pela soma vetorial de T_o com as componentes V_A e V_B. Podemos fazer a seguinte demonstração:

$$T_A^2 = T_o^2 + V_A^2 \quad \text{ou} \quad \left(\frac{T_A}{T_o}\right)^2 = 1 + \left(\frac{V_A}{T_o}\right)^2$$

Então

$$\frac{T_A}{T_o} = \left[1 + \left(\frac{V_A}{T_o}\right)^2\right]^{1/2}$$

Desenvolvendo essa expressão em série binomial, obtemos

$$\left[1 + \left(\frac{V_A}{T_o}\right)^2\right]^{1/2} = 1 + \frac{1}{2}\left(\frac{V_A}{T_o}\right)^2 - \frac{1}{2\cdot 4}\left(\frac{V_A}{T_o}\right)^4 + \ldots$$

Tomando os dois primeiro termos, temos que

$$\frac{T_A}{T_o} = 1 + \frac{1}{2}\left(\frac{V_A}{T_o}\right)^2 \quad \text{ou} \quad T_A = T_o + \frac{V_A^{\;2}}{2T_o}$$

Note que, da Eq 3.30,

$$V_A = \frac{A_e p}{2}$$

Portanto

$$\frac{V_A^{\;2}}{2T_o} = \frac{A_e^{\;2}p^2}{8T_o} = \left(\frac{A_e^{\;2}p^2}{8T_o}\right)p = f_e\cdot p;$$

finalmente, para o ponto mais alto

$$T_A = T_o + f_e\cdot p \tag{3.32}$$

Da mesma maneira, para o ponto de suspensão mais baixo, chegamos a

$$T_B = T_o + (f_e - h)p \qquad (3.33)$$

em que

$$f_e = \frac{A_e^2 p}{8T_o}$$

é a flecha correspondente ao vão equidistante, A_e.

Exemplo 3.5

Dois suportes da linha de 138kV descrita no Ex. 3.1, estão em alturas diferentes, sendo sua diferença de altura, num vão horizontal de 350m, igual a 40m. Calcular as forças verticais e axiais atuantes nos pontos A e B, sendo A o ponto mais alto.

Solução:

Dos exemplos anteriores temos

T_o = 1.545kgf, C_1 = 1.976,7144 e p = 0,7816kgf/m

Teremos:

a - Forças verticais

a_1 - Suporte superior [Eq. 3.30]:

$$V_A = \frac{Ap}{2} + \frac{hT_o}{A} = \frac{350 \cdot 0,7816}{2} + \frac{40 \cdot 1.545}{350} = 313,3514\text{kgf}$$

a_2 - Suporte inferior [Eq. 3.31]:

$$V_B = \frac{Ap}{2} - \frac{hT_o}{A} = \frac{350 \cdot 0,7816}{2} - \frac{40 \cdot 1.545}{350} = -39,7914\text{kgf}$$

Esse sinal negativo significa que a tração v_B é dirigida de baixo para cima e que A < A_e/2.

Vejamos, então:

$$A_e = A + \frac{2hT_o}{Ap} \qquad (3.29)$$

$$A_e = 350 + \frac{2 \cdot 40 \cdot 1545}{350 \cdot 0,7816} = 801,8204 \text{ m}$$

logo,

$$A = 350 < \frac{A_e}{2}$$

Façamos o cálculo exato de $A_ê$:

$$A' = 2C1 \cdot \text{arcsenh}\left[\frac{h}{2C1} \text{cosech} \frac{A}{2C1}\right] \qquad (3.26)$$

$$A' = 450,2568$$

Na eq 3.27:

$$A_e = A + A' = 800{,}2568 \text{ m}$$

Devido a esta pequena alteração na seqüência deste exercício, será considerado o resultado obtido pela equação simplificada 3.29.

b - Forças axiais no cabo

b_1 - no suporte superior [Eq 3.32]

$$T_A = T_0 + f_e p$$

onde

$$f_e = \frac{A_e^2 p}{8 \cdot T_0} = \frac{(801{,}8204)^2 \cdot (0{,}7816)}{8 \cdot 1.545} = 40{,}65\text{m}$$

$$T_A = 1.545 + 40{,}65 \cdot 0{,}7816 = 1.576{,}772\text{kgf}.$$

Uma outra opção de cálculo seria usar o teorema de Pitágoras para calcular a resultante no ponto A:

$$T_A^2 = T_0^2 + V_A^2 \;\therefore\; T_A = \sqrt{(1545)^2 + (313{,}35)^2}$$

$$T_A = 1.576{,}46\text{kgf} \quad \text{(valor exato)}$$

b_2 - No suporte inferior [Eq. 3.33]:

$$T_B = T_0 + (f_e - h)p = 1.545 + (40{,}65 - 40) \cdot 0{,}7816 = 1.545{,}508\text{kgf}$$

ou ainda

$$T_B^2 = T_0^2 + V_B^2 \;\therefore\; T_B = \sqrt{(1.545)^2 + (-39{,}79)^2} = 1545{,}51\text{kgf}$$

Verifica-se que, junto ao suporte superior, a tração no cabo é cerca de 1,95% maior do que T_0, ou seja, da tração no vertice da catenária equivalente. Em casos de desníveis muito acentuados, esse fato deverá ser levado em consideração nos cálculos pois pode redundar em taxas de trabalho acima daquelas estabelecidas pelas normas.

3.2.2.1 Comprimento dos cabos de vãos em desnível

Consideremos o vão em desnível na Fig. 3.4. Sua equação referida ao eixo $O_1X_1Y_1$ pode ser derivada da Eq. 3.16a:

$$y_1 = C_1 \cosh \cdot \frac{X_1}{C_1}$$

Sejam x_0 e y_0 as coordenadas do ponto A nesse sistema. Façamos uma mudança de eixos de coordenadas, de forma que sua

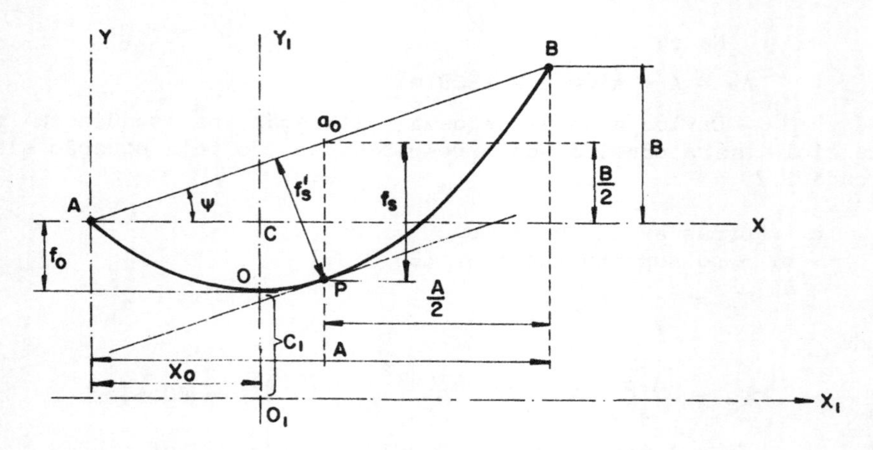

Fig. 3.4 - Vão em desnível

origem coincida com A. Teremos o sistema AXY. Sejam x e y as coordenadas de um ponto qualquer da curva, relativo ao novo sistema de coordenadas.

A equação da curva que substitui a 3.16a será:

$$y = C_1 \cdot \left(\cosh \frac{x - x_0}{C_1} - \cosh \frac{x_0}{C_1} \right) \tag{3.34}$$

Consideremos o ponto B (A,B): para esse ponto, a equação será:

$$B = C_1 \cdot \left(\cosh \frac{A - x_0}{C_1} - \cosh \frac{x_0}{C_1} \right) \tag{3.35}$$

Seja ds um comprimento elementar do condutor. Teremos

$$\frac{ds}{dx} = \left[1 + \left(\frac{dy}{dx} \right)^2 \right]^{1/2} = \cosh \frac{x - x_0}{C_1}$$

e, conseqüentemente

$$L = \int_0^A ds = C_1 \left(\operatorname{senh} \frac{A - x_0}{C_1} + \operatorname{senh} \frac{x_0}{C_1} \right) \tag{3.36}$$

Resolvendo simultaneamente, 3.35 e 3.36, obteremos o valor de L. Para tanto, elevemos ambas expressões ao quadrado e façamos a diferença L^2-B^2, lembrando, ainda, que $\cosh^2 x-\text{senh}^2 x = 1$; obtemos

$$L^2 - B^2 = 2C_1^2\left(-1 + \cosh\frac{A-x_0}{C_1}\cosh\frac{x_0}{C_1} + \text{senh}\frac{A-x_0}{C_1}\,\text{senh}\frac{x_0}{C_1}\right)$$

Podemos simplificar essa equação utilizando as conhecidas fórmulas da adição e subtração dos arcos hiperbólicos. Obteremos, finalmente

$$L^2 - B^2 = 2C_1^2\left(-1 + \cosh\frac{A}{C_1}\right) \tag{3.37}$$

Porém

$$2\cdot\text{senh}^2 x = \cosh 2x - 1 \text{ e } \cosh\frac{A}{C_1} - 1 = 2\,\text{senh}^2\frac{A}{2C_1}$$

logo

$$L^2 - B^2 = 4C_1^2\,\text{senh}^2\frac{A}{2C_1}$$

ou

$$L = \sqrt{B^2 + 4C_1^2\cdot\text{senh}^2\frac{A}{2C_1}} \tag{3.38}$$

Se desenvolvermos em série o termo hiperbólico da Eq. 3.37, teremos

$$L^2 - B^2 = 2C_1^2\left(-1 + 1 + \frac{A^2}{2C_1^2} + \frac{A^4}{24C_1^4}\right)$$

$$L^2 - B^2 = A^2 + \frac{A^4}{12C_1^2} = A^2\left(1 + \frac{A^2}{12C_1^2}\right)$$

$$L = \sqrt{B^2 + A^2\left(1 + \frac{A^2}{12C_1^2}\right)} \tag{3.39}$$

Para essa equação, empregamos somente dois termos da série, e ela representa o comprimento do condutor em forma parabólica.

Exemplo 3.6

Calcular o comprimento do condutor para a situação descrita no Ex.3.5, empregando as Eqs. 3.38 e 3.39.

Solução:

São dados: C = 1.976,7144, A = 350m e B = 40m

a - Pela Eq. 3.38:

$$L = \sqrt{(40)^2 + 4(1.976,7144)^2 \cdot \mathrm{senh}^2 \frac{350}{2(1.976,7144)}}$$

logo

$$L = 352,73272\text{m (exato)}$$

b - Pela Eq. 3.39:

$$L = \sqrt{(40)^2 + (350)^2\left(1 + \frac{(350)^2}{12(1.976,7144)^2}\right)}$$

portanto

$$L = 352,73225\text{m (aproximado)}$$

Vemos que, também nesse caso, ambas as equações dão resultados inteiramente dentro das tolerâncias normais de problemas práticos de engenharia. No caso, a relação B/A é relativamente pequena, porém típica de linhas reais. No entanto, em casos de relações B/A elevadas, o erro pode ser de ordem tal a afetar significantemente os valores das flechas.

3.2.2.2 - Flechas em vãos inclinados

No caso dos vãos inclinados, há duas formas diferentes de medirmos as flechas, e que podem ser de interesse prático, como mostram as figuras 3.3 ou 3.4.

a - a flecha f_s, representada pela maior distância vertical entre a linha que liga os pontos de apoio do cabo e um ponto da curva; esta flecha é importante quando o perfil do terreno é mais ou menos paralelo à linha entre apoios;

b - a flexa f_o, medida entre uma linha horizontal que passa pelo apoio inferior e o ponto mais baixo da curva do cabo; há situações em que ela é importante, pois define o afastamento dos cabos a obstáculos que a linha cruza nesse ponto.

Veremos a seguir a forma de determiná-las.

Caso (a)

O cálculo rigoroso da flecha f_s é muito mais trabalhoso e será analisado após o exemplo 3.7. Podemos simplificá-lo substituindo a catenária pela parábola. Para tanto, façamos o desenvolvimento em série do segundo membro da Eq. 3.34, da qual empregaremos apenas os dois primeiros termos. Teremos:

$$y = C_1\left(\frac{(x - x_0)^2}{2C_1^2} - \frac{x_0^2}{2C_1^2}\right) = \frac{x^2}{2C_1} - \frac{x \cdot x_0}{C_1} \qquad (3.40)$$

Para o ponto B, com a mesma aproximação, y = B; logo,

$$B = \frac{A^2}{2C_1} - \frac{Ax_0}{C_1} \qquad (3.41)$$

Eliminando x_0 das Eqs. 3.40 e 3.41, encontraremos

$$y = \frac{x^2}{2C_1} - x\left(\frac{A}{2C_1} - \frac{B}{A}\right) \qquad (3.42)$$

que é a equação da parábola em desnível, com origem nas coordenadas em A. Com essa equação podemos construir a curva por pontos.

O coeficiente angular da tangente em um ponto dessa parábola é obtido derivando a Eq. 3.42:

$$\frac{dy}{dx} = \frac{x}{C_1} - \left(\frac{A}{2C_1} - \frac{B}{A}\right) \qquad (3.43)$$

No ponto P, correspondente a $y = f_s$, a tangente é paralela à reta $\overline{AB}$; logo, seu coeficiente angular é igual a B/A. Igualando a Eq.3.43 a B/A, obtemos

$$x = \frac{A}{2}$$

Substituindo esse valor na Eq 3.42, obtemos

$$y_p = \left[\frac{A^3}{8C_1} - \frac{A}{2}\left(\frac{A}{2C_1} - \frac{B}{A}\right)\right] \qquad (3.44)$$

Pela fig. 3.4, podemos verificar que

$$f_s = \frac{B}{2} + y_p \qquad (3.45)$$

Como y_p é negativa, temos

$$f_s = \frac{B}{2} - \left[\frac{A^3}{8C_1} - \frac{A}{2}\left(\frac{A}{2C_1} - \frac{B}{A}\right)\right]$$

e, simplificando, obtemos

$$f_s = \frac{A^2}{8C_1} = \frac{A^2 p}{8T_o} \qquad (3.46)$$

equação que, como vemos, é idêntica à Eq. 3.18b. Isso nos permite concluir que o valor da flecha máxima em um vão desnivelado tem o mesmo valor que a flecha em um vão igual, nivelado.

Caso (b)

Da fig. 3.4, temos que

$$f_o = f_e - B = \frac{A_e^2 p}{8T_o} - B \qquad (3.47)$$

Porém, da Eq. 3.29

$$A_e = A + \frac{2hT_o}{Ap}$$

que, substituída na anterior, nos dá, levando em conta a Eq. 3.46

$$f_o = f_s + \frac{h^2}{16f_s} - \frac{h}{2} = f_s\left(1 + \frac{h^2}{16f_s^2} - \frac{h}{2f_s}\right) \qquad (3.48)$$

e, finalmente,

$$f_o = f_s\left(1 - \frac{h}{4f_s}\right)^2 \qquad (3.49)$$

Havendo interesse, da fig. 3.4:

$$f_s' = f_s \cos\psi \qquad (3.50)$$

Exemplo 3.7

Determinar os valores das flechas fs e fo para a situação descrita no Ex. 3.5.

Solução:

a - pelas Eqs. 3.18b ou 3.46, teremos

$$fs = \frac{A^2 p}{8To} = \frac{(350)^2 \cdot 0{,}7816}{8 \cdot 1.545} = 7{,}7464m$$

b - pela Eq. 3.49

$$fo = fs\left(1 - \frac{B}{4fs}\right)^2 - 7{,}7464\left(1 - \frac{40}{4 \cdot 7{,}7464}\right)^2$$

$$fo = 0{,}6556m$$

Observação:

Como complemento, analisando o cálculo da flecha pela catenária, da Eq. 3.34

$$y = C_1\left(\cosh \frac{x - xo}{C_1} - \cosh \frac{xo}{C_1}\right)$$

com y = B para x = A, podemos obter:

$$xo = \frac{A}{2} - C_1 \text{ argsenh } \left[\frac{B}{2 \cdot C_1 \text{senh} \frac{A}{2C_1}}\right]$$

Usando os valores numéricos: A = 350m, B = 40m e C_1 = 1.976,7144m, chega-se a xo = - 50,1284m.

Através da equação simplificada (3.41), xo = - 50,9102m.

Desta forma, conclui-se que, devido a aproximação dos resultados, o desenvolvimento feito a partir da Eq. 3.42 é satisfatório.

RESUMO DAS EQUAÇÕES DO CABO PARA VÃO DESNIVELADO

a - Força axial no suporte superior:

$$T_A = T_o + \frac{A_e^2 \cdot p^2}{8T_o} \qquad (3.32)$$

sendo:

$$A_e = A + \frac{2hT_o}{Ap} \qquad (3.29)$$

b - Força axial no suporte inferior:

$$T_B = T_o + p\left(\frac{A_e^2 \cdot p}{8T_o} - h\right) \qquad (3.33)$$

c - Comprimento do condutor:

$$L = \sqrt{B^2 + A^2\left(1 + \frac{A^2}{12C_1^2}\right)} \qquad (3.39)$$

d - Flecha:

$$f_o = f_s\left(1 - \frac{B}{4f_s}\right)^2 \qquad (3.49)$$

sendo:

$$f_s = \frac{A^2 p}{8T_o} \qquad (3.46)$$

3.3 - Vãos contínuos

Os vãos isolados são relativamente pouco freqüentes em linhas de transmissão , que, na realidade, são constituídos de uma sucessão de um grande número de vãos e que não podem ser tratados isoladamente, pois os pontos de suspensão não são rígidos como admitimos e nem os condutores são independentes sob o ponto de vista mecânico. Os esforços são transmitidos de um vão para outro. Daí a necessidade de se considerar essa sucessão de vãos.

Primeiro caso: vãos e alturas iguais

Retornemos à fig. 3.1 e imaginemos que, no vão A,

intercalamos n suportes de mesma altura, resultando em n-1 vãos de comprimento a = A/(n+1), como mostra a fig. 3.5. Admitamos ainda que os suportes intermediários sejam rígidos e que o cabo possa deslizar livremente sobre esses suportes intermediários. Nessas condições, ele tomará, em cada um dos vãos intermediários, a mesma forma, isto é, descreverá curvas iguais.

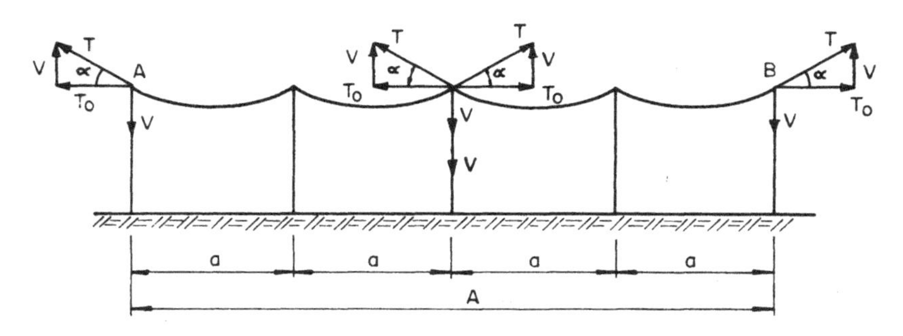

Fig. 3.5 - Efeito da subdivisão de um vão por n apoios intermediários igualmente espaçados

Essa divisão do vão afeta os valores das forças verticais e também das forças axiais T. As forças verticais nos apoios podem ser calculadas por

$$V_A = V_B = \frac{pl}{2} \cong \frac{pa}{2} \tag{3.51}$$

As forças axiais serão, então

$$T_A = T_B = \frac{To}{\cos\alpha}$$

para

$$\alpha \cong \mathrm{arctg}\frac{pa}{2To} \tag{3.52}$$

Sobre cada estrutura intermediária atuarão apenas as forças verticais, uma vez que as componentes horizontais To das trações anulam-se. As forças serão, então,

$$V = pl \cong pa \tag{3.53}$$

Exemplo 3.8

Imaginemos que o vão isolado de 1.000m, cujas grandezas foram calculadas nos exemplos anteriores, seja subdividido em 5 vãos iguais de 200m, pelo acréscimo de 4 suportes intermediários de mesmas alturas que A e B. Quais os esforços que atuam sobre as estruturas terminais A e B e sobre as estruturas intermediárias?

Solução:

Dos exemplos anteriores para o vão de 1.000m, a tração horizontal era To = 1545kgf. Depois da subdivisão, precisamos calcular o novo To da linha. Para isso, podemos usar o raciocínio que segue.

Para o vão isolado, o comprimento do cabo é dado pela Eq 3.24:

$$L = A + \frac{8f^2}{3A}$$

depois de subdividido, teremos A' = A/5 e L' = L/5; logo

$$\frac{L}{5} = \frac{A}{5} + \frac{8(f')^2}{3\,\frac{A}{5}}$$

ou

$$L = A + \frac{8(25f'^2)}{3A}$$

e, portanto, $f^2 = 25f'^2$, donde

$$f' = \frac{f}{5}$$

Para o vão isolado, a flecha do cabo é dada pela Eq. 3.18b:

$$f = \frac{pA^2}{8To}$$

Depois de subdividido, teremos f' = f/5 e A' = A/5; logo,

$$\frac{f}{5} = \frac{p\left(\frac{A}{5}\right)^2}{8To}$$

ou

$$f = \frac{pA^2}{8(5To')}$$

e, portanto, To = 5To', donde

$$To' = \frac{To}{5}$$

a - Estruturas terminais

a_1 - Forças verticais:

$$V \cong \frac{p \cdot a}{2} = \frac{0,7816 \cdot 200}{2} = 78,16kgf$$

a_2 - Forças axiais:

$$T_A = T_B = \frac{To'}{\cos \alpha}$$

$$\alpha = \text{arc tg}\, \frac{p \cdot a}{2To'} = \text{arc tg}\, \frac{0,7816.200}{2.\frac{1545}{5}} = 14,194°,$$

donde

$$T_A = T_B = \frac{1.545/5}{0,9695} = 318,72kgf$$

b - Estruturas intermediárias

b_1 - Forças verticais

$$V = ap = 0,7816 \cdot 200 = 156,32kgf$$

b_2-Forças axiais

As mesmas que nas estruturas terminais. Comparando esses resultados com aqueles obtidos no Ex. 3.1, verificamos que a subdivisão do vão trouxe não só uma redução nas cargas verticais, como era de se esperar, mas também nas cargas axiais, ou seja, da solicitação nos cabos.

As flechas, por sua vez, ficarão bastante reduzidas, pois teremos, nesse caso

$$f' = \frac{f}{5}$$

Segundo caso: mesma altura com vãos desiguais

Vejamos o que ocorre quando o vão A é subdividido por estruturas desigualmente espaçadas. Para facilidade de raciocínio consideremo-las, ainda, todas com as mesmas alturas, como mostra a fig. 3.6.

As forças horizontais To são constantes e iguais em todas as estruturas e são absorvidas pelas estruturas terminais, enquanto que, nas estruturas intermediárias, elas anulam-se. As

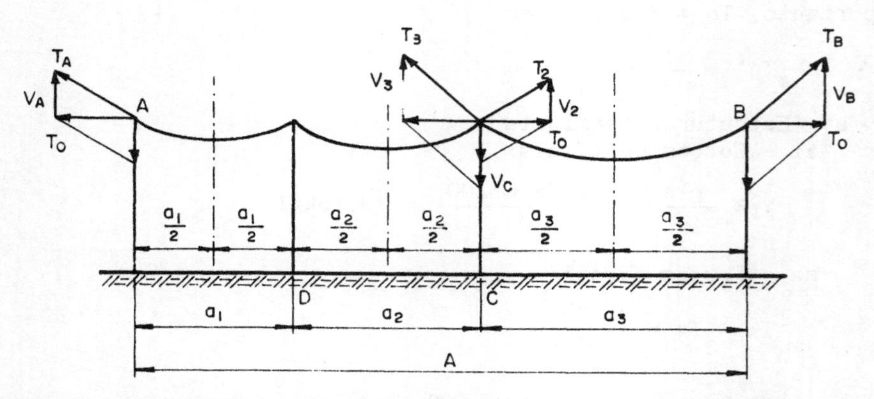

Fig. 3.6 - Efeito da subdivisão de um vão por n vãos desiguais

forças verticais nas estruturas terminais são proporcionais aos semivãos vizinhos

$$V_A = \frac{a_1}{2} p \quad e \quad V_B = \frac{a_3}{2} p$$

enquanto que as forças verticais que atuam sobre as estruturas intermediárias são iguais à soma dos pesos dos cabos dos dois semivãos vizinhos

$$V_c = V_2 + V_3 = p \left(\frac{a_2}{2} + \frac{a_3}{2}\right) = p \left(\frac{a_2+a_3}{2}\right)$$

ou genericamente

$$V = p \left(\frac{a_i+a_j}{2}\right) \quad [kgf] \tag{3.54}$$

As trações axiais T_i e T_j serão também diferentes, sendo maiores nos cabos dos lados dos vãos maiores.

As flechas, por sua vez, distribuir-se-ão na razão dos quadrados dos vãos. Serão maiores nos vãos maiores, ou seja:

$$f_i = f_j \left(\frac{a_i}{a_j}\right)^2 \tag{3.55}$$

Exemplo 3.9

Calcular as forças verticais e axiais nos condutores junto ao ponto de suspensão de uma estrutura que é ladeada de vãos $a_1 = 300m$ e $a_2 = 500m$ e cujas estruturas adjacentes estejam na mesma altura. O cabo é o mesmo dos exemplos anteriores e a tração horizontal é de 1.545kgf. Obter também as flechas.

Solução:

a - Pela Eq. 3.54, temos

$$V = p\left(\frac{a_1+a_2}{2}\right) = 0{,}7816\left(\frac{300+500}{2}\right) = 312{,}64kgf$$

b - Forças axiais, lado do vão menor (T_1)

$$T_1 = \frac{T_o}{\cos\alpha} \ ; \ \alpha = \text{arc tg}\ \frac{0{,}7816\cdot 300}{2\cdot 1.545} = 4{,}3395°$$

logo,

$$T_1 = \frac{1.545}{0{,}9971} = 1.549{,}44kgf$$

Lado do vão maior (T_2)

$$\alpha = \text{arc tg}\ \frac{0{,}7816\cdot 500}{2\cdot 1.545} = 7{,}2081°$$

logo,

$$T_2 = 1.557{,}3073kgf$$

c - Flechas:

$$f_1 = \frac{pa_1^2}{8T_o} = \frac{0{,}7816\cdot(300)^2}{8\cdot 1.545} = 5{,}6913m$$

$$f_2 = \frac{pa_2^2}{8T_o} = \frac{0{,}7816\cdot(500)^2}{8\cdot 1.545} = 15{,}809m$$

Pelos resultados de (b), vemos que os cabos dos lados dos vãos maiores são os mais solicitados junto às estruturas de suspensão.

Terceiro caso: vãos e alturas desiguais

Finalmente, cumpre-nos analisar o caso mais geral e também o mais freqüente nas linhas de transmissão; uma sucessão de vãos desiguais e cabos suspensos em alturas diferentes. A fig. 3.7 mostra um trecho típico de linha de transmissão que atravessa um terreno acidentado no qual essa situação normalmente poderia ocorrer. Examinemos caso por caso.

- Estrutura terminal A

É submetida a uma tração horizontal T_o e a uma força de compressão vertical, de cima para baixo, cujo valor pode ser calculado pela Eq. 3.31 para cada um dos condutores:

$$V_{aO} = n_a \cdot p$$

A força de tração no cabo (T_A) pode ser calculada com o auxílio da Eq 3.33 e O_a é o vértice da catenária equivalente.

- Estrutura intermediária B

Atuam as forças verticais V_{BA} e V_{BC}. Como $A_e/2 > a_{BC}$, o vértice da catenária equivalente está "atrás" do suporte B; logo, $V_{BC} < 0$. A força vertical atuante será, por condutor:

$$V_B = V_{BA} - V_{BC} = p(m_b - n_b) \quad [kgf]$$

Os cabos são solicitados por tração, na suspensão em B, pela força T_{BA}, que solicita os cabos do lado do vão a_{AB} e pela força T_{BC}, que solicita os cabos do lado do vão a_{BC} Podem ser calculadas da forma já vista.

- Estrutura intermediária C

Atua sobre a estrutura a força vertical V_C, resultante da soma de V_{CB} e V_{CD}, devidas a cada um dos condutores:

$$V_C = V_{CB} + V_{CD} = p(m_c + n_c) \quad [kgf]$$

As forças axiais nos cabos são T_{BC} e T_{CD}, respectivamente, nos vãos a_{BC} e a_{CD}.

- Estrutura intermediária D

A força vertical sobre a estrutura é, por condutor:

$$V_D = V_{DC} + V_{DE} = p(m_d + n_d) \quad [kgf]$$

As forças axiais nos cabos são T_{DC} e T_{DE}, respectivamente, do lado dos vãos a_{CD} e a_{DE}.

- Estrutura intermediária E

O vértice da catenária no vão a_{DE} coincide com o ponto

de suspensão dos condutores. Portanto, não colabora com a componente da força vertical atuando sobre a estrutura. Logo:

$$V_E = V_{EF} = pn_e \quad [kgf]$$

As forças axiais no cabo são $T_{ED} = T_0$ e T_{EF}, respectivamente, no lado dos vãos a_{DE} e a_{DF}.

A essa altura, cabe aqui a introdução de dois conceitos bastante importantes para os projetos das linhas: vão médio e vão gravante de uma estrutura.

- Vão médio de uma estrutura

É igual à semi-soma dos vãos adjacentes a ela.

$$a_m = \frac{a_i + a_j}{2} \quad [m] \tag{3.56}$$

Obs: Também denominado vão de vento

- Vão gravante de uma estrutura

É um vão fictício (a_G) que, multiplicado pelo peso unitário dos condutores, indica o valor da força vertical que um cabo transmite à estrutura que o suporta. Também denominado vão de peso.

Assim, de acordo com a fig. 3.7, teremos os seguintes vãos gravantes:

estrutura A, $a_{GA} = n_a$;
estrutura B, $a_{GB} = m_b - n_b$;
estrutura C, $a_{GC} = m_c + n_c$;
estrutura D, $a_{GD} = m_d + n_d = m_d + a_{DE}$;
estrutura E, $a_{GE} = n_e$.

Um último caso de vãos desiguais com alturas desiguais, propositalmente não incluído na análise anterior, é aquele ilustrado na fig. 3.8. É uma situação que deve ser evitada sempre que possível nas linhas reais, principalmente nas de tensões mais elevadas. Decorre, em geral, de falhas na escolha do traçado e falta de prática e orientação adequada dos topógrafos encarregados

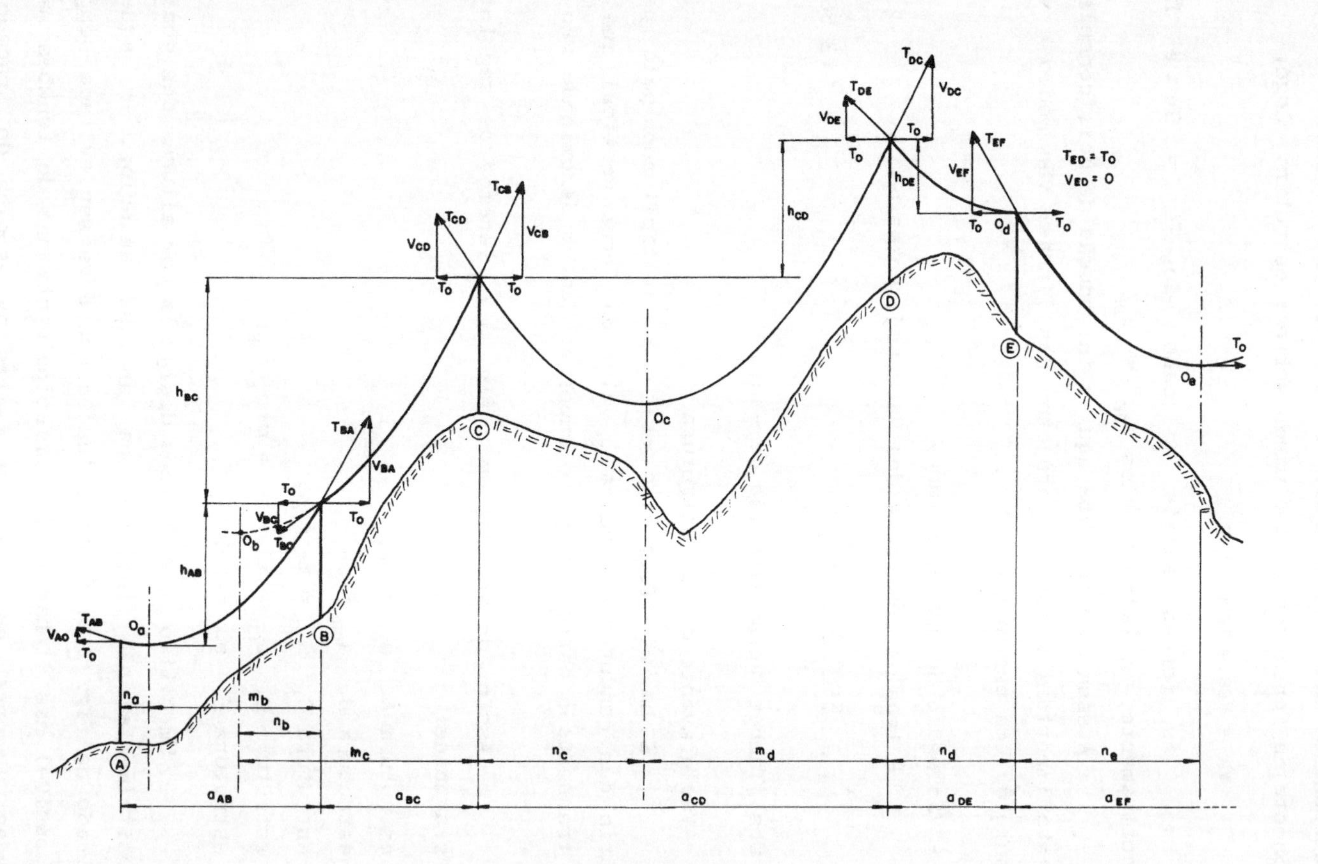

Fig. 3.7 - Sucessão de vãos desiguais e alturas desiguais

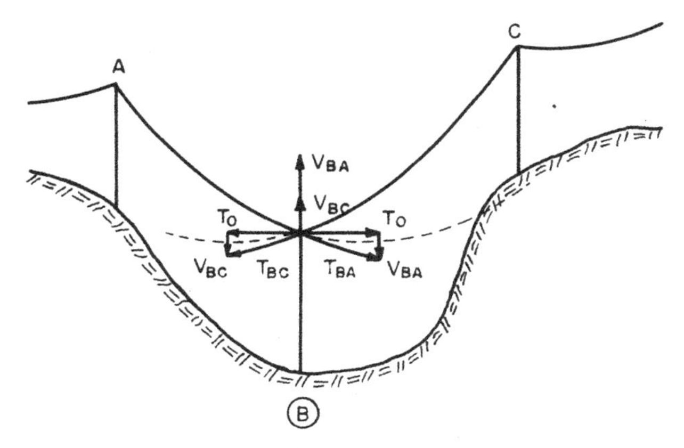

Fig. 3.8 - Situação de arrancamento

dos trabalhos de exploração, reconhecimento e levantamento, que fixam "pontos obrigatórios" da linha, como, por exemplo, vértices entre alinhamentos em locais inadequados.

A estrutura B será solicitada, nesse caso, por duas forças verticais, V_{BA} e V_{BC}, dirigidas de baixo para cima, tendendo a suspendê-la:

$$V_B = -(V_{BA} + V_{BC}) \qquad (3.57)$$

Essa situação é conhecida na prática como arrancamento ou enforcamento. Ela é inadmissível em isoladores pendentes, que, sob sua ação, perdem em verticalidade. Com isoladores de pinos, poderá ser tolerada em pequeno grau, em caso de absoluta necessidade. Ocorre, no entanto, em linhas primárias rurais, não sendo raro observar-se um ou mais isoladores arrancados de seus pinos e dependurados nos condutores a cerca de 0,5 ou mesmo 1,0m acima da cruzeta da estrutura.

Exemplo 3.10

No trecho de linha ilustrado na fig 3.7, foram medidas as seguintes distâncias:

a_{AB} = 234m; h_{AB} = 15,45m; n_a = 31m; m_b = 203m.

a_{BC} = 175m; h_{BC} = 25,30m; n_b = 95m; m_c = 276m.

$a_{CD} = 476m$; $h_{CD} = 14,75m$; $n_c = 197m$; $m_d = 290m$.

$a_{DE} = 152m$; $h_{DE} = 8,20m$; $n_d = 152m$; $m_e = 0m$.

$n_e = 214\ m$;

A componente horizontal da tração nos cabos na condição de flecha máxima, sem vento, é de 1.020kgf. Obter:

a - vãos médios;
b - vãos gravantes;
c - cargas verticais sobre as estruturas;
d - trações nos cabos junto aos suportes.

Solução:

a - Vãos médios - de acordo com a Eq (3.56), teremos:

a_1 - estrutura A

$$a_m = \frac{a_{AB} + 0}{2} = \frac{234}{2} = 117m;$$

a_2 - estrutura B

$$a_m = \frac{a_{AB} + a_{BC}}{2} = \frac{234 + 175}{2} = 204,5m;$$

a_3 - estrutura C

$$a_m = \frac{a_{BC} + a_{CD}}{2} = \frac{175 + 476}{2} = 325,5m;$$

a_4 - estrutura D

$$a_m = \frac{a_{CD} + a_{DE}}{2} = \frac{476 + 152}{2} = 314,0m.$$

b - Vãos gravantes - de acordo com a definição:

b_1 - estrutura A

$a_G = n_a = 31m$;

b_2 - estrutura B

$a_G = m_b - n_b = 203 - 95 = 108m$;

b_3 - estrutura C

$a_G = m_c + n_c = 276 + 197 = 473m$;

b_4 - estrutura D

$a_G = m_d + n_d = 290 + 152 = 442m$;

b_5 - estrutura E

$a_G = 0 + n_e = 0 + 214 = 214m$.

c - Cargas verticais sobre as estruturas - por condutor:

c_1 - estrutura A

$V_A = pa_G = 0,7816 \cdot 31 = 24,22kgf$

c2 - estrutura B
$V_B = pa_G = 0,7816 \cdot 108 = 84,41kgf$

c3 - estrutura C
$V_C = pa_G = 0,7816 \cdot 473 = 369,70kgf$

c4 - estrutura D
$V_D = pa_G = 0,7816 \cdot 442 = 345,47kgf$

c5 - estrutura E
$V_E = pa_G = 0,7816 \cdot 214 = 167,26kgf$

d - Trações nos cabos, junto aos suportes devemos empregar as Eqs. (3.32) para os suportes superiores e (3.33) para os suportes inferiores, calculando, primeiramente os vãos equivalentes (3.29) e as flechas correspondentes aos vãos equivalentes:

d1 - estrutura A - vão equivalente:

$$A_{eAB} = a_{ab} + \frac{2h_{ab} \cdot T_0}{a_{ab} \cdot p} = 234 + \frac{2 \cdot 15,45 \cdot 1.020}{234 \cdot 0,7816} = 406,00m$$

flecha do vão equivalente (3.18b):

$$f_{eAB} = \frac{pA_a^2}{8T_0} = \frac{0,7816 \cdot (406)^2}{8 \cdot 1.020} = 15,79m$$

logo, pela Eq.(3.33)

$$T_{AB} = T_0 + (f_{eAB} - h_{AB})p = 1.020 + (15,79 - 15,45) \cdot 0,7816$$

$$T_{AB} = 1.020,3kgf$$

d2 - estrutura B - tração no cabo no vão B-A (3.32)

$$T_{BA} = T_0 + f_e p = 1.020 + 15,79 \cdot 0,7816 = 1.032,34kgf$$

tração no vão B-C

$$A_{eBC} = a_{bc} + \frac{2h_{bc}T_0}{a_{bc}p} = 175 + \frac{2 \cdot 25,30 \cdot 1.020}{175.0,7816} = 552,34m$$

$$f_{eBC} = \frac{pA_{eBC}^2}{8T_0} = \frac{0,7816 \cdot (552,34)^2}{8 \cdot 1.020} = 29,22m$$

logo,

$$T_{BC} = T_0 + (f_{eBC} - h_{BC})p = 1.020 + (29,22-25,30) \cdot 0,7816$$

$$T_{BC} = 1.023,07kgf$$

d2 - estrutura C - tração no cabo no vão C-B (3.32)

$$T_{CB} = T_0 + f_{eBC} \cdot p = 1.020 + 29,22 \cdot 0,7816 = 1.042,82kgf$$

tração no cabo no vão C-D

$$A_{eCD} = a_{cd} + \frac{2h_{cd} \cdot T_o}{a_{cd} p} = 476 + \frac{2 \cdot 14{,}75 \cdot 1.200}{476.0{,}7816} = 556{,}88m$$

$$f_{eCD} = \frac{pA_{eCD}^2}{8T_o} = \frac{0{,}7816 \cdot (556{,}88)^2}{8 \cdot 1.020} = 29{,}70m$$

logo,

$$T_{CD} = T_o + (f_{eCD} - h_{cd})p = 1.020 + (29{,}70 - 14{,}75) \cdot 0{,}7816$$

$$T_{CD} = 1.031{,}68kgf$$

d_4 - estrutura D: tração no vão D-C

$$T_{DC} = T_o + f_{eCD} \cdot p = 1.020 + 29{,}70 \cdot 0{,}7816 = 1043{,}21kgf$$

tração no vão D-E,

$$A_{eDE} = a_{de} + \frac{2h_{de} \cdot T_o}{a_{de} \cdot p} = 152 + \frac{2 \cdot 8{,}30 \cdot 1.020}{152.7816} = 292{,}80m$$

$$f_{eDE} = \frac{p \cdot A_{ede}^2}{8T_o} = \frac{0{,}7816 \cdot (292{,}8)^2}{8 \cdot 1.020} = 8{,}20m$$

logo,

$$T_{ED} = T_o + (f_{ede} - h_{de})p = 1020 + (8{,}20 - 8{,}20)p = 1020 \text{ kgf};$$

$$T_{DE} = T_o + f_{ede} - f_{ede} . p = 1020 + 0{,}7816 \cdot 8{,}20 = 1026{,}4 \text{ kgf}.$$

Exemplo 3.11

Três suportes de uma linha, A, B, e C, apresentam uma condição de arrancamento como a mostrada na Fig. 3.8. Na condição de flecha máxima, a tração horizontal nos cabos é de 1.020kgf e, na condição de flecha mínima, a tração é de 2.120kgf. Calcular as forças de arrancamento e trações axiais nos cabos, nas duas condições. O cabo é o mesmo dos exemplos anteriores. São dados (obtidos graficamente):

$a_{ab} = 197m$; $h_{ab} = 22{,}8m$;

$a_{bc} = 154m$; $h_{bc} = 19{,}6m$.

Solução:

1. Forças verticais

A força axial vertical transmitida individualmente pelos cabos à estrutura B é dada na Eq. 3.57 por $V_B = V_{BA} + V_{BC}$, sendo V_{BA} e V_{BC} calculáveis por meio da Eq. 3.31

$$V_{BA} = \frac{a_{ab} \cdot p}{2} - \frac{h_{ab} \cdot T_o}{a_{ab}} \quad \text{e} \quad V_{BC} = \frac{a_{bc} \cdot p}{2} - \frac{h_{bc} \cdot T_o}{a_{bc}}$$

a - Condição de flecha máxima:

$$V_{BA} = \frac{197 \cdot 0{,}7816}{2} - \frac{22{,}8 \cdot 1020}{197} = -\ 41{,}06\text{kgf}$$

$$V_{BC} = \frac{154 \cdot 0{,}7816}{2} - \frac{19{,}6 \cdot 1020}{154} = -\ 69{,}63\text{kgf}$$

logo,

$$V_{B_{min}} = -\ 110{,}69\text{kgf}$$

ou seja, a estrutura deverá absorver, em cada ponto de fixação dos cabos, uma força vertical, dirigida de baixo para cima, no total de 110,69kgf.

b - Condição de flecha mínima:

$$V_{BA} = \frac{197 \cdot 0{,}7816}{2} - \frac{22{,}8 \cdot 2120}{197} = -\ 168{,}37\text{kgf}$$

$$V_{BC} = \frac{154 \cdot 0{,}7816}{2} - \frac{29{,}6 \cdot 2120}{154} = -\ 209{,}63\text{kgf}$$

logo,

$$V_{B_{max}} = -\ 378\text{kgf}$$

A condição de flecha mínima é, como veremos mais adiante, aquela que ocorre sob temperaturas ambientes mínimas da região atravessada pelas linhas. É nessas condições que o arrancamento é máximo.

2. Forças axiais nos condutores

Para seu cálculo, empregaremos a Eq., 3.33. Para aplicá-la, devemos calcular os vãos e flechas equivalentes, empregando as Eqs. 3.29 e 3.18b:

$$A_{eAB} = a_{ab} + \frac{2h_{ab} \cdot T_o}{a_{ab} \cdot p} \quad \text{e} \quad A_{eBC} = a_{bc} + \frac{2h_{bc} \cdot T_o}{a_{bc} \cdot p}$$

a - Condição de flecha máxima:

$$A_{eAB} = 197 + \frac{2 \cdot 22{,}8 \cdot 1020}{197 \cdot 0{,}7816} = 499{,}07\text{m}$$

$$A_{eBC} = 154 + \frac{2 \cdot 19{,}60 \cdot 1020}{154 \cdot 0{,}7816} = 486{,}19\text{m}$$

b - Condição de flecha mínima

$$A_{eAB} = 197 + \frac{2 \cdot 22{,}8 \cdot 2120}{197 \cdot 0{,}7816} = 824{,}84\text{m}$$

$$A_{eBC} = 154 + \frac{2 \cdot 19{,}60 \cdot 2120}{154 \cdot 0{,}7816} = 844{,}43\text{m}$$

Flechas nos vãos equivalentes

a - Condição de flecha máxima:

$$f_{eAB} = \frac{p(A_{eAB})^2}{8T_o} = \frac{0,7816 \cdot (499,07)^2}{8 \cdot 1.020} = 23,86m$$

$$f_{eBC} = \frac{p(A_{eBC})^2}{8T_o} = \frac{0,7816 \cdot (486,19)^2}{8 \cdot 1.020} = 22,64m$$

b - Condição de flecha mínima:

$$f_{eAB} = \frac{p(A_{eAB})^2}{8T_o} = \frac{0,7816 \cdot (824,84)^2}{8 \cdot 2.120} = 31,35m$$

$$f_{eBC} = \frac{p(A_{eBC})^2}{8T_o} = \frac{0,7816 \cdot (844,84)^2}{8 \cdot 2.120} = 32,86m$$

Obs: as flechas mínimas são maiores do que as máximas, pelo fato de serem as "equivalentes"

De posse dos valores acima, podemos calcular as forças axiais que atuam nos cabos, junto a estrutura B. Pela Eq. 3.33, teremos:

a - Condição de flecha máxima:

$$T_{BA} = T_o + (f_{eBA} - h_{BA})p = 1.020 + (23,86 - 22,8) \cdot 0,7816$$

$$T_{BA} = 1.020,83kgf$$

e

$$T_{BC} = T_o + (f_{eBC} - h_{BC})p = 1.020 + (22,64 - 19,6) \cdot 0,7816$$

$$T_{BC} = 1.022,38kgf$$

b - Condição de flecha mínima:

$$T_{BA} = T_o + (f_{eBA} - h_{BA})p = 2.120 + (31,35 - 22,8) \cdot 0,7816$$

$$T_{BA} = 2.126,68kgf$$

e

$$T_{BC} = T_o + (f_{eBC} - h_{BC})p = 2.120 + (32,86 - 19,6) \cdot 0,7816$$

$$T_{BC} = 2.130,36kgf$$

Observamos que, nesse caso, apesar das forças de arrancamento serem consideráveis, as forças axiais de tração aumentaram relativamente pouco.

RESUMO DAS EQUAÇÕES DO CABO PARA VÃOS CONTÍNUOS

1 - Alturas iguais:

1.a - Força vertical num apoio:

$$V = p\left(\frac{a_i + a_j}{2}\right) \tag{3.54}$$

1.b - Força axial no lado do vão i:

$$T_i = \frac{T_o}{\cos\alpha} \quad ; \quad \alpha = \text{arctg}\left(\frac{p a_i}{2T_o}\right) \tag{3.52}$$

1.c - Flecha no vão i:

$$f_i = \frac{p.a_i^2}{8T_o} \tag{3.18b}$$

2 - Alturas desiguais:

2.a - Força vertical num apoio:

$$V = \pm\, p(m_i \pm n_j)$$

2.b - Força axial no suporte superior (B):

$$T_{BA} = T_o + \frac{A_e^2 \cdot p^2}{8T_o}$$

sendo

$$A_e = a_{BA} + \frac{2 \cdot h_{BA} \cdot T_o}{a_{BA} \cdot p}$$

2.c - Força axial no suporte inferior (A):

$$T_{AB} = T_o + p\left(\frac{A_e^2 \cdot p}{8T_o} - h_{AB}\right)$$

sendo

$$A_e = a_{AB} + \frac{2 \cdot h_{AB} \cdot T_o}{a_{AB} \cdot p}$$

3.4 - EFEITO DAS MUDANÇAS DE DIREÇÃO

As linhas de transmissão são sempre projetadas para transportar a energia elétrica entre dois pontos bem definidos de um sistema. É de toda a conveniência que o seu comprimento seja o menor possível, sendo, pois, o percurso ideal aquele que se faz segundo uma linha reta. Na prática, no entanto, isso raramente é possível, em virtude de muitos fatores, tais como obstáculos naturais ou feitos pelo homem, cuja remoção não é possível ou mesmo dispendiosa demais. As dificuldades de transporte de material e equipamento durante a obra, bem como a facilidade de acesso das equipes de manutensão, podem, igualmente, afastar o traçado de uma linha de sua diretriz ideal. Nessas condições, devemos nos contentar com a poligonal mais curta possível. Os vértices dessa poligonal constituem pontos obrigatórios da linha e nos quais haverá obrigatóriamente uma estrutura. Essa estrutura será solicitada, adicionalmente, nos pontos de suspensão dos condutores, por uma força horizontal cuja direção é ao longo da bissetriz do ângulo β definido pelos dois alinhamentos, sendo dirigida para o seu interior, como mostra a Fig. 3.9. Seu valor é calculável pela equação:

$$F_A = 2T_o \operatorname{sen}\frac{\alpha}{2} \text{ [kgf]} \quad (3.58)$$

onde α é o ângulo de deflexão do alinhamento do eixo da linha no vértice considerado.

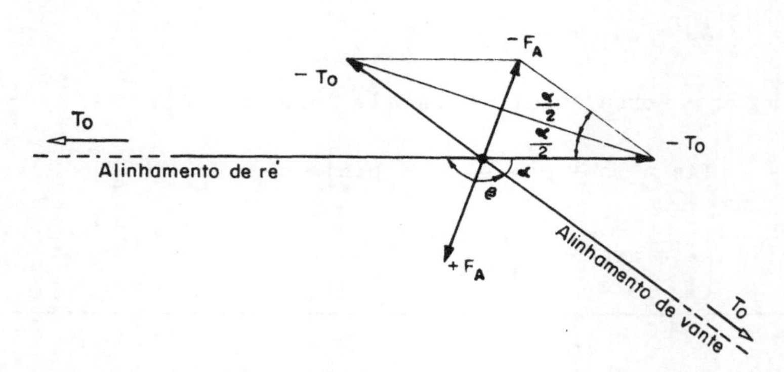

Fig. 3.9 - Forças transmitidas pelos condutores às estruturas por mudança de direção

Exemplo 3.12

Admitamos que na estrutura B da Fig. 3.8 o alinhamento da linha sofra uma deflexão de 22° à direita. Qual o valor da força horizontal que cada condutor transmite à estrutura na condição de flecha máxima e na condição de flecha mínima? Use os valores do Ex. 3.11.

Solução:

As componentes horizontais da tração nos cabos são, para as condições de flechas máximas e mínimas, respectivamente,

$$To_{min} = 1.020kgf$$

e

$$To_{max} = 2.120kgf$$

logo

a - Condição de flecha máxima (pela Eq. 3.58):

$$FA_{min} = 2To sen \frac{\alpha}{2} = 2 \cdot 1.020 \cdot sen 11° = 389,25kgf$$

b - Condição de flecha mínima:

$$FA_{max} = 2To_{max} \text{ sen } \frac{\alpha}{2} = 2 \cdot 2.120 \cdot sen 11° = 809,03kgf$$

Pelos valores acima, vemos que as forças horizontais transmitidas pelos condutores às estruturas de ângulo, que devem absorvê-las, são consideráveis, e dependem das trações To nos cabos e do valor da deflexão da linha.

3.5 - INFLUÊNCIA DE AGENTES EXTERNOS

Além dos esforços que acabamos de analisar e que são de natureza permanente, os condutores das linhas aéreas de transmissão são solicitados por outros esforços, de caráter transitório e que também transmitem a seus suportes, que devem absorvê-los. Podemos classificá-los em três tipos: aqueles que ocorrem freqüentemente durante toda a vida da linha, aqueles que ocorrem durante os trabalhos de montagem e manutenção e aqueles que se espera que nunca ocorram, mas cuja probabilidade de ocorrência, por remota que seja, o projetista deve contar.

No primeiro grupo, poderíamos classificar as cargas devidas a fatores meteorológicos, como a força resultante da pressão do vento sobre os condutores e aquela decorrente da redução da temperatura dos condutores abaixo daquela vigorante durante o seu tensionamento. Nos países de invernos rigorosos, nesse grupo, deve-se incluir, ainda, a capa de gelo que se forma em torno dos condutores em conseqüência da queda da neve. São solicitações do tipo que poderíamos classificar como normais, dada a sua freqüência.

Durante a fase de montagem e durante os serviços periódicos de manutenção, os cabos podem ser solicitados por forças adicionais, como aquelas decorrentes de seu pré-tensionamento (veja Capítulo 4), e por cargas verticais concentradas, como aquelas decorrentes dos carrinhos de linha, ocupados por operários, e que deslizam pelos condutores. São sobrecargas possíveis de ocorrer e seus efeitos devem ser previstos.

Finalmente, no último grupo, encontramos as sobrecargas excepcionais, ou acidentais. São constituídas por esforços de tração unilaterais de grande intensidade, podendo submeter as estruturas a solicitações de tração. Ocorrem por ocasião da ruptura de um ou mais cabos. Se bem que bastante raras, devem ser previstas nos projetos.

As normas dos diversos países são bastante precisas quanto à forma que esses esforços devem ser calculados e também quanto às solicitações máximas admissíveis nos condutores e peças estruturais, quando de sua ocorrência.

3.5.1 - Efeito do vento sobre os condutores

O vento, soprando sobre os condutores, encontra uma resistência, que se manifesta em forma de pressão. Esta é proporcional à velocidade do vento e sua resultante é uma força perpendicular ao eixo longitudinal dos cabos e que é transferida pelos mesmos às estruturas.

As normas técnicas dos diversos países estabelecem a maneira de se calcular essa força e as fórmulas que devem ser empregadas para esse fim, em função da velocidade do vento a ser usada no projeto. Estabelecem igualmente a forma de se determinar esta última.

No Brasil, esse tópico é regulamentado pela NBR 5422/85. De acordo com esse dispositivo, considera-se o vento atuando perpendicularmente à direção dos cabos das linhas e exercendo uma pressão q_0 calculável pela equação(2.9), capítulo 2.

Sendo d o diâmetro dos cabos, a força resultante da pressão do vento, será

$$f_v = q_o \cdot d \quad [kgf] \tag{3.59}$$

ou, trazendo a Eq. 2.9:

$$f_v = \frac{1}{2} \rho V_p^2 d \quad [kgf/m] \tag{3.60}$$

Esta força se distribui uniformemente ao longo do condutor e se exerce na horizontal, em sentido transversal ao eixo longitudinal dos cabos. Se considerarmos somente o efeito da força do vento atuando, o cabo passará a descrever uma catenária no plano horizontal, no caso de suportes de mesmas alturas. O efeito do peso dos condutores, atuando vertical e simultaneamente, fará com que a catenária fique, na realidade, em um plano inclinado em um ângulo γ, em relação ao plano vertical que passa pelos suportes, como mostra a Fig. 3.10b.

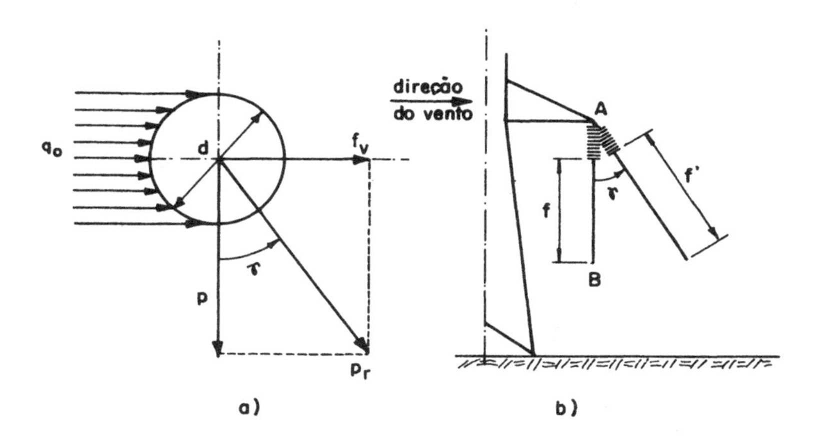

Fig. 3.10 - Efeito da pressão do vento sobre os condutores de uma linha aérea

Sob a ação simultânea do peso próprio e da força do vento, o cabo sofre um aumento virtual em seu peso, que passa a atuar no plano da catenária deslocada. De acordo com a Fig. 3.10a, peso virtual vale

$$p_r = \sqrt{p^2 + f_v^2} \quad [kgf/m] \tag{3.61}$$

Esse aumento virtual no peso provoca um aumento nas trações T e T_o nos cabos e o aparecimento de uma força horizontal transversal, F_{vc}, nos pontos de suspensão, que a estrutura deve absorver. A flecha máxima da catenária no novo plano também aumenta, passando a ser

$$f' = \frac{p_r A^2}{8T_{o2}} \quad [m] \tag{3.62}$$

na qual T_{o2} é o novo valor da componente horizontal da tração nos cabos.

Em vãos isolados, a força resultante horizontal (F_v) transmitida à estrutura é calculada pela expressão

$$F_v = \frac{A}{2} f_v \quad [kgf] \tag{3.63}$$

e, no caso de vãos contínuos, se a_i e a_j são os vãos adjacentes a uma estrutura intermediária, a força transmitida à mesma será

$$F_v = \left[\frac{a_i + a_j}{2}\right] f_v \tag{3.64}$$

ou seja,

$$F_v = a_m \cdot f_v \tag{3.65}$$

Exemplo 3.13

Qual o valor da força resultante da ação do vento sobre os condutores da linha do Ex. 3.1? Admitindo uma estrutura de fim de linha com um vão adjacente de 300m e uma estrutura intermediária com vãos vizinhos de 280m e 420m, calcular os esforços transversais que os condutores transmitem às estruturas devido à força do vento. Calcular, ainda, a flecha da catenária em repouso e sob ação do vento, sabendo que a tração $T_o = 1.545$kgf sem vento é $T_{o2} = 2.029,5$kgf com pressão de vento de 43,56kgf/m^2 a uma mesma temperatura, no vão de 420m.

Solução:

a - Sendo d = 0,001883m (de catálogos de condutores):

$$f_v = q_o \cdot d = 43,56 \cdot 0,01883 = 0,8202\text{kgf/m} \qquad (3.59)$$

b - Uma estrutura de fim de linha se comporta como uma estrutura de vão isolado: Logo, pela Eq 3.63,

$$F_v = \frac{A}{2} f_v = \frac{300}{2} \cdot 0,8202 = 123,03\text{kgf}$$

que é o valor da força horizontal transversal que cada condutor transmite à estrutura

c - Para a estrutura intermediária, a força transmitida será:

$$F_v = \left(\frac{a_i + a_j}{2}\right) f_v = \left(\frac{280+420}{2}\right) 0,8202 = 287,07\text{kgf} \qquad (3.64)$$

$$F_v = 287,07\text{kgf} \quad \text{por condutor}$$

d - As flechas serão:

d.1 - sem vento

$$f = \frac{pa^2}{8T_o} = \frac{0,7816 \cdot (420)^2}{8 \cdot 1.545} = 11,1549\text{m} \qquad (3.18b)$$

d.2 - com ventos (Eq. 3.62)

$$f' = \frac{p_r \cdot a^2}{8T_{o2}}$$

como

$$p_r = \sqrt{p^2 + f_v^2} = \sqrt{(0,7816)^2 + (0,8202)^2} \qquad (3.61)$$

$$p_r = 1,133\text{kgf/m}$$

$$f' = \frac{1,133 \cdot (420)^2}{8 \cdot 2.029,5} = 12,3095\text{m}$$

NOTA: A tração T_{o2} = 2.029,5kgf sob a ação do vento foi calculada da forma que será exposta no item 3.5.3.

Examinemos agora o caso de vãos desnivelados. Já vimos que, sob a ação do peso, a curva descrita pelo cabo pode ser representada por um segmento da catenária de um vão nivelado maior, que designamos vão equivalente A_e. Esta catenária se situa no plano vertical, e a posição de seu vértice é variável, dependendo da relação vão/desnível. Se considerarmos agora o condutor submetido apenas à ação do vento, a catenária resultante será simétrica com relação aos suportes, e se situará em um plano inclinado de ângulo ψ com relação ao plano horizontal (Fig. 3.3). Nessas condições, o cabo transmite a cada um dos suportes a metade da força total resultante da ação do vento, portanto, como no caso dos vãos nivelados. Quando o desnível for muito acentuado, o maior comprimento do vão inclinado deverá ser considerado. Teremos então, para vãos isolados,

$$F_v = \frac{A}{2\cos\psi} f_v \quad [\text{kgf}] \tag{3.66}$$

e, para vãos contínuos

$$F_v = \left[\frac{a_i}{2\cos\psi_i} + \frac{a_j}{2\cos\psi_j}\right] f_v \quad [\text{kgf}] \tag{3.67}$$

A catenária resultante da ação simultânea do peso do condutor e da força devida à ação do vento ficará em um novo plano, fazendo simultaneamente um ângulo ψ com a horizontal e um ângulo γ com a vertical. Seu vértice se situará em um ponto entre os vértices das catenárias decorrentes das ações individuais das forças atuantes.

Conhecidos os novos valores T_o sob a ação do vento, podemos calcular os valores da tração axial T nessas condições, da forma vista.

Os esforços verticais atuantes nos pontos de suspensão dos condutores ficam inalterados, isto é, são os mesmos calculados na ausência do vento.

Exemplo 3.14

Admitamos que o trecho de linha ilustrado na Fig. 3.7 esteja submetido à ação de pressão de vento de 43,56kgf/m^2, permanecendo as demais condições. A componente horizontal da tração nessas condições é de 2.029,5 kgf. Determinar, para as estruturas A e B, as forças horizontais transversais nos pontos de suspensão.

Solução:

Do Ex. 3.10 temos a_{AB} = 234m, a_{BC} = 175m, h_{AB} = 15,45m h_{BC} = 25,30m; do Ex. 3.13, f_v = 0,8202kgf/m.

As forças horizontais serão:

- Estrutura A (terminal)

De acordo com a Eq. 3.63, teremos

$$F_{VA} = \frac{A}{2} f_v = \frac{234}{2} 0,8202 = 95,96\text{kgf}$$

pela Eq. 3.66, considerando o desnível

$$F_{VA} = \frac{A}{2\cos\psi_{AB}} f_v = \frac{234}{2\cos 3,78°} 0,8202 = 96,173\text{kgf}$$

sendo

$$\psi_{AB} = \text{arctg}\,\frac{15,45}{234} = 3,78°$$

- Estrutura B (intermediária)

Pela Eq. 3.64, sem desnível

$$F_{VB} = \left[\frac{a_{AB} + a_{BC}}{2}\right] f_v = \left[\frac{234 + 175}{2}\right] 0,8202 = 167,73\text{kgf}$$

pela Eq. 3.67, com desnível

$$F_{VB} = \left[\frac{a_{AB}}{2\cos\psi_{AB}} + \frac{a_{BC}}{2\cos\psi_{BC}}\right] f_v = \left[\frac{234}{2\cos 3,78°} + \frac{175}{2\cos 8,23°}\right] 0,8202$$

$$F_{VB} = 168,69\text{kgf}$$

sendo

$$\psi_{BC} = \text{arctg}\,\frac{25,30}{175} = 8,23°$$

Observação: Comparando os resultados obtidos pelas expressões 3.63 e 3.67, verificamos que as diferenças nos valores são insignificantes, de forma que essas forças podem ser calculadas normalmente através de Eq. 3.64, reservando-se a 3.67 para relações B/A bastante elevadas, que, na prática, raramente ocorrem.

3.5.2 - Efeito da variação da temperatura

Os condutores das linhas de transmissão estão sujeitos a variações de temperatura bastante acentuadas. Sua temperatura depende, a cada instante, do equilíbrio entre o calor ganho e o calor cedido ao meio ambiente. O ganho de calor que experimentam deve-se principalmente ao Efeito Joule da corrente e também ao aquecimento pelo calor solar. Eles perdem calor para o meio ambiente, por irradiação e por convecção. As perdas por irradiação dependem da diferença de temperatura do condutor e do ar ambiente, e as perdas por convecção dessa mesma diferença e também da velocidade do vento que os envolve. A determinação exata de sua temperatura, para as diversas combinações de valores desses elementos que podem ocorrer, é um tanto trabalhosa [1] e, a rigor, só pode ser feita em termos estatísticos, com base em modelos meteorológicos, na corrente elétrica, nos sistemas e na probabilidade de ocorrências simultâneas.

Nos cálculos mecânicos dos condutores, é usual atribuir-se aos mesmos a temperatura do meio ambiente, com acréscimos no caso das temperaturas externas superiores, pois é destas que dependem os valores das flechas máximas, que, em fase de projeto, servem para a escolha das posições das estruturas, visando que a altura de segurança mínima fique assegurada, mesmo na condição de operação mais desfavorável: sol intenso e corrente elétrica elevada, com ausência de vento.

Os coeficientes de dilatação térmica linear dos materiais com que os cabos são confeccionados têm valores significativos, provocando contrações e dilatações consideráveis sob variação de temperatura. Um aumento de temperatura provoca sua dilatação e uma redução de temperatura, sua contração. Essas variações de comprimento dos condutores são diretamente proporcionais aos seus coeficientes de dilatação térmica e à variação da temperatura. Uma vez que a flecha do condutor depende do seu comprimento, esta variará de acordo com a variação da temperatura. Por outro lado, a tração To é inversamente proporcional ao valor da flecha; portanto, o valor de To variará também com a variação da temperatura do condutor. Aumentará com a redução da temperatura e vice-versa.

A forma mais adequada de se calcular essa variação é através das chamadas equações da mudança de estado. Essas equações permitem igualmente concluir o efeito do vento sobre os condutores e a variação simultânea das temperaturas e das forças do vento.

3.5.2.1 - Equação da mudança de estado - vão isolado

Consideremos inicialmente um vão isolado de uma linha de transmissão, de comprimento A. Seja L_1, o comprimento do condutor a uma temperatura conhecida t_1. Admitamos que o condutor esteja apoiado entre as duas estruturas niveladas.

Se a temperatura variar, passando a um valor t_2, o comprimento do condutor variará igualmente, passando a

$$L_2 = L_1 + L_1 \cdot \alpha_1 (t_2 - t_1) \quad [m] \qquad (3.68)$$

sendo α_1 [1/°C] o coeficiente de dilatação térmica linear do condutor.

Estando o cabo preso aos suportes, a variação de comprimento que irá sofrer é acompanhada de uma variação no valor da tração, que passará ao valor T_{o2}. Um aumento de temperatura provoca um aumento no comprimento do cabo e, conseqüentemente, uma redução na tração, e vice-versa. Essa variação obedece à lei de Hooke: "as deformações elásticas são proporcionais às tensões aplicadas".

Sendo E [kgf/mm^2] o módulo de elasticidade do condutor e S [mm^2] a área de sua seção transversal, a deformação elástica em virtude da variação da força de tração será:

$$\frac{L_1 (T_{o2} - T_{o1})}{ES} \qquad (3.69)$$

Portanto, a variação da temperatura do condutor provoca uma variação total em seu comprimento, igual a

$$L_2 - L_1 = L_1 \cdot \alpha_1 (t_2 - t_1) + \frac{L_1 (T_{O2} - T_{O1})}{ES} \qquad (3.70)$$

Antes da variação da temperatura, o comprimento do condutor era, de acordo com a Eq. 3.21,

$$L_1 = 2C_1 \cdot \operatorname{senh} \frac{A}{2C_1}$$

e, após essa variação, o comprimento será

$$L_2 = 2C_2 \cdot \operatorname{senh} \frac{A}{2C_2}$$

sendo, respectivamente,

$$C_1 = \frac{T_{O1}}{p} \quad \text{e} \quad C_2 = \frac{T_{O2}}{p}$$

A variação de comprimento será, então,

$$L_2 - L_1 = 2\left[C_2 \cdot \operatorname{senh} \frac{A}{2C_2} - C_1 \cdot \operatorname{senh} \frac{A}{2C_1}\right] \qquad (3.71)$$

Para o sistema em equilíbrio, obtemos, igualando 3.70 e 3.71,

$$L_1 \cdot \alpha_1 (t_2 - t_1) + \frac{L_1 (T_{O2} - T_{O1})}{ES} = 2\left[C_2 \operatorname{senh} \frac{A}{2C_2} - C_1 \operatorname{senh} \frac{A}{2C_1}\right] \qquad (3.72)$$

Essa equação é transcendente e só pode ser resolvida por processo iterativo, admitindo-se valores para T_{O2}. Podemos simplificá-la, obtendo, após remanejamento,

$$t_2 - t_1 = \frac{1}{\alpha_t}\left[\left(\frac{C_2 \operatorname{senh} \frac{A}{2C_2}}{C_1 \operatorname{senh} \frac{A}{2C_1}} - 1\right) - \frac{1}{ES}(T_{O2} - T_{O1})\right] \qquad (3.73)$$

o que não elimina a necessidade de processos iterativos de solução.

O programa Basic (Casio PB 700/770) para a solução da equação 3.73 encontra-se abaixo:

```
10 CLEAR:CLS:ANGLE 1
20 PRINT "Entrada de dados:"
30 PRINT "t2(";CHR$(223);"C)=":INPUT T2
40 PRINT "t1(";CHR$(223);"C)=":INPUT T1
50 PRINT "Alfa T(1/";CHR$(223);"C)=":INPUT AF
60 INPUT "T01(kgf)=";A,"A(m)=";AA,"P(K=kgf/m)=";P
70 INPUT "E(kgf/mm^2)=";EE,"S(mm^2)=";S
80 CLS:PRINT"Calculando....."
90 D=T2-T1
100 IF D<0 THEN AI=A:B=2*A
110 IF D>0 THEN B=A:A=A/2:AI=B
120 IF D=0 THEN PRINT"ERRO: Variacao de temperatura = 0":END
130 X=A
140 GOSUB 370
150 F=Y
160 X=B
170 GOSUB 370
180 G=Y
190 IF (F*G)<=0 THEN GOTO 220
200 PRINT"ERRO: Entrada de dados errada; nao ha raiz"
210 GOTO 20
220 N=3
230 E=10^(-N)
240 X=(A+B)/2
250 C=(B-A)/2
260 IF C>E THEN GOTO 310
270 BEEP
280 PRINT"T02(kgf)=";X
290 PRINT"Residuo = ";Y
300 IF INKEY$="" THEN 300 ELSE END
310 GOSUB 370
320 IF (F*Y)<=0 THEN GOTO 350
330 A=X
340 GOTO 240
350 B=X
360 GOTO 240
370 I=AA*P/(2*X)
380 J=AA*P/(2*AI)
390 K=HYPSIN (I)
400 L=HYPSIN (J)
410 Y=(X*K)/(AI*L*AF)-(1/AF)-((X-AI)/(EE*S*AF))-D
420 RETURN
```

Exemplo 3.15

Um cabo Oriole foi estendido entre dois suportes, distanciados entre si 350m, a uma temperatura de 20∘C, com uma tração horizontal de 1.545kgf. Qual será o valor da tração nesse cabo quando ocorrer um abaixamento de temperatura de 25∘C?

Solução:

São os seguintes os dados do cabo:

$p = 07816kgf/m$

$S = 210,3mm^2$

$E = 8086kgf/mm^2$

$\alpha t = 18.10^{-6}$ 1/°C

Resposta do programa: $T_{O2} = 1.779kgf$

Obs: Lembrando que o ponto de partida foi a equação da catenária, sem considerar vento.

Se ao invés de calcularmos pela Eq. 3.21 os comprimentos desenvolvidos dos cabos, empregarmos a Eq. 3.24 da parábola,

$$L_1 = A + \frac{8f^2}{3A} = A + \frac{8\left(\frac{pA^2}{8T_{o1}}\right)^2}{3A} = A\left(1 + \frac{p^2A^2}{24T_{o1}^2}\right)$$

$$L_2 = A\left(1 + \frac{p^2A^2}{24T_{o2}^2}\right)$$

a variação de comprimento será, então,

$$L_2 - L_1 = \frac{p^2A^3}{24}\left(\frac{1}{T_{o2}^2} - \frac{1}{T_{o1}^2}\right) \tag{3.74}$$

que igualamos com a Eq. 3.70, para obter

$$L_1\alpha_t(t_2 - t_1) + \frac{L_1(T_{o2} - T_{o1})}{ES} = \frac{p^2A^3}{24}\left(\frac{1}{T_{o2}^2} - \frac{1}{T_{o1}^2}\right) \tag{3.75}$$

Como a diferença entre os valores do vão A e do comprimento do cabo L_1 é muito pequena, podemos efetuar a substituição de L_1 por A na Eq. 3.75, que tomará a forma

$$T_{o2}^3 + T_{o2}^2\left[\frac{ESp^2A^2}{24T_{o1}^2} + ES\alpha_t(t_2 - t_1) - T_{o1}\right] = \frac{ESp^2A^2}{24} \tag{3.76}$$

que, como vemos, é uma equação incompleta do 3º grau, cuja solução também necessita de processos iterativos, porém de realização mais fácil e rápida. Segue o programa Basic para sua solução:

```
10 CLEAR:CLS
20 PRINT "Entre com os dados"
30 INPUT "E(kgf/MM^2)=";E,"S(mm^2)=";S,"P(kgf/m)=";P,"A(m)=";A
35 INPUT "T01(kgf)=";T
40 PRINT "Alfa T(1/";CHR$(223);"C)=":INPUT AT
50 PRINT "T2(";CHR$(223);"C)=":INPUT T2
60 PRINT "T1(";CHR$(223);"C)=":INPUT T1
70 CLS: PRINT "Confira os dados:",GOSUB 110
80 PRINT "E(kgf/mm^2)=";E,"S(mm^2)=";S,"P(kgf/m)=";P,GOSUB 110
90 PRINT "T01(kgf)";T,"A(m)=";A,"Alfa T(1/";CHR$(223);")=";AT
95 GOSUB 110
100 PRINT "T2(";CHR$(223);"C)=";T2,"T1(';CHR$(223);"C)=";T1
105 GOSUB 110
110 IF INKEY$="" THEN 110
140 INPUT "Tudo certo (S/N)";X$
150 IF X$="N" THEN 10
160 F=((E*S*P^2)/(24*T^2)+(E*S*AT*(T2-T1)))-T
170 H=-(E*S*P^2*A*A/24)
180 F=F/3
190 D=-(F^2)
200 M=H+2*F^3
210 C=4*D^3+M*M
220 IF EXP(-8)>ABS C THEN 400
230 IF C>0 THEN 310
240 N=2*SQR(-D)
250 B=ACS(M/(2*D*SQR(-D)))/3
260 D=ASN 1
270 G=N*SIN(D-B)
280 G=G-F
290 BEEP:PRINT "T01(kgf)=";G
300 GOTO 430
310 C=SQR(4*D^3+M^2)
320 N=0.5*(C-M)
330 B=-0.5*(C+M)
340 C=1/3
350 N=ABS N^C*SGN N
360 B=ABS B^C*SGN B
370 C=0.5*SQR3
380 BEEP:PRINT"T01(kgf)=";N+B-F
390 GOTO 430
400 BEEP:IF EXP(-8)>ABS D THEN PRINT"T01(kgf)=";-F:GOTO 430
410 N=-ABS(0.5*M)^(1/3)*SGN M
```

```
420 PRINT "T01(kgf)=";2*N-F
430 IF INKEY$="" THEN 430
440 END
```

Exemplo 3.16

Calcular, usando a Eq. 3.76, a tração no cabo e nas condições do exemplo anterior.

Solução:

Pelo programa: T_{02} = 1774kgf (pela parábola e sem vento)

Comparando os resultados obtidos pelos dois processos, verificamos que o erro é da ordem de 0,28%, ou seja, em valor absoluto, de 5kgf. Esse erro é simplesmente insignificante em termos práticos, enquanto que o tempo de cálculo é bem menor pelo processo que emprega a equação da parábola. A diferença nos valores das flechas calculadas em ambos os cabos é de 0,018m, inferior a 0,03% da flecha total. Erros maiores que esse ocorrem durante o nivelamento dos cabos (acerto da flecha para a temperatura do momento) por ocasião da montagem.

3.5.3 - Influência da variação simultânea da temperatura e da carga de vento - vão isolado

Vimos em 3.5.1 que a pressão do vento sobre os condutores é sentida por estes como um aumento virtual em seu peso, refletindo-se em um aumento das trações nos cabos. Portanto, é necessário que se possam calcular os novos valores da tração quando se considera o efeito da pressão do vento, a partir de uma condição ou "estado" conhecido, isto é, conhecendo-se, por exemplo, a tração T_{01} dos condutores de uma linha, a uma determinada temperatura, sem vento, e desejando-se conhecer a tração T_{02} a essa mesma temperatura, ou a temperaturas diferentes, quando a linha estiver submetida à ação de um vento cuja velocidade é especificada. Ou vice-versa: conhece-se a tração nos cabos sob a ação do vento (T_{01})

e deseja-se conhecer a tração em um novo "estado", isto é, sem vento ou com uma velocidade de vento diferente e em temperaturas quaisquer.

Para tanto, podemos facilmente adaptar as equações da "mudança de estado", que acabamos de mostrar.

Consideremos um condutor de peso unitário p_1 [kgf/m], sendo que p_1 poderá ou não englobar o efeito do vento, a uma temperatura t_1 [°C], conhecida, estando submetido a uma força T_{01}, também conhecida. Esse é seu "estado de referência".

Seu comprimento, pelas Eqs. 3.21 e 3.24, será, respectivamente:

$$L_1 = 2\frac{T_{01}}{p_1}\operatorname{senh}\frac{Ap_1}{2T_{01}} \quad \text{e} \quad L_1 = A\left(1 + \frac{p_1^2A^2}{24T_{01}^2}\right)$$

Admitamos, agora, que desejamos determinar o valor de T_{02} em um novo "estado", isto é, quando o peso do cabo, sob a ação de um vento ou não, for igual a p_2 [kgf/m], a uma temperatura préfixada t_2 [°C]. Nessas condições, o seu comprimento passará a ser

$$L_2 = 2\frac{T_{02}}{p_2}\operatorname{senh}\frac{Ap_2}{2T_{02}} \quad \text{e} \quad L_2 = A\left(1 + \frac{p_2^2A^2}{24T_{02}^2}\right)$$

Escrevendo as equações para as diferenças e igualando-se à Eq. 3.70, obteremos:

a - Para a Eq. 3.73,

$$\Delta t = t_2 - t_1 = \frac{1}{\alpha_1}\left[\left(\frac{C_2\operatorname{senh}\frac{A}{2C_2}}{C_1\operatorname{senh}\frac{A}{2C_1}} - 1\right) - \frac{1}{ES}(T_{02} - T_{01})\right] \qquad (3.77)$$

devemos empregar

$$C_1 = \frac{T_{01}}{p_1} \quad \text{e} \quad C_2 = \frac{T_{02}}{p_2} \qquad (3.78)$$

b - Para a Eq. 3.76, encontraremos

$$T_{02}^3 + T_{02}^2\left[\frac{ESp_1^2A^2}{24T_{01}^2} + ES\alpha_t(t_2 - t_1) - T_{01}\right] = \frac{ESp_2^2A^2}{24} \qquad (3.79)$$

Em ambas as equações, 3.77 e 3.79, tanto p_1 como p_2 podem representar somente o peso p [kgf/m] do condutor como também p_r da Eq. 3.61.

Segue o programa da equação 3.79:

```
10 CLEAR:CLS
20 PRINT"Entre com os dados:"
30 INPUT"E(kgf/mm^2)=";E,"S(mm^2)=";S,"P1(kgf/m)=";P1
35 INPUT"P2(kgf/m)=";P2,"A(m)=";A,"T01(kgf)=";T
40 PRINT"Alfa T(1/";CHR$(223);"C)=":INPUT AT
50 PRINT"T2(";CHR$(223);"C)=":INPUT T2
60 PRINT"T1(";CHR$(223);"C)=":INPUT T1
70 CLS:PRINT"Confira os dados:"
80 PRINT"E(kgf/mm^2)=";E,"S(mm^2)=";S,P1(kgf/m)=";P1,GOSUB 130
90 PRINT"P2(kgf/m)=";P2,"A(m)=";A,"T01(kgf)=";T,GOSUB 130
100 PRINT"Alfa T(1/";CHR$(223);"C)=";AT,"T2(";CHR$(223);"C)=";T2
110 GOSUB 130
120 PRINT"T1(";CHR$(223);"C)=";T1,GOSUB 130
130 IF INKEY$="" THEN 130
140 INPUT "Tudo certo (S/N): ";X$:CLS
150 IF X$="N" THEN 10
160 F=((E*S*P1^2*A^2)/(24*T^2))+(E*S*AT*(T2-T1))-T
170 H=-(E*S*P2^2*A*A/24)
180 F=F/3
190 D=-(F^2)
200 M=H+2*F^3
210 C=4*D^3+M^2
220 IF EXP(-8)>ABS C THEN 400
230 IF C>0 THEN 310
240 N=2*SQR(-D)
250 B=ABS(M/(2*D*SQR(-D)))/3
260 D=ASN 1
270 G=N*SIN(D-B)
280 G=G-F
290 BEEP:PRINT "T01(kgf)=";G
300 GOTO 430
310 C=SQR(4*D^3+M^2)
320 N=0.5*(C-M)
330 B=-0.58*C+M)
340 C=1/3
350 N=ABSN^C*SGN N
360 B=ABSB^C*SGN B
370 C=0.5*SQR3
380 BEEP:PRINT"T01(kgf)=";N+B-F
390 GOTO 430
400 BEEP:IF EXP(-8)>ABS D THEN PRINT"T01(kgf)=";-F:GOTO 430
410 N=-ABS(0.5*M)^(1/3)*SGN M
```

```
420 PRINT "T01(kgf)=";2*N-F
430 IF INKEY$="" THEN 430
440 END
```

Exemplo 3.17

Qual o valor da tração no cabo Oriole de uma linha que foi estendida a 20∘C, com uma tração de 1.545kgf, com vão de 350m, sem vento, quando esse mesmo cabo estiver submetido à ação de pressão de vento de 43,56kgf/m^2 e à temperatura de 10∘C. Calcular pelas Eqs. 3.77 e 3.79 e comparar os resultados.

Solução:

a - Dados do "estado de referência":

$T_{o1} = 1545\text{kgf}$

$t_1 = 20∘C$

$f_v = 0\text{kgf/m}$

$p_1 = p = 0,7816\text{kgf/m}$

$A = 350\text{m}$

b - Dados do "novo estado"

$T_{o2} = (?)$

$t_2 = 10∘C$

$f_v = 0,8202\text{kgf/m}$ (ver Exemplo 3.13)

$p_r = 1,133\text{kgf/m}$ (ver Exemplo 3.13)

$A = 350\text{m}$

c - solução pela Eq. 3.77. Temos:

$$C_1 = \frac{T_{o1}}{p_1} = \frac{1.545}{0,7816} = 1.976,11$$

$$C_2 = \frac{T_{o2}}{p_2} = \frac{T_{o2}}{1,133} = 0,8826\ T_{o2}$$

$$\Delta t = \left[\left(\frac{0,8826T_{o2}\text{senh}\ \dfrac{350}{1.7652T_{o2}}}{1.976,11\text{senh}\ \dfrac{350}{3.952,22}} - 1\right) - \left(\frac{T_{o2} - 1.545}{8.086\cdot 210,3}\right)\right]\frac{10^6}{18}$$

Resolvendo para $\Delta t = 10 - 20 = -10∘C$, obtemos $T_{o2} = 2.121\text{kgf}$

d - Solução pela Eq. 3.79

Resolvendo, obtemos (programa):
$T_{o2} = 2.117\text{kgf}$

e - Comparando os resultados, vemos, mais uma vez, que o erro cometido com o emprego da equação da parábola é perfeitamente desprezível, de forma que, para a grande maioria dos casos práticos, a Eq. 3:79 é suficientemente precisa.

Exemplo 3.18

Admitamos agora que tenhamos escolhido como "estado de referência" as seguintes condições:

$t_1 = 10°C$
$T_{o1} = 2.117kgf$, com vento
$p_1 = 1,133kgf/m$ (do Ex. 3.13)

O "novo estado" para o qual desejamos conhecer a tração é o seguinte:

$t_2 = 60°C$
$p_2 = 0,7816kgf/m$, sem vento
$T_{o2} = (?)$

Solução:

Empregando a equação da mudança de estado 3.79, teremos

$$T_{o2}^3 + T_{o2}^2 \left[\frac{210,3 \cdot 8.086(1,133)^2 \cdot (350)^2}{24 \cdot (2.117)^2} + 18 \cdot 10^{-6} \cdot 210,3 \cdot 8.086 \cdot (60-10) - 2117 \right] = \frac{210,3 \cdot 8.086(0,7816)^2 \cdot (350)^2}{24}$$

ou

$$T_{o2}^3 + 1.899,5 T_{o2}^2 = 5,30233 \cdot 10^9$$

Resolvendo, encontramos

$T_{o2} = 1.289kgf$ (60% de T_{o1})

3.5.4 - Influência da variação das temperaturas e da carga de vento sobre estruturas em ângulo

Vimos, na seção 3.4, que as estruturas em ângulo em uma linha devem absorver os esforços que lhes são transmitidos pelos cabos e que podem ser calculados pela Eq. 3.58. A tração T_o dos condutores varia com a temperatura e com a intensidade da pressão de vento sobre os cabos. Nos dimensionamentos estáticos dessas estruturas, deve-se, portanto, empregar o máximo valor de T_o que se possa esperar.

Além do mais, os condutores, nos vãos adjacentes às estruturas em ângulo, transmitem a elas , diretamente, forças devidas à ação do vento sobre os mesmos, e que elas também deverão absorver. Sem perigo de incorrermos em grande erro, esse esforço poderá ser calculado, considerando-se o vento como atuando na direção da bissetriz do ângulo interno entre os dois alinhamentos, como mostra a Fig. 3.11, considerando-se, igualmente, vãos adjacentes iguais ao vão médio atuante sobre a estrutura.

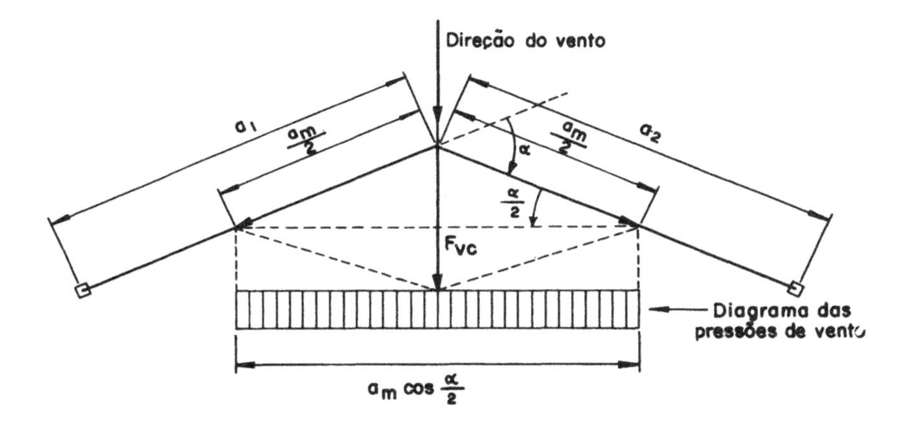

Fig. 3.11 - Efeito das forças do vento sobre estruturas de ângulo

Esse efeito poderá ser caculado pela equação

$$F_{VC} = f_v \cdot a_m \cos\frac{\alpha}{2} \quad (3.80)$$

sendo f_v [kgf/m] definido pela Eq. 3.59.

A força total que as estruturas em ângulo deverão absorver será, então, por cabo que suportam

$$F_{AT} = 2To_{max} \operatorname{sen}\frac{\alpha}{2} + f_v \cdot a_m \cos\frac{\alpha}{2} \quad (3.81)$$

sendo To_{max} a componente horizontal da tração nas condições de vento máximo e temperatura correspondente.

Exemplo 3.19

Uma estrutura, colocada em um vértice de um ângulo de 18°, suporta três cabos condutores Oriole. Essa linha se encontra em uma região em que podem ser esperados pressões de vento de 43,56 [kgf/m^2] coincidentes com temperaturas de +10°C. Qual o valor da força que atuará sobre essa estrutura, se os seus vãos adjacentes forem de 300 e 430m, respectivamente? Sabe-se ainda que, nessas condições de vento e temperatura correspondente, a tração horizontal no cabo é de 2.117kgf.

Solução:

A tração máxima nos cabos condutores é, de acordo com os dados, igual a 2.117kgf. O vão médio atuante será

$$a_m = \frac{a_1 + a_2}{2} = \frac{300 + 430}{2} = 365m$$

A força do vento sobre os condutores, de acordo com o Ex. 3.13 é

$$f_v = 0,8202kgf/m$$

Logo

$$F_{AT} = 3\left(2 \cdot 2.117 \cdot \text{sen}\frac{18}{2} + 0,8202 \cdot 365 \cdot \cos\frac{18}{2}\right)$$

$$F_{AT} = 2.874,092kgf$$

3.5.5 - Efeito da variação da temperatura sobre vãos isolados desiguais

Consideremos uma série de vãos isolados, de uma linha de transmissão, a_1, a_2, a_3,...,a_n, relacionados em ordem crescente de valor. Seja T_o a componente horizontal da tração a uma temperatura conhecida, igual em todos os vãos. Admitamos que a temperatura passe a variar para mais ou para menos, em torno da temperatura de referência t_o, e suponhamos ausência de ventos.

Se, empregando a equação da mudança de estado, efetuarmos o cálculo das trações — para cada valor de temperatura considerada e para cada um dos vãos — levando os valores a um gráfico, obteremos as curvas mostradas na Fig. 3.12.

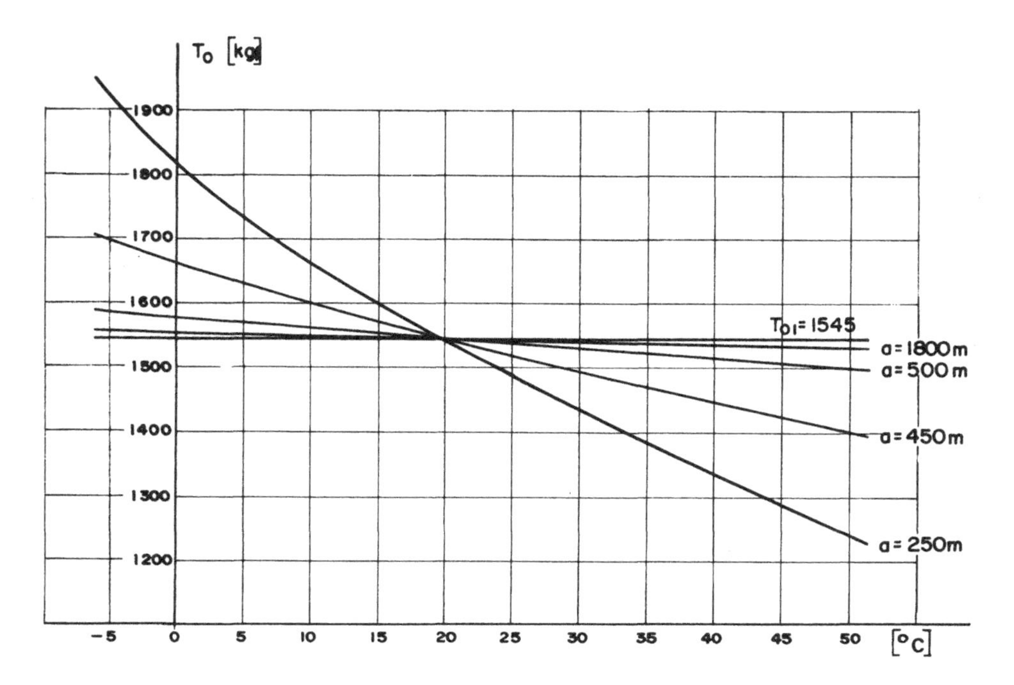

Fig.3.12-Efeito da variação das trações x temperatura, para vãos constantes

Analisando os resultados obtidos, verificamos que:

a - a variação da tração nos cabos será tanto maior quanto menores forem os vãos para um mesmo cabo;

b - no caso de queda de temperatura, o aumento da tração nos cabos dos vãos menores será maior do que nos vãos maiores;

c - no caso de elevação de temperatura, a redução da tração nos cabos de vãos menores será maior do que nos dos vãos maiores

Esse fenômeno tem algumas implicações de natureza prática, como veremos mais adiante.

Exemplo 3.20

Calcular as trações em um cabo CAA Oriole, tensionado à temperatura de 20°C com uma tração To = 1545kgf, sob as temperaturas -5°C e 50°C, em vãos de 250, 450, 900 e 1.800m.

Solução:

Empregaremos a equação da mudança de estado (Eq. 3.79). São parâmetros da linha:

$p = 0{,}7816 kgf/m$
$S = 210{,}3 mm^2$
$\alpha t = 18 \cdot 10^{-6}\ [1/°C]$
$E = 8.086 kgf/mm^2$

Substituindo na equação e operando, encontraremos

$$T_{02}^3 + T_{02}^2\,[0{,}01815a^2 + 30{,}608(t_2 - 20) - 1.545] = 4{,}32843a^2$$

Introduzindo pares de valores para a e t_2, obtemos os valores da tabela abaixo, representados graficamente na Fig. 3.13.

Vão [m]	Trações To [kgf]			
	- 5°C	+ 50°C	ΔTo(- 5 °C)	ΔTo(50 °C)
250	1.915	1.244	370	- 301
450	1.693	1.403	148	- 142
900	1.584	1.500	39	- 45
1.800	1.554	1.533	9	- 12

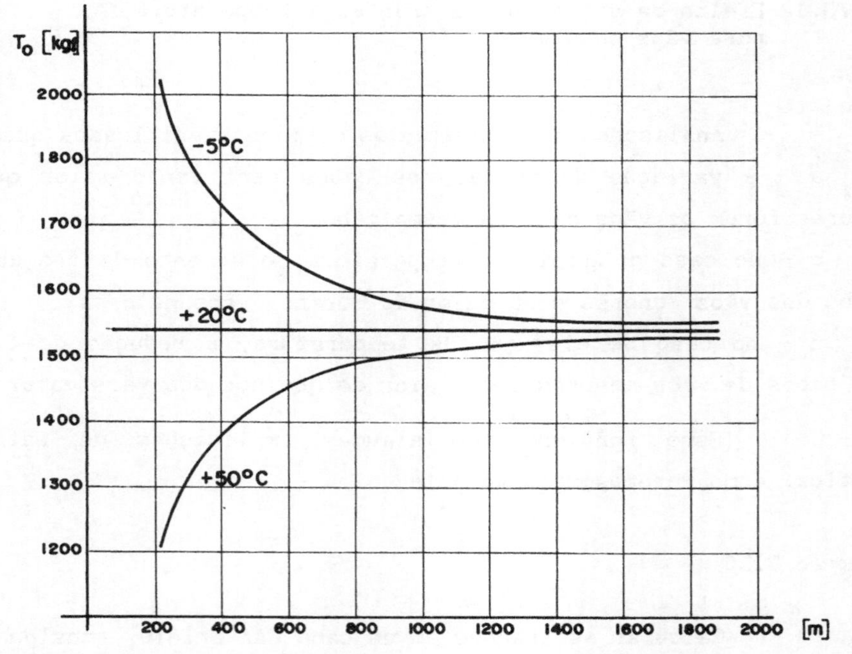

Fig. 3.13 - Efeito da variação da temperatura sobre vãos de valores diferentes

3.5.5.1 - Efeito da variação da temperatura sobre vãos adjacentes desiguais

Consideremos o caso reproduzido na Fig. 3.14 de uma estrutura suportando vãos adjacentes a_1 e a_2 desiguais. Como vimos, sob a ação da variação da temperatura, haverá valores diferentes de tração em cada um dos vãos.

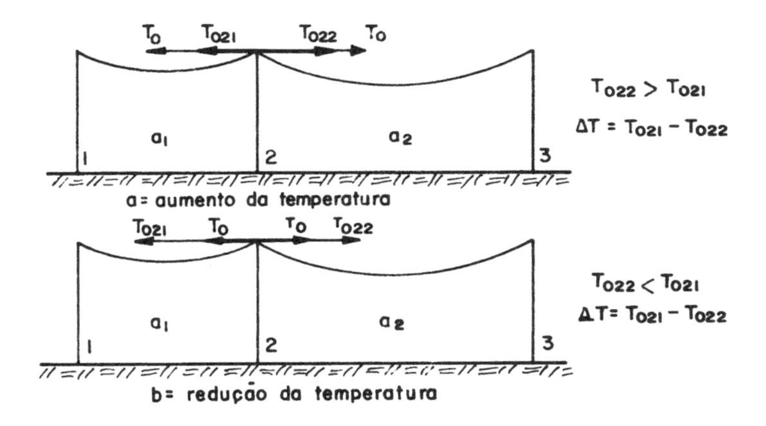

Fig. 3.14 - Efeito da variação da temperatura em vãos adjacentes desiguais

Essas diferenças de tração devem ser absorvidas pela estrutura intermediária, que será solicitada no sentido do eixo longitudinal da linha, no caso de vãos ancorados ou no caso de isoladores rígidos (de pino ou tipo pedestal).

Quando forem empregadas cadeias de suspensão, a resultante das forças horizontais fará com que a cadeia de isoladores se desvie da vertical, pendendo para o lado do vão de tração maior. É como se esse vão diminuísse de um comprimento igual à projeção horizontal da cadeia inclinada. Ao mesmo tempo, o outro vão sofre um aumento, em seu comprimento, de igual valor. A cadeia de isoladores ficará então com uma inclinação tal a assegurar o equilíbrio das forças To (Fig. 3.15).

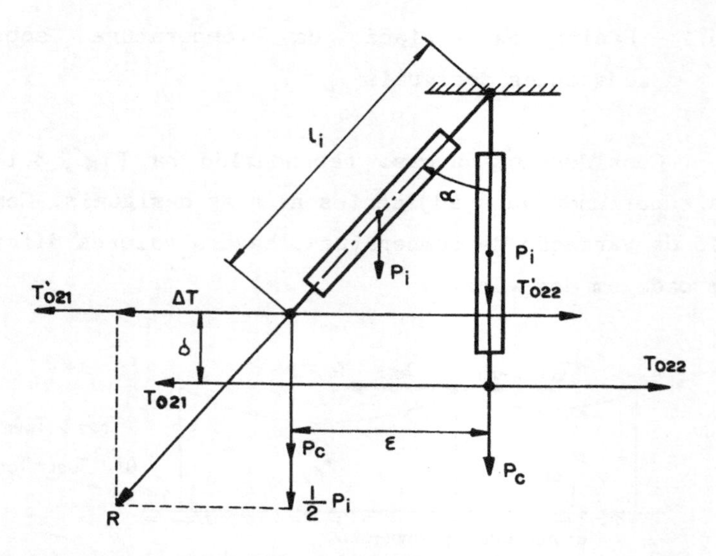

Fig. 3.15 - Equilíbrio de cadeia de suspensão entre vãos desiguais

A determinação do desvio da cadeia de isoladores não é tão simples como à primeira vista pode parecer, e o seu equacionamento direto é um tanto complexo. Com grande aproximação, podemos proceder da forma que segue [9,10].

Seja l_1 [m] o comprimento do condutor no vão a_1, com a cadeia de isoladores em repouso. Após o abaixamento da temperatura, considerando rígido o suporte, pela Eq. 3.23, teremos

$$l_1 = a_1 + \frac{p^2 a_1^3}{24 T_{o21}^2} \quad [m] \tag{3.82}$$

A tração T_{o21} no vão a_1 (ainda considerado isolado) será maior do que a_2 ($a_1 < a_2$) e a cadeia de isoladores se inclinará para esse lado. O comprimento do condutor, sob a ação da nova força de tração, será, aproximadamente,

$$l_1' = (a_1 - \varepsilon) + \frac{p^2 a_1^3}{24 T_{o21}'^2} \quad [m] \tag{3.83}$$

sendo ε [m] a projeção horizontal da cadeia de isoladores após o desvio.

A diferença de comprimento do condutor $\Delta l = l_1' - l_1$ provocará uma variação na tração, que, em primeira aproximação e admitindo que não houve nova mudança de temperatura, vale (lei de Hooke):

$$l_1' - l_1 = l_1\left(\frac{T_{0 21}' - T_{0 21}}{SE}\right) \tag{3.84}$$

ou, introduzindo as expressões 3.82 e 3.83, teremos

$$\frac{\varepsilon_1}{a_1} = \frac{p^2 a_1^2}{24}\left[\frac{1}{T_{0 21}'^2} - \frac{1}{T_{0 21}^2}\right] - \frac{T_{0 21}'^2 - T_{0 21}}{ES} \tag{3.85}$$

se admitirmos que $a_1 \cong l_1$, comparando essa equação com a 3.75, podemos concluir que

$$\frac{\varepsilon_1}{a_1} = \alpha_t(t_{21} - t_{11}) = \alpha_t \cdot \Delta t_1 \tag{3.86}$$

o que significa que a redução relativa do vão a_1 tem, sobre a tração no mesmo, o efeito de um aumento de temperatura fictícia Δt_1. Pela Fig. 3.15,

$$\alpha = \operatorname{arctg} \frac{\Delta T}{p_c + \frac{1}{2} p_i} \tag{3.87}$$

$$\varepsilon = l_i \cdot \operatorname{sen}\alpha \tag{3.88}$$

O cabo no vão a_2, por sua vez, sofrerá um aumento aparente no vão, de mesmo valor ε. O aumento da tração que sofrerá corresponde, igualmente, ao aumento de tração que uma diminuição de temperatura (Δt) acarreta. Esse aumento de tração restringe a amplitude da oscilação da cadeia de isoladores, no que é auxiliado pelo peso do cabo no vão gravante.

Teremos, então, para o vão a_2 um aumento relativo igual a:

$$\frac{\varepsilon_2}{a_2} = \alpha_t(t_{22} - t_{12}) = \alpha_t \cdot \Delta t_2 \tag{3.89}$$

Empregando as Eqs. 3.85, 3.86 e 3.89, o problema

poderá ser resolvido por tentativas ou de forma semigráfica, como mostra o Ex. 3.21.

Exemplo 3.21

Dois vãos adjacentes a uma estrutura de uma linha de transmissão valem, respectivamente, a_1 = 250m e a_2 = 450m. Os cabos Oriole foram tensionados nas condições especificadas no Ex. 3.20. Determinar a força resultante que atua na estrutura intermediária, quando houver uma elevação de 30°C na temperatura e uma queda de 25°C, para as seguintes condições:

a - o ponto de suspensão intermediário é rígido:

b - o ponto de suspensão é constituído por uma cadeia de isoladores de suspensão, com l_1 = 2,50m e p_i = 80kgf

Solução:

As trações nos dois vãos, considerados isolados, foram calculadas no exemplo anterior, obtendo-se

- para a_1 = 250m: T_{021} = 1244kgf a 50°C
  T_{021} = 1915kgf a -5°C

- para a_2 = 450m: T_{022} = 1403kgf a 50°C
  T_{022} = 1693kgf a -5°C

a - Suporte rígido

Como mostra a Fig. 3.14, no caso da elevação da temperatura, o suporte rígido será solicitado por uma força horizontal em cada ponto de suspensão igual a

$$\Delta T = T_{022} - T_{021} = 1.403 - 1.244 = 159\text{kgf}$$

no sentido de a_2.

No caso de redução de temperatura, a solicitação por condutor será

$$\Delta T = T_{021} - T_{022} = 1.915 - 1.693 = 222\text{kgf}$$

no sentido do vão menor, ou seja, de a_1

b - Suspensão oscilante

Cadeia de isoladores, no caso de um abaixamento de temperatura: o processo a seguir é semigráfico. Para tanto, lancemos em um sistema de eixos cartesianos as curvas $\varepsilon = f(\Delta T)$ para a cadeia de isoladores e para os cabos (Fig. 3.16). Para tanto, preparamos a tabela abaixo.

Para a cadeia de isoladores, admitamos valores arbitrários para ΔT [kgf] e, pelas Eqs. 3.87 e 3.88, calculamos os valores de ε [m], que lançaremos no gráfico da Fig. 3.16:

$$p_c = \left(\frac{a_1 + a_2}{2}\right)p = \left(\frac{250 + 450}{2}\right)0,7816 = 273,56\text{kgf}$$

$$\frac{1}{2}p_i = \frac{1}{2}80 = 40\text{kgf}$$

$$\alpha = tg^{-1}\frac{\Delta T}{273,56 + 40} = tg^{-1}\frac{\Delta T}{313,56} \tag{3.87}$$

$$\varepsilon = l_i \ \text{sen}\alpha = 2,50 \cdot \text{sen}\alpha \tag{3.88}$$

ΔT [kgf]	ε [m]
10	0,079689
30	0,238093
50	0,393674
70	0,544699

Para os cabos condutores, pelas Eqs. 3.86 e 3.89, teremos:

$$\varepsilon_1 = a_1\alpha_t\Delta t_1 = 250 \cdot 18 \cdot 10^{-6}\Delta t_1 = 4,5 \cdot 10^{-3}\Delta t_1$$

$$\varepsilon_2 = a_2\alpha_t\Delta t_2 = -450 \cdot 18 \cdot 10^{-6}\Delta t_2 = -8,1 \cdot 10^{-3}\Delta t_2$$

Atribuindo valores arbitrários a ε_1 e ε_2, podemos calcular a variação de temperatura (Δt_i) em cada um dos vãos, e que provoca a mesma variação de tração que aquela provocada pela variação nos vãos. Organizemos a tabela:

Vão a1			Vão a2		
ε [m]	Δt1 [°C]	Tô21 [kgf]	Δt2 [°C]	Tô22 [kgf]	ΔT [kgf]
0,000	0	1.915	0	1.693	222
0,005	1,11	1.896	- 0,62	1.697	198
0,020	4,44	1.840	- 2,48	1.709	131
0,050	11,11	1.736	- 6,17	1.735	1
0,100	22,22	1.580	-12,35	1.780	-200

$$\Delta t_1 = \frac{\varepsilon_1 \cdot 10^3}{4,5} \quad ; \quad \Delta t_2 = \frac{\varepsilon_2 \cdot 10^3}{8,1}$$

Empregando novamente a equação da "mudança de estado" para as variações de temperatura indicadas na tabela, determinamos T_{o21}, T_{o22} e ΔT. Teremos

$$\text{vão } a_1\text{: } (T_{o21})^3 + (T_{o21})^2 \cdot (-1.177,311 + 30,608\Delta t_1) = 2,70527 \cdot 10^9$$

$$\text{vão } a_2\text{: } (T_{o22})^3 + (T_{o22})^2 \cdot (3.058,032 + 30,608\Delta t_2) = 8,76508 \cdot 10^9$$

obtidas com

$$T_{o21} = 1.915\text{kgf} \quad \text{e} \quad T_{o22} = 1.693\text{kgf},$$

que são as trações para a temperatura de -5°C.

Com os valores de ΔT assim obtidos, traçamos a curva $\varepsilon = f(\Delta T)$ para os cabos. Sua interseção com a curva $\varepsilon = f(\Delta T)$ da cadeia de isoladores nos dá o valor de ε procurado e que define a redução do vão a_1 e o aumento do vão a_2, já que $\varepsilon = \varepsilon_1 = \varepsilon_2$.

Pelo resultado gráfico (Fig. 3.16), $\Delta T = 6{,}1$kgf e $\varepsilon = 0{,}0485$m, verificamos que a cadeia de isoladores tem um efeito notável na redução do efeito da desigialdade dos vãos. O deslocamento da cadeia de isoladores de sua vertical é igualmente pequeno, ou seja, da ordem de 1,11°.

Deixamos para o leitor, como exercício, a verificação do efeito da cadeia de isoladores no caso da elevação da temperatura de 30 °C, cuja resposta é $\varepsilon = -0{,}06$ [m].

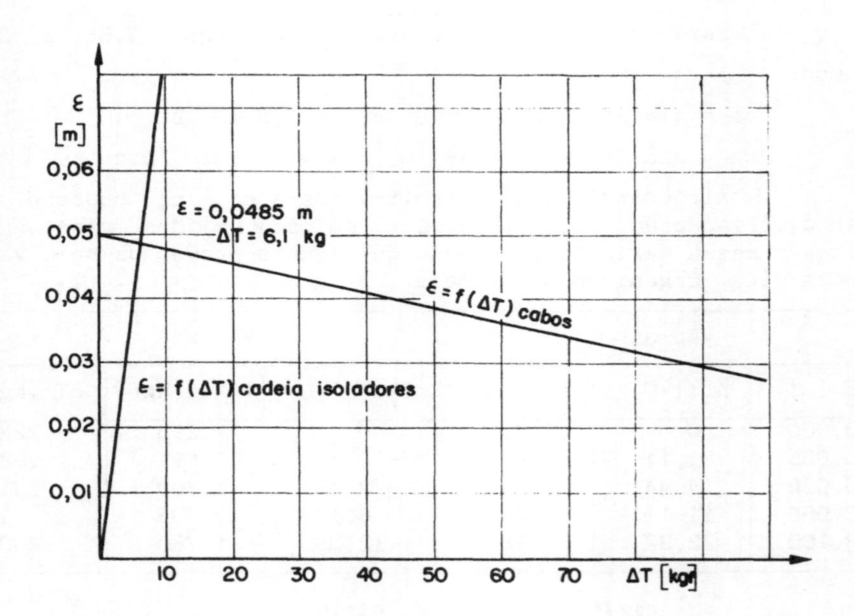

Fig. 3.16 - Determinação da inclinação da cadeia de isoladores sob influência da variação de temperatura

Programa para obtenção de ε (CASIO PB 700 e 770):

```
10 CLEAR:CLS
20 PRINT"Entre com os dados:"
30 INPUT"E(kgf/mm^2)=";E:INPUT"S(mm^2)=";S:INPUT"P(kgf/m)=";P
40 INPUT"A1(m)=";A1
50 INPUT"A2(m)=";A2:INPUT"TO(kgf)=";T:INPUT"li(m)";L
```

```
60 INPUT"Pi(kgf)=";IP
70 INPUT"Pc(kgf)=";PC
80 PRINT"Alfa T(1/";CHR$(223);"C)=":INPUT AT
90 PRINT"T2(";CHR$(223);"C)=":INPUT T2
100 PRINT"T1(";CHR$(223);"C)=":INPUT T1
110 CLS:PRINT"Confira os dados:","E(kgf/mm^2)=";E,"S(mm^2)=";S
115 PRINT"P(kgf/m)=";P:GOSUB 800
120 PRINT"A1(m)=";A1,"A2(m)=";A2,"TO(kgf)=";TO:GOSUB 800
130 PRINT"li(m)=";L,"Pi(kgf)=";IP,"Pc(kgf)=";PC:GOSUB 800
140 PRINT"Alfa T(1/";CHR$(223);"C)=";AT,"T2(";CHR$(223);"C)=";T2
145 PRINT"T1(";CHR$(223);"C)=";T1:GOSUB 800
150 INPUT "Tudo certo (S/N)";Y$
160 IF Y$="N" THEN GOTO 10
170 PRINT"Calculando..."
180 TT=T2-T1
190 A3=A1
200 GOSUB 520
210 R1=R
220 A3=A2
230 GOSUB 520
240 R2=R
250 EE=0
260 SI=1:DP=0:DN=0
270 D1=EE/(A1*AT)
280 D2=-EE/(A2*AT)
290 A3=A1:T=R1:TT=D1:T1=R
300 GOSUB 520
310 L1=R
320 A3=A2:T=R2:TT=D2:T2=R
330 GOSUB 520
340 L2=R
350 TL=L1-L2
360 AF=ATN(TL/(PC+(IP/2)))
370 EL=L*SIN(AF)
380 DE=EL-EE
390 IF SI=SGN(DE) THEN 480
400 SI=SGN(DE)
410 IF DE>0 THEN X=ABS(DE-DP)
420 IF DE<0 THEN Y=ABS(ABS(DE)-ABS(DN))
430 IF X>0.00005 THEN GOTO 450 ELSE IF Y>.00005 THEN GOTO 450
431 PRINT"TO21(KGF)=";T1
432 PRINT"TO22(kgf)=";T2
440 PRINT"Epslon =";(E1+E2)/2:END
450 IF DE<0 THEN GOTO 470
460 E1=EE:DP=DE:GOTO 480
470 E2=EE:DN=DE
480 IF ABS(DE)>0.005 THEN 490
481 PRINT"TO21(kgf)=";T1
482 PRINT"TO22(kgf)=";T2
483 PRINT"Epslon =";EE
```

```
484 END
490 IF DE>0 THEN EE=EE+0.01
500 IF DE<0 THEN EE=EE-(0.01/4)
510 GOTO 270
520 F=(E*S*P*P*A3^2)/24/T^2+E*S*AT*TT-T
530 H=-(E*S*P*P*A3^2/24)
540 F=F/3
550 D=-F*F
560 M=H+2*F^3
570 C=4*D^3+M^2
580 IF EXP(-8)>ABS(C) THEN GOSUB 760:RETURN
590 IF C>0 THEN GOSUB 670:RETURN
600 N=2*SQR(-D)
610 B= ACS(M/(2*D*SQR(-D)))/3
620 D=ASN(1)
630 G=N*SIN(D-B)
640 G=G-F
650 R=G
660 RETURN
670 C=SQR(4*D^3+M^2)
680 N=0.5*(C-M)
690 B=-0.5*(C+M)
700 C=1/3
710 N=ABS(N^C*SGN(N))
720 B=ABS(B^C*SGN(B))
730 C=0.5*SQR(3)
740 R=N+B-F
750 RETURN
760 IF EXP(-8)>ABS(D) THEN R=-F:RETURN
770 N=-ABS(M/2)^(1/3)*SGN(M)
780 R=2*N-F
790 RETURN
800 IF INKEY$="" THEN 800 ELSE RETURN
```

3.5.6 - Vãos contínuos - vão regulador

Conforme já mencionamos anteriormente, nas linhas reais a maioria absoluta dos vãos é contínua, sendo relativamente raros os vãos isolados. É usual, de trechos em trechos de comprimentos variáveis, o emprego de estruturas especiais, denominadas de ancoragem intermediária ou de amarração, que emprestam às linhas uma maior rigidez mecânica, facilitando igualmente os trabalhos de tensionamento dos cabos. Essas estruturas, sendo intercaladas nas linhas, ficam submetidas a trações horizontais longitudinais equilibradas ou com pequenos desequilíbrios, e são geralmente dimensionadas para resistirem à tração unilateral de todos os cabos, em condições menos severas que aquelas que devem suportar as estruturas terminais ou de fim de linha. São, portanto, menos resistentes que estas últimas. Elas representam, para o sistema mecânico dos cabos, uma descontinuidade, pois não transmitem esforços mecânicos entre os vãos adjacentes. É nessas estruturas que se processa o tensionamento dos cabos durante a montagem ou consertos. A distância entre duas ancoragens consecutivas denomina-se seção de tensionamento. Ela limita um determinado número de estruturas de suspensão. São, evidentemente, mais reforçadas que estas últimas e, portanto, mais dispendiosas.

O comprimento das seções de tensionamento varia muito, sendo menor nas linhas de menor classe de tensão e maior nas linhas de tensão mais elevadas. Constituía praxe nas linhas de até 230kV o emprego de seções de tensionamento com comprimentos em torno de 5 km. Dado ao elevado custo das estruturas especiais, esse comprimento é bem maior nas linhas de maior tensão. Procura-se localizar estruturas de ancoragem intermediárias nos pontos ao longo da linha nos quais há substanciais mudanças da configuração topográfica dos terrenos atravessados, de forma que os vãos de uma mesma seção de tensionamento sejam razoavelmente uniformes (Fig. 3.17).

Admitamos que, durante os trabalhos de tensionamneto dos cabos, estes possam deslizar livremente sobre os apoios

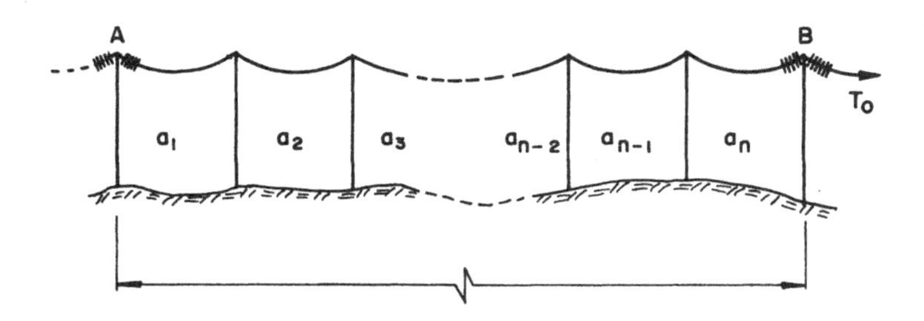

Fig. 3.17 - Seção de tensionamento de n vãos

intermediários. Essa condição, como veremos no Cap. 4, aproxima-se bastante dos casos reais, pois, durante essa fase da montagem, os cabos estarão apoiados sobre roldanas de atrito mínimo. Nessas condições, podemos admitir que a força T seja transmitida igualmente de vão a vão, se aplicada ao cabo em B, como vimos na Sec. 3.3. A seção de tensionamento se comportará como um vão único, para efeito do cálculo das trações.

A variação do comprimento total do cabo em uma seção de tensionamento é igual à soma das variações dos comprimentos dos vãos individuais que a compõem:

$$L_2 - L_1 = \sum_{a_1}^{a_n} (l_2 - l_1) \quad (3.90)$$

Se empregarmos a Eq. 3.74 a cada um dos vãos e efetuarmos a soma, teremos

$$L_2 - L_1 = \frac{p^2}{24} \sum_{a_1}^{a_n} \left(\frac{1}{T_{02}^2} - \frac{1}{T_{01}^2} \right) a_i^3 \quad (3.91)$$

E, analogamente, empregando a Eq. 3.70,

$$L_2 - L_1 = \sum_{a_1}^{a_n} a_i \left[\alpha_t (t_2 - t_1) + \frac{T_{02} - T_{01}}{ES} \right] \quad (3.92)$$

ou

$$\alpha_t (t_2 - t_1) = \frac{p^2}{24} \left(\frac{1}{T_{02}^2} - \frac{1}{T_{01}^2} \right) \frac{\sum_{a_1}^{a_n} a_i^3}{\sum_{a_1}^{a_n} a_i} - \frac{T_{02} - T_{01}}{ES} \quad (3.93)$$

Se fizermos

$$\frac{\sum_{a_1}^{a_n} a_i^3}{\sum_{a_1}^{a_n} a_i} = A_r^2 \quad (3.94)$$

a Eq. 3.93 se transformará na Eq. 3.75, após sua divisão por $A \cong L_1$. É a equação da mudança da estado de um vão de comprimento A_r [m] isolado.

No caso presente,

$$A_r = \sqrt{\frac{a_1^3 + a_2^3 + a_3^3 + \ldots + a_n^3}{a_1 + a_2 + a_3 + \ldots + a_n}} \qquad (3.95)$$

(A_r recebe o nome de vão regulador de uma seção de tensionamento)

É um vão fictício, isolado, equivalente à sucessão de vãos contínuos contidos em uma seção de tensionamento. As tensões calculadas de acordo com esse vão são constantes em cada um dos vãos componentes da seção.

À medida que o número de vãos de uma seção de tensionamento aumenta, o valor do vão regulador tende a se aproximado valor do vão médio da linha, calculável pela expressão

$$A_m = \frac{\sum_{a_1}^{a_n} a_i}{n} \qquad (3.96)$$

O cálculo do vão regulador é um tanto trabalhoso, e somente pode ser feito após o estudo de distribuição das estruturas sobre os perfis da linha (ver Cap. 4). O vão médio pode, em geral, ser estimado através do exame do perfil, com maior ou menor aproximação, dependendo da experiência do projetista.

Quando a distribuição é razoavelmente uniforme, às vezes prefere-se calcular o vão regulador pela expressão

$$A_r = A_m + \frac{2}{3}(a_{max} - A_m) \qquad (3.97)$$

na qual a_{max} [m] é o maior vão da seção de tensionamento.

- com desníveis (h_i) o vão regulador é calculado pela expressão[11]:

$$A_r = \frac{\sum_{a_1}^{a_n} b_i}{\sum_{a_1}^{a_n} a_i} \sqrt{\frac{\sum_{a_1}^{a_n} \left(a_i^5 / b_i^2 \right)}{\sum_{a_1}^{a_n} a_i}} \qquad (3.98)$$

onde:

$$b_i = \sqrt{a_i^2 + h_i^2}$$

Exemplo 3.22

Calcular o vão regulador da seção de tensionamento do Ex. 3.21. Com esse vão regulador, calcular as trações nos cabos para uma redução de 25∘C na temperatura e um aumento de 30∘C. Adotar T_o = 1.545kgf

Solução:

a - Pela Eq. 3.95, teremos:

$$A_r = \sqrt{\frac{a_1^3 + a_2^3}{a_1 + a_2}} = \sqrt{\frac{(250)^3 + (450)^3}{250 + 450}}$$

A_r = 390,51m

b - Empregaremos a equação da mudança de estado (3.76); com os mesmos dados do exemplo anterior e calculando uma queda de 25∘C e um aumento de 30∘C na temperatura, a equação será

$$T_{o2}^3 + T_{o2}^2[1.220,2743 + 30,6087(t_2 - t_1)] = 6,6007789 \cdot 10^9$$

c - Queda de 25∘C na temperatura:

$$T_{o2}^3 + 455,0568 T_{o2}^2 = 6,6007789 \cdot 10^9$$

cujo resultado e T_{o2} = 1.736kgf.

d - Elevação de 30∘C na temperatura:

$$T_{o2}^3 + 2.138,5353 T_{o2}^2 = 6,6007789 \cdot 10^9$$

cujo resultado e T_{o2} = 1.372kgf

Obs: Usando a equação 3.98 com desníveis de 40m, o vão regulador sofreria uma pequena variação:

A_r = 391,24m

Exemplo 3.23

Uma seção de tensionamento de um trecho de uma linha lançada a 25∘C e sem vento é composta dos seguintes vãos:

a_1 = 220m	a_6 = 212m
a_2 = 247m	a_7 = 257m
a_3 = 308m	a_8 = 262m
a_4 = 256m	a_9 = 248m
a_5 = 208m	a_{10} = 272m

Calcular o vão regulador e as flechas para cada vão a 30°C, sendo:

$E = 8086 kgf/m^2$ $\quad S = 312{,}4 mm^2$
$p = 0{,}9759 kgf/m$ $\quad \alpha_t = 18 \cdot 10^{-6}\ 1/°C$
$T_{01} = 2215 kgf$

Solução:

Empregamos a Eq. 3.95:

$$\sum_{a_1}^{a_n} a_i^3 = 160.575.552 \quad ; \quad \sum_{a_1}^{a_n} a_i = 2.490$$

Logo, o vão regupador será:

$$A_r = \sqrt{\frac{160.575.552}{2.490}} = 253{,}95 m$$

Na equação da mudança de estado (3.76):

$$T_{02}^3 + T_{02}^2 \left(\frac{ESp^2A^2}{24T_{01}^2} + ES\alpha_t(t_2 - t_1) - T_{01} \right) = \frac{ESp^2A^2}{24}$$

Resolvendo, $T_{02} = 2.088 kgf$

As flechas serão calculadas pela Eq. 3.18b, onde:

- para 25°C: $f_i = \frac{A_i^2 \cdot p}{8T_{01}}$

- para 30°C: $f_i = \frac{A_i^2 \cdot p}{8T_{02}}$

Em cada vão:

A_i	fi (25°C) [m]	f (30°C) [m]
220	2,67	2,83
247	3,36	3,56
308	5,22	5,54
256	3,61	3,83
208	2,38	2,53
212	2,48	2,63
257	3,64	3,86
262	3,78	4,01
248	3,39	3,59
272	4,07	4,32

3.5.7 -Efeito das sobrecargas de vento sobre vãos desiguais

Consideremos uma linha, composta de uma sucessão de vãos ancorados de valores diferentes, submetida a uma sobrecarga de vento definida pela Eq. 3.60, a uma temperatura dada. Admitamos ainda que, em todos os vãos, os condutores tenham sido estendidos a uma mesma temperatura e com um mesmo valor de tração horizontal, sem vento. Empregando a equação da mudança de estado, calculamos os valores das trações em cada um dos vãos, com a linha sob a ação da força do vento, à mesma temperatura. O gráfico resultante está representado na Fig. 3.18.

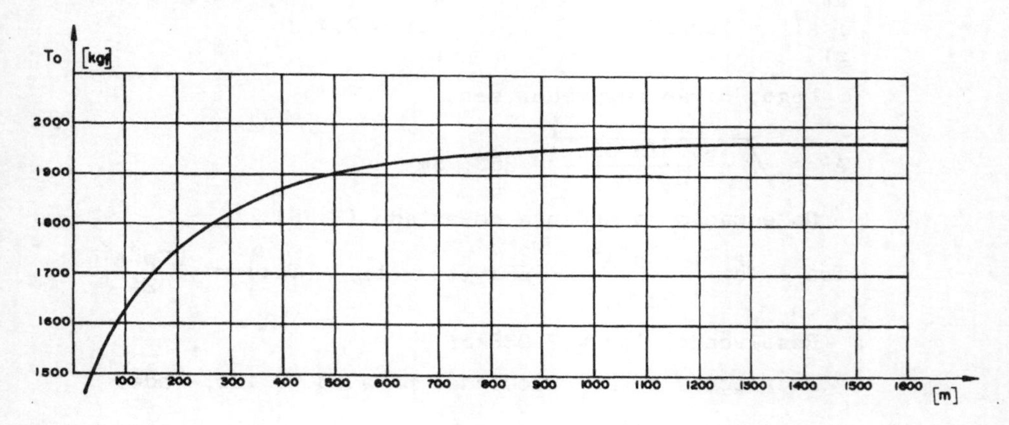

Fig. 3.18 - Variação de To em cabos sob ação do vento, em função dos comprimentos dos vãos, com temperatura constante

Verifica-se, pela relação $\Delta T/\Delta a$, que a tração nos cabos cresce com o aumento nos valores dos vãos, sendo esse crescimento muito rápido para vãos pequenos, tornando-se mais lento à medida que os vãos crescem, para, praticamente, tornar-se constante a partir de certo valor.

Exemplo 3.24

Os condutores de uma linha de 138kV foram tensionados a 20°C com uma tração horizontal de T_{01} = 1.545kgf. Admitindo que a linha seja submetida à pressão de vento de 33,27kgf/m^2, a essa mesma temperatura, determinar a variação de T_{02} em função dos valores dos vãos da linha. Os condutores são constituídos por cabos CAA, Oriole.

Solução:

Empregaremos a equação 3.79, da mudança de estado, com os parâmetros usados no Ex. 3.20 e $t_1 = t_2 = 20°C$.

$$T_{02}^3 + T_{02}^2\left[\frac{ESp_1^2A^2}{24T_{01}^2} + ES\alpha_t(t_2 - t_1) - T_{01}\right] = \frac{ESp_2^2A^2}{24}$$

sendo:

$E = 8.086kgf/mm^2$ $\quad T_{01} = 1.545kgf$
$S = 210,3mm^2$ $\quad p_1 = 0,7816kgf/m$

- Cálculo de p_2 (com vento)

Na tabela do fabricante, o diâmetro nominal do cabo é 18,83mm. Na Eq. 3.59, a força de vento será

$$f_v = q_0 \cdot d = 39,69 \cdot 0,01883 = 0,7474kgf/m$$

E o peso virtual na Eq. 3.61:

$$p_2 = p_v = \sqrt{p_1^2 + p_v^2} = \sqrt{0,7816^2 + 0,7474^2} = 1,0814kgf/m$$

- Na Eq. 3.79:

$$T_{02}^3 + T_{02}^2\left[0,0181 \cdot A^2 - 1.545\right] = 82.858,0000 \cdot A^2$$

- Atribuindo valores para o vão:

A [m]	T_{02} [kgf]
100	1.663
200	1.820
400	1.990
800	2.089
1.200	2.114
1.600	2.124
2.400	2.132

3.6 - BIBLIOGRAFIA

1 - FUCHS, R. D., Transmissão de energia elétrica em linhas aéreas (2 vols). Livros Técnicos e Científicos Editora, Rio de Janeiro, 1977.

2 - ABNT, NBR 5422 "Projeto de linhas aéreas de transmissão de energia elétrica". Associação Brasileira de Normas Técnicas, Rio de Janeiro, 1985

3 - RIEGER, H., Der Freileitungsban. Springer Verlag, Berlim, 1960.

4 - GIRKMANN, K. e KÖNIGSHOFER E., Die Hochspannungs - Freileitungen (2.º ed.). Springer Verlag, Viena, 1952.

5 - ALUMÍNIO DO BRASIL S/A, "Cabos condutores" (dados técnicos), Ed. Alumínio do Brasil S/A, São Paulo, 1965.

6 - GRANVILLE, W. A., Elements of the differencial and integral calculus. Ginn & Company, Boston, 1934.

7 - KNOWLTON. A. E., Standard handbook for electrical engineers 8.º ed.). Mc-Graw-Hill Book Co., N. York, 1949.

8 - MARTIN, J. S., Sag calculations by the use of Martin's tables. Copperweld Steel Co. Glossport, Pa., 1922.

9 - LAVANCHY, C. H., Étude et construction des lignes electriques aeriennes. J. B. Baillière et Fils, Editeurs, Paris, 1952.

10 - BRANE, A. "De la determination des efforts dus aux conducteurs - sur les appuis des lignes aèriennes". Revue Générale de L'Eletricité, T. XVII, p.535, Paris, abril, 1925.

11 - JARDINI, J. A.,Cálculo Mecânico de Linhas Aéreas de Transmissão, USP, São Paulo, 1977.

4

Roteiro dos projetos mecânicos dos condutores

4.1 - CONSIDERAÇÕES INICIAIS

Os tipos, composição e áreas das secções transversais dos condutores das linhas de transmissão, bem como o número de subcondutores por fase e o seu espaçamento, são definidos, como foi explicado no Capítulo 1, através dos estudos de otimização técnico-econômica. Raramente condições particulares, traduzidas por solicitações de intensidade excepcionais ou por vãos de comprimentos muito grandes, influenciam essa escolha, impondo o uso de cabos de elevadas resistências mecânicas. Na maioria dos casos, os projetos mecânicos são executados empregando-se estruturas já em uso, dispondo-se de "famílias" de estruturas com dimensões e condições de utilização bem definidas. Quando novos níveis de tensão, ou suportes de nova concepção, devem ser introduzidos, é necessário que se definam os diversos tipos de suportes que irão compor as novas famílias, fixando-se duas dimensões elétricas (Cap. 1), o seu carregamento mecânico (Cap. 5), procedendo-se ao seu dimensionamento estático e à sua arquitetura estrutural, definindo as dimensões finais e as limitações de emprego impostas a cada tipo de estrutura, pela sua resistência e pelas distâncias de segurança.

Escolhidos os condutores, famílias de suportes e traçado da linha, pode-se proceder ao projeto mecânico executivo, que orientará as equipes de montagem na implantação da linha. Esta deverá ser uma reprodução daquilo que foi idealizado no papel. O projeto é desenvolvido a partir do levantamento topográfico de sua faixa de servidão, sobre cuja restituição será feito o estudo da distribuição dos suportes ao longo da linha. A preparação das tabelas de trações e das flechas dos cabos, bem como a verificação da suportabilidade elétrica e mecânica de cada suporte em função de seu carregamento, constitui igualmente parte do projeto executivo. Será feita também a amarração topográfica dos suportes às estacas e marcos do levantamento topográfico. Inclui igualmente o preparo das listas de materiais e suas especificações e o orçamento definitivo da obra. Os projetos de detalhamento das estruturas e fundações com as respectivas especificações, são parte do projeto executivo.

No presente capítulo será mostrada a maneira de se preparar o projeto executivo dos cabos e seus cálculos, através de exemplos. Será, no entanto, conveniente efetuar uma descrição suscinta das metodologias empregadas na elaboração dos projetos, como também das técnicas de construção, destacando-se aqueles pontos que podem influenciar negativamente os resultados do projeto, indicando-se formas de neutralizar esses efeitos, quando indicado.

4.2 - ESTUDO DA DISTRIBUIÇÃO DOS SUPORTES

Tem por meta a elaboração de desenhos em vista de elevação e em planimetria da linha, indicando a posição escolhida para cada suporte e as curvas dos cabos entre os suportes. Para a sua execução, é necessário afetuar o levantamento topográfico em altimetria e em planimetria da faixa de servidão da linha e sua restituição no papel, em escala. É também necessário efetuar os cálculos que irão definir a forma da curva que os cabos terão, quando suspensos nos suportes, com a qual esse estudo é feito.

4.2.1 - Trabalhos topográficos

Ao se projetar uma linha aérea de transmissão, seus

pontos inicial e final são fixados em função da localização das subestações. O seu traçado, no entanto, poderá oferecer várias alternativas e sua escolha obedece a critérios vários, destacando-se os aspectos econômicos e também aqueles de natureza ecológica, em geral conflitantes entre si.

Busca-se, nesta fase, escolher percursos que sejam convenientes sob o ponto de vista dos custos de construção e da manutenção das linhas, como menores desenvolvimentos, a inexistência de obstáculos intransponíveis, ou mesmo que exijam soluções demasiado custosas para transpô-los e facilidades de acesso para transportes e inspeção. Deve-se, sempre que possível, evitar os percursos que exijam a desfiguração dos terrenos naturais, tais como faixas desmatadas excessivamente largas e raspagens do solo para o tráfego de veículos de serviço. Uma linha de transmissão pode ser considerada uma obra de arte, visualmente agradável para aqueles que as projetam ou as operam, porém para a população em geral pode representar poluição visual da paisagem, portanto uma agressão. É aconselhável afastá-las convenientemente de áreas urbanizadas, rodovias e ferrovias, e principalmente, das rotas turísticas. Deve-se evitar cruzamentos com essas vias, em áreas florestais, com longos alinhamentos que mostrem a extensão da destruição causada. Até mesmo o acabamento dos suportes deverá ser reestudado: é preferível suportes protegidos por tintas anti-oxidantes de cores menos contrastantes com o meio ambiente ao zinco brilhante da galvanização a fogo. A própria solução estrutural deve conduzir a suportes menos obstrusivos. Recomenda-se a leitura dos artigos contidos na Ref. [1] do presente Capítulo.

Os trabalhos de escolha do traçado ficam grandemente facilitados, no Brasil, com o uso das cartas geográficas publicadas pelo IBGE a partir do levantamento aerofotogramétrico em escala 1:50000, com precisão suficiente a esse fim. Havendo disponibilidade de fotografias aéreas tridimensionais das regiões de interesse das linhas, estas representam um auxílio incalculável para as tomadas de decisão. Para cada uma das soluções viabilizadas pode-se definir os pontos de passagem obrigatória da linha, principalmente aqueles que deverão constituir os vértices da poligonal a ser implantada. Uma inspeção local de cada traçado auxiliará na escolha definitiva. E, uma vez decidida, os pontos obrigatórios deverão ser assinalados no terreno por marcos indeléveis e balizas de sinalização, fixando a poligonal que constituirá o eixo longitudinal da linha.

O levantamento topográfico propriamente dito poderá ser executado por taqueometria que, com as tolerâncias habituais, apresenta precisão suficiente ao fim. Outras técnicas topográficas de precisão equivalente podem igualmente ser usadas. É importante que o topógrafo seja orientado adequadamente, a fim de que os elementos relevantes ao projeto sejam registrados e anotados corretamente. Uma boa experiência prévia nesse tipo de serviço é sempre desejável e importante. A caderneta de campo deverá conter, com clareza, os registros das leituras efetuadas, além de um "croquis" detalhado de cada trecho levantado. As estacas das poligonais devem ser amarradas entre si por leituras de "vante" e de "ré". A visita do projetista ao local da linha é também recomendável, principalmente para esclarecer dúvidas nos desenhos ou mesmo estudar alternativas em trechos de solução difícil. O ideal seria que participasse desde os trabalhos de reconhecimento. Os trabalhos de medição alti e planimétrica devem dar ênfase aquilo que existe ao longo dos eixos centrais das poligonais das linhas e deverão também assinalar e medir os elementos existentes em toda a largura das faixas de servidão, como cercas, linhas, edificações, tipos de vegetação e lavouras, estradas e caminhos, divisas de propriedades, natureza dos terrenos como brejos, rochas, cursos d'água, etc, enfim, tudo o que possa interferir com a linha. Quando o eixo da linha fica em meia encosta, com desníveis nos sentidos de seus eixos transversais, o topógrafo deverá levantar mais dois perfis de eixos auxiliares, um de cada lado e paralelos ao eixo principal da poligonal, localizadas sob os eixos dos condutores externos da linha. Evitam-se assim erros de locação e fornecem-se elementos para o projeto e especificação de fundações para terrenos desnivelados.

O custo da topografia representa, em geral, uma parcela ínfima do custo da linha. Suas implicações econômicas no custo final podem ser importantes, pelo que investimentos adicionais para melhorar sua qualidade e detalhamento são largamente compensados. O trabalho do levantamento topográfico é completado no escritório com os cálculos das distâncias e cotas das estacas da poligonal e dos pontos levantados, a fim de permitir a elaboração dos desenhos em planta e perfil nas escalas apropriadas. Os cálculos necessários à sua elaboração são rotineiros, podem, e o são, mecanizados em computadores. Cada ponto levantado é referido em distância e por ângulos vertical e horizontal à estaca, a partir do qual foi medido. As estacas, por sua vez, pontos da poligonal, amarram-se entre si da mesma maneira desde a estaca inicial até a final da linha.

É usual apresentar o desenho topográfico através de um corte longitudinal projetado no plano vertical, ao longo dos eixos da poligonal, onde aparecem todos os obstáculos cortados por ele, em elevação (ver Fig. 4.20). Em planta baixa representa-se a projeção horizontal desse eixo, no centro da faixa, e os obstáculos aí existentes. Esta, bem como o perfil altimétrico, são desenhados com o desenvolvimento retificado, como se não houvesse deflexões horizontais, porém, os pontos em que estas ocorrem e que representam pontos obrigatórios para implantação de estruturas, são devidamente assinalados, indicando-se o valor da deflexão e o seu sentido D (à direita) ou E (à esquerda) com relação à direção do alinhamento de ré (anterior) (Piquete n.º 8 do desenho da figura 4.20).

Os desenhos em altimetria e também aqueles em planimetria, são obtidos ligando-se os pontos isolados levantados e calculados, lançados no papel. Este também é um trabalho que já foi automatizado em computador equipado com "plotador" gráfico contínuo.

No método convencional, os pontos calculados por qualquer meio são lançados sobre papel milimetrado, medindo-se as distâncias em escalas apropriadas e ligando-se os pontos por linhas contínuas. No caso do uso do computador, essas linhas são curvas matemáticas pré-programadas. A reprodução é feita normalmente em escalas bastante significativas, sendo as mais comuns 1:2000 e 1:5.000, para as distâncias horizontais, e 1:200 e 1:500, respectivamente, para as distâncias verticais. As primeiras são preferidas para linhas de maior porte e responsabilidade, e as segundas para linhas de tensões mais baixas e de distribuição. Um erro de grafismo de ordem de 1mm nas cotas do terreno indicadas no perfil, para quem está familiarizado com esse tipo de trabalho, é aceitável. No entanto representa, em realidade, 0,50m, quando feito em escala vertical de 1:500, e 0,20m, em desenho na escala 1:200. Esses erros por si são, em linhas normais, muito maiores do que aqueles que poderíamos atribuir ao uso da equação da parábola, conforme foi mostrado no Capítulo 3.

4.2.2 - Fatores que influenciam o projeto

O estudo da distribuição das estruturas sobre o perfil destina-se a assegurar que os condutores, em época alguma da vida útil da linha, aproximem-se mais do solo, ou de obstáculos, do que o permitido pelas normas técnicas ou regulamentos de segurança. Considerações de ordem econômica, por outro lado, impõem que essas alturas não sejam excedidas, pois, isso exigiria um espaçamento menor ou alturas maiores que os suportes empregados, acarretando aumento de custos. O aspecto topográfico do terreno atravessado, com morros e vales, também influencia a distribuição dos suportes e pode contribuir para uma diminuição de custos através de seu aproveitamento racional para uma redução em seu número. A distribuição é feita, atualmente, por dois processos. O processo convencional é gráfico, portanto manual. Computadores digitais são igualmente usados para esse fim. Em ambos os casos, é preciso que a distribuição resultante seja a mais adequada, sob o ponto de vista econômico, sem deixar de atender as limitações impostas pela segurança das linhas. No primeiro caso, o projetista deve estar muito bem familiarizado, não só com a técnica a empregar, como também com o comportamento mecânico dos vários componentes da linha. Experiência de projeto e se possível também de construção, são altamente desejáveis. Paciência e persistência são requisitos indispensáveis. No caso da locação mecanizada, além dos programas bem estruturados, é necessário que estes contenham todas as instruções indispensáveis à obtenção de resultados satisfatórios. É essencial uma boa preparação dos dados referentes ao perfil topográfico, com indicações seguras dos pontos onde obrigatóriamente deverão ser locadas as estruturas e aqueles locais em que sua locação é proibida. Rotinas de otimização do emprego dos suportes têm sido incluídas nos programas. Referimos o leitor à bibliografia sobre o assunto [2,3], para maiores informações.

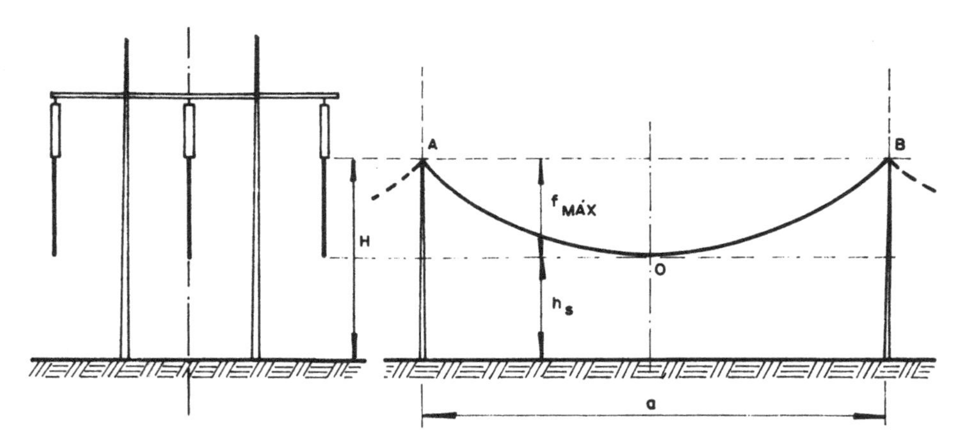

a - Corte transversal b - Corte longitudinal

Fig. 4.1 - Princípio da locação

Como já foi mencionado, o método convencional do estudo de locação dos suportes é gráfico. Para tanto é necessária uma representação gráfica fiel dos cabos suspensos e dos suportes, nas mesmas escalas dos desenhos topográficos sobre os quais será efetuado o trabalho, como mostra a Fig. 4.1. Os suportes são representados por segmentos, cujo comprimento representa, na escala vertical do desenho topográfico, a altura H dos grampos de suspensão dos cabos, sendo que a flecha f_{max} e altura de segurança estão igualmente na mesma escala. A curva dos cabos deverá representar os cabos na condição de flecha máxima e determina, para o condutor escolhido, com o valor da componente horizontal da tração calculada para essa condição, a distância "a", na escala horizontal dos desenhos, entre os suportes A e B. No Capítulo 3 foi mostrado que a curva dos cabos, pode com restrições, ser representada pela equação da parábola, pela qual, mantendo-se constante a tração, as flechas se relacionam pelo quadrado da relação dos vãos. Disso resulta uma forma de curva única para todos os vãos de mesma tração, como ocorre com os vãos de uma seção de tensionamento, representável pelo "vão regulador". Foi mostrado igualmente que a curva é ainda a mesma quando os pontos de suspensão são desnivelados. Portanto, a curva AOB da Fig. 4.1 é apenas um segmento de uma curva maior, válida para todos os vãos contínuos de uma secção de tensionamento, nivelados ou não. Um dispositivo auxiliar de desenho, denominado "gabarito" é empregado no trabalho gráfico de locação. Será construído especialmente para cada linha, com a forma de uma catenária ou de uma parábola, como é mais comum, e cujos parâmetros são calculados em cada caso, pois é necessário que a sua curva modele de forma mais fiel possível os cabos suspensos na linha.

No caso da locação por computador, o gabarito não é empregado. A locação se faz com o uso da própria equação da curva.

Em muitos projetos de Engenharia pode-se esperar um elevado grau de concordância entre o projeto e o produto acabado, pois os fatores intervenientes são bem definidos, modelos matemáticos razoavelmente precisos e as técnicas de fabricação ou construção não afetam os resultados. O mesmo não acontece com os projetos dos cabos das linhas de transmissão, devido à existência de um número razoável de imponderáveis. Estes são originados nos modelos matemáticos, nas características e propriedades dos materiais, nas técnicas de montagem e nos próprios processos de elaboração dos projetos.

4.2.2.1 - Montagem dos cabos

É durante a montagem dos cabos que fica assegurada a fiel execução do projeto, que deverá ser baseado, não só nas condições teóricas já examinadas, como também em seu comportamento elástico, de difícil previsão. Do tratamento que os cabos recebem durante sua montagem vai depender o seu comportamento futuro, em virtude, principalmente, das alterações de suas características elásticas, que já se iniciam nessa fase. A familiaridade do projetista com as técnicas de trabalho no campo é, pois, fundamental, a fim de que possa incluir seus efeitos nos cálculos, de forma realista.

Independentemente das técnicas de trabalho utilizadas, e que serão descritas de forma suscinta a seguir, a fim de se obterem resultados satisfatórios, é importante durante a montagem observar os seguintes pontos:

a - em uma mesma seção de tensionamento, todos os condutores devem provir de um mesmo fabricante e, possivelmente, de um mesmo lote de fabricação, a fim de que, dentro das tolerâncias normais, tenham também as mesmas características físicas, mecânicas e elásticas;

b - Todos os cabos de uma mesma seção de tensionamento, e possivelmente em toda a linha, deverão receber o mesmo tratamento no que diz respeito às trações a que são submetidos durante a montagem e suas durações antes de sua fixação definitiva, a fim de provocar os mesmos alongamentos plásticos, observadas as instruções do projetista a respeito.

Os trabalhos de montagem podem ser considerados divididos em pelo menos quatro etapas, das quais as duas primeiras têm influência marcante em seu futuro comportamento: desenrolamento dos cabos; tensionamento e flechamento; fixação; equipamento e acabamento.

a - Desenrolamento ou lançamento dos cabos

É representado pela transferência dos cabos de suas embalagens (bobinas) para as estruturas das linhas, nas quais deverão ficar suspensos provisoriamente, à espera de tensionamento e fixação definitiva.

Independentemente das técnicas usadas nesses trabalhos, é fundamental que o atrito dos cabos nos pontos de suspensão provisória seja mínimo, o que irá facilitar seu desenrolamento, bem como sua distribuição nos diversos vãos da seção de tensionamento. As alturas em que permanecem suspensos devem ser as mesmas em que serão fixados definitivamente. Empregam-se, para tanto, roldanas especiais, suspensas nas cadeias de isoladores. Essas roldanas são construídas dentro de especificações bastante rígidas [4] quanto a seus diâmetros mínimos, dimensões dos gornes, revestimento interno destes, e atrito nos mancais. Cada roldana deverá ter tantos gornes quantos forem os condutores por fase e mais um para a cordoalha de tracionamento, como mostra a Fig. 4.2. Para o desenrolamento dos cabos, são usadas duas técnicas diferentes, dependendo principalmente da classe de tensão e do número de condutores por fase. Durante essa etapa dos trabalhos, os condutores estão sujeitos a sofrer danos em suas superfícies, como abrasão e arranhões por atrito com objetos mais duros, principalmente os cabos CA e CAA, o que deve ser evitado. Nas linhas em tensões relativamente baixas (até 138kV), pequenos danos ainda podem ser tolerados, mas o mesmo não acontece nas linhas em tensões mais elevadas, nas quais o efeito corona constitui normalmente um problema, e quaisquer farpas ou irregularidades nas superfícies dos cabos constituem fontes de eflúvios de corona. Assim, para linhas de tensões extra-elevadas, técnicas mais rigorosas de trabalho tiveram de ser desenvolvidas. Nesse último caso, os cabos devem ser desenrolados de forma a ter contato somente com as roldanas, cujas superfícies são revestidas de materiais mais moles do que o alumínio, a fim de não marcá-lo.

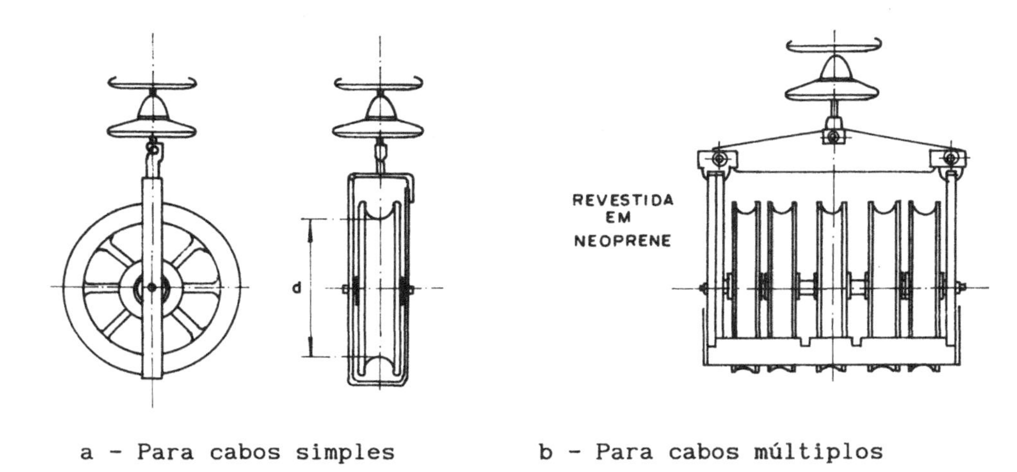

a - Para cabos simples b - Para cabos múltiplos

Fig. 4.2 - Roldanas para montagem de cabos

Uma seção de tensionamento tem, em geral, um comprimento maior do que um lance ou tramo de cabo contido em cada bobina, de forma que será necessário desenrolar várias bobinas de cabos para completar a seção. Essas bobinas são, portanto, distribuídas estrategicamente ao longo da linha, de forma que a ponta dos cabos de um lance encontre a extremidade do lance seguinte, ao qual deverá ser emendada. Para seu desenrolamento, as bobinas são colocadas em cavaletes apropriados, com eixos de baixo atrito, e equipados com algum tipo de freio, para que a quantidade de cabo que sai da bobina seja sempre igual à quantidade estendida.

Nas linhas de até 138kV, o procedimento é relativamente simples e, além das roldanas, pouco equipamento será necessário. A ponta do cabo a ser desenrolado é amarrada a uma cordoalha de fibra vegetal ou náilon, tendo um comprimento no mínimo igual duas vezes a altura da roldana mais alta. A essa cordoalha se aplica o esforço de tração necessário ao seu desenrolamento, arrastando-a ao longo da linha até a primeira estrutura, onde a cordoalha será passada pela roldana, para guiar o cabo através dela. Feito isso, o desenrolamento prossegue para as estruturas seguintes, onde é repetida toda a operação. A força necessária ao desenrolamento poderá ser braçal ou fornecida por veículo capaz de trafegar na faixa de servidão, ou mesmo por animais (bois, mulas etc).

Durante essa fase, as precauções são as seguintes:

a - junto às bobinas, além do controle da quantidade de cabo desenrolada, que não pode ser maior que o lance estendido, um operário faz um exame visual do cabo para verificar possíveis defeitos, que assinalará, quando ocorrerem, para posterior correção;

b - como, nesse caso, os cabos nos vãos entre estruturas são arrastados sobre o solo, precauções especiais são tomadas quando aí existem obstáculos ou áreas mais duras (cercas, muros, rochas etc), que possam danificar suas superfícies. Empregam-se, geralmente para transpô-los, cavaletes de madeira sobre os quais deslizam os cabos.

Terminado o desenrolamento do primeiro lance de todos os condutores, eles devem ser tensionados a um valor próximo daquele com os quais serão ancorados, nas condições de temperatura existentes, empregando-se para isso ancoragens provisórias no solo. Evitam-se, assim, acidentes com os cabos deixados sobre o solo. Terminado o desenrolamento do segundo lance, efetuam-se as emendas dos cabos e procede-se tensionamento desse segundo lance nas mesmas condições, usando-se novamente as ancoragens provisórias. A partir desse momento, a primeira ancoragem torna-se desnecessária, sendo os dois lances mantidos suspensos pela segunda. Procede-se assim, sucessivamente, até que a estrutura de ancoragem seja atingida e mesmo ultrapassada. Uma ancoragem provisória levanta o último lance e sustenta as demais, até seu tensionamento e ancoragem definitivos, que podem ser iniciados em seguida.

Nas linhas em tensões extra-elevadas, o desenrolamento

deve ser feito mantendo-se os cabos afastados do solo e de obstáculos, o que requer que sejam mantidos permanentemente tracionados e que todos os cabos que compõem cada condutor múltiplo sejam desenrolados de uma só vez. Isso exige técnicas bem mais aprimoradas e equipamentos bem mais complexos e sofisticados, a começar pelas roldanas, que, como foi dito, devem ser de múltiplos gornes.

Um cabo de aço ou de náilon de alta resistência, chamado cabo piloto, é desenrolado inicialmente, de forma convencional, ao longo do trecho em que o lance de cabos será estendido. Por meio de dispositivos especiais, em geral chamados meias para cabos, os condutores são fixados aos cabos pilotos. No caso de condutores múltiplos com o emprego de chapas multiplicadoras (Fig. 4.3). O cabo piloto será tracionado por meio de um guincho especial, acionado por motores a gasolina ou diesel, conduzindo os cabos através das roldanas até o ponto previsto para sua ancoragem provisória.

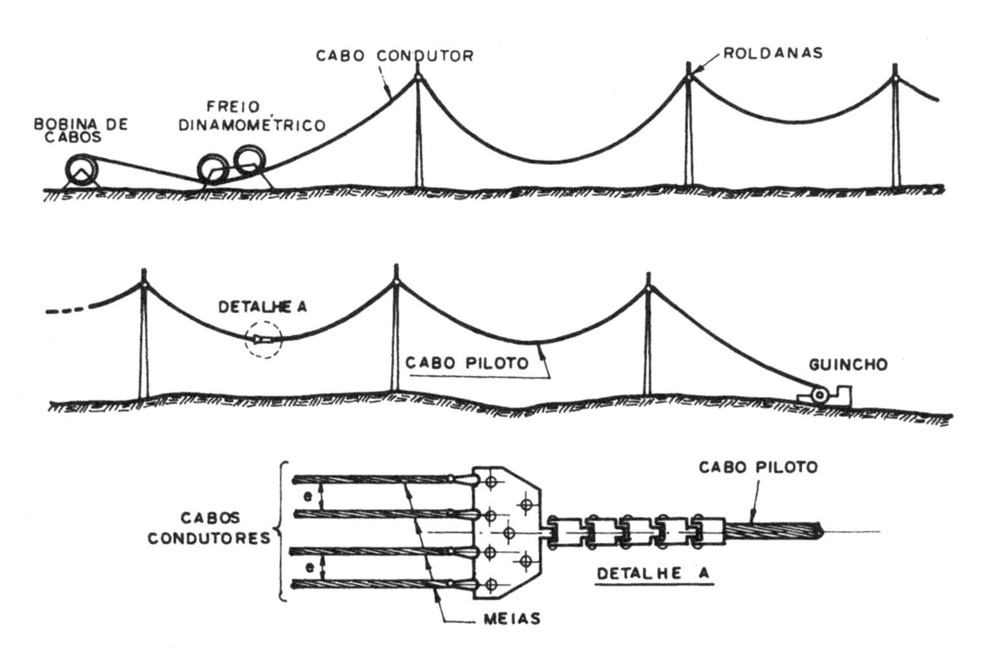

Fig. 4.3 - Desenrolamento de cabos por meio de cabo piloto

Os cabos, ao saírem das bobinas, passam através de cilindros, cuja velocidade pode ser controlada por um sistema hidráulico e equipado com dinamômetro, para controle da tração nos mesmos, mantida constante e igual aos valores prefixados em fase de projeto (correspondendo em geral a 50% da tração de flechamento), a fim de assegurar a manutenção dos cabos a determinada altura sobre o solo. Ao término da cada lance, os cabos são ancorados provisoriamente ao solo, à espera das extremidades dos cabos do lance seguinte, aos quais são emendados. A eliminação da ancoragem provisória ocorre então mediante um tensionamento dos cabos na ancoragem provisória seguinte, quando o excesso de cabos deixado para a emenda é recolhido, e os dois lances deixados com a mesma tração. E assim sucessivamente. Nesse tensionamento, pode-se deixar os cabos com as trações calculadas para a temperatura ambiente vigorante, o que virá facilitar seu tensionamento definitivo, nivelamento e ancoragem.

A inspeção dos cabos à saída das bobinas é importante, como também o é um eficiente sistema de telecomunicações entre os diversos pontos onde os trabalhos se desenvolvem, pois, na ausência deste, devido aos valores elevados de tração envolvidos, problemas, por menores que sejam, poderão acarretar graves inconvenientes e danos a equipamentos e estruturas das linhas e mesmo pessoais.

b - Tensionamento e flechamento

Após o lançamento e seu tensionamento preliminar, já descrito, o cabo deve ser tensionado definitivamente. Nessa operação, a tração nos cabos é ajustada aos valores calculados para a temperatura vigente no momento e constante das tabelas de tensionamento. Em vãos isolados ou seções de tensionamento de uns poucos vãos, essas trações podem ser medidas diretamente com dinamômetros. Normalmente, no entanto, esse controle deve ser feito indiretamente, da forma que será exposta, através da medida das flechas. É uma operação considerada crítica para o futuro desempenho das linhas. Diversos fatores, fora do controle, tanto do projetista como do condutor, dificultam a obtenção de valores reais, de flechas e trações, iguais aos previstos em cálculo. Citamos a seguir alguns desses fatores [5,6].

As equações usadas para descrever um cabo suspenso são a catenária e a parábola. Em ambas admite-se que os cabos são inelásticos e flexíveis. No caso da catenária, admite-se que a distribuição de seu peso é uniforme ao longo da curva do condutor, enquanto que na parábola se considera o peso distribuído uniformemente ao longo da projeção horizontal da curva. Ambas hipóteses são incorretas. Os condutores são elásticos, além de possuírem um certo grau de rigidez, o que faz com que haja um efeito de viga nos pontos de suspensão, principalmente quando forem usadas armaduras antivibrantes ou grampos armados (Fig. 4.4). Em vãos ancorados, o efeito do peso dos isoladores das cadeias de tensão afetam igualmente os valores das curvas (Fig. 4.5).

Os condutores são fabricados com uma tolerância de peso da ordem de ± 2% e, em seu diâmetro, de ± 1%, sendo que ambos têm influência direta nos valores das trações. Uma vez que essas variações podem ocorrer ao longo de um mesmo vão ou vãos adjacentes, pode-se esperar diferenças nos valores das flechas reais e das calculadas.

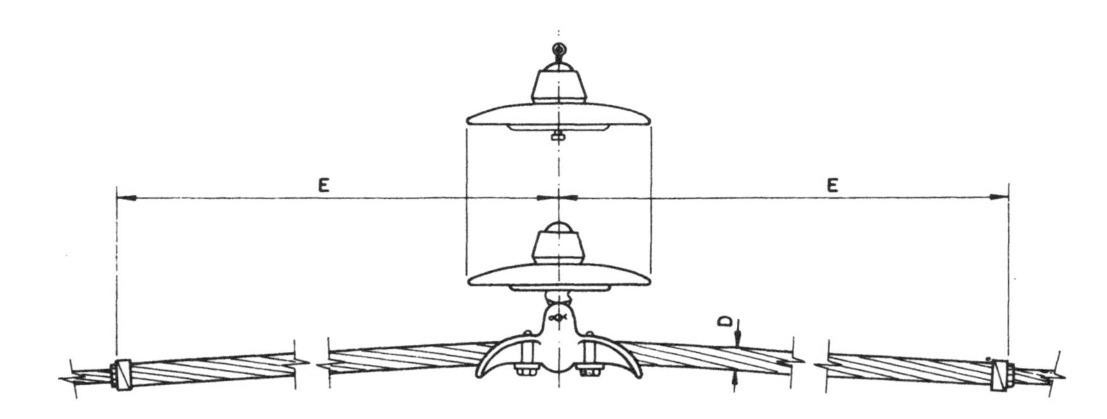

Fig. 4.4 - Armadura antivibrante de vergalhões paralelos

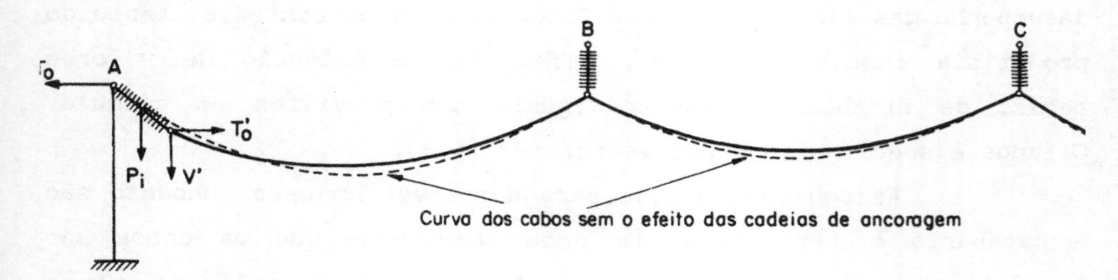

Fig. 4.5 - Efeito de cadeia em tensão em vãos contínuos

Um dos problemas mais críticos é representado pela dificuldade na determinação das temperaturas dos cabos, tanto na fase de projeto como também na hora de seu tensionamento. Para efeito de projeto, exceto para a determinação da flecha máxima, como foi previsto no Capítulo 2, trabalha-se com temperaturas do ar estimadas por processos probabilísticos a partir de séries de valores medidos. Para o flechamento dos cabos é necessário um melhor conhecimento das temperaturas dos mesmos, o que se consegue através de medições, cujos valores são apenas aproximados (± 5 °C). Para a sua medida empregam-se vários métodos, sendo usados no Brasil principalmente dois deles:

- medida com termômetros de contato, que podem ser fixados aos cabos a serem nivelados por meio de sapatas e abraçadeiras de mesmo material e que, após determinado tempo, por condução, atingirão a sua temperatura, que o termômetro indicará. O termômetro poderá ser convencional, com seu bulbo inserido em alojamento feito em uma das sapatas;

- a temperatura é medida por termômetro inserido no interior de uma amostra, de cerca de 1m de comprimento do cabo a ser nivelado, e da qual foram retirados alguns fios das camadas internas para seu alojamento. Essa amostra de cabo será exposta às mesmas condições de sol e vento que os cabos da linha, pelo tempo necessário para as temperaturas se igualarem.

Esses termômetros são sempre localizados ao alcance dos operadores que efetuam a medição das flechas ou das trações e não representam, necessariamente, a temperatura de todo o trecho que está sendo nivelado, cujo comprimento pode ser muito grande, até mesmo de 10km, no qual as condições de ventilação e insolação dos cabos podem variar, afetando também sua temperatura. Por essa razão e também em virtude do atrito existente nas roldanas, é conveniente que a regulação em seções de tensionamento muito longas se faça em mais pontos, espaçados no trecho, e com as temperaturas medidas em cada um deles.

Os gabaritos de locação das estruturas são confeccionados com as curvas correspondentes às máximas flechas de projeto, decorrentes das temperaturas calculadas da forma exposta no Capítulo 1, considerando-se a atuação simultânea do efeito da corrente, do sol e do vento.

Esses valores são adotados, mesmo sabendo-se que condições climatológicas mais desfavoráveis podem ocorrer, inclusive coincidentemente com correntes maiores do que as nominais (ocasiões de contingências no sistema). Quaisquer acréscimos nas flechas previstas são, então, absorvidos pelas alturas de segurança.

As tabelas de tensionamento dos condutores são preparadas considerando-se total ausência de vento. Este, no entanto, não deixará de estar presente, com maior ou menor intensidade, nos diversos locais ao longo de uma seção de tensionamento, concorrendo para aumentar ainda mais as divergências entre resultados do campo e dos projetos.

As técnicas desenvolvidas para os cálculos dos cabos em vãos contínuos e para seu tensionamento nesses vãos, partem da premissa que as roldanas, nas quais os cabos permanecem durante o seu tensionamento, possuem atrito nulo. Assim, as flechas nos diversos vãos da seção de tensionamento se distribuiriam de acordo com as relações dos quadrados dos vãos. Roldanas novas, de boa qualidade, em perfeito estado de conservação, aproximam-se bastante dessa condição; porém, após certo tempo de uso e em decorrência do tratamento nem sempre delicado que recebem no campo, podem apresentar atrito considerável, fazendo com que a distribuição das flechas nos diversos vãos seja irregular. Serão menores nos vãos do lado da tração e maiores do outro lado das roldanas defeituosas. Estas, sempre que localizadas, o que não é fácil, deveriam ser substituídas.

Quando as linhas atravessam longos trechos em declive, após seu lançamento e enquanto os cabos se encontram nas roldanas, estes têm tendência a deslizar e a se acumular nos vãos mais baixos, que apresentarão flechas maiores, ficando os vãos mais altos com flechas menores. Uma substancial melhora é conseguida por sucessivos tracionamentos e relaxamentos dos cabos nesses trechos, na hora de fixação dos condutores aos grampos de suspensão, cujas cadeias de isoladores devem ser levemente inclinadas para o lado mais baixo da linha [5,6] (veja também o Capítulo 3).

No Capítulo 2, foi exposto que o comportamento dos cabos das linhas depende de suas características elásticas e da influência que o seu tensionamento exerce sobre as mesmas. É nas primeiras horas em que os cabos permanecem sob tração que grande parte das deformações plásticas irá acontecer. Suas causas são devidas à acomodação geométrica dos filamentos nas diversas camadas, ao encruamento, e aos efeitos da fluência. Enquanto que as duas primeiras dependem dos valores máximos das trações, a última depende tanto dos valores das trações, do tempo em que permanecem sob tração, como das temperaturas dos cabos. No exame feito, mostrou-se seu relacionamento mútuo. As trações correspondentes à condição de máxima carga em uma linha não ocorrem naturalmente na montagem e dificilmente nos primeiros meses após sua entrada em serviço, podendo mesmo não ocorrer durante sua vida útil, caso em que a deformação prevista em projeto não seria atingida. Por outro lado, é possível acelerar, como mostram as experiências, a deformação devida à fluência, conseguindo-se uma deformação posterior menos acentuada. Essas considerações levaram a desenvolver uma técnica de tensionamento através da qual procura-se, durante a fase de montagem, provocar o máximo do alongamento previsto, deixando-se o restante para ocorrer posteriormente. É a técnica que se convencionou denominar de pré-tensionamento dos cabos.

O pré-tensionamento consiste em submeter os cabos, antes de seu flechamento e ancoragem, a trações maiores do que foram calculadas para as temperaturas de flechamento, durante intervalos de tempo preestabelecidos, provocando alongamentos permanentes que não mais ocorrerão e que não precisarão ser compensados nos projetos das linhas, resultando em flechas de locação menores. Também emprestará aos cabos períodos de fluência nula, quando destensionados, como foi visto no Capítulo 2, o que facilita os trabalhos de flechamento. Os valores das trações de pré-tensionamento, como também suas durações, variam e devem ser especificados pelo projetista. Este também especificará as trações de desenrolamento e espera, bem como a duração para essas operações, pois nesses intervalos também ocorre fluência e que também não precisa ser compensada.

Bons resultados tem sido obtidos com pré-tensionamento com trações iguais àquelas que foram calculadas ou especificadas para a condição de máximo carregamento, de curta duração. Traciona-se os cabos das três fases ao valor da tração de máxima carga, valor que pode ser controlado por dinamômetros, deixando-os com esse valor de tração por cerca de meia hora. Reduzindo-se a tração ao valor da tração de desenrolamento, repete-se a operação anterior, efetuando-se o flechamento em seguida, ao ser reduzida a tensão. Esse modo de operar ajuda a distribuição dos cabos pelos diversos vãos, compensando os atritos nas roldanas. Para o pré-tensionamento, é necessário o emprego de forças de tração relativamente elevadas, com emprego de equipamentos de capacidade elevada. É, além do mais, considerada uma operação perigosa, pelo que, em geral, só é feita em cabos de bitolas não muito grandes, empregando-se trações máximas da ordem de 5.000 a 6.000kgf, com equipamentos portáteis.

Em linhas com cabos múltiplos e diâmetros maiores, por este motivo, prefere-se empregar o pré-tensionamento parcial, contentando-se em obter uma estabilização dos cabos durante um período suficiente para a realização das operações de tensionamento. As trações a que os cabos são submetidos durante as operações de lançamento e os períodas de espera que se seguem, são, em geral, suficientes para esse fim. Dependendo da capacidade dos equipamentos disponíveis, pode-se, antes do tensionamento e do nivelamento, aumentar suas trações, por tempo limitado, a valores mais altos, conseguindo-se uma maior parcela da deformação permanente antes da ocorrência das máximas cargas.

Existem muitas objeções ao pré-tensionamento, pelo aumento no custo da montagem que envolve. Porém representa uma razoável segurança contra uma eventual necessidade de retensionamento dos cabos, em prazo maior ou menor, operação essa muito mais dispendiosa.

As tabelas de tensionamento deverão ser calculadas considerando-se o seu efeito, a fim de que as flechas, durante o tensionamento e nivelamento, sejam menores apenas o suficiente para poderem crescer até o valor final previsto para vida útil da linha.

Alguns projetistas e construtores preferem, no entanto, deixar de considerar as deformaçães que ocorrem durante o período de lançamento dos cabos e durante o período de espera, e calculam as deformações totais que o cabo sofreria se nunca tivesse sido submetido a um tensionamento. Nessas condições, as flechas no estado final serão, na realidade, menores do que as calculadas e usadas para a locação das estruturas. Aumentará a certeza de que as alturas de segurança serão respeitadas, porém haverá uma penalidade econômica, pois o custo das estruturas será maior.

O controle das trações e flechas nos cabos por ocasião da sua ancoragem pode ser feito por dois processos:

- dinamômetro;
- medida das flechas por processos ópticos.

No primeiro método, com o auxílio de um dinamômetro,

mede-se a tração axial dos cabos. Deve-se, neste caso, ter o cuidado de se fazer a ancoragem provisória de tracionamento em um ponto distanciado da estrutura de ancoragem, em torno de meio vão regulador, ponto em que a tração corresponderá aproximadamente ao valor da componente horizontal da tração calculada. O dinamômetro indicará a tração naquele ponto. Esta não se transmite a todos os vãos devido ao atrito inevitável das roldanas, sendo tanto menor quanto mais afastados estiverem do ponto de tracionamento. Este método é aconselhado apenas para vãos isolados, ou, no caso de vãos contínuos, a secções de tensionamento de no máximo quatro a cinco vãos [6]. A capacidade máxima do dinamômetro não deverá exceder muito a tração a ser aplicada, para não dificultar a avaliação dos valores entre as divisões das escalas. Os dinamômetros, quando usados, devem ser aferidos periodicamente.

A medida das flechas por processos ópticos se processa com o uso de um teodolito ou taqueômetro. Não há propriamente limites quanto ao número da vãos que podem ser tensionados simultaneamente por esse método, independentemente da natureza do terreno e do atrito nas roldanas, desde que o controle das flechas seja feito, simultaneamente, em diversos vãos de controle, distribuídos no trecho, um a cada cinco ou seis vãos. Isso requer um eficiente sistema de comunicação e pessoal habilitado no uso de instrumental topográfico.

Os vãos que forem escolhidos para o controle das flechas devem ter valores muito próximos ao do vão regulador da secção e, de preferência, pequenos desníveis. Havendo na secção que está sendo tensionada vãos muito pequenos ou muito grandes (menores ou maiores do que respectivamente 50% ou 150% do vão regulador), estes deverão merecer atenção especial e conforme as condições locais, ancorados.

Foram desenvolvidos diversos métodos para o controle das flechas por processos ópticos. O método mais comumente usado é aquele que exporemos suscintamente, aplicável igualmente a vãos nivelados e desnivelados.

Consideremos o vão de controle representado na figura 4.6, para o qual conhecemos o valor da flecha f, nas condições de temperatura vigorante no momento do ajuste das flechas. Necessita-se, para esse trabalho, de uma luneta com estádias, principalmente horizontais, e de um alvo que possa ser fixado às estruturas da linha.

Dois processos podem ser empregados, conforme se verifica pela figura 4.6.

1 - Fixa-se o alvo e a luneta a uma mesma distância vertical dos pontos de suspensão dos cabos na própria estrutura, de forma que a linha de visada seja paralela à corda da curva. Se escolhermos essa distância igual ao valor da flecha f, quando o

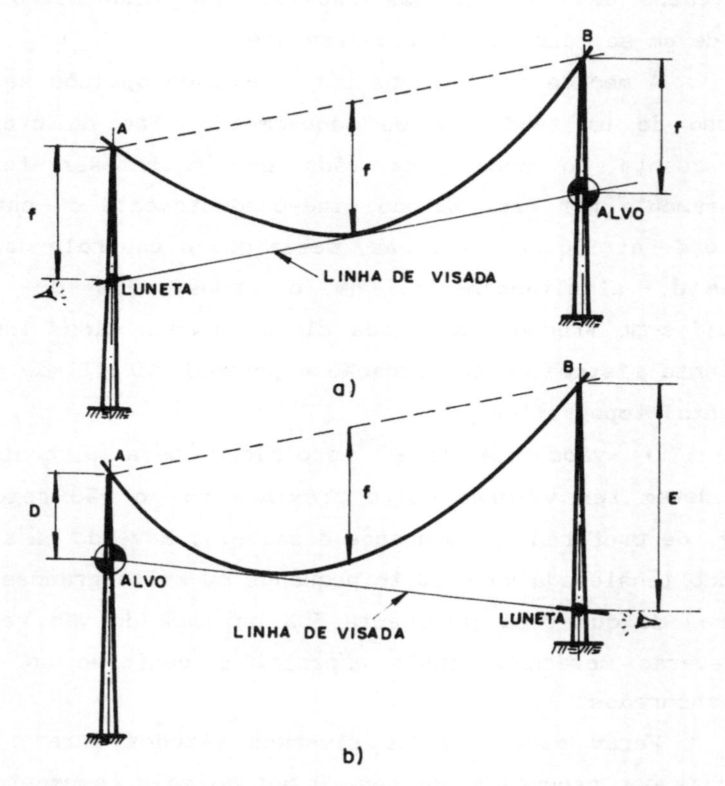

Fig. 4.6 - Método de ajuste óptico de flechas
a - Linha de visada paralela à corda da curva
b - Linha de visada qualquer

operador verificar que os cabos tangenciam a linha visada, os condutores estarão tensionados no valor desejado. O inconveniente desse método reside no fato de que o operador deverá se acomodar sobre a estrutura, nem sempre em situação muito cômoda para um trabalho tranquilo.

2 - A linha de visada é qualquer uma. Em geral, fixa-se ou a distância da luneta ou a distância do alvo aos pontos de suspensão, calculando-se a outra distância da luneta ou a distância do alvo aos pontos de suspensão, calculando-se a outra em função do valor da flecha desejada.

Demonstra-se que, com razoável aproximação, vale [5,6]

$$f = \left(\frac{\sqrt{D} + \sqrt{E}}{2}\right)^2 \quad [m] \qquad (4.1)$$

da qual podemos obter, se medirmos o valor de E

$$D = (2\sqrt{f} - \sqrt{E})^2 \qquad (4.2)$$

Esta expressão poderá ser usada sempre que a relação entre as distâncias D e E não for maior do que dois.

Nesse caso, a luneta poderá ser montada a uma altura que permita ao observador operar desde o solo, portanto em posição mais cômoda e segura. Não cabem, no presente texto, maiores detalhes sobre as técnicas de operar, bem como sobre a forma de compensar os erros inerentes, pelo que referimos o leitor à bibliografia indicada [6,7], na qual se discute igualmente o critério a ser usado na escolha dos vãos a serem escolhidos para o controle das flechas.

4.3 - DESENVOLVIMENTO DO PROJETO DOS CABOS

Nas considerações iniciais deste capítulo, foram indicadas as partes de que se compõe o projeto mecânico dos cabos. Através de um exemplo concreto, que será desenvolvido, procurar-se-á mostrar os procedimentos habituais à realização do trabalho. Deverá constituir, dentro das limitações deste texto, um roteiro para a sua realização. Ênfase será dada àqueles pontos em que as decisões do projetista são fundamentais.

É oportuno lembrar, a esta altura, que os projetos de engenharia em geral, e aqueles das linhas de transmissão em particular, são regidos por normas técnicas de procedimentos e muitas vezes também por normas ou padões particulares das proprietárias das linhas. Se forem conflitantes, principalmente em questões relacionadas com a segurança, aquelas devem prevalecer. Ao projetista cabe a responsabilidade pelo sucesso do projeto, devendo estar apto a tomar decisões corretas. Conta para isso com o seu bom senso e a sua experiência profissional.

4.3.1 - Elementos básicos

Antes de iniciar o projeto mecânico dos condutores de uma linha, já foram definidos e preparados, através de estudos e trabalhos prévios, os seguintes itens indispensáveis ao seu desenvolvimento:

- número e bitolas dos cabos condutores, por fase;
- número, tipo e diâmetro dos cabos pára-raios;
- tipos e dimensões das estruturas a serem empregadas na linha;
- condições meteorológicas necessárias à formulação das hipóteses de carga, da maneira vista na capítulo 2;
- desenhos de topografia (plantas e perfis) com as respectivas cadernetas de campo.

Cabem ao projetista, as seguintes decisões:

a - formulação das hipóteses de cálculo, associando cada um dos carregamentos considerados a uma solicitação máxima aceitável. Esta é fixada com base na experiência, respeitando o que está especificado nas normas técnicas ou regulamentos de segurança aplicáveis;

b - escolher, entre as hipóteses de cálculo, aquela que orientará os cálculos, conhecida como "condição regente" do projeto;

c - estimar o vão básico para o cálculo da curva que deverá ser usada para a locação dos suportes.

4.3.1.1 - Escolha da condição regente do projeto

Conforme foi visto nos capítulos anteriores, uma hipótese de carga define um "estado dos cabos", pois ela relaciona valores de trações, temperaturas e de carregamentos dos cabos, ou seja, seus três parâmetros. Conhecido ou especificado um "estado", pode-se determinar um novo "estado", desde que se especifiquem dois de seus parâmetros. Para tanto podemos aplicar a "equação da mudança de estado", como foi exposto no capítulo 3. Nesse mesmo capítulo mostrou-se também como variam as trações nos cabos, em função dos vãos, calculadas para um novo "estado", definido por sua temperatura e carregamento a partir de um "estado inicial".

Sejam, por exemplo, duas hipóteses de cálculo aplicáveis a uma linha, que deverá ser construída com cabos CAA n° 2/0 AWG (6Al + 1Fe):

1ª hipótese: - Tração máxima admissível: T_{01M} = 4756,2N (T_{01M} = 485kgf)
- Temperatura: t_1 = 20°C, sem vento
- Peso do cabo: p_1 = 2,6703N/m (p_1 = 0,2723kgf/m)

2ª hipótese: - Tração máxima admissível: T_{02M} = 7923,73N (T_{02M} = 808kgf)
- Temperatura: t_2 = 10°C, com vento
- Peso do cabo e sobrecarga: p_2 = 5,535N/m (p_2 = 0,4644kgf/m)

Apliquemos inicialmente a equação da "mudança de estado" (Eq. 3.79), usando no seu primeiro membro os parâmetros da primeira hipótese e calculemos os valores de T_{02} para diversos valores de vãos, empregando t_2 e p_2 da segunda hipótese, encontrando os valores das trações dos cabos sob a ação do vento com os quais foi traçada a curva 4 da figura 4.7.

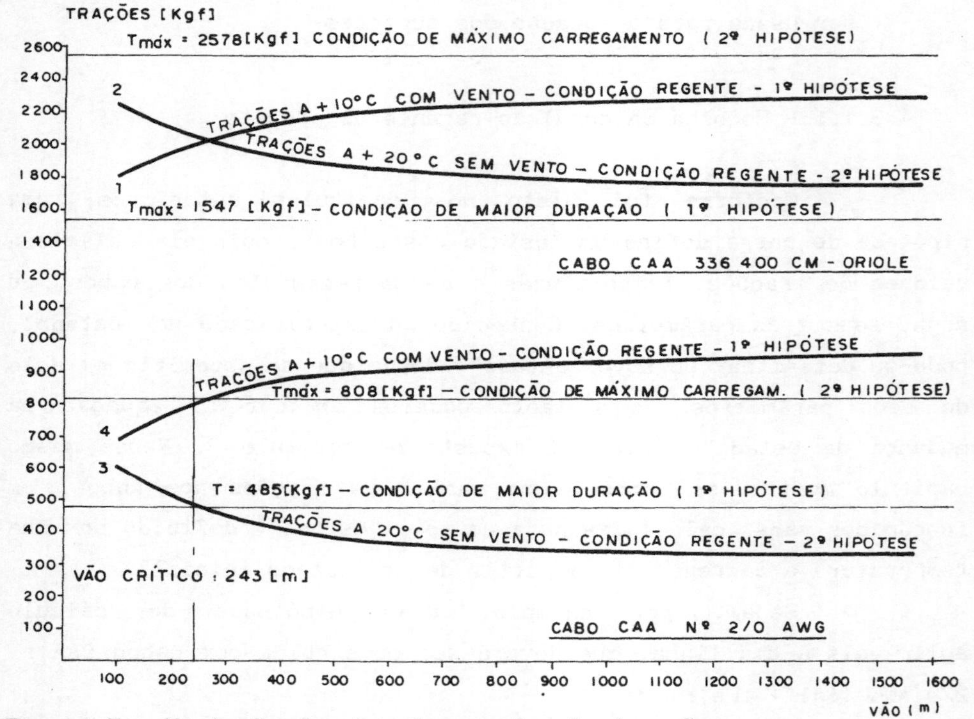

Fig. 4.7 - Variação das trações em função dos vãos e das condições regentes

Se repetirmos os cálculos, invertendo a entrada de dados na equação, isto é, os parâmetros da segunda hipótese agora transformados em T_{01}, t_1 e p_1, com os parâmetros da primeira transformados em t_2 e p_2, determinaremos os valores das trações dos cabos, sem o efeito do vento, para os diversos valores de vãos considerados, dando origem à curva n.º 3 da mesma figura. Nesta estão indicados igualmente os limites máximos de tração em primeira (485kgf) e em segunda (808kgf) hipóteses. Um exame da figura 4.7 mostra que a ambos valores corresponde um único vão de 243,00m, definido pela abscissa em que as curvas 4 e 3 cortam, respectivamente as retas de T_{01M} e T_{02M}. No primeiro caso, e que deu origem à curva 4, a primeira hipótese foi escolhida "condição regente" e no segundo, que deu origem à curva n.º 3, a segunda hipótese é que foi eleita regente. A figura 4.7 mostra, outrossim, que para vãos menores do que 243,00m a primeira hipótese pode ser escolhida regente, pois, quando a linha operar com o carregamento especificado, não haverá trações maiores do que aquelas especificadas. Para vãos maiores ocorrerá o contrário, pois as trações calculadas ultrapassasm em valor esse limite. Neste caso, a segunda hipótese deverá ser a "condição regente", pois as trações serão maiores, portanto inaceitáveis, para os vãos menores do que 243,00m. Esse vão recebe o nome de "VÃO CRÍTICO" da linha.

Desenvolvendo o mesmo exemplo, nas mesmas condições meteorológicas e de carregamento para um cabo de bitola e composições diferentes, como o cabo CAA (código ORIOLE) de 210,28 mm^2 (336,4kCM) de 30Al + 7Fe, observa-se pelas curvas n.º 1 e n.º 2 da Figura 4.7, que nenhum vão crítico ficou definido. Porém, para qualquer valor de vão, a tração na condição de carregamento máximo nem mesmo atinge o valor de 25281,41N = 2578kgf quando a primeira hipótese for regente. Mostra, outrossim, pela curva n.º 2 que, se a segunda hipótese for considerada regente, para todos os vãos as trações serão maiores do que as máximas admitidas (15170,81 N = 1547kgf) para as condições especificadas em primeira hipótese. Não há, neste caso, um vão crítico e a primeira hipótese será regente. O vão crítico pode ser determinado através de expressão analítica, derivada da equação da mudança de estado.

A equação da mudança de estado (Eq. 4.3) também pode ser escrita para duas hipóteses de cálculo i e j, na forma:

$$\alpha t(t_j - t_i) + \frac{T_{0j} - T_{0i}}{ES} = \frac{a^2}{24}\left(\frac{p_j^2}{T_{0j}^2} - \frac{p_i^2}{T_{0i}^2}\right) \qquad (4.3)$$

da qual poderemos tirar o valor do vão a se fixarmos valores para T_{0i} e T_{0j}. Sejam $T_{0i} = T_{iM}$ a tração máxima na primeira hipótese de cálculo, e $T_{0j} = T_{jM}$ a tração máxima na segunda hipótese, às quais correspondem os carregamentos p_i e p_j, respectivamente. O vão encontrado será então o vão crítico, pois será o único vão para o qual as trações correspondem aos limites máximos admissíveis. Teremos

$$a_{cr} = \sqrt{\frac{24\left[\alpha_t(t_j - t_i) + \dfrac{T_{jM} - T_{iM}}{SE}\right]}{\left(\dfrac{p_j}{T_{jM}}\right)^2 - \left(\dfrac{p_i}{T_{iM}}\right)^2}} \tag{4.4}$$

Os vãos isolados ou reguladores menores do que a_{cr} terão a condição correspondente a T_{iM} como regente, e os vãos maiores que a_{cr} terão T_{jM} como regente.

Para que fique definido um vão crítico, é necessário que a equação precedente forneça um valor real e positivo, caso contrário não há vão crítico, como no caso do cabo Oriole. Tanto o numerador como o denominador da Eq. 4.4 podem ser positivos ou negativos. O vão crítico existirá se ambos tiverem o mesmo sinal.

A Tab. 4.1 [8] mostra como interpretar a Eq. 4.4, para duas hipóteses de cálculo genéricas i e j:

TABELA 4.1 - VERIFICAÇÃO DA CONDIÇÃO VIGENTE PELA EQ. 4.4

SINAIS		VÃO CRÍTICO	CONDIÇÃO REGENTE
NUMERADOR	DENOMINADOR		
+	+	EXISTE	Para valores de vãos menores do que a_{cr}, a condição regente é i
			Para valores de vãos maiores que a_{cr}, a condição regente é j
-	-		Para valores de vãos menores do que a_{cr}, a condição regente é j
			Para valores de vãos maiores que a_{cr}, a condição regente é i
+	-	NÃO EXISTE	Para qualquer valor de vão a condição regente é a condição i
-	+		Para qualquer valor de vão a condição regente é a condição j

Exemplo 4.1

Verificar, pela Eq. 4.4, o valor do vão crítico das linhas que empregam os cabos CAA que deram origem as curvas 1, 2, 3 e 4 da figura 4.7.

Solução:

a - Linha com cabo CAA n.º 2/0 AWG - 6Al + 7Fe

Dados: Tração máxima na condição i: T_{0iM} = 485kgf
Peso unitário do cabo: p_i = 0,2723kgf/m
Coeficiente de dilatação térmica: $\alpha_t = 18,38 \cdot 10^{-6}\,°C^{-1}$
Módulo de elasticidade: E = 6.820kgf/mm²
Área da secção transversal: S = 78,63mm²
Peso unitário com sobrecarga: p_i = 0,5644kgf/m
Tração máxima na condição j: T_{0jM} = 808kgf
Temperatura na condição i: t_i = 20°C
Temperatura na condição j: t_j = 10°C

Substituindo esses valores na Eq. 4.4, ter-se-a:

$$a_{cr} = \sqrt{\frac{24\left[18,38\cdot 10^{-6}(10-20) + \frac{808-485}{78,63\cdot 6.820}\right]}{\left[\frac{0,5644}{808}\right]^2 - \left[\frac{0,2723}{485}\right]^2}}$$

$$a_{cr} = \sqrt{\frac{+\ 10.044,57\cdot 10^{-6}}{+\ 0,17\cdot 10^{-6}}} = 243\text{m}$$

b - Linha com cabo CAA 336 400 CM - 30Al + 7Fe (Oriole)
Tração máxima na condição i: T_{0iM} = 1.547kgf
Peso unitário do cabo: p_i = 0,7845kg/m
Coeficiente de dilatação térmica: $\alpha_t = 16,75\cdot 10^{-6}\,1/°C$
Módulo de elasticidade: E = 6.609kgf/mm²
Área da secção transversal: S = 210,28mm²
Peso unitário com sobrecarga: p_j = 1,135kgf/m
Tração máxima na condição j: T_{0jM} = 2.578kgf
Temperatura na condição i: t_i = 20°C
Temperatura na condição j: t_j = 10°C

Substituindo na Eq. 4.4 os valores acima,

$$acr = \sqrt{\frac{24\left[16{,}75\cdot10^{-6}(10 - 20) + \dfrac{2.578 - 1.547}{210{,}28\cdot6.609}\right]}{\left[\dfrac{1{,}135}{2.578}\right]^2 - \left[\dfrac{0{,}7845}{1.547}\right]^2}}$$

$$acr = \sqrt{\frac{+\ 13.778{,}76\cdot10^{-6}}{-\ 0{,}07\cdot10^{-6}}}$$

O resultado indica que não há vão crítico. De acordo com a Tab. 4.1, a hipótese de cálculo i será regente para qualquer valor de vão.

Se for formulada mais uma hipótese de cálculo, k, além das hipóteses de carga de maior duração e a de carga máxima, como por exemplo aquela de flecha mínima, é necessário que se verifique a possibilidade desta se tornar regente, o que se faz pelo mesmo processo, comparando-se i e k e j e k.

O vão crítico define a condição regente, independentemente do fato de se tratar de um vão isolado ou de uma secção de tensionamento inteira, representada por seu vão regulador. Pode ocorrer que uma linha apresente valores muito diferentes de vãos reguladores de suas secções de tensionamento, maiores e menores do que o seu vão crítico. É então necessário que se adotem condições regentes diferentes em cada caso, como se linhas diferentes fossem. Vãos menores do que os vãos críticos, ladeados de vãos grandes, de uma secção de tensionamento, serão normalmente isolados por meio de ancoragem em ambos os lados.

4.3.1.2 - Vão básico ou vão de projeto

O estudo de locação das estruturas, bem como o preparo das tabelas de tensionamento dos cabos, qualquer que seja o método escolhido, gráfico ou computador, exige que a forma da curva dos cabos fique bem definida. A Figura 4.7 mostra como as trações dos cabos de uma linha, calculadas com a mesma condição regente, variam de acordo com o valor dos vãos. As flechas, por sua vez, são diretamente proporcionais aos quadrados dos valores dos vãos e inversamente proporcionais aos valores das trações. Portanto, para um mesmo vão, com trações diversas, teremos flechas diferentes, conseqüentemente, curvas de formas diferentes, conforme se pode ver pela Figura 4.8a. Com trações constantes, as flechas variarão entre si, de acordo com o quadrado da relação entre os vãos. A curva no entanto, será a mesma (Fig. 4.8b), como ocorre nos diversos vãos de uma mesma secção de tensionamento.

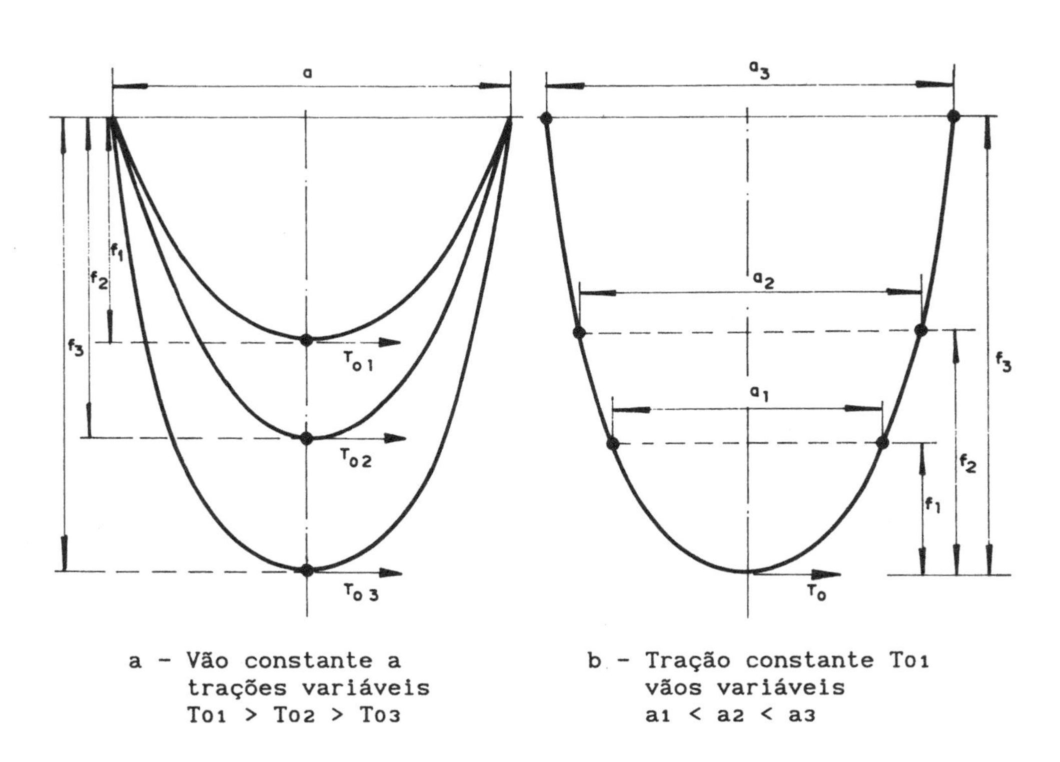

a - Vão constante a trações variáveis $T_{o1} > T_{o2} > T_{o3}$

b - Tração constante T_{o1} vãos variáveis $a_1 < a_2 < a_3$

Fig. 4.8 - Efeitos dos vãos e das trações nas formas das curvas dos cabos

Seja a = 350m o vão básico admitido para uma determinada linha de transmissão e com o qual foi determinada a tração na condição da máxima temperatura, tendo como condição regente a condição de maior duração. Com essa tração foram calculadas as flechas correspondentes a diversos valores de vãos, dando origem à curva 1 da figura 4.9. Neste caso, a curva dos cabos é única e os valores das flechas estão na razão do quadrado da relação entre os vãos, como afigura 4.8b.

$$\frac{f_1}{f_2} = \left(\frac{a_1}{a_2}\right)^2 \qquad (4.5)$$

Se, no entanto, o cálculo for repetido, empregando-se diferentes valores de vãos básicos, para cada um destes será obtido um valor diferente de tração. Conseqüentemente, as formas das curvas dos cabos serão diferentes, como na Fig. 4.8a, e evidenciado pela curva 2 da Fig. 4.9.

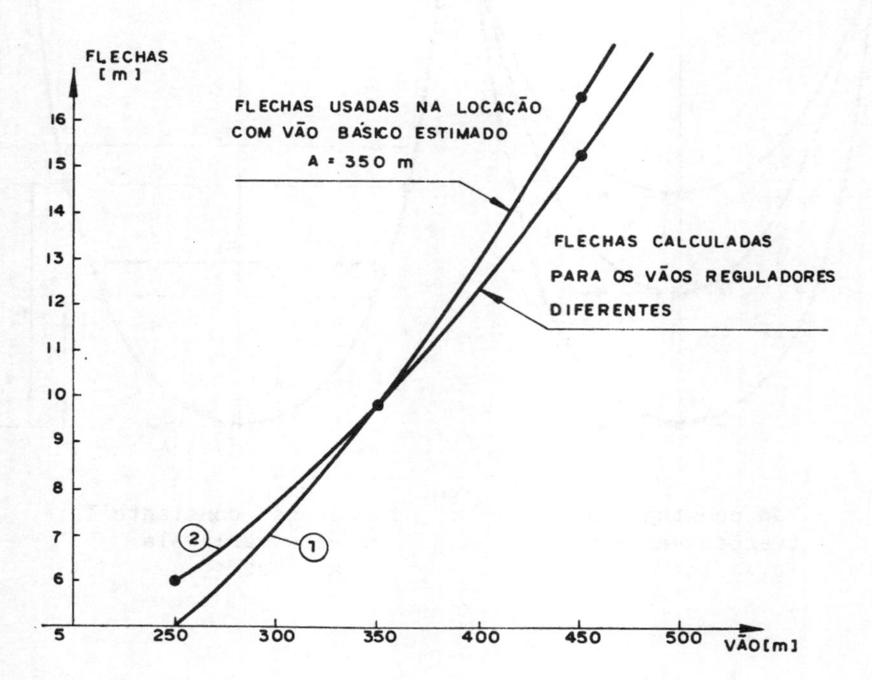

Fig. 4.9 - Efeito das diferenças entre vãos básicos e vãos reguladores

Para o estudo de locação das estruturas, é necessário definir a forma da curva dos cabos, portanto o seu vão básico. Para o cálculo das flechas e trações de montagem (de tensionamento), é necessário determinar o valor do vão regulador, o que só pode ser feito após a conclusão da distribuição das estruturas sobre o perfil.

Podem ocorrer os seguintes casos:

a - o vão regulador é menor do que o vão básico;

b - o vão regulador é igual ao vão básico;

c - o vão regulador é maior do que o vão básico.

No primeiro caso, verifica-se pela curva 1 da Fig. 4.9, que as flechas empregadas na locação dos cabos são menores do que as flechas reais, calculadas para o tensionamento, como a curva 2. Neste caso pode-se prever falta de altura de segurança, como mostra a Fig. 4.10a, o que deve ser evitado.

O terceiro caso, quando o vão regulador for maior que o vão básico, as flechas reais serão menores do que as flechas de locação, como mostra a Fig. 10b. Não haverá problemas com as alturas de segurança. Há, isso sim, uma má utilização das estruturas, com o conseqüente aumento dos custos da linha.

Ambos os casos devem ser evitados, o que pode ser obtido através da escolha adequada do vão básico. Este é um dos pontos do projeto em que a experiência do projetista é de suma importância. Ele deverá avaliar o valor do vão básico através do exame do perfil da linha. Esta, quando apresentar topografia muito diversificada, com secções de tensionamento para os quais se podem prever vãos reguladores muito diferentes, poderá exigir o emprego de diferentes gabaritos para a locação, contruídos a partir dos diferentes vãos básicos estimados. Cada uma das secções terá igualmente tabelas de flechamento diferentes.

Cada trecho de linha então deverá ser tratado como uma linha individual.

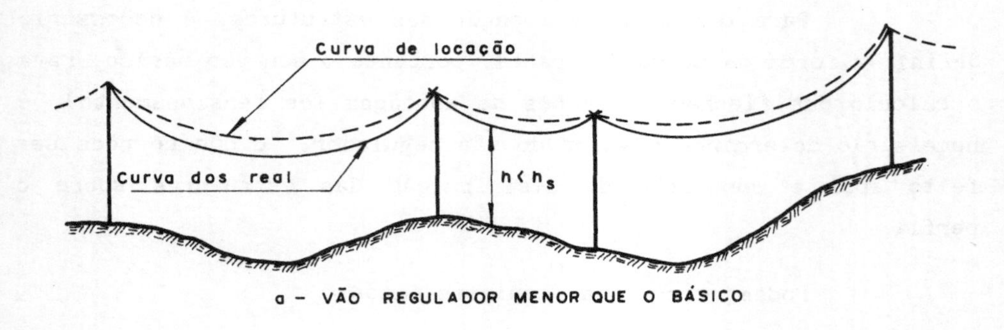

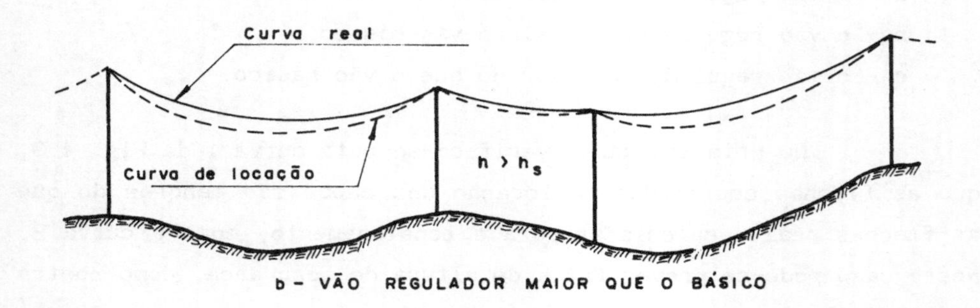

Fig. 4.10 - Efeito da escolha inadequada do vão básico

Feita a locação de uma secção de tensionamento, deve-se calcular o seu vão regulador. Se este resultar muito diferente do básico (pode-se tolerar diferenças de -5% e +10%) convém tentar uma nova locação com a mesma curva, ou mesmo calcular uma curva nova para a confecção de um novo gabarito, evitando-se os dissabores de encontrar condutores baixos ou excessivamente altos, pois nesta fase a correção custa muito menos, tanto em tempo como em dinheiro, do que no campo, após a construção da linha.

4.3.1.3 - Tratamento dos cabos durante a montagem

Os alongamentos permanentes, tanto por acomodação geométrica como devido à fluência, como foi exposto no Capítulo 2, iniciam-se com o desenrolamento dos cabos, e prosseguem durante o tensionamento e após a sua ancoragem, por toda a vida da linha. Os alongamentos que ocorrem antes da ancoragem não mais irão ocorrer, podendo ser descontados dos alongamentos totais previstos.

O alongamento total será calculado estimando-se, não só o período de tempo para o qual se pretende a compensação, como também as condições de carga com que a linha irá operar durante esse período, e calculando os alongamentos correspondentes. Da mesma forma, deve-se planejar as operaçães a serem executadas antes da ancoragem, como as trações usadas e a sua duração, inclusive de um eventual pré-tensionamento. Calculam-se os alongamentos delas decorrentes, subtraindo-os dos alongamentos totais para se obter os alongamentos a serem compensados.

A vida de uma linha, para esse fim, é estimada, em geral, entre 20 e 30 anos, que é o período para o qual se deve estudar a compensação dos alongamentos. Muitos projetistas adotam um período de 10 anos para o mesmo fim.

Para o cálculo do alongamento total, pode-se adotar, por estimativa, o número de horas previstas para a operação da linha na condição de temperatura máxima, o número de horas para operação sob condições de carga máxima e no restante do tempo considera-se a linha submetida às condições de carga de maior duração.

Os alongamentos "antes" da ancoragem são calculados a partir das especificações para a montagem dos cabos:

- tração de desenrolamento e sua duração;
- tração de espera para nivelamento e sua duração;
- tração de pré-tensionamento e sua duração.

As durações estimadas devem corresponder à média dos tempos normalmente empregados em tais operações. A Fig. 4.11 apresenta um exemplo de diagrama de trações x tempos de duração, que poderá ser especificado para o cálculo dos alongamentos permanentes. Outros valores de tração com a sua duração respectiva podem ser adotados, como também sua seqüência alterada.

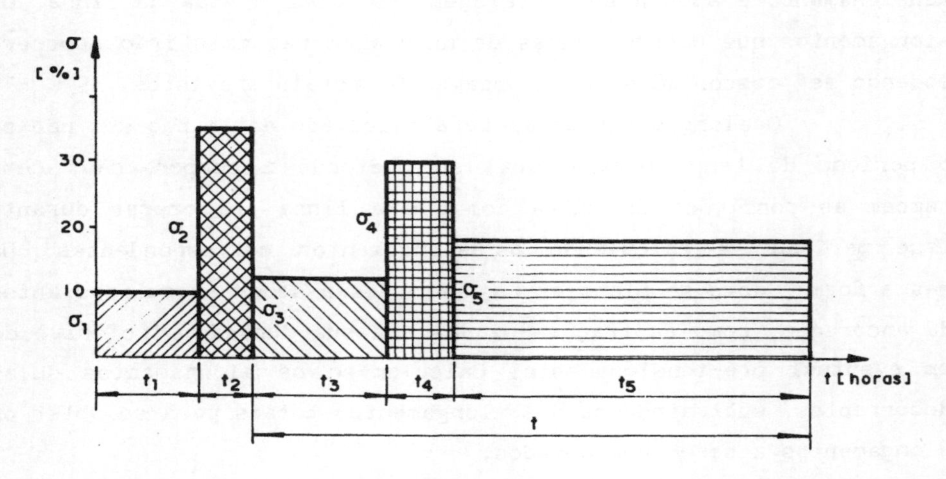

t_1 - duração das operações de desenrolamento e espera;
t_2 - duração do pré-tensionamento;
t_3 - duração da operação da linha com temperatura máxima;
t_4 - duração da operação da linha com carga máxima;
t_5 - duração da operação na condição de maior duração;
t - Período total a ser considerado

Fig. 4.11 - Tensões e tempos aplicáveis ao cálculo dos alongamentos permanentes

Os tempos t_1 e t_2 contam antes da ancoragem dos cabos, portanto os alongamentos ε_1 e ε_2, que ocorrem nesse intervalo de tempo, não mais ocorrerão e deverão ser subtraídos do alongamento total previsto para as t horas.

Se $T_{0\infty}$ é a tração dos cabos na condição de maior duração e que admitimos ser a mesma na hora da ancoragem, ela será reduzida para T_{03} após o intervalo de tempo t_3, em virtude do alongamento ε_3 sofrido devido a operação com a máxima temperatura. A hipótese de solicitação por máxima carga no tempo t_4 provoca o alongamento adicional ε_4. A tração ao final de t_4, será T_{04}, que é a tração inicial do intervalo t_5 e que provocará o alongamento ε_5, resultando na tração final T_{05}, como mostra esquematicamente a Fig. 4.12.

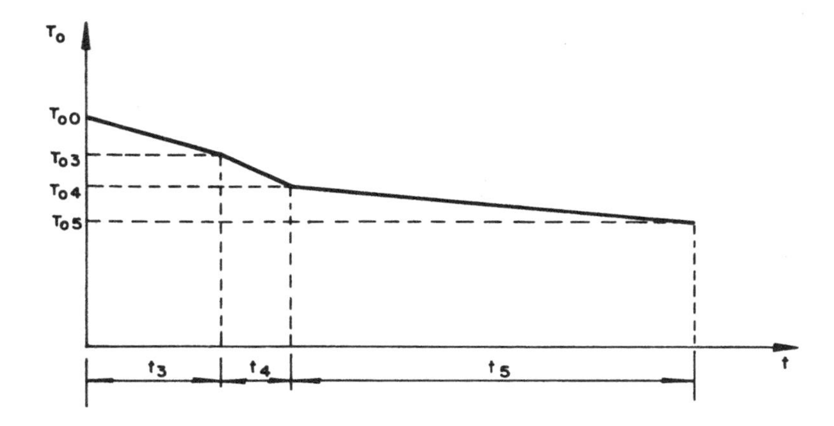

Fig. 4.12 - Variação dos valores das trações nos cabos ancorados com o tempo

O alongamento total em t horas será igual à soma dos alongamentos parciais ε_3, ε_4 e ε_5. A compensação das flechas deverá ser feita para

$$\varepsilon = \varepsilon_3 + \varepsilon_4 + \varepsilon_5 - \varepsilon_1 - \varepsilon_2 \qquad (4.6)$$

O programa de cálculo dos alongamentos, anexo a este capítulo, pode ser usado para esse fim. Ele emprega a metodologia descrita no Capítulo 2.

4.3.1.4 - Cálculo da curva de locação e confecção do gabarito

Conforme já foi mencionado anteriormente, a curva de locação, com a qual se constrói o gabarito, deve representar os cabos na condição de flecha máxima, a longo prazo. No Capítulo 2 foi apresentada a maneira recomendada pela NBR 5422 para o cálculo da máxima temperatura dos cabos. Foi visto, igualmente, que é possível representar os alongamentos permanentes através de aumentos de temperaturas equivalentes, podendo-se determinar a tração nos cabos ao final do período de compensação da fluência e a flecha correspondente. O procedimento é o seguinte:

a - determina-se a condição regente de projeto, especificando-se a tração [kgf], a temperatura t_1 [°C] e o peso virtual unitário dos cabos, p_1 [kgf/m];

b - estima-se o vão para cálculo, a [m];

c - especificam-se as trações e respectivas durações, antes e após a ancoragem e calcula-se o alongamento a ser compensado, ε [m/m];

d - empregando-se a equação da mudança de estado (3.79), determina-se a tração $T_{o2} = T_{min}$, para $t_2 = t_{max}$ e p_2 nessa condição:

$$T_{o2}^3 + T_{o2}^2\left\{\frac{E_f \cdot S \cdot a^2 \cdot p_1}{24T_{o1}^2} + E_f \cdot S \cdot \alpha_t\left[(t_2 - t_1) + \frac{\varepsilon}{\alpha_t}\right] - T_{o1}\right\} =$$

$$= \frac{E_f \cdot S \cdot p_2^2 \cdot a^2}{24} \quad (4.7)$$

S [mm²] - área da secção dos cabos

E_f [kgf] - módulo de elasticidade final do cabo

e - a flecha nessa condição, para o vão básico "a" [m] será calculada por

$$f_{max} = \frac{a^2 \cdot p_2}{8T_{min}} \text{ [m]} \quad (4.8)$$

Determinada a flecha f_{max} para "a", a forma da curva fica perfeitamente determinada, uma vez que para qualquer valor de vão a_i pode-se determinar a flecha $f_{i\,max}$, pela expressão

$$f_{i\,max} = f_{max}\left(\frac{a_i}{a}\right)^2 \quad (4.9)$$

Os vãos das linhas raramente são iguais ao vão de cálculo, podendo ser maiores ou menores. Tampouco são nivelados, o que, como foi visto (Cap. 3), desloca os vértices das curvas para perto dos suportes mais baixos, ficando a curva assimétrica com relação ao meio do vão. É, pois, necessário confeccionar os gabaritos para vãos bem maiores, em geral, de 3 a 4 vezes o vão de cálculo, ou até mais vezes, dependendo da topografia. A Eq. 4.9 pode ser usada para esse fim.

Uma segunda curva deve ser adicionada aos gabaritos. É a chamada "curva fria". Ela é calculada para a condição de mínima temperatura, sem vento, no estado inicial, sem considerar alongamentos permanentes. Com ela verifica-se qual a posição dos cabos com relação aos suportes nessa condição.

Seu cálculo é feito, tomando-se como referência a condição regente e calculando-se a tração na condição de flecha mínima.

Para a construção dos gabaritos, é necessário desenhar as curvas (parábolas ou catenárias) por qualquer um dos métodos usuais, sendo conveniente o método das tangentes ilustrado na Fig. 4.13. Quanto maior o número de tangentes, melhor se definirá a

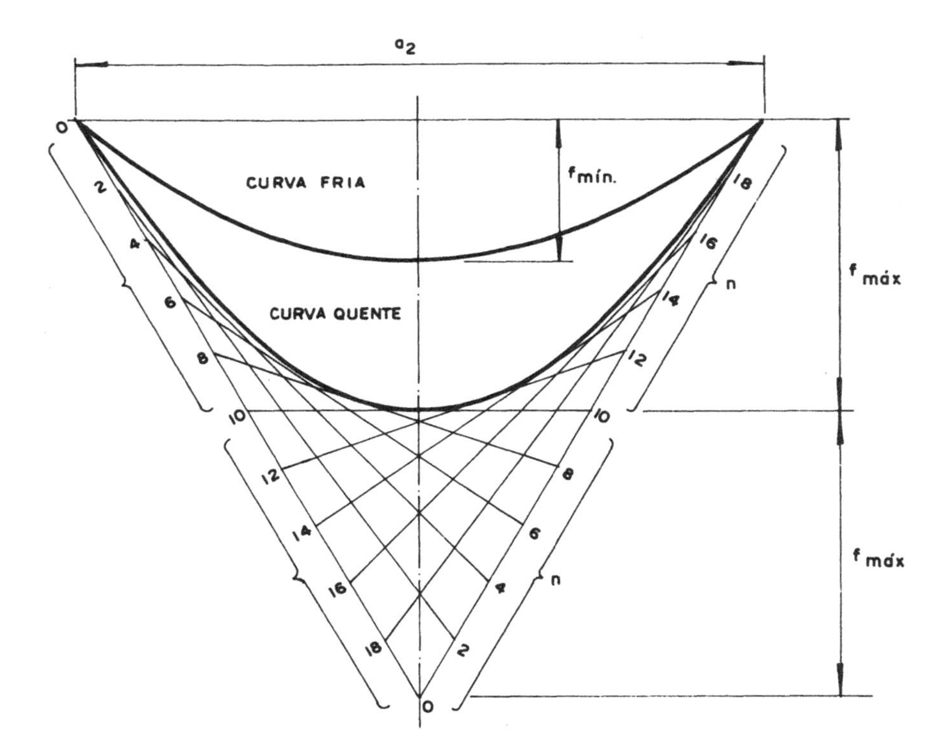

Fig. 4.13 - Construção da parábola pelo método das tangentes

curva, cujo contorno deverá ser cuidadosamente desenhado com o auxílio de curva francesa. Os vãos "a" devem ser desenhados nas mesmas escalas horizontais dos desenhos topográficos e as flechas, na mesma escala vertical. Os desenhos são feitos sobre papel e este será fixado firmemente sobre uma prancheta. Sobre esta fixa-se o material para confecção do gabarito. Este deverá ser transparente (celulóide ou acrílico), com espessura de 0,5 a 1,0mm, dependendo do tamanho do gabarito. Sobre o papel são também desenhadas as curvas auxiliares mostradas na Fig. 4.14.

Com o auxílio de uma curva francesa, risca-se o material com um estilete (ponta seca) os contornos das curvas quentes e frias, cuidadosamente, aprofundando o risco progressivamente, o suficiente para rompê-lo, fazendo-se leve

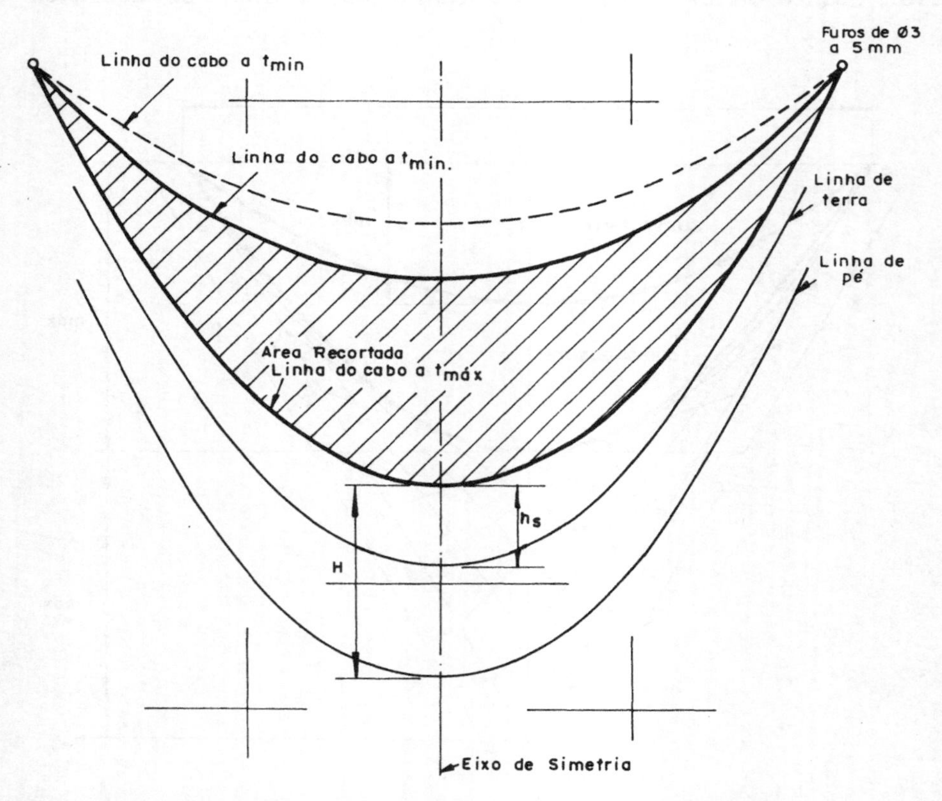

Fig. 4.14 - Construção do gabarito e linhas auxiliares

esforço de flexão ao longo dos mesmos, deixando um vazio em forma de meia-lua, como na Fig. 4.14. Com lixa fina, alisa-se o corte para a eliminação das rebarbas.

É de suma importância que as curvas no celulóide acompanhem a parábola desenhada e que sejam simétricas com relação ao eixo que passa pelos seus vértices. Lembramos que um desvio de 1 mm na escala vertical pode representar um erro de 50cm na escala 1:500 ou de 20cm na escala 1:200. É um trabalho que não requer especialista, mas sim capricho e senso de precisão.

É usual incluir no gabarito algumas linhas auxiliares, que são riscadas de leve e escurecidas com tinta para serem facilmente visíveis (Fig. 4.14):

- sistema de eixo de referência - além do eixo de simetria, é usual marcar, nas laterais, eixos paralelos ao mesmo, bem como na parte superior e inferior, eixos ortogonais ao mesmo, representando o plano horizontal;

- linha de terra - traça-se uma curva paralela à curva do condutor a 50°C, a uma distância d [mm], que, em escala, representa a altura de segurança, h_s [m], estipulada para a linha. Essa curva é obtida deslocando-se a curva original pela distância necessária, ao longo do eixo de simetria, paralelamente a si mesma.

A linha de terra, muitas vezes, é usada juntamente ou substituída por uma linha de pé. No primeiro caso, traçamos mais uma parábola auxiliar, a uma distância equivalente H [m] do vértice da original, enquanto que, no segundo caso, traçamos apenas uma, a uma distância $d = H - h_s$ [m]. Veremos mais adiante, em um e outro caso, como empregá-las.

Convém, neste ponto, introduzir a forma pela qual são fixadas algumas das grandezas intervenientes:

- altura de suspensão dos cabos - é a distância que vai desde o eixo dos grampos de suspensão (ou de ancoragem) ao plano horizontal que passa pelo pé da estrutura, no ponto em que esta aflora do solo como mostra a Fig. 4.15;

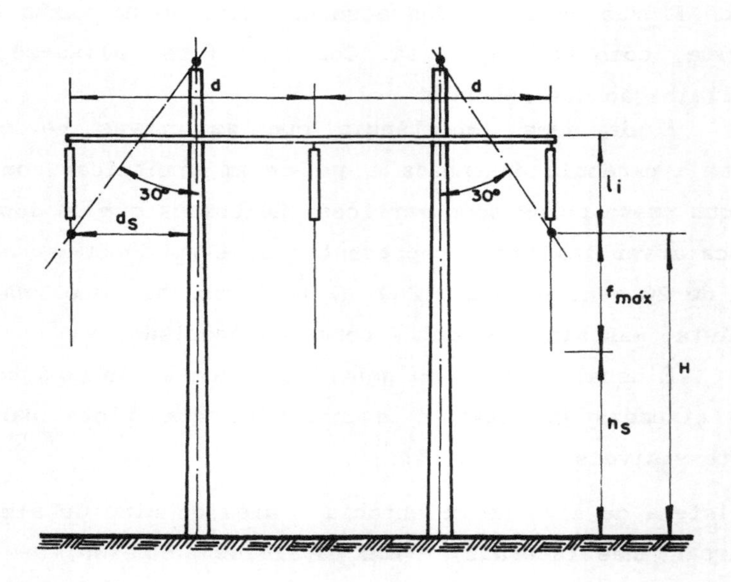

Fig. 4.15 - Dimensões de referência da estrutura

- altura de segurança - é, como foi exposto no item 1.4.3.1.2, a altura mínima acima do solo permitida para os condutores. Pode ser calculada, de acordo com a NBR 5422/85, por

$$h_s = a + 0,01\left(\frac{D_u}{\sqrt{3}} - 50\right) \qquad \text{(Eq. 1.8)}$$

sendo:

a [m] - distância básica, especificada na tabela a seguir (para U < 87 kV, h_s = a);

D_u [m] - distância numérica igual à tensão U (máxima para a classe de tensão) da linha.

- comprimento da cadeia de isoladores, l_i - é obtido, determinando-se o seu comprimento útil, acrescido dos comprimentos úteis das ferragens a elas associadas. Estes são obtidos dos catálogos dos fabricantes.

TABELA 4.2 - DISTÂNCIAS BÁSICAS

Natureza da região ou obstáculo atravessado pela linha ou que dela se aproxime	Distância "a" [m]	Ref. da NBR 5422	
		Secção	Figura Anexo A
-Locais acessíveis apenas a pedestres	6,0		8
-Locais onde circulam máquinas agrícolas	6,5		-
-Rodovias, ruas e avenidas	8,0		9
-Ferrovias não eletrificadas	9,0		10
-Ferrovias eletrificadas ou com previsão de eletrificação	12,0		-
-Suporte de linha pertencente à ferrovia	4,0		-
-Águas navegáveis	H + 2,0	10.3.1.4	11
-Águas não navegáveis	6,0		-
-Linhas de energia elétrica	1,2	10.3.1.5	12
-Linhas de telecomunicações	1,8		12
-Telhados e terraços	9,0	10.3.1.6	13
-Paredes	3,0	10.3.1.7	14
-Instalações transportadoras	3,0		15
-Veículos rodoviários e ferroviários	3,0	10.3.2.8	16

Obs: h_s deverá ser corrigido em função da altitude local. Recomenda-se um aumento de 3% para cada 300m de altitude acima de 1000m.

4.3.1.5 - Métodos de empregos dos gabaritos

Uma vez preparado o gabarito, pode-se proceder ao projeto de distribuição das estruturas sobre o perfil topográfico, este, em geral, desenhado sobre papel milimetrado.

Deve-se empregar, de preferência, o papel milimetrado opaco, sobre o qual o desenhista de topografia executa a lápis a reprodução do terreno.

É hábito das concessionárias exigirem que os topógrafos forneçam os desenhos em papel copiativo (vegetal ou PVC), à tinta, que normalmente são copiados de desenhos feitos em papel opaco, para posterior entrega ao projetista da linha as cópias heliográficas dos mesmos desenhos, para que o mesmo possa executar o seu trabalho. Há alguns inconvenientes nessa prática:

- a transcrição do original para o papel copiativo, à tinta, pode introduzir erros;
- as escalas nas cópias heliográficas normalmente encontram-se alteradas, pela deformação que o papel de cópia sofre durante o processo copiativo, o que pode trazer surpresas desagradáveis na hora da execução do projeto.

As cadernetas de campo do levantamento topográfico devem ser postas à disposição do projetista, para permitir melhor interpretação dos desenhos.

Finalmente, trabalhos de topografia para linhas aéreas de transmissão, se bem que simples, só devem ser confiados a topógrafos especializados nesse tipo de trabalho.

O projetista, antes de iniciar o seu trabalho, deveria percorrer a rota de linha, principalmente naqueles trechos em que maiores dificuldades são esperadas, e que poderão ser por ele previamente selecionados a partir dos elementos topográficos recebidos.

Inicialmente, deve-se ter o cuidado de marcar, de forma destacada, os chamados pontos obrigatórios, isto é, os locais onde forçosamente haverá estruturas iniciais e finais, estruturas especiais para derivações, travessias importantes, etc.

Há basicamente dois processos de trabalho com os gabaritos: locação pela linha de terra e locação pela linha de pé.

Locação pela linha de terra

Segura-se o gabarito de forma que a linha de corte tangencie um ponto marcado, em escala, sobre uma linha vertical que passa pelo eixo central da estrutura, a uma altura correspondente a

H [m], enquanto que a linha de terra deve tangenciar a linha do perfil, como mostra a Fig. 4.16. Deve-se ter o cuidado de manter os eixos do gabarito coincidentes com os eixos do papel milimetrado. Com um lápis de ponta bem fina, traça-se a curva ao longo do recorte para a flecha máxima. No ponto em que a curva estiver a uma distância correspondente a H [m] da linha do solo, será marcada uma nova estrutura. Uma parábola auxiliar no gabarito, traçada a uma distância correspondente a H [m] da curva da flecha máxima e idêntica a esta, facilita a localização da nova estrutura, que estará no ponto em que esta corta a linha do solo. Daí seu nome de linha de pé.

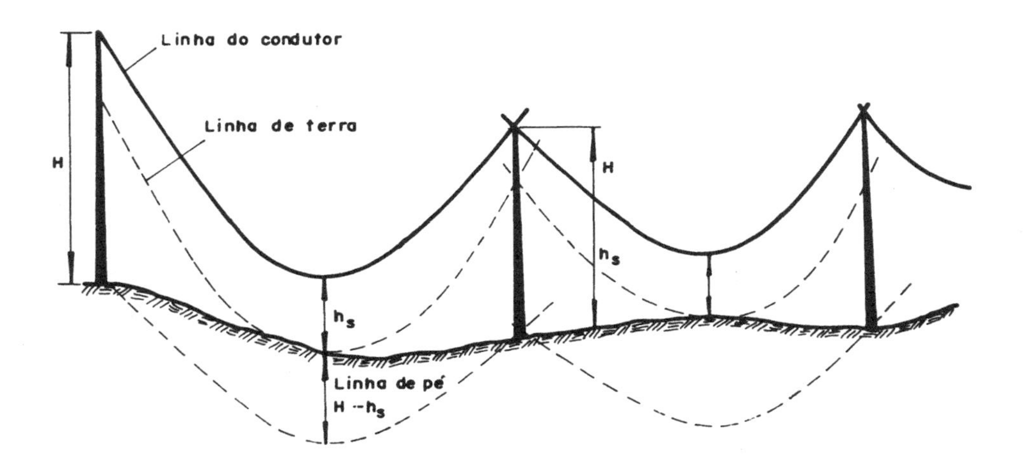

Fig. 4.16 - Locação de estruturas pela linha de terra

Locação pela linha de pé

Como mostra a Fig. 4.17, nos eixos das estruturas são marcadas alturas $H' = H - h_s$ [m]. Faz-se a linha de recorte da curva de flecha máxima tangenciar o ponto assim determinado e a linha do perfil. Com um lápis, traça-se então a curva do condutor. No ponto em que a curva assim traçada estiver a um altura correspondente a H' da linha do solo, será o local determinado para

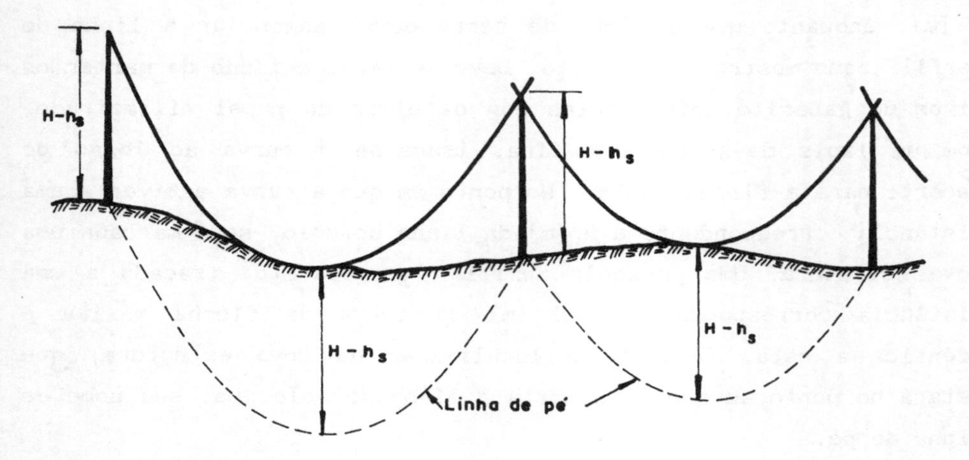

Fig. 4.17 - Locação de estruturas pela linha de pé

a nova estrutura, que corresponde ao ponto em que a linha de pé, traçada a H' do vértice da parábola recortada, corta a linha do solo.

Ambos os processos são equivalentes, e sua escolha depende exclusivamente da preferência pessoal do projetista. Quando se dispõe de estruturas padronizadas de alturas de suspensão diferentes, pode-se empregar uma linha de pé para cada uma das alturas.

Prossegue-se da forma indicada, desde a primeira estrutura da linha até o primeiro ponto obrigatório. Só excepcionalmente a posição da estrutura, que forçosamente deve existir no ponto obrigatório, coincidirá com o ponto determinado através do gabarito para a última estrutura do trecho. Se esta cair além do ponto obrigatório, procura-se, através de nova distribuição, a coincidência, mesmo que em alguns vãos a altura do condutor passe a ser um pouco maior do que a altura de segurança estabelecida. Nessa oportunidade procura-se uniformizar ao máximo o comprimento dos vãos no lance. Se a última estrutura cair pouco antes do ponto obrigatório, procura-se, aumentando a altura de suspensão em algumas estruturas, não só fazer avançar a última até o ponto obrigatório, como também uniformizar os vãos. Convém, muitas vezes, aumentar em uma o número de estruturas, conseguindo-se, além de maior uniformidade dos vãos, a coincidência da última com o ponto obrigatório, mesmo que isso acarrete alturas livres maiores que as alturas de segurança.

É, pois, um trabalho feito por tentativas, e quanto maior a experiência do projetista, mais rápido e perfeito será. Cada profissional desenvolve sua técnica particular de atacar o problema.

Deve-se atentar para alguns pontos, que destacamos a seguir, a fim de se conseguir um trabalho que possa ser aceito como bom, tendo-se, naturalmente, em vista as condições particulares do terreno em cada caso.

- Evitar, sempre que possível, o emprego de estruturas especiais, procurando-se resolver os problemas com o emprego de estruturas padronizadas.

- Procurar uniformizar a distribuição das estruturas, de forma a obter vãos mais ou menos de mesma ordem de grandeza. Procurar evitar vãos adjacentes muito desiguais. Quando isso não é possível, deve-se estudar cada caso em particular.

- Evitar a ocorrência de situações de arrancamento, principalmente quando ocorrerem temperaturas mínimas. Para isso, emprega-se a curva de temperatura mínima do gabarito, fazendo-se com que sua curva tangencie os pontos de suspensão vizinhos, como mostra a Fig. 4.18. Se a linha do cabo passar acima do ponto de suspensão da estrutura considerada, o arrancamento ocorrerá. Se a linha tangenciar o ponto de suspensão do cabo, à temperatura mínima, nenhuma força vertical atuará. Se passar abaixo do mesmo, a força vertical de compressão atuará sobre a estrutura, sendo sua intensidade tanto maior quanto maior for a distância. Se o arrancamento não puder ser evitado, pois pode ocorrer em ponto obrigatório, procura-se fazer com que seja mínimo e empregam-se, nessa estrutura, cadeias de isoladores em tensão (ancoragem).

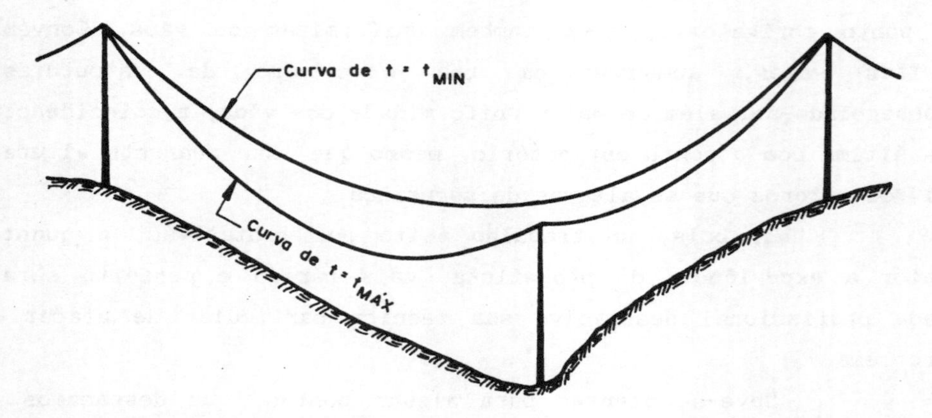

Fig. 4.18 - Verificação de "arrancamento"

Quando a força vertical que age sobre a cadeia de isoladores for relativamente pequena, a inclinação da cadeia de isoladores sob a ação do vento pode se tornar excessiva, aproximando demasiadamente a parte energizada de partes aterradas. Nesse caso, é usual o emprego de lastros de chumbo ou ferro fundido, suspensos na parte inferior dos grampos de suspensão, a fim de manter esse ângulo no valor necessário. O valor da força vertical será calculado da forma vista no Cap. 3.

- Todas as travessias de rodovias, ferrovias, hidrovias, etc, devem ser estudadas individualmente, adaptadas para atender ao que prescreve a NBR 5422/85 e às exigências particulares das entidades envolvidas.

- Quando forem utilizadas estruturas de ancoragem intermediárias como pontos de tensionamento, escolher a sua localização em pontos que o trabalho de campo seja facilitado, evitando pontos muito baixos e locais de difícil acesso, mesmo que isso leve a seções de tensionamento maiores do que as previstas.

- Sendo empregadas transposições com ancoragens, procurar localizá-las em substituição a estruturas de ancoragem intermediárias, mesmo que as distâncias entre estruturas de transposição resultem irregulares.

- Cada estrutura é colocada para suportar as cargas horizontais e verticais previstas em projeto, de acordo com os vãos de peso e de vento adotados nos cálculos. Estruturas de alinhamento são em geral calculadas para resistirem aos esforços normais transmitidos pelos cabos em vãos gravantes máximos preestabelecidos. Quando são usadas com vãos gravantes ou vãos de vento menores do que aqueles para as quais foram calculadas, as taxas de trabalho menores ocorrerão nas partes solicitadas, de forma que, muitas vezes, podem ser usadas também em pequenos ângulos. Estruturas de ângulo admitem ângulos maiores ou menores, dependendo da relação vão médio/vão gravante. Assim sendo, o projetista deverá ter sempre à mão os diagramas de utilização das estruturas e ter o cuidado de não escolher tipos inadequados aos diversos casos.

- Nos casos em que a declividade do terreno ao longo do eixo transversal da linha foi considerado grande, tendo sido levantados os perfis laterais, o projetista deverá fazer a locação de forma tal que a altura de segurança seja garantida entre o condutor mais externo do lado mais alto solo (Fig.4.19). Isso evitará surpresas e a necessidade de correção do terreno (por raspagem) após o nivelamento dos cabos. O custo do trabalho adicional de topografia para a obtenção dos perfis laterais representa uma parcela ínfima do custo da linha, e muitas vezes menor do que a raspagem de um trecho, sem mencionar o dano que se causa ao próprio terreno pela eliminação de sua camada superficial, dificultando a reconstituição da vegetação. A

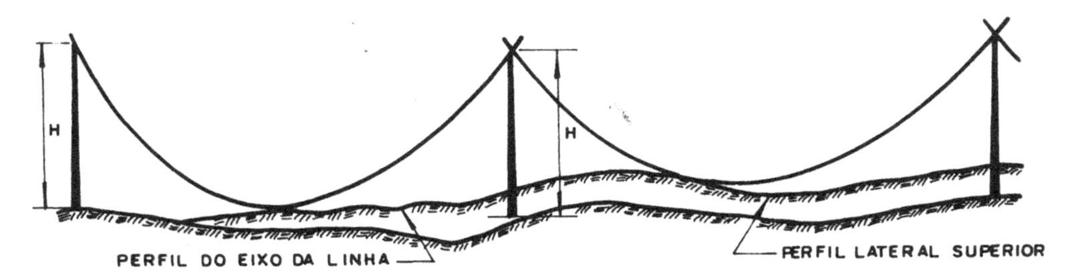

Fig. 4.19 - Locação em terrenos desnivelados

impressão que deixa, sob o ponto de vista estético, é também negativa.

- Evitar, sempre que possível, a locação de estruturas em brejos e muito próximas à beira de córregos e rios, pois, por ocasião da construção das fundações, poderão surgir sérios inconvenientes.

- A proximidade de vossorocas (que o topógrafo deve assinalar) também deve ser evitada, a menos que medidas corretivas sejam tomadas, pois há sempre o perigo de ocorrer a sua propagação por erosão do solo, atingindo a base das estruturas. Fundo de valas e depressões devem igualmente ser evitados.

- Rochas e lajes aflorantes constituem igualmente obstáculos que devem ser evitados na locação das estruturas, se possível.

4.3.1.6 - Projeto de distribuição

O projeto de distribuição das estruturas ficará completo com a indicação, no desenho, dos seguintes elementos, como mostra a Fig. 4.20, e que constam da caderneta de locação (Figs. 4.21 e 4.27), correspondente:

a - tipo de cada estrutura e sua altura;
b - número de ordem da estrutura;
c - distância progressiva de cada estrutura com relação à primeira estrutura da linha ou pórtico de saída da subestação;
d - vãos entre estruturas;
e - sua localização referida às estacas do levantamento topográfico;
f - seções de tensionamento.

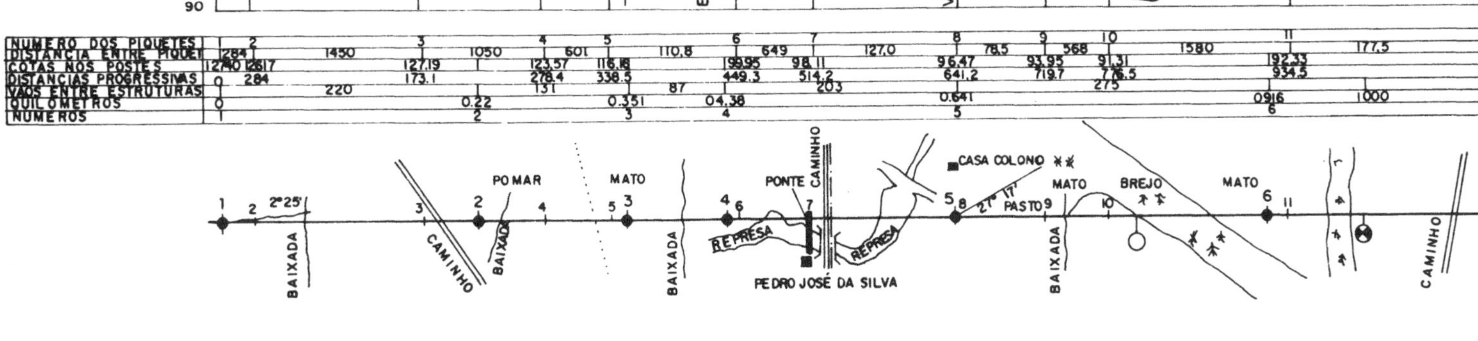

Fig. 4.20 - Exemplo de projeto de distribuição de estruturas

Estrutura n.º	Vão [m]	Estaca do levantamento topográfico	Distância progressiva desde a estaca 0 [km]	Vão médio	Vão gravante	Estrutura	
						Tipo	Alt. [m
1	220	0	0	110	102	T	18,0
2	131	3 + 16,6	0,220	175,05	207	S	22,0
3	87	5 + 12,5	0,351	109	128	A	18,0
4	203	6 - 11,3	0,438	145	88	A	18,0
5		8	0,641	239	235	Sα	22,0

Fig. 4.21 - Exemplo de caderneta de locação

4.4 - DESENVOLVIMENTO DO PROJETO

4.4.1 - Enunciado especifico

Efetuar o projeto dos cabos de uma linha de transmissão da classe 230/245kV, com um comprimento de 62km, para transportar 325,6MVA, desde uma Usina Hidrelétrica a uma subestação abaixadora de uma indústria que trabalha em ciclo contínuo. Será construída com estruturas metálicas estaiadas do tipo indicado na Fig. 4.22. Os condutores, escolhidos através do estudo econômico, serão do tipo CAA, de 515,11mm^2 de secção total, constituídos por 54 fios de Al e 7 fios de aço (código canary, 900kCM, da ASTM).

Os cabos pára-raios serão de aço galvanizado a 7 fios, tipo EAR, de diâmetro nominal de 9,525mm (3/8").

A linha será localizada em uma região de coordenadas 18°S e 46°W, não se dispondo de dados meteorológicos obtidos na região, com altitude de 425m.

A topografia do terreno pode ser considerada suave (levemente ondulada) e sua rugosidade corresponde à categoria "B". Pode-se estimar a média dos vãos em 310m.

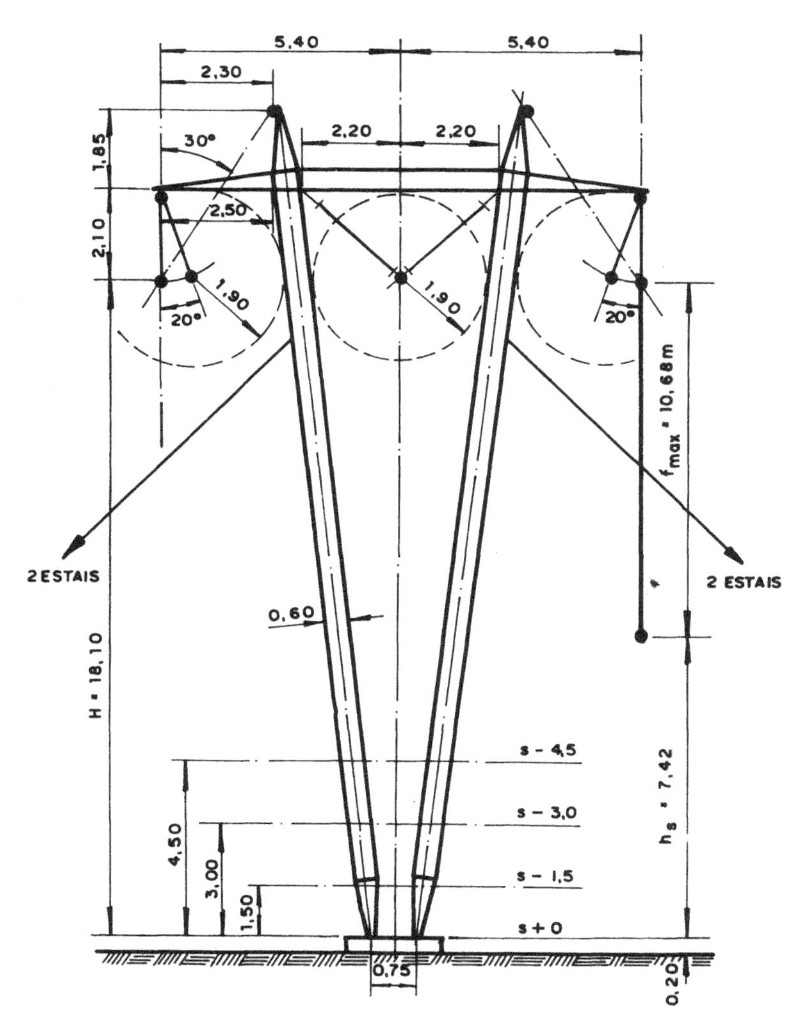

Fig. 4.22 - Dimensões básicas das estruturas de suspensão normais da linha do exemplo

Dados de projeto

a - dos cabos condutores - conforme catálogo da Albra:

- diâmetro nominal: d = 29,51mm
- secção nominal: S = 511,11mm^2
- carga de ruptura: R = 142.097,6N (14.490kgf)
- peso unitário: p = 16,913N/m (1,7247kgf/m)

- módulo de elasticidade final: E_f = 67.567,47MPa (6.890kgf/mm^2)
- módulo de elasticidade inicial: E_i = 51.041,43MPa (5.203kgf/mm^2)
- coeficiente de dilatação térmica linear final: $\alpha_{tf} = 19,44 \cdot 10^{-6}$ 1/°C
- coeficiente de dilatação térmica linear inicial: $\alpha_{ti} = 18,18 \cdot 10^{-6}$ 1/°C

b - dos cabos pára-raios

- diâmetro nominal: d = 9,525mm
- secção nominal: S = 55,421mm^2
- carga de ruptura: R = 68.450N (6.980kgf)
- peso unitário: p = 4,021N/m (0,410kgf/m)
- módulo de elasticidade final: E_f = 189.561,5MPa (19.330kgf/mm^2)
- coeficiente de dilatação térmica linear final: $\alpha_{tf} = 12,56 \cdot 10^{-6}$ 1/°C

c - condições meteorológicas - na ausência de dados específicos da região, devemos empregar aqueles constantes do Anexo A da NBR 5422. Para as coordenadas dadas:

- temperatura média: t = 21°C
- temperatura máxima média: $\bar{t}_{max}$ = 28,5°C
- temperatura mínima: t_{min} = 4°C
- temperatura máxima: t_{max} = 38,2°C
- média das temperaturas mínimas: $\bar{t}_{min}$ = 15°C
- velocidade básica do vento: V_B = 20m/s
- qualidade do ar: muito boa

d - altitude média da linha: $\bar{h}$ = 425m R.N.M.

e - corrente na linha: a corrente na linha na hora da ponta de carga será

$$I_M = \frac{N}{\sqrt{3}\cdot U} = \frac{325600}{\sqrt{3}\cdot 230} = 817,3A$$

- estima-se que na hora do calor máximo, a linha opere com cerca de 85% da carga de ponta. Logo:

$I = 695A$

4.4.2 - Determinação da velocidade de vento de projeto e forças resultantes da ação do vento

De conformidade com a NBR 5422, as velocidades de vento de projeto V_p são determinadas a partir das velocidades básicas de vento V_b, corrigidas de modo a levar em conta o grau de rugosidade da região de implantação da linha, o intervalo de tempo necessário para que o obstáculo responda à ação do vento, a altura do obstáculoe o período de retorno adotado:

$$V_p = V_b \cdot k_r \cdot k_d \left(\frac{H}{10}\right)^{1/n} \qquad \text{(Eq. 2.7)}$$

Para a presente linha, pode-se manter o período de retorno de 50 anos adotado. Para terreno de rugosidade "B", teremos $k_r = 1$. O período de integração de 10 minutos, usado para definir $V_b = 20m/s$, deve ser corrigido para 30 segundos, para se obter a pressão do vento sobre os cabos. Para tanto, da Fig. 2.9 obtemos $k_d = 1,21$. Para a correção de V_p em função da altura dos cabos, estimamos sua altura média em 11 metros. Será adotado também $n = 11$, como indica a Tab. 2 da Norma. Assim,

$$V_p = 20 \cdot 1,0 \cdot 1,21 \left(\frac{11}{10}\right)^{1/11}$$

$$V_p = 24,41m/s$$

De posse da velocidade de projeto, pode-se determinar a pressão dinâmica de referência q_0, indicativa do efeito do vento sobre obstáculos:

$$q_o = \frac{1}{2}\,\rho\cdot V_p^2 \quad [N/m^2] \qquad \text{(Eq. 2.9)}$$

e

$$\rho = \frac{1,293}{1 + 0,00367\cdot t}\left(\frac{16.000 + 64\cdot t - ALT}{16.000 + 64\cdot t + ALT}\right) \quad [kgf/m^3] \qquad \text{(Eq. 2.10)}$$

sendo:

ρ - massa específica do ar

t - temperatura coincidente do vento em °C

ALT - altitude média da linha

A massa específica do ar na região da linha em projeto:

$$\rho = \frac{1,293}{1 + 0,00367\cdot 15}\left(\frac{16.000 + 64\cdot 15 - 425}{16.000 + 64\cdot 15 + 425}\right)$$

$$\rho = 1,166 kgf/m^3$$

e a pressão dinâmica:

$$q_o = \frac{1}{2}\,1,166\cdot(24,41)^2$$

$$q_o = 347,40 N/m^2$$

4.4.3 - Dimensões básicas das estruturas

Como foi exposto no Cap. 1, as dimensões básicas de uma estrutura são determinadas primordialmente em função do desempenho de sua estrutura isolante, da qual a cadeia de isoladores é fundamental. O número de isoladores, tipo disco "standard", poderá ser:

$$n_i = \frac{U_{max}\cdot d_e}{d_i} = \frac{(245/\sqrt{3})\cdot 2,3}{30,5} = 10,67$$

na qual U_{max} = 245kV é a máxima tensão de regime permanente; d_e = 2,3 cm/kV é a distância de escoamento específica para região (ar limpo); d_i = 30,5cm a distância de escoamento dos isoladores.

Na ausência de dados concretos do nível ceraunico da região, adotaremos um valor um pouco mais conservador, ou seja, 12 isoladores. Com isoladores normais de passo de 146mm, a distância reta de escoamento da cadeia será:

$$D_i = (n - 1)p + d_i \ [m] \qquad \text{(Eq. 1.9)}$$

para n = 12 isoladores na cadeia:

$$D_i = (12 - 1)0{,}146 + 0{,}305$$

$$D_i = 1{,}911m$$

Esta distância, se compatível com a NBR 5422/85, poderá determinar o mínimo afastamento entre condutores e partes do suporte. Conforme a norma, como foi visto no Capítulo 1:

$$D_e \geq 0{,}03 + 0{,}005 \cdot D_u \qquad \text{(Eq. 1.10)}$$

$$D_e \geq 0{,}03 + 0{,}005 \cdot 245$$

$$D_e \geq 1{,}50m$$

Pode-se, pois, adotar o valor de 1,9m acima determinado. Essa distância deverá ser verificada no suporte com a cadeia de isoladores deslocada da vertical sob a ação do vento de projeto, como mostra a Fig. 4.22. O ângulo de inclinação β é calculado pela expressão

$$\beta = tg^{-1}\left[K \cdot \frac{q_0 \cdot d}{p(V/H)}\right] \qquad (4.10)$$

transcrita do item 10.1.4.3 da Norma NBR 5422/85.

K - parâmetro que deve ser lido da Fig. 4.23, em função de V_p;
q_0 - pressão dinâmica de referência do vento calculada como indicado;
p - peso unitário dos cabos em N/m;
V - vão de vento (ou médio) em m;
H - vão de peso (ou gravante) em m.

A relação V/H depende da topografia do terreno. Será unitária para terrenos planos, decrescendo com o aumento de sua irregularidade. Valor típico para terrenos ondulados é de 0,70.

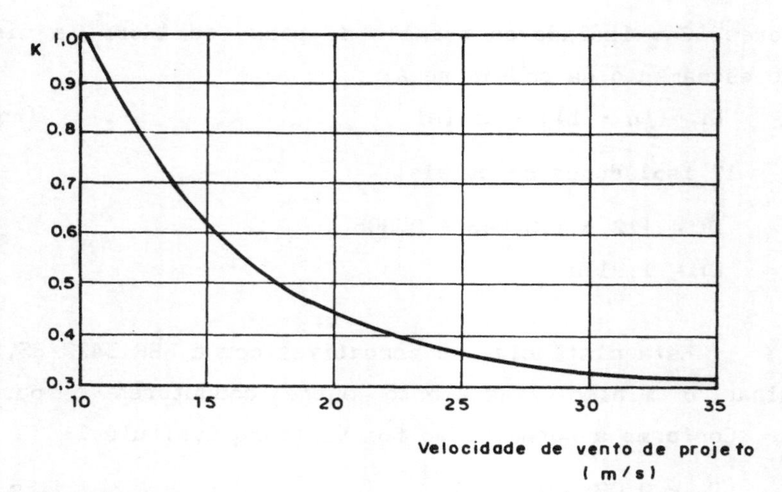

Fig. 4.23 - Parâmetro "K" para a determinação do ângulo de balanço (NBR 5422/85)

Substituindo os valores na equação 4.10:

$$\beta = tg^{-1}\left[0,38\cdot\frac{347,40\cdot 0,02951}{16,913\cdot 0,70}\right] \quad \text{ou} \quad \beta = 18,21°$$

Com o valor do ângulo assim determinado, que para maior segurança será aumentado para 20°, mais as distâncias de segurança mínimas, determinam-se as dimensões da cabeça das estruturas, fixando-se o ângulo de cobertura em 30°, como mostra a Fig. 4.22.

A altura de suspensão normal será para a linha em terreno plano e um vão de 330m:

$$H = h_s + f_{max} \; [m]$$

sendo:

$$h_s = D = a + 0,01\left(\frac{D_u}{\sqrt{3}} - 50\right) \; [m] \qquad \text{(Eq. 1.8)}$$

altura de segurança conforme NBR 5422.

a - constante que depende do terreno cruzado pela linha no presente caso; a = 6,5m terreno agrícola mecanizável.

D_u - distância em metros, numericamente igual a tensão máxima de exercício da linha. Para a presente linha, D_u = 245m.

f_{max} - flecha máxima, na condição de máxima temperatura, incluindo o efeito da fluência (ver item 4.4.6) - f_{max} = 10,68m.

Portanto:

$$H = 6,5 + 0,01\left(\frac{245}{\sqrt{3}} - 50\right) + 10,68 = 18,10m$$

A Fig. 4.24 representa o diagrama das cargas na condição de carga máxima na estrutura para vãos normais (V = H = 350m). A família de estruturas deverá incluir pelo menos mais uma para vãos maiores, como, por exemplo V = H = 450m.

V_c = 5.920[N]
V_p = 1.408[N]
H_c = 3.588[N]
H_p = 1.425[N]

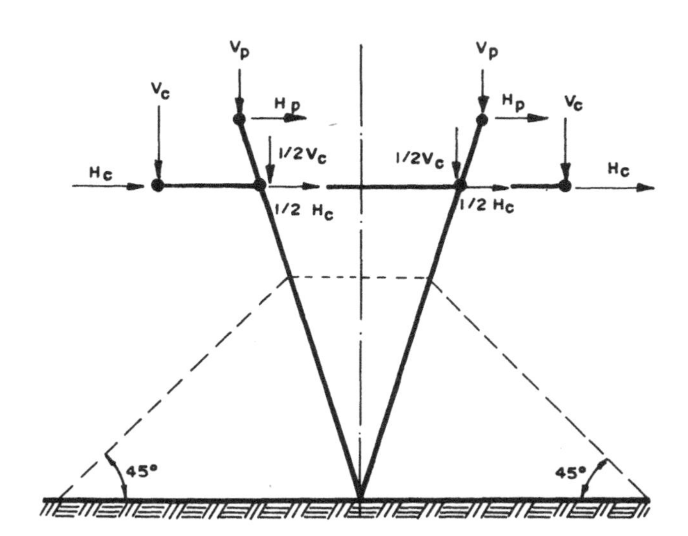

Fig. 4.24 - Diagrama da solicitação da estrutura na condição de carga máxima

4.4.4 - Escolha do vão básico para cálculos

No item 4.4.1 foi dado um valor estimativo para a média dos vãos da linha igual a 310m. Em terrenos ondulados espera-se um número razoável de vãos maiores do que a média, tendo como conseqüência um valor de vão regulador levemente maior. Como os vãos básicos devem ter valores próximos aos dos vãos reguladores, convém, neste caso, adotar um valor maior. Assim, adotaremos inicialmente 330m de vão básico para a linha inteira. Após a locação das estruturas verificaremos o acerto da escolha.

4.4.5 - Hipóteses de cálculo e condição regente de projeto

4.4.5.1 - Para os cabos condutores

A partir das condições meteorológicas podemos formular as seguintes hipóteses de cálculo:

a - Hipótese de carga de maior duração

Apesar de estar previsto o uso dos grampos de suspensão armados, limitaremos a tração nos cabos nesta condição a 20% da carga de ruptura:

- tração: T_1 = 28419,5N (2898kgf)
- temperatura: t_1 = 21°C

b - Hipótese de carga máxima:

A tração nos cabos, na condição de carga máxima, não deverá exceder a 35% de sua carga de ruptura a temperatura coincidente:

$T_{0T_{max}}$ = 49.734,16N (5.071,50kgf)

$\bar{t}_{min}$ = + 15°C

A velocidade do vento será aquela determinada em 4.4.2, ou seja:

V_p = 24,41m/s

E a pressão dinâmica de referência:

q_0 = 347,40N/m^2

que exerce por metro linear de cabo uma força calculável por:

$$f_v = q_0 \cdot C_{xc} \cdot \alpha \cdot d_N \qquad (4.11)$$

$C_{xc} = 1$ - Coeficiente de arrasto

$\alpha = 0{,}89$ - Fator de efetiveidade para a = 330m (fig. 4.25)

logo:

$$f_v = 347{,}40 \cdot 1 \cdot 0{,}89 \cdot 0{,}02951 = 9{,}124\text{N} \quad (0{,}930\text{kgf})$$

o peso virtual dos cabos sob ação do vento será:

$$P_v = \sqrt{p_1^2 + f_v^2} = \sqrt{(16{,}913)^2 + (9{,}124)^2}$$

$$P_v = 19{,}21\text{N/m} \quad (1{,}960\text{kgf/m})$$

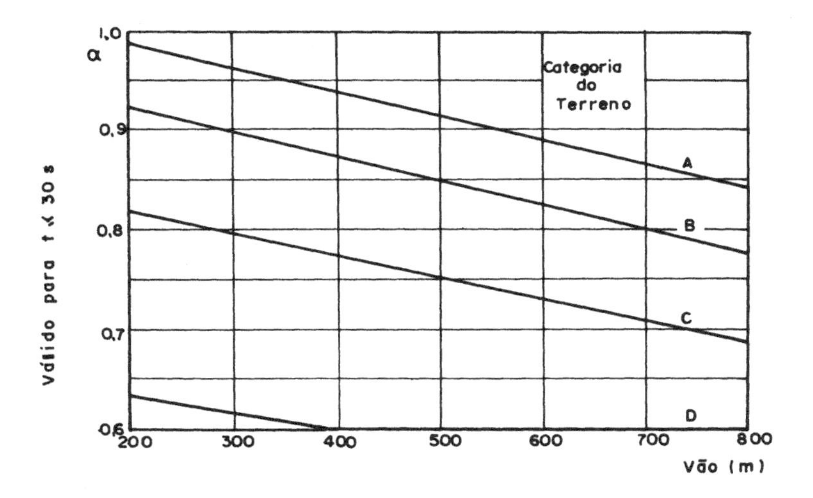

Fig. 4.25 - Fator de efetividade de α (NBR 5422)

c - Hipótese de temperatura mínima:

Nesta condição, a tração máxima dos cabos, sem considerar a ação do vento, deverá ser de 30% de sua carga de ruptura na condição de temperatura mínima. Logo:

$$T_{oTmin} = 42.629{,}3\text{N} \quad (4.691{,}4\text{kgf})$$

$$t_{min} = +\,4\,°\text{C}$$

d - Hipótese de temperatura máxima:

Deve ser determinada para a coincidência de calor intenso e corrente de carga correspondente, considerando-se o efeito do sol, com incidência de vento de 0,6m/s. Na falta de dados sobre a radiação solar, pode-se estimar a sua contribuição como sendo de $q_s = 244 \cdot d$ [W/m], ou cerca de 10% a mais do que em climas temperados.

A temperatura de referência será a média das máximas temperaturas da região:

$$\bar{t}_{médio} = 28,5°C$$

A temperatura do cabo será determinada pelo procedimento descrito no item 1.4.1.4 do Cap. 1. Empregando-se a Eq. 1.3 para a determinação da ampacidade dos cabos, pode-se determinar por tentativas o valor da temperatura correspondente a 695 [A].

Teremos, para $\varepsilon = 0,50$, perda de calor por irradiação:

$$q_r = 179,2 \cdot 10^3 \cdot 0,5 \cdot 0,02951 \left[\left(\frac{273 + t_o}{1.000} \right)^4 - \left(\frac{273 + t}{1.000} \right)^4 \right] \text{ [W/m]} \qquad \text{(Eq. 1.4)}$$

as perdas por convecção serão:

$$q_c = 945,6 \cdot 10^{-4} (t - t_o) [0,32 + 0,43 \cdot (45.946,8 \cdot 0,02951 \cdot 0,6)^{0,52}] \text{ [W/m]} \qquad \text{(Eq. 1.5)}$$

e o calor ganho pelo sol:

$$q_s = 224 \cdot d \text{ [W/m]} \qquad \text{(Eq. 1.6)}$$

variando t nas Eqs. 1.4 e 1.5, devemos encontrar um valor para o qual I = 695A.

$$695 = \left[\frac{10^3 (q_r + q_c - q_s)}{r_{ef}} \right]^{1/2}$$

Para o presente caso, sendo r_{ef} = 0,0736 Ω/km, encontramos a temperatura calculada para os condutores.

t_{max} = 53,31°C

Adotaremos t_{max} = 55°C

A condição regente será determinada pela equação do vão crítico (Eq. 4.4), comparando-se a condição de maior duração com a condição de maior carregamento.

Teremos:

p_1 = 16,913N/m $\qquad$ p_2 = 19,21N/m

t_1 = 21°C $\qquad$ t_2 = 15°C

T_{1M} = 28419,5N $\qquad$ T_{2M} = 49.734,16N

$$a_{cr} = \sqrt{\frac{24\left[\alpha_t(t_2 - t_1) + \dfrac{T_{2M} - T_{1M}}{S \cdot E}\right]}{\left(\dfrac{p_2}{T_{2M}}\right)^2 - \left(\dfrac{p_1}{T_{1M}}\right)^2}} \quad [m] \quad \text{(Eq. 4.4)}$$

Substituindo os valores, teremos:

$$a_{cr} = \sqrt{\frac{24\left[19{,}44 \cdot 10^{-6}(15 - 21) + \dfrac{49.734{,}16 - 28.419{,}5}{515{,}11 \cdot 67.567{,}47}\right]}{\left(\dfrac{19{,}21}{49.734{,}15}\right)^2 - \left(\dfrac{16{,}913}{28.419{,}5}\right)^2}}$$

$$a_{cr} = \sqrt{\frac{+\ 11{,}898}{-\ 2{,}05 \cdot 10^{-7}}}$$

Portanto, o vão crítico não existe. A condição de maior duração será a condição regente para qualquer valor de vão.

Repetindo a verificação, porém entre a condição de maior duração e a condição de temperatura mínima, sem vento, verificaremos a inexistência do vão crítico. Portanto, a condição regente do projeto é a condição de maior duração.

4.4.5.2 - Para os cabos pára-raios

Para o cálculo mecânico dos cabos pára-raios, as hipóteses de cálculo a serem formuladas são basicamente as mesmas. Elas deverão, no entanto, ser examinadas para condições de operação sob condições de curto-circuito, quando poderão ser percorridas por correntes elevadas. Essa verificação deverá ser feita obedecendo a norma NBR 8449 de abril de 1984 - Dimensionamento de Cabos Pára-Raios para Linhas Elétricas de Transmissão de Energia Elétrica - Procedimento.

As hipóteses usuais para o dimensionamento mecânico, são:

a - Condição de maior duração

A tração nessa condição corresponde a 14% da carga de ruptura, na temperatura correspondente à média plurianual.

$T_0 = 9583N \quad (977,2kgf)$

$t_1 = 21°C$

b - Condição de máxima carga

Na condição de máximo carregamento, a tração nos cabos pára-raios não deverá exceder 30% de sua carga de ruptura, sob a ação do vento de projeto, na temperatura coincidente.

$T_{0M} = 20.535N \quad (2.094kgf)$

$t_{1M} = 15°C$

O peso virtual dos cabos pára-raios será, nessa condição:

$$p_2 = \sqrt{p_1^2 + f_v^2}$$

para

$p_1 = 4,021N/m \quad (0,410kgf/m)$

Corrigindo a velocidade de projeto do vento para uma altura média de aproximadamente 16,35m:

$$V_p = 25{,}31 m/s$$

A pressão dinâmica de referência será

$$q_o = 373{,}47 N/m^2$$

e a força exercida sobre um metro de cabo:

$$f_v = 373{,}47 \cdot 0{,}89 \cdot 0{,}009525 = 3{,}166 N/m \quad (0{,}323 kgf/m)$$

O peso virtual dos cabos pára-raios sob a ação do vento será:

$$p_2 = \sqrt{(4{,}021)^2 + (3{,}166)^2}$$

$$p_2 = 5{,}118 N/m \quad (0{,}523 kgf/m)$$

c - Condição de temperatura mínima

A tração nos cabos pára-raios não deve exceder

$$T_o = 20.535 N \quad (977{,}5 kgf)$$

à temperatura

$$t_{min} = +\ 5°C$$

d - A temperatura máxima dos cabos deve ser igual à máxima temperatura do ambiente, desprezando-se os efeitos do sol, do vento ou de eventuais correntes parasitas

$$t_{max} = 38{,}2°C$$

Para os cabos pára-raios também não existe vão crítico para as condições de maior duração e de carga máxima, conforme se pode verificar pela Eq. 4.4. Logo, a condição regente para os cálculos dos cabos pára-raios também é a condição de maior duração.

4.4.6 - Confecção do gabarito

O gabarito será calculado e confeccionado da maneira descrita no item 4.3.1.3. Os dados necessários já foram especificados e determinados nos itens anteriores, exceto os alongamentos permanentes dos cabos condutores, cuja determinação será feita, de acordo com o plano de trações que segue, em computador digital pelo programa anexo.

O período de vida útil estimado para a linha é de 30 anos, para o qual será determinado o alongamento a ser compensado.

Serão assumidas as solicitações e respectivas durações abaixo indicadas e ilustradas na Fig. 4.26.

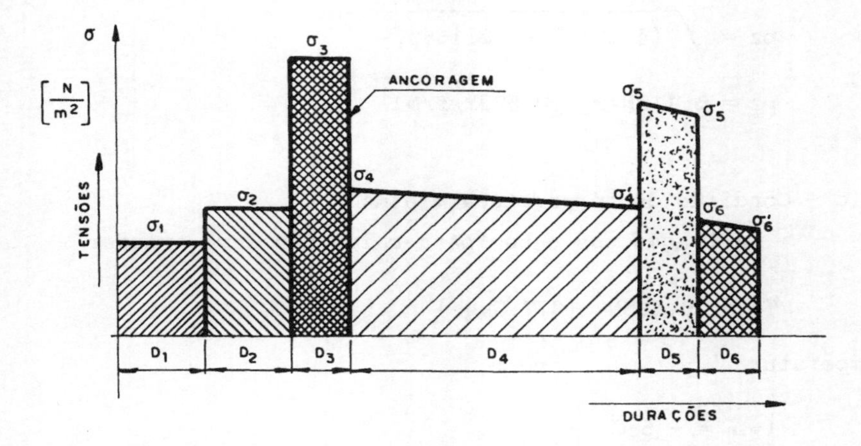

Fig. 4.26 - Diagrama das solicitações assumidas dos cabos

a - Antes da ancoragem - Temperatura constante igual a 21 °C, sem vento.

a.1 - Desenrolamento dos cabos
- duração: D_1 = 1 hora
- Tração constante: T_1 = 14.010N (1.449kgf)

a.2 - Espera para Nivelamento
- duração: D_2 = 3 horas
- tração constante: T_2 = 21.015N (2.174kgf)

a.3 - Pré-Tensionamento

- duração: D_3 = 1 hora
- tração constante: T_3 = 4.210N (435kgf)

b - Após a ancoragem

b.1 - Fluência a longo prazo

- duração: D_4 = 257.544 horas
- na Ref. [10] aconselha-se a empregar a temperatura de maior duração, acrescida de 5°C para compensar o efeito do sol e da corrente. Portanto, o cálculo, será desenvolvido com t_4 = 21 + 5 = 26°C
- tração no início do período: T_4 = 28.420N (2898kgf)

b.2 - Fluência sob condição de máxima carga

- duração: estimativa arbitrária: D_5 = 2.628 horas
- tração inicial - valor da tração ao fim das 257.544 horas, calculada pelo programa
- sobrecarga de vento de projeto: p_2 = 19,210N/m (1,960kgf/m)
- temperatura coincidente: t_5 = + 15°C

b.3 - Fluência na condição de temperatura máxima

- duração: estimativa arbitrária: D_6 = 2.628 horas
- tração inicial: valor da tração ao fim das 2.628 horas de carregamento máximo, calculada pelo programa.
- temperatura dos cabos sem vento: t_6 = 55°C

Os resultados obtidos no cálculo efetuado no computador digital pelo programa, são os seguintes:

a - Alongamentos antes da ancoragem

a.1 - desenrolamento dos cabos - 1 hora: ε_1 = 9,931mm/km

a.2 - espera para nivelamento- 3 horas: ε_2 = 24,271mm/km

a.3 - pré-tensionamento - 1 hora: ε_3 = 47,306mm/km

Alongamento total, antes da ancoragem:

$\varepsilon_a = 81{,}508$mm/km

b - Alongamento após a ancoragem

b.1 - alongamento na condição de maior duração, com a temperatura de (21 + 5)°C, e duração de 257.544 horas
- Calculado pelo computador digital: $\varepsilon_4 = 780{,}849$mm/km

b.2 - decorridas as 257.544 horas na condição de maior duração, determinou-se a tração na condição de carga máxima igual a 3.009,926kgf, cuja permanência foi estimada em 2.628 horas. O alongamento total, ao final das 257.544 + 2.628 horas, é calculado a seguir. Admitindo constante no intervalo a taxa correspondendo a $\sigma_5 = 3.009{,}926/515{,}11 = 5{,}843\text{kgf/mm}^2$, pela equação 2.15, podemos determinar o tempo que seria necessário para produzir um alongamento igual a ε_4, t_{eq5}:

$$\varepsilon_4 = K.e^{\phi\tau}\cdot\sigma^{\alpha}\cdot t_{eq5}{}^{\mu/\sigma^{\delta}} \qquad \text{(Eq. 2.15)}$$

Sendo: $K = 1{,}6$; $\phi = 0{,}017$; $\alpha = 1{,}42$; $\mu = 0{,}38$ e $\delta = 0{,}19$ as constantes de fluência dos cabos CAA 54Al + 7Fe, teremos para $\tau = 15$°C

$$780{,}849 = 1{,}6\cdot e^{0{,}255}\cdot(5{,}843)^{1{,}42}\cdot t^{0{,}38/(5{,}843)^{0{,}19}}$$

$$780{,}849 = 25{,}32145\cdot t_{eq5}{}^{0{,}272}$$

logo:

$t_{eq5} = 298.231$ horas

A duração da permanência sob tração máxima é de 2.628 horas. O alongamento dela decorrente pode ser calculado, sem grande erro, considerando σ constante no intervalo. Logo,

$t_5 = t_{eq5} + 2.628 = 300.859{,}37$ horas

Para essa duração e com $\sigma = 5{,}843$mm/km o alongamento total do cabo será no fim desse intervalo de tempo, à temperatura de + 15°C:

$$\varepsilon_5 = 1{,}6 \cdot e^{0,255} \cdot (5{,}843)^{1,42} \cdot t_{eq5}^{0,272}$$

$$\varepsilon_5 = 25{,}32145 \cdot (300.859{,}37)^{0,272}$$

$$\varepsilon_5 = 782{,}715 mm/km$$

b.3 - para a condição de temperatura máxima, ou seja, a 55°C, é necessário determinar, a tração no cabo ao final das 260.172 horas, o início da contagem do tempo nessa condição. Lançando mão da "Equação da Mudança de Estado", podemos calcular esse valor e encontrar T_{o6} = 2.177kgf ou σ_6 = 4,226kgf/mm^2, considerando o efeito do alongamento produzido no cabo.
Repetindo agora os cálculos do item b.2, porém para σ_6 = 4,226 e ε_5, encontramos t_{eq6} = 66.996 + 2.628 = = 69.624 horas e, para t_6 = 66.996 + 2.628 = 69.624 horas, encontramos finalmente o alongamento ao final dos 30 anos:
ε_6 = 791,438mm/km
O alongamento a ser compensado será:

$$\varepsilon_c = \varepsilon_6 - \varepsilon_a = 791{,}438 - 81{,}508$$

$$\varepsilon_c = 709{,}930 mm/km$$

As etapas b.2 e b.3 de cálculo dos alongamentos estão incluídas no programa anexo, considerando intervalos de tempo Δt crescentes, de acordo com a lei DT = $(0{,}8 \cdot I)^{1,25}$. O resultado obtido pelo cálculo desenvolvido acima, de forma simplificada, é igualmente aceitável, dada a insignificância da diferença entre este e aquele que seria obtido pelo computador.

O cálculo foi repetido, considerando-se a ancoragem dos cabos sem pré-tensionamento. Para tanto, nos cálculos da fluência a longo prazo, empregou-se o módulo de elasticidade inicial e o coeficiente de dilatação linear também inicial, ao invés dessas grandezas no estado final, como no primeiro caso. Os resultados encontrados foram:

1 - Alongamento total antes da ancoragem: $\varepsilon_a' = 34,202$mm/km

2 - Alongamento total após a ancoragem: $\varepsilon_d' = 791,438$mm/km

3 - Alongamento a ser compensado em 30 anos: $\varepsilon' = 757,24$mm/km

Comparando-se os dois valores de ε, verifica-se que o pré-tensionamento reduz em cerca de 4,3% o alongamento a ser compensado.

Os acréscimos equivalente de temperatura serão:

1 - com pré-tensionamento: $\Delta t_{eq} = \dfrac{709,93}{19,44 \cdot 10^{-6}} = 36,5°C$

2 - sem pré-tensionamento: $\Delta t_{eq} = \dfrac{757,24}{19,44 \cdot 10^{-6}} = 39,0°C$

A seqüência dos carregamentos empregados e ilustrados na Fig. 4.25 foi escolhida arbitrariamente. Se tivéssemos invertido as seqüências de maior duração com aquela de máxima carga, teríamos encontrado $\varepsilon_c = 615,951$mm/km, correspondendo a uma temperatura equivalente de 31,7°C no caso da linha com pré-tensionamento e 34,12°C, no caso da linha sem o mesmo. Dada a imperfeição de nosso modelo meteorológico, pois esse cerregamento máximo poderá ou não ocorrer em várias ocasiões durante a vida da linha, poderemos aceitar um valor médio, correspondente a $\Delta t_{eq} = 37°C$ e confeccionar o gabarito para $t_{max} = 92°C$.

4.4.6.1 - Cálculo das flechas para o gabarito

a - Flecha máxima

A condição de maior duração foi escolhida como a condição regente. Para o vão básico de 330m e $T_{01} = 28.419,5$N (2.898kgf), $t_1 = 21°C$, $t_2 = 92,0°C$ e $p_1 = 16,913$N/m (1,7247kgf/m], empregando a equação da mudança de estado, teremos o valor da flecha máxima:

$$T_{02}^3 + T_{02}^2\left[\frac{E_f \cdot S \cdot p_1^2 \cdot a^2}{24T_{01}^2} + SE\alpha_{tf}(t_2 - t_1) - T_{01}\right] = \frac{E_f \cdot S \cdot p_1^2 \cdot a^2}{24}$$

Substituindo os valores, encontraremos, empregando como unidade okgf:

$$T_{02}^3 + T_{02}^2[5.709,25 + 4.898,62 - 2.898] = 47,903 \cdot 10^9$$

que, resolvida por qualquer processo numérico, fornece:

$T_{02} = 2.199kgf$ (21.563N)

A flecha a ser esperada no vão básico será

$$f_{max} = \frac{a^2 \cdot p_1}{8T_{02}} = \frac{(330)^2 \cdot 1,7247}{8 \cdot 2199} = 10,68m$$

O gabarito deverá ser preparado com um vão de 3 a 5 vezes o vão básico, dependendo do tipo de terrenos cruzados pelas linhas. Deverá ser tanto maior quanto mais acidentados forem os terrenos. Para o presente caso, um exame do perfil do eixo da linha sugere que se adote 3 x 330 = 990m.

A flecha da "curva quente" deverá ser executada com 96,0m na escala vertical do desenho. No caso, 1:200. O vão deverá ser medido na escala horizontal, ou seja, 1:2.000.

b - Flecha mínima

A flecha mínima é calculada para a mínima temperatura, sem considerar o efeito do vento, empregando-se a "equação da mudança de estado". No presente caso, $t_2 = t_{min} = +4°C$, logo:

$$T_{02}^3 + T_{02}^2[5.709,25 - 1.172,91 - 2.898] = 47.903 \cdot 10^9$$

cuja solução fornece:

$T_{02} = 3.160kgf$ (30.987N)

A flecha na condição de temperatura mínima será, então

$f_{min} = 7,43m$

A "curva fria" do gabarito terá uma flecha de $(3,0)^2 \cdot 7,43 = 66,9m$.

O gabarito foi executado de uma chapa de acrílico cristal de 0,1cm de espessura e com cerca de 60 x 60 cm, da maneira exposta no item 4.3.1.3. A Tab. 4.3 ilustra parte da caderneta de locação resultante, referente a uma seção de tensionamento.

TABELA 4.3 - EXTRATO DA CADERNETA DE LOCAÇÃO. PRIMEIRA SECÇÃO DE TENSIONAMENTO

Suporte Nº	Estaca levant. topogr.	Distância do início	Vãos [m]			$\frac{V}{H}$	Tipo estr.	Obs.
			"a"	H de vento	V de peso			
01	100+0	0,0		105,0	235,0	2,24	AT	Ancoragem terminal
			210,0					
02	102-77,5	210,0		309,0	225,0	0,73	SN	
			408,0					
03	103-27,3	618,0		376,0	250,0	0,69	SN	
			345,0					
04	108-11,8	963,0		356,5	360,0	1,01	SG	
			168,0					
05	110+17,0	1.131,0		262,0	297,0	1,33	SN	
			356,0					
06	112+ 6,5	1.487,0		342,0	360,0	1,05	SG	
			328,0					
07	114+42,5	1.843,0		356,0	285,0	0,80	SN	
			405,0					
08	116+25,0	2.248,0		346,5	285,0	0,82	SN	
			308,0					
09	117+24,0	2.556,0		246,5	210,0	0,85	SN	
⋮	⋮	⋮	⋮	⋮	⋮	⋮	⋮	
25	146+50,5	7.291,0		264,0	190,0	0,72	SN	
			216,0					
26	147+65,8	7.507,0		306,5	260,0	0,85	SN	
			397,0					
27	149+ 0,0	7.904,0		344,5	356,0	1,03	SN	
			292,0					
28	150+44,0	8.186,0		341,0	294,0	0,862	SN	
			390,0					
29	152+29,0	8.586,0		363,0	300,0	0,826	SG	
			336,0					
30	154+00,0	8.922,0		299,5	235,0	0,785	SN	
			263,0					
31	156+41,0	9.185,0		308,0	267,0	0,867	A	Ancoragem in-term.

$\Sigma a = 9.185$; $n_a = 30$; $\bar{a} = 306,17m$

$\Sigma a^3 = 1.027.097.562 \therefore A_R = 334,4m$

Observando os resultados da tabela, concluimos:

a - as diferenças entre o vão regulador e o vão médio, como também entre o vão regulador e o vão básico de cálculo são pequenas, principalmente no segumdo caso. O vão regulador é, portanto, representativo da secção de tensionamento e pode ser usado no cálculo das tabelas de flechamento.
No caso em que o vão regulador de uma qualquer secção de tensionamento divergir muito do vão básico, principalmente se for menor, a locação deverá ser refeita, procurando-se, com o mesmo gabarito, resultados mais satisfatórios. Caso isso não seja alcançado, novo vão básico deverá ser usado para confecção de um novo gabarito e novas locações tentadas. Evita-se com isso dissabores com cabos baixos ou altos demais;

b - nas várias tentativas de locação efetuadas, procurou-se minimizar o peso de aço das estruturas, atendendo assim ao aspecto econômico;

c - todas as estruturas, menos a n.° 03 da secção, apresentaram relações V/H maiores do que 0,70 usada no projeto, assegurando ângulos de balanço menores do que 18,21°. O ângulo de balanço da estrutura n.° 03, com V/H = 0,69, deverá ser de 18,97°, ainda bem abaixo dos 20° fixados. Quando ocorrerem valores de β maiores do que o máximo fixado, deve-se restringir o balanço das cadeias. Para tanto, podem ser usados "lastros" fixados aos grampos de suspensão ou mesmo cadeias de isoladores em ancoragem, quando o peso dos lastros for considerado excessivo, portanto, impraticável. O valor mínimo de V/H para que β não seja maior do que 20°, é 0,52. Se admitirmos em uma das estruturas da linha em projeto a relação V/H = 137,6/320 = 0,43, encontraremos um ângulo de balanço igual a 23,78°, que reduziria a distância D_1.

Seja L_G [N] o peso do lastro a ser empregado em uma das cadeias de suspensão da estrutura acima. A Fig. 4.11 pode ser modificada para incorporar o seu efeito. Para o valor limite do ângulo β, teremos:

$$\beta_{max} = tg^{-1}\left[\frac{K \cdot qo \cdot d \cdot H}{p \cdot V + L_G}\right] \tag{4.12}$$

donde:

$$L_G = \frac{K \cdot qo \cdot d \cdot H}{tg\ \beta_{max}} - p \cdot V \tag{4.13}$$

Substituindo os valores correspondentes ao caso da linha do projeto-exemplo, encontraremos:

$$L_G = \frac{0,38 \cdot 347,40 \cdot 0,02951 \cdot 320}{tg\ 20°} - 16,913 \cdot 137,6$$

$$L_G = 1.097,82N \quad (112,0kgf)$$

Esse peso poderá ser obtido através de um bloco de chumbo de 0,20 de diâmetro por 0,16m de altura. Um furo central de 0,02m de diâmetro permitirá sua fixação a uma ferragem que deverá ser articulada ao grampo de suspensão.

4.4.7 - Tabelas ou curvas de flechamento dos cabos condutores

As tabelas ou curvas de flechamento ou nivelamento são empregadas na montagem dos cabos das linhas aéreas, a fim de assegurar flechas e trações corretas, sob quaisquer condições de carregamento, e em qualquer época de sua vida útil.

Para cada secção de tensionamento, essas tabelas são elaboradas em função de seu vão regulador, o que não impede, no entanto, que uma mesma tabela possa servir para várias secções de tensionamento, desde que seus vãos reguladores tenham valores razoavelmente próximos.

São elaboradas tabelas e (ou) curvas para a determinação de:

a - trações em função das temperaturas dos cabos;

b - flechas em função das temperaturas dos cabos e dos vãos.

As primeiras são válidas para todos os vãos de sua secção de tensionamento e podem ser usadas para o nivelamento dos cabos, quando se empregam dinamômetros, e para preparar as tabelas ou curvas das flechas.

Essas tabelas, em geral, são representadas para valores de temperaturas crescentes de grau em grau ou de dois em dois graus, em uma faixa limitada pelas temperaturas ambientes, mínimas e máximas, que poderão ocorrer na região, na época da montagem das linhas.

Sua elaboração é bastante trabalhosa, sendo conveniente o emprego de calculadoras programáveis ou computadores digitais. As equações das parábolas podem ser usadas para a maioria dos casos.

4.4.7.1 - Tabelas de trações em função das temperaturas

Escolhido o intervalo de temperaturas para o qual devem ser preparadas, emprega-se uma equação da mudança de estado para calcular o valor da tração T_o nos cabos para cada uma das temperaturas, admitindo-se como "vão para cálculo" o próprio "vão regulador" e empregando a "condição regente", anteriormente determinada e usada, como o "estado 1" do cabo. O "estado 2" considera o cabo sem ação de vento, na temperatura correspondente à tração desejada.

No caso da linha do projeto exemplo, teremos:

- Estado 1- Condição regente:
  - E_i = 51.021N (5.202kgf) - módulo de elasticidade inicial do cabo
  - $S = 0{,}51111 \cdot 10^{-3} m^2$ ($511{,}11 mm^2$) - área da secção transversal
  - $a = A_r$ = 334,4m - vão regulador
  - $p_1 = p_2$ = 16,913N/m (1,7247kgf/m) - peso unitário do cabo
  - T_{01} = 28.419,5N (2.898kgf) - tração na condição regente

- $t_1 = 21°C$ - temperatura na condição regente
- $t_2 = t_1 \pm \sum_{1}^{n} \Delta t$ (variável) - temperaturas especificadas para as flechas
- $\alpha_{ti} = 18{,}18 \cdot 10^{-6}$ 1/°C - coeficiente de dilatação térmica inicial

Montando a "equação da mudança de estado" teremos, para T_{02} em kgf:

$$T_{02}^3 + T_{02}^2[1.490{,}538 + 48{,}346(t_2 - t_1)] = 36{,}8567 \cdot 10^9$$

Dando a t_2 os valores da tabela 4.4, encontraremos as trações correspondentes.

TABELA 4.4 - TABELA DE FLECHAMENTO - TRAÇÕES = f (TEMPERATURAS)

t [°C]	T_{02}		t [°C]	T_{02}	
	[N]	[kgf]		[N]	[kgf]
15	29143	2972	27	27731	2828
17	28898	2947	29	27506	2805
19	28653	2922	31	27290	2783
21	28418	2898	33	27084	2762
23	28182	2874	35	26868	2740
25	27957	2851	37	26663	2719

4.4.7.2 - Tabelas de flechas em função das temperaturas e vãos

As tabelas de flechas em função das temperaturas, são elaboradas para os vãos nos quais serão feitos os flechamentos. Em cada secção de tensionamento, dependendo do seu comprimento, deverão ser escolhidos vários vãos para esse fim. Deve-se preferir vãos pouco desnivelados e com comprimentos próximos ao dos vãos reguladores. É conveniente também verificar as flechas em um dos vãos maiores e em vãos menores. A técnica de flechamento foi descrita no início deste capítulo (item 4.2.2.1.b).

Com as trações calculadas para cada temperatura da maneira vista, empregando-se as equações das flechas (parábola ou catenária), determina-se os valores das flechas.

No caso de nosso exemplo, escolheremos os vãos entre estruturas n° 6 e 7, de 328m; entre n.° 14 e 15, de 216m e entre n.° 26 e 27, com 397m, obtendo os valores constantes da Tab. 4.5.

TABELA 4.5 - TABELA DE FLECHAMENTO
FLECHAS = f (TEMPERATURA, VÃOS)
Cabos condutores

Vãos a / Temp. [°C]	FLECHAS [m]			
	6 - 7	14 - 15	26 - 27	29 - 30
	328 [m]	206 [m]	397 [m]	336 [m]
15	7,80	3,08	11,43	8,19
17	7,87	3,10	11,53	8,26
19	7,94	3,13	11,63	8,33
21	8,00	3,16	11,72	8,40
23	8,07	3,18	11,82	8,47
25	8,14	3,21	11,92	8,54
27	8,20	3,24	12,02	8,61
29	8,27	3,26	12,11	8,68
31	8,33	3,28	12,21	8,75
33	8,40	3,31	12,30	8,81
35	8,46	3,34	12,40	8,88
37	8,53	3,36	12,50	8,95

As tabelas 4.4 e 4.5 foram calculadas, empregando-se os módulos de elasticidade e coeficiente de expansão linear iniciais. Nessas condições, está se desprezando o efeito que o pré-tensionamento produz sobre essas grandezas e alterando igualmente os valores das trações e flechas a serem medidas durante as montagens. No presente exemplo, em vãos de cerca de 335m, as flechas das tabelas são cerca de 5 [cm] menores do que aquelas calculadas como módulos de elasticidade e coeficientes de expansão lineares finais. Pode-se compensar esse fato, empregando-se flechas das tabelas, correspondentes às temperaturas dos cabos na hora do flechamento, acrescidas de um grau centígrado.

4.4.8 - Tabelas de flechamento dos cabos pára-raios

São calculadas de maneira idêntica às anteriores , respeitando-se os limites de tração estipuladas pela NBR 5422 para o tipo de cabo empregado. No Cap. 3 foi visto que as trações em vãos grandes variam menos sob a ação da variação das cargas externas do que em vãos pequenos. Isto é tão mais verdadeiro em cabos de pequenos diâmetros e elevados módulos de elasticidade, pois alongamentos elásticos específicos são menores. Nessas condições, para os cabos pára-raios de aço tipo EAR, pode-se esperar uma variação da ordem de 3 a 4% da carga de ruptura, entre a tração na condição de maior duração e a de máximo carregamento, conforme se pode verificar.

Sendo:

- p_1 = 4,020N/m (0,410kgf/m) o peso unitário do cabo
- p_2 = 5,0207N/m (0,512kgf/m) o seu peso virtual unitário sob ação do vento de projeto
- t_1 = 21°C a temperatura de maior duração
- t_2 = 15°C a temperatura coincidente
- T_{01} = 9.582,42N (977,2kgf) a tração máxima na condição de maior duração (14% da carga nominal de ruptura, conforme a NBR 5422)
- $E = 189.550 N/m^2$ ($19.330 kgf/mm^2$)
- $\alpha_t = 12,56 \cdot 10^{-6}$ 1/°C
- d = 0,009225m o diâmetro do cabo
- $S = 55,421 \cdot 10^{-6}\ m^2$ a área de sua secção transversal
- T_{02} [N] (ou kgf) é a tração no cabo na condição de máxima carga

Substituindo os valores na equação da "mudança de estado", para a condição de máximo carregamento, ter-se-á:

$$T_{02}^3 - 299,72 T_{02}^2 = 1,3085 \cdot 10^9$$

cuja solução é

$$T_{02max} = 1.203 kgf$$

Refeita a verificação do vão crítico (Eq. 4.4), conclui-se que nesse caso ele também não é definido. Portanto, a condição de máxima duração é a regente.

TABELA 4.6 - TABELA DE FLECHAMENTO
TRAÇÕES = f (TEMPERATURA)
Cabos pára-raios EAR de 9,525mm

t [°C]	T_{o2}		t [°C]	T_{o2}	
	[N]	[kgf]		[N]	[kgf]
15	10.345	1.055	27	9.306	949
17	9.777	997	29	9.218	940
19	9.679	987	31	9.139	932
21	9.580	977	33	9.051	923
23	9.482	967	35	8.963	914
25	9.404	959	37	8.884	906

Para os mesmos vãos de controle dos condutores, as flechas nos cabos pára-raios serão:

TABELA 4.7 - TABELA DE FLECHAMENTO
FLECHAS = f (TEMPERATURAS)
Cabos pára-raios EAR - 9,525mm

Vãos a / Temp. [°C]	FLECHAS [m]			
	6 - 7	14 - 15	26 - 27	29 - 30
	328	206	397	336
15	5,23	2,06	7,66	5,84
17	5,53	2,18	8,10	5,80
19	5,59	2,20	8,18	5,86
21	5,64	2,23	8,27	5,92
23	5,70	2,25	8,35	5,98
25	5,75	2,27	8,42	6,03
27	5,81	2,29	8,51	6,10
29	5,87	2,31	8,59	6,16
31	5,92	2,33	8,67	6,21
33	5,97	2,36	8,75	6,26
35	6,03	2,38	8,84	6,33
37	6,09	2,40	8,92	6,39

4.5 - BIBLIOGRAFIA

1 - CIGRE SC-22 - WG-02 - "Environmental Impact of Transmission Lines - Proc. Open Conference on HV Transmission Lines" - Ago. 1983 - Rio de Janeiro.

2 - ALMEIDA, M. A. - "Projetos de Linhas de Transmissão por Computador" - Publ. BH/GTR/i3. II Seminário Nacional de Produção e Transmissão de Energia Elétrica, B. Horizonte, 1973.

3 - MONTEIRO, L. C. G. e Franco, F. L. - "Locação de Torres por Computador" - Rev. Energia Elétrica - Ed. Max Gruennwald, S. Paulo, 1979.

4 - IEEE - "A Guide for the Selection and Application of Transmission Conductor Stringing Sheaves" - Subcomittee Report - IEEE - PES Summer Meeting EHV/UHV Conference - Vancouver, Canadá, 1973.

5 - LUMMIS, J. e Fischer Jr., H. D. - "Practical Application of Sag and Tension Calculations to Transmission Line Design" - Trans. AIEE - PAS Vol. 74, Part III, Pg. 402 a 416 - N. York, 1955.

6 - WINKEKMANN, P. F. - "Sag-Tension Computations and Field Measurements of Bonneville Power Administration - Trans. AIEE, PAS Vol. 78, Part III B - Pg. 1532 a 1547 - N. Iorque, 1959

7 - OLIVEIRA NETO, J. I. de e outros - "Curso Básico com Noções Gerais de Linhas de Transmissão" - Fases de Construção de LTS" - Módulo 6 - Furnas Centrais Elétricas S/A - Centro de Treinamento de Fiscais de Linha - Rio de Janeiro.

8 - FUCHS, R. D. e outros - "Condição Regente no Projeto das Linhas de Transmissão" - Mundo Elétrico - Nº 284, Pg. 21 a 25, São Paulo, Maio de 1983.

9 - FUCHS, R. D. e outros - "Considerações Sobre o Vão Básico no Projeto das Linhas de Transmissão" - Mundo Elétrico - Nº 264, Pg. 47 a 51, São Paulo, Set. 1981.

10 - BUGSDORF, V. e outros, "Permanent Elongation of Conductor; Predictor Equation and Evolution Methods"' Revista "Electra" - N° 75, CIGRÉ, Paris, 1981.

PROGRAMA PARA CÁLCULO DE ALONGAMENTO TOTAL DOS CABOS CONDUTORES DAS LT POR ACOMODAÇÃO GEOMÉTRICA E POR FLUÊNCIA
(Adaptado para a calculadora CASIO PB 700 e 770)

```
5 CLEAR
10 DIM D(6)
20 DIM T(6)
30 DIM R(6)
40 DIM P(6)
50 DIM A(3)
60 DIM B(3)
70 DIM C(3)
80 DIM E(3)
90 DIM F(3)
100 DIM G(6)
105 REM LEITURA DE DADOS
110 CLS
115 INPUT "SECAO TRANSV. (mm^2)";S
120 INPUT "MOD. ELASTIC. FINAL (kgf?mm^2)";EE
130 INPUT "COEF. DIL. TERM. FINAL (1/G.C.)";AT
140 INPUT "VAO PARA CALCULO (m)";VC
150 CLS
160 PRINT "CONSTANTES DA FLUENCIA"
170 PRINT
180 INPUT "k = ";KK
190 INPUT "FI = ";FI
200 INPUT "ALFA = ";AL
210 INPUT "MU = ";MU
220 INPUT "DELTA = ";DE
230 CLS
240 REM DURAC - TEMPO DE DURACAO DO ESTUDO EM HORAS
250 REM TEMP - TEMPERATURA DO CABO EM GRAUS CELSIUS
260 REM TRAC - TRACAO INICIAL DE FLUENCIA EM kgf
270 REM PEVI - PESO VIRTUAL DO CONDUTOR EM kgf/m
280 REM DPIN - DURACAO DO PRIMEIRO INTERVALO DE TEMPO EM HORAS
290 INPUT "NUM. DE ESTADOS ANTES DA ANCORAGEM";N
300 CLS
310 INPUT "NUM. DE ESTADOS DEPOIS DA ANCORAGEM";M
320 CLS
```

```
330 IF N=0 THEN 410
340 PRINT "ANTES DA ANCORAGEM"
345 PRINT
350 FOR I=1 TO N
360 PRINT "DURAC (";I;")";:INPUT D(I)
370 PRINT "TEMP (";I;")";:INPUT T(I)
380 PRINT "TRAC (";I;")";:INPUT R(I)
390 PRINT "PEVI (";I;")";:INPUT P(I)
400 NEXT I
410 IF M=0 THEN 610
415 CLS
420 PRINT "APOS A ANCORAGEM"
425 PRINT
430 J=1
440 FOR I=N+1 TO N+M
450 PRINT "DURAC (";I;")";:INPUT D(I)
460 PRINT "TEMP (";I;")";:INPUT T(I)
465 IF J>1 THEN 475
470 PRINT "TRAC (";I;")";:INPUT R(I)
475 PRINT "PEVI (";I;")";:INPUT P(I)
480 PRINT "DPIN (";I;")";:INPUT A(I-N)
485 J=J+1
490 CLS:NEXT I
600 REM CALCULO DO ALONGAMENTO ANTES DA ANCORAGEM
610 REM TEMPERATURA E ALONGAMENTO CONSTANTES
620 AO=0
630 BO=0
640 CT=0
650 IF N=0 THEN 730
660 FOR I=1 TO N
670 MM=KK*EXP(FI*T(I))*((R(I)/S)^AL)
680 QQ=((R(I)/S)^DE)/MU
690 AA=MM*(D(I)^(1/QQ))
700 AO=AO+AA
710 G(I)=AA
720 NEXT I
730 REM CALCULO DO ALONGAMENTO APOS ANCORAGEM
740 BB=(EE*S*(VC^2))/24
750 J1=N+M
760 EO=0
770 TE=0
780 IF M=0 THEN 1330
790 I=N
800 I=I+1
810 TH=A(I-N)
820 C(I-N)=R(I)
830 MM=KK*EXP(FI*T(I))*((R(I)/S)^AL)
840 QQ=((R(I)/S)^DE)/MU
850 TT=TE+A(I-N)
860 AA=MM*(TT^(1/QQ))
```

```
870 IF I=N+1 THEN CO=AA
880 REM CALCULO DA VARIACAO DA TENSAO x ALONGAMENTO
890 J=0.0
900 J=J+1
910 CC=(BB*(P(I)^2)/(R(I)^2)
920 EP=(AA-ED)*1E-6
930 FF=EE*S*EP
940 GG=BB*P(I)^2
950 LL=CC+FF-R(I)
960 RR=R(I)
970 SS=3*(RR^2)+2*LL*RR
980 R(I)=RR-((RR^3)+LL*(RR^2)-GG)/SS
990 IF ABS (RR-R(I)) > 1.0 THEN 960
1000 MM=KK*EXP(FI*T(I))*((R(I)/S)^AL)
1010 QQ=((R(I)/S)^DE)/MU
1020 TE=(AA/MM)^QQ
1030 DT=(0.8*J)^1.25
1040 TT=TE+INT DT
1050 TH=TH+INT DT
1060 IF TH >= D(I) THEN 1110
1070 EO=AA
1080 AA=MM*(TT^(1.0/QQ))
1090 CO=CO+(AA-EQ)
1100 GOTO 900
1110 B(I-N)=J
1120 BO=BO+CO
1130 CT=CT+D(I)
1140 G(I)=CO
1150 E(I-N)=R(I)
1160 F(I-N)=TH
1170 CO=0
1180 REM CALCULO DA MUDANCA DE ESTADO
1190 IF I=J1 THEN 1330
1200 CC=(CB*P(I)^2)/(R(I)^2)
1210 FF=EE*S*AT*(T(I+1)-T(I))
1220 GG=BB*P(I+1)^2
1230 LL=CC+FF-R(I)
1240 R(I+1)=R(I)
1250 RR=R(I+1)
1260 SS=3*(RR^2)+2*LL*RR
1270 R(I+1)=RR-((RR^3)+LL*(RR^2)-GG/SS
1280 IF ABS (RR-R(I+1)) > 1.0 THEN 1250
1290 MM=KK*EXP(FI*T(I+1))*((R(I+1)/S)^AL)
1300 QQ=((R(I+1)/S)^DE)/MU
1310 TE=(AA/MM)^QQ
1320 GOTO 800
1330 AC=BO-AO
1500 REM SAIDA DE DADOS
1510 REM
1520 CLS
```

```
1530 PRINT "RESULTADOS OBTIDOS"
1540 IF INKEY$="" THEN 1550
1560 CLS
1570 IF N=0 THEN 1630
1580 FOR I=1 TO N
1590 PRINT "ESTADO";I
1600 PRINT "ALONGAMENTO";G(I)
1610 IF INKEY$="" THEN 1610
1620 CLS:NEXT I
1630 IF M=0 THEN 1890
1640 CLS
1650 PRINT "APOS A ANCORAGEM"
1660 IF INKEY$="" THEN 1660
1670 REM NITE - NUMERO DE INTERACOES
1680 REM TINI - TRACAO NO INICIO DE CADA ESTADO
1690 REM TFIN - TRACAO AO FINAL DE CADA ESTADO
1700 REM NHOR - NUMERO TOTAL DE HORAS CALCULADAS
1710 CLS
1720 FOR I=N+1 TO N+M
1730 PRINT "ESTADO";I
1740 PRINT "ALONG.";G(I)
1750 PRINT "NITE";B(I-N)
1760 IF INKEY$="" THEN 1760
1770 CLS
1780 PRINT "TINI";C(I-N)
1790 PRINT "TFIN";E(I-N)
1800 PRINT "NHOR";F(I-N)
1810 IF INKEY$="" THEN 1810
1820 CLS:NEXT I
183 CLS
1840 PRINT "ALONGAMENTO TOTAL APOS A ANCORAGEM";BO
1850 IF INKEY$="" THEN 1850
1860 CLS
1870 PRINT "O ALONG. A SER COMP. EM";CT;"HORAS EM";AC;"(mm/km)"
1880 IF INKEY$="" THEN 1880
1890 END
```

5

Estruturas para linhas de transmissão

5.1 - INTRODUÇÃO

As estruturas de uma linha aérea de transmissão de energia são os elementos de sustentação mecânica dos cabos (condutores e pára-raios). São os elementos da L.T. responsáveis pela manutenção das distâncias de segurança entre os cabos, das alturas de segurança entre os cabos e o solo ou obstáculos transpostos e ainda dos distanciamentos mínimos entre toda parte energizada da L.T. de qualquer elemento estranho à mesma.

Pode-se imaginar que o conjunto de condutores de uma L.T., envolto pelo espaço necessário ao isolamento de seu nível de tensão, constitui um prisma condutor de energia. Desde que os cabos suportem às solicitações mecânicas a que são submetidos, cabe às estruturas (suportes da linha) a responsabilidade de manter a integridade desse prisma condutor, absorvendo todos os esforços mecânicos gerados nos pontos de sustentação, em todas as situações de uso, ao longo de toda a vida da linha e transmití-los com segurança às estruturas de fundações, que por sua vez implantarão a L.T. no terreno.

5.1.1 - Classificação

Vários critérios permitem classificar as estruturas de uma L.T., conforme visto no capítulo 1, ou seja:

Classificação segundo a função estrutural:

- Estruturas de suspensão
- Estruturas de ancoragem
- Estruturas para ângulos
- Estruturas de derivação
- Estruturas de transposição de fases

Classificação segundo a forma de resistir das estruturas:

- Estruturas autoportantes
- Estruturas rígidas (Fig. 1.2b)
- Estruturas flexíveis (Fig. 1.42)
- Estruturas mistas ou semi-rígidas (Fig. 1.43)
- Estruturas estaiadas (Fig. 1.2a; Fig. 1.45)

Classificação segundo os materiais estruturais:

- Estruturas de madeira
- Estruturas de concreto armado
- Estruturas metálicas

5.1.2 - Materiais estruturais

Bàsicamente os materiais usados como estruturas das L.T. são: as madeiras, o concreto armado e os metais

A madeira para uso estrutural deve ser de lei, por exemplo a aroeira, ou uma madeira não nobre, porém convenientemente tratada de tal forma a garantir certas qualidades necessárias ao bom desempenho a que se propõe, por exemplo algumas espécies de eucalipto (citriodora, polipticornius e alba). As características necessárias à madeira de uso estrutural são: dureza, resistência ao intemperismo, fibras entrelaçadas, e difícil ataque por bactérias e microorganismos.

A grande vantagem do uso do eucalipto é que por ser uma árvore de crescimento acelerado, o plantio de espécies adequadas em condições ideais dão retorno relativamente rápido, e com possibilidade de se conseguir peças retilíneas com até 20 metros de comprimento e diâmetros variados. Os troncos devem ser descascados logo após abatidos, os extremos cintados com arame de aço para evitar rachaduras longitudinais, e então tratados com óleos especiais em autoclaves de alta temperatura e pressão.

O concreto armado usado como estrutura de L.T. tem a grande vantagem de permitir a prefabricação das peças próximo aos locais de uso. No entanto, exige equipamentos especiais para o transporte, manuseio e montagem, além de ser extremamente pesado e frágil.

Metais para o uso estrutural em L.T. devem ter alta resistência mecânica, alta resistência à corrosão, baixo peso específico e baixo custo de produção. Atualmente, os mais usuais são os aços de alta resistência, os aços-carbono galvanizados a fogo e as ligas de alumínio.

Aços de alta resistência são empregados na confecção de postes cônicos ou tubulares de grandes comprimentos. Os perfilados de aço-carbono galvanizados, bem como os de alumínio, são ideais para os projetos de grandes estruturas treliçadas.

Além do baixo peso específico e alta resistência à corrosão, os perfilados de alumínio têm a grande vantagem de serem estrudados. Fato que permite ter uma grande variedade de secções tansversais de perfis, inclusive com características mecânicas mais avantajadas que as convencionais cantoneiras laminadas de aço. Contrapesa para as estruturas de alumínio o seu elevado custo, a facilidade de vandalismo e sua menor resistência mecânica.

Tanto a madeira, quanto o concreto armado e até mesmo os aços de alta resistência prestam-se à confecção de postes e à montagem de estruturas relativamente simples como estruturas H, T, X e outras. Normalmente, os fabricantes já têm à disposição do mercado conjuntos de estruturas, denominadas de famílias, que atendem às solicitações padrões de algumas classes de tensões e filosofias de transmissões. Por exemplo:

- Família de estruturas de concreto duplo T para circuito duplo de 138kV.
- Família de estruturas de madeira para 69kV
- Família de postes de aço para circuito duplo de 69kV
- Família de estruturas estaiadas de concreto tubular para circuito simples de 500kV

Grandes estruturas, porém, só são viáveis lançando-se mão de estruturas treliçadas construídas com perfis metálicos.

5.2 - ESTRUTURAS TRELIÇADAS EM AÇO GALVANIZADO

A opção de se usar estruturas treliçadas para a construção dos suportes de uma L.T., é uma solução bastante versátil. Praticamente qualquer problema de altura, disposição, carregamento, distanciamento, etc, de cabos e equipamentos, são fáceis de serem resolvidos e sempre uma estrutura pode ser usada, modificada ou mesmo projetada para a absorção e transmissão, com segurança, das cargas mecânicas que deve suportar.

Assim como as estruturas mais simples, as estruturas treliçadas também compõem famílias que atendem os casos corriqueiros de determinadas classes de tensão e filosofias de transmissão. Como tal, existem muitas famílias, de arquiteturas definidas e projetadas, normalizadas por concessionárias e à disposição pelos fabricantes no mercado.

Por exemplo: para a construção de uma linha 460kV, circuito duplo em formação triangular, quatro condutores "grosbeak" por fase, dois pára-raios 7x9AWG, a CESP tem padronizada a seguinte família de estruturas projetada pela SAE e usadas de acordo com as tabelas das figuras 5.1, 5.2 e 5.3:

- Estrutura **SD** - torre de suspensão simples - 0°
  Vão médio 430m, vão de peso 700m

- Estrutura **S1D** - torre de suspensão reforçada - 0°
  Vão médio 530m, vão de peso 700m

- Estrutura **S2D** - torre de suspensão para ângulo de até 3°
  Vão médio 480m, vão de peso 900m

- Estrutura **AD** - torre de ancoragem para ângulo de até 40°
  Vão médio 430m, vão de peso 800m

- Estrutura **A1D** - torre de ancoragem para ângulo de até 10°
  Vão médio 325m, vão de peso 1.200m

- Estrutura **TR** - torre para transposição de fases - 0°
  Vão médio 350m, vão de peso 700m

Para casos especiais, impossíveis de serem resolvidos com uma das estruturas padronizadas, parte-se para o projeto de uma estrutura especial que atenda às solicitações e situações específicas.

No exemplo acima, parece a princípio que contamos com 6 tipos de estruturas padronizadas na família. No entanto, cada estrutura tem o seu corpo projetado em módulos, que podem ser acrescentados ou retirados da estrutura básica, elevando assim de 6 para 48 o número de componentes desta família. Acrescente-se ainda a possibilidade de variações dos pés das estruturas (Fig. 5.4), que permitem o seu assentamento em terreno de topografia inclinada. Como a família de pés conta com 5 variedades, o número total de elementos na família das estruturas sobe para 240 tipos.

É grande o número de famílias padronizadas por fabricantes e normalizadas por concessionárias. No entanto, é totalmente livre o projeto de novas arquiteturas, tanto para famílias completas, quanto para soluções específicas.

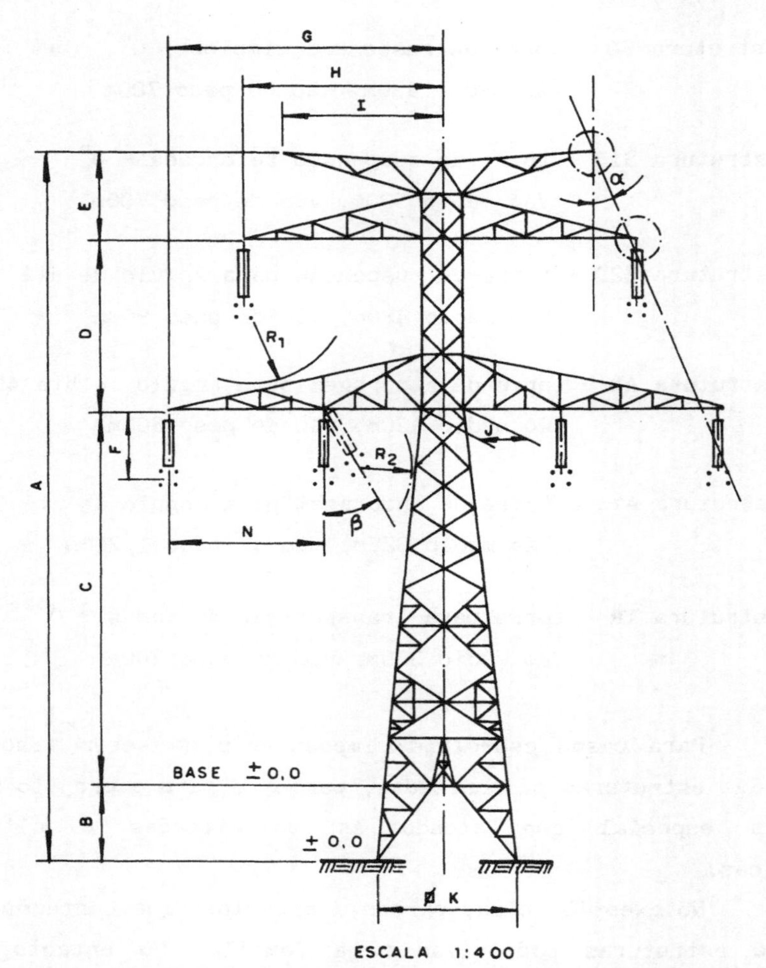

DIMENSÕES (m) - BASE ± 0,0 - PÉS ± 0,0															
TORRES	A	B	C	D	E	F	G	H	I	J	K	N	R1	R2	α	β
SD	42,86	4,70	23,10	10,06	5,00	4,64	15,35	10,85	8,60	2,35	7,74	9,00	4,20	4,40	20°	–
S1D	42,80	4,70	23,10	10,00	5,00	4,64	16,30	11,35	9,55	2,50	7,96	9,90	4,20	4,40	20°	–
S2D	43,10	4,70	23,30	10,10	5,00	4,64	18,70	13,25	12,00	2,50	8,63	10,90	4,20	4,40	20°	15°

TORRES	PESO COM "STUB" (kgf)									
PÉS±0,0	BASE-6,0	BASE-3,0	BASE±0,0	BASE+3,0	BASE+6,0	BASE+9,0	BASE+12,0	BASE+15,0	BASE+18,0	BASE +24,0
SD	9394	10474	11464	12164	13324	14134	15254	16944	18164	——
S1D	11256	12190	13215	14201	15093	16671	17534	18942	19627	——
S2D	13304	14554	15864	16794	18004	19324	29714	21974	23234	24414

Fig. 5.1 - Torre de Suspensão - Tipos SD, S1D e S2D
460kV - Circuito duplo

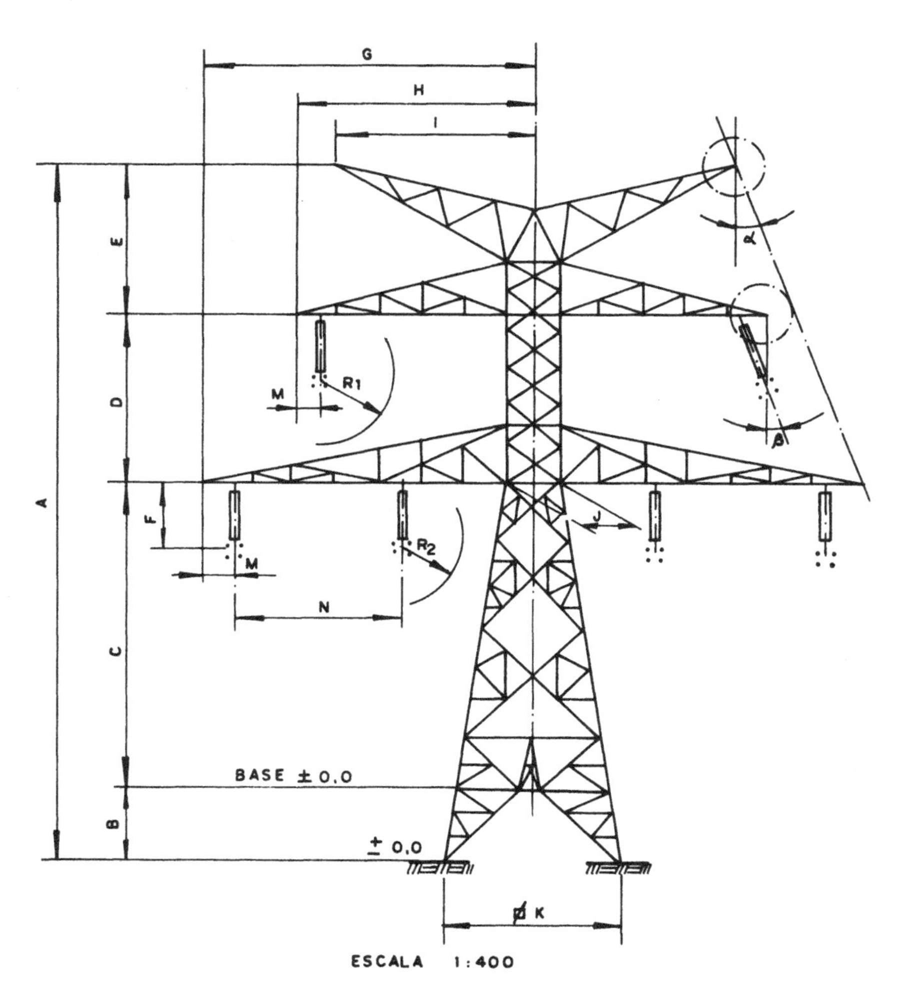

DIMENSÕES (m) – BASE ± 0,0 – PÉS ± 0,0																
TORRE	A	B	C	D	E	F	G	H	I	J	K	M	N	R1	R2	α	β
AD	42,60	4,70	18,45	10,40	9,05	4,64	18,30	13,50	11,50	3,00	9,52	1,70	9,60	4,20	4,40	20°	20°
A1D	42,50	4,70	18,45	10,30	9,05	4,64	17,50	12,50	10,70	3,00	9,52	0,45	10,00	4,20	4,40	20°	5°

TORRE PÉS±0,0	BASE COM "STUB" (kgf)						
	BASE-6,0	BASE-3,0	BASE±0,0	BASE+3,0	BASE+6,0	BASE+9,0	BASE+12,00
AD	25120	27010	29570	31550	33560	35960	38390
A1D	22190	23690	25690	27280	28830	30700	32580

Fig. 5.2 - Torre de ancoragem - tipos AD e A1D
460kV - Circuito duplo

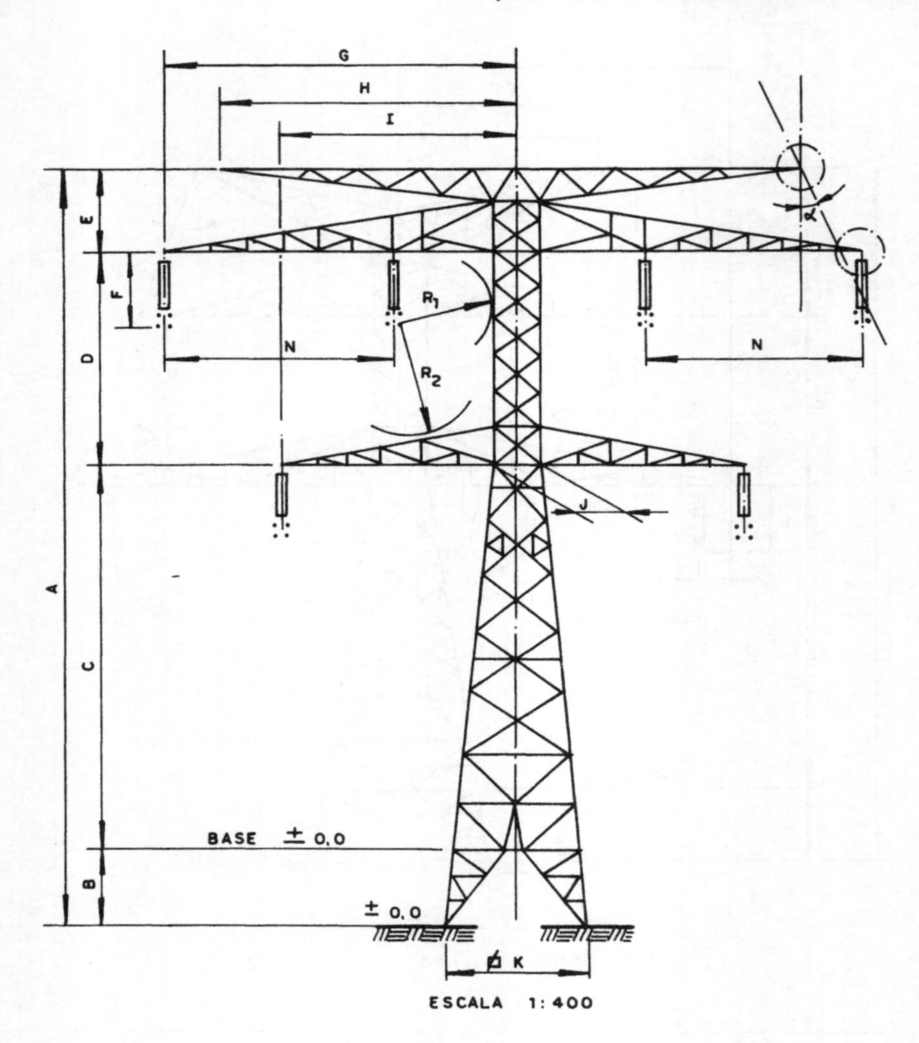

DIMENSÕES (m) – BASE ± 0,0 – PÉS ± 0,0														
TORRE	A	B	C	D	E	F	G	H	I	J	K	N	R1	R2	α
TR	46,0	4,7	23,3	13,0	5,0	4,64	20,0	17,0	13,5	2,5	8,63	13,0	4,4	4,2	20°

TORRE PÉS±0,0	PESO COM "STUB" (kgf)					
	BASE-3,0	BASE±0,0	BASE+3,0	BASE+6,0	BASE+9,0	BASE+12,0
TR	15804	17094	18184	19204	20574	21834

Fig. 5.3 - Torre de transposição - tipo TR
460kV - circuito duplo

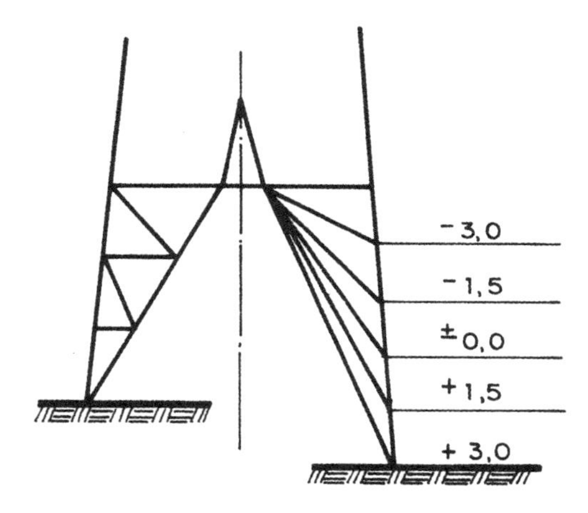

Fig. 5.4 - Pés desnivelados

5.2.1 - Elementos

Todas as estruturas treliçadas, independentemente dos materiais utilizados em suas confecções, são projetadas peça a peça, tal como se fosse a especificação de um grande quebra-cabeça. Também independendo de tamanhos, finalidades e qualquer outra variável, as estruturas treliçadas compõem-se invariavelmente de dois tipos de elementos, que são os membros e os nós. Os membros são tracionados ou comprimidos e os nós denominados de conectores ou junções.

Para efeitos de projetos, temos:

- Membros
- Conectores ou junções

5.2.1.1 - Membros

Nas torres treliçadas em aço galvanizado, os membros invariavelmente são construídos de cantoneiras de aço carbono e galvanizadas a fogo depois de furadas, cortadas e usinadas.

O membros, também chamados de pernas ou barras da treliça, são sujeitos apenas a dois tipos de esforços: tração e compressão, como tal são dimensionados. Para que a realidade se aproxime das hipóteses de cálculos, as cargas devem ser aplicadas apenas nos nós das treliças, logo os nós deverão ser criados sempre que uma carga se situar no meio de uma barra.

Cargas distribuídas, de peso próprio e ação de vento, introduzem esforços de flexão nos membros, que são desprezados no dimensionamento próprio.

Um mesmo membro, que em uma situação de carregamento, se encontra tracionado, pode em outra situação de carga se apresentar comprimido, bem como descarregado, (Fig. 5.5).

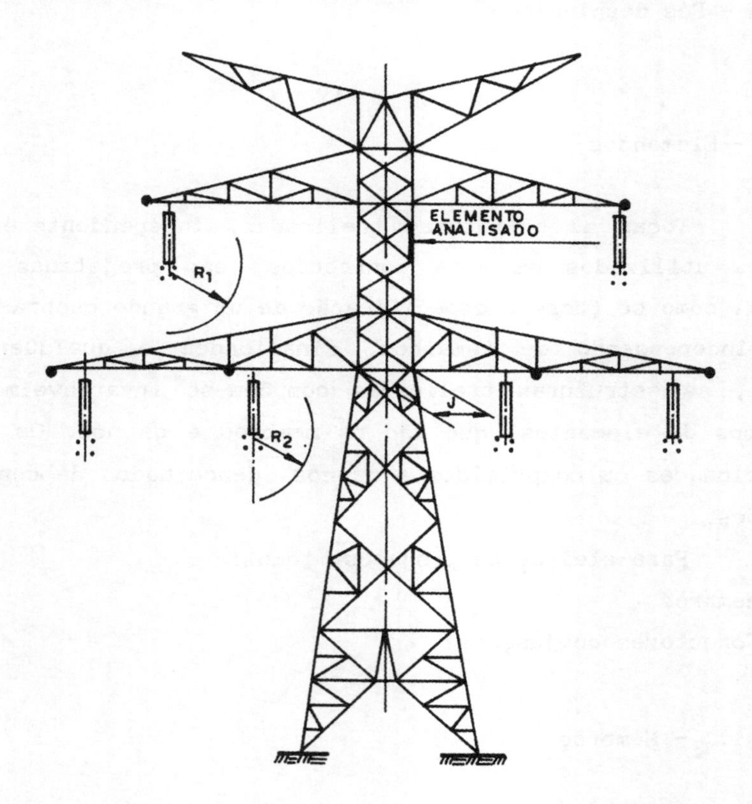

a - Vento à esquerda ⟶ esforço de tração
b - Vento à direita ⟶ esforço de compressão

Fig. 5.5 - Ação do vento nos membros da treliça

5.2.1.2 - Conectores ou junções

São os elementos responsáveis pela conexão entre os membros da treliça, bem como ancoragem das cargas externas à estutura: penca de isoladores, suportes dos pára-raios e conexão dos cabos de estaiamentos (Fig. 5.6 e 5.7).

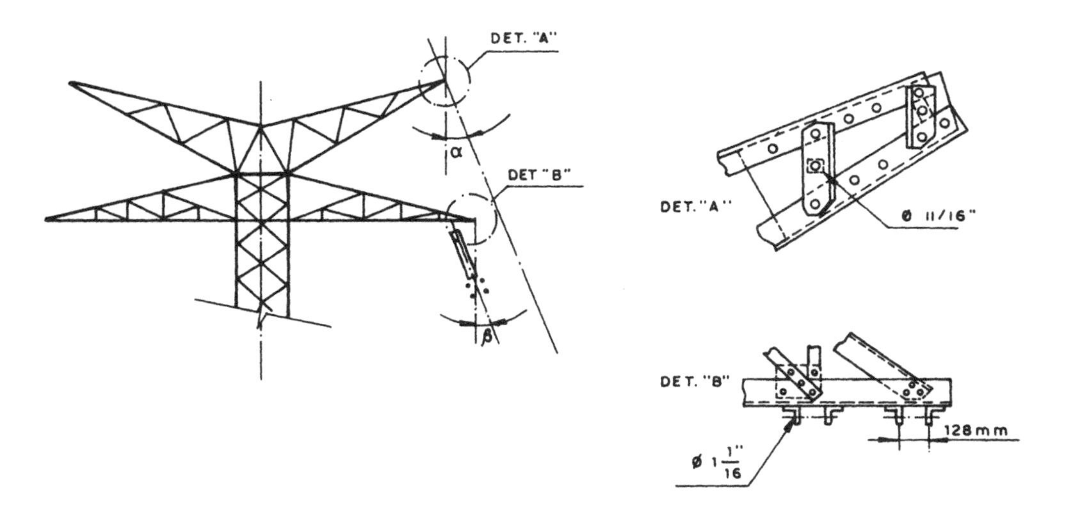

Fig. 5.6 - Detalhe de fixação de cadeias

Qualquer que seja a finalidade, são construídos por pedaços de cantoneiras ou chapas cortadas, convenientemente furadas e conexões garantidas por parafusos e porcas, igualmente galvanizados.

As cantoneiras dos montantes são emendadas por pedaços de cantoneiras convenientemente projetadas como conectores, de tal forma que todos os esforços mecânicos sejam transmitidos com segurança, (Fig. 5.7).

As conexões entre os demais membros, ou entre estes e os montantes, são feitos com chapas convenientemente cortadas, furadas e dimensionadas para as respectivas transmissões de esforços (Fig. 5.8).

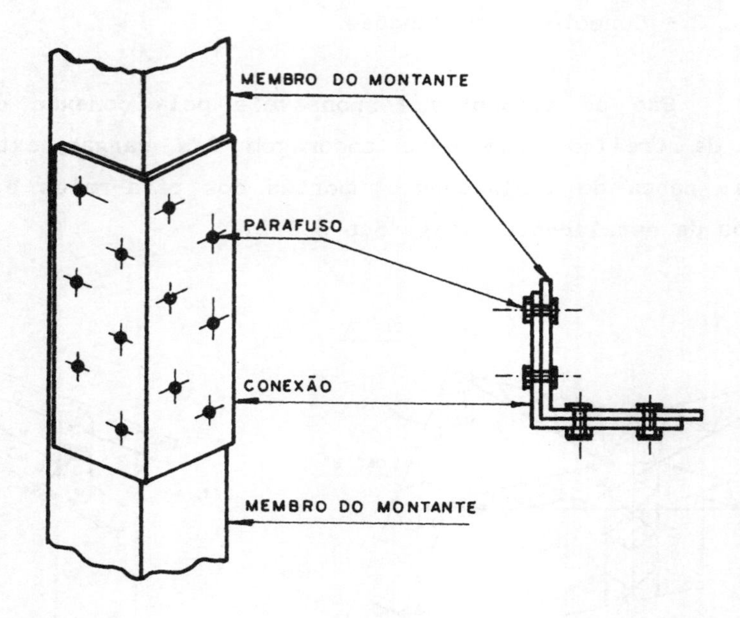

Fig. 5.7 - Conexão de montantes

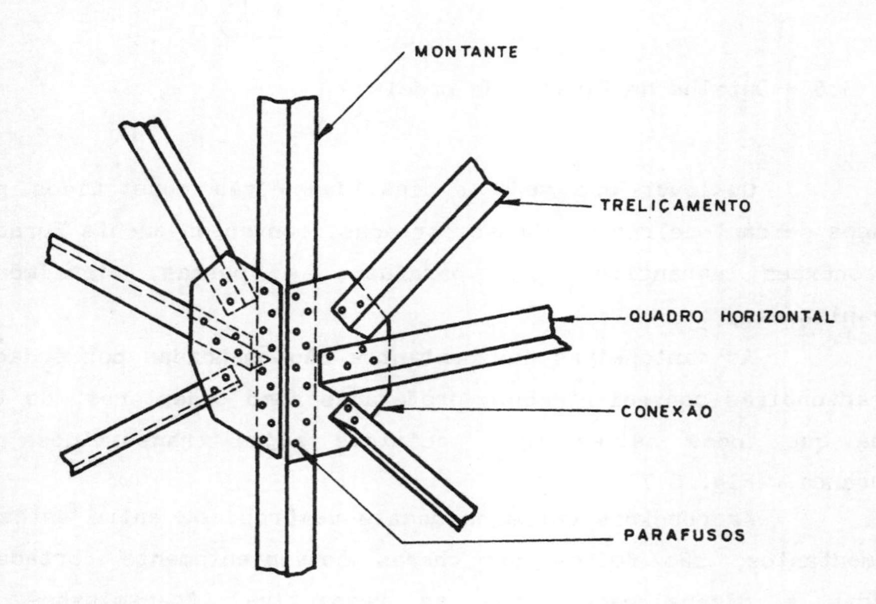

Fig. 5.8 - Conexão entre montante e outros membros

5.2.2 - Normas e recomendações

Embora as barras componentes da estrutura sejam dimensionads apenas aos esforços de tração e/ou compressão, desprezando-se o flexionamento devido ao peso próprio e esforço de vento, a flexão deve ser verificada nos elementos que servem de suportes ao pessoal da montagem e da manutenção. Como tal, estes elementos devem ser verificados para resistirem uma carga de 100 kgf (980,665 N) dentro do limite elástico do material e aplicada verticalmente na posição mais desfavorável.

O dimensionamento à tração considera apenas a área líquida de seção (descontada a área correspondente à furação para os parafusos) e a tensão de escoamento do aço em uso.

O dimensionamento à compressão leva em conta a flambagem, que por sua vez considera o tipo de aço em uso, a esbeltez da peça, a compacidade da seção do perfil, o grau de fixação e a excentricidade na aplicação dos esforços.

5.2.2.1 - Índice de esbeltez

Os índices de esbeltez máximos admissíveis são os indicados na Tab. 5.1

TABELA 5.1 - ÍNDICE DE ESBELTEZ

Elementos		Índice de esbeltez - λ
Comprimido	Montante	150
	Braços	150
	Diagonais	200
Tracionados		375
Redundantes não calc.		250

5.2.2.2 - Perfilados mínimos

Os perfilados mínimos indicados para a construção de estruturas de torres de L. T. são:

- Pernas ou montantes: **L 2"x1/4"**
- Diagonais e outros : **L 1 3/4"x3/16"**

Quanto à espessura mínima dos perfis utilizados, recomenda-se os da Tab. 5.2 abaixo:

TABELA 5.2 - ESPESSURA DOS ELEMENTOS

Elemento	Espessura - t
Montante	4 mm (≅ 3/16")
Outros	3 mm (≅ 1/8")
Chapas de ligação	4 mm (≅ 3/16")

5.2.2.3 - Conectores

Nos conectores, os parafusos devem ser dimensionados à tração e ao cisalhamento, as chapas e perfis devem ser verificados quanto ao esmagamento. Para vencer o cisalhamento, pode-se usar chapas duplas, uma de cada lado dos perfis a serem conectados, nos conectores. O espaçamento e posição da furação devem ter critérios que minimizem os problemas de concentrações de esforços, ao mesmo tempo que facilitem a fabricação e a montagem.

Os furos de um membro normalmente são feitos em conjunto e puncionados diretamente nos diâmetros nominais definitivos. As seguintes relações devem ser satisfeitas:

$d' \leq D + 1{,}6$

$t \geq d' + 1{,}6$ mm, onde

$L1 \geq 1{,}2D$ - para borda laminada

$L1 \geq 1{,}4D$ - para borda cortada

$L2 \geq 2{,}3D$

Onde:

D = diâmetro do parafuso

t = espessura do material puncionado

d' = diâmetro do furo

L1 = distância entre o centro do furo e a borda

L2 = distância entre centros de furos

5.2.2.4 - Marcação

Cada elemento da estrutura deve ser marcado, de tal forma a permitir que se indentifique sua posição na estrutura e a estrutura a qual pertence.

5.2.2.5 - Parafusos

Os parafusos devem ter um diâmetro mínimo de 12mm e um diâmetro máximo compatível com a largura da aba do perfil em uso. Os valores recomendados são os da Tab. 5.3.

TABELA 5.3 - RECOMENDAÇÃO DOS PARAFUSOS EM FUNÇÃO DA LARGURA DAS ABAS

Largura mín. da aba (mm)	35	40	45	50	60	65	75	80
Diam. máx. parafuso (mm)	12	14	16	19	22	25	28	32

5.2.2.6 - Proteção à corrosão

A proteção contra a corrosão de todos os elementos da estrutura, deve ser feita pela galvanização a fogo. O consumo de zinco por metro quadrado de área galvanizada deve satisfazer a valores mínimos. Veja Tab. 5.4.

TABELA 5.4 - MASSA DA CAMADA DE ZINCO (g/cm^3)

Peças	Valor médio das peças ensaiadas	Valor individual da cada peça
Parafusos e porcas	380	305
Chapas e perfis de espes. inferior a 5,0mm	610	550
Chapas e perfis de espes. igual ou sup. a 5,0mm	700	610

5.2.2.7 - Compacidade

Denomina-se compacidade de uma cantoneira à relação b/t, como mostra a Fig. 5.9, onde é válida a seguinte relação:

$$a = b + d + t$$

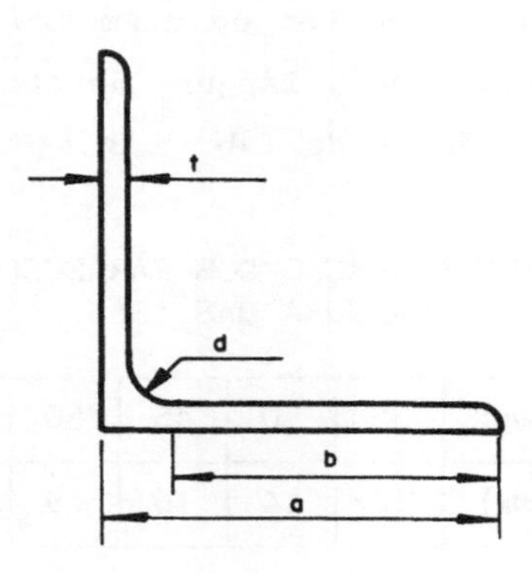

Fig. 5.9 - Cantoneira de abas iguais

Em função da compacidade (b/t) da cantoneira e da tensão mínima de escoamento do aço utilizado (σ_e), os perfis são separados em três grupos para a prevenção de flambagem local, conforme a Tab. 5.5. Não se admite compacidade superior a 20.

TABELA 5.5 - COMPACIDADE

↓ Grupo Aço →	Aço comum σ_e = 2500kp/cm2	Aço AR σ_e = 3500kp/cm2
1. Grupo $b/t \leq 663/\sqrt{\sigma_e}$	13	11
2. Grupo $663/\sqrt{\sigma_e} \leq b/t \leq 994/\sqrt{\sigma_e}$	13 - 20	11 - 20
3. Grupo $994/\sqrt{\sigma_e} \leq b/t \leq 20$	≤ 20	≤ 20

5.2.2.8 - Esbeltez efetiva

Denomina-se esbeltez λ, de uma haste perfilada e birrotulada à relação:

$$\lambda = l/r$$

Onde:

l = comprimento de flambagem do perfil

r = raio de giração da seção do perfil

Na realidade, a grande maioria dos membros de uma estrutura não são birrotulados, mas sim engastados, semi-engastados, etc. Logo, o comprimento real de cada perfil da estrutura não é o valor l a ser considerado no cálculo da flambagem. O que se faz na prática é considerar o comprimento real l e corrigir a esbeltez λ para um novo valor λ_e, denominado de esbeltez efetiva, a ser considerada no cálculo do perfil à compressão.

Ligações com apenas um parafuso são consideradas rotuladas. Quando a conexão é feita por mais de um parafuso, deve ser considerada parcialmente engastada, porém com a ressalva de que o elemento analisado esteja sendo conectado a outro suficientemente rígido e o desenho da chapa de conexão minimize a excentricidade do carregamento transmitido.

Para as várias alternativas de carregamentos e conexões, os índices de esbeltez efetiva são os da Tab. 5.6.

TABELA 5.6 - ÍNDICE DE ESBELTEZ EFETIVA

λ	Carregamento Conexão	λ_e
$\lambda \leq 120$	Carregamento concêntrico nos cabos nos dois extremos	$\lambda = \lambda_e$
	Carga concêntrica em um extremo e excêntrica no outro	$\lambda_e = 30 + 0{,}75\lambda$
	Carregamento excêntrico nos dois extremos	$\lambda_e = 60 + 0{,}50\lambda$
$\lambda > 120$	Elementos rotulados nos dois extremos	$\lambda_e = \lambda$ $(\lambda \leq 200)$
	Elementos parcialmente engastados em um extremo e rotulado no outro	$\lambda_e = 28{,}6 + 0{,}762\lambda$ $(\lambda \leq 225)$
	Elemento parcialmente engastado nos dois extremos	$\lambda_e = 46{,}2 + 0{,}615\lambda$ $(\lambda \leq 250)$

5.2.2.9 - Formulário para compressão

Formulário para o dimensionamento de perfis sujeitos à compressão:

$$\sigma_c = \sigma - \left(\frac{\sigma^2}{4\pi^2 E}\right) \lambda_e^2 \text{.................para } \lambda_e \leq C$$

$$\sigma_c = \frac{\pi^2 E}{\lambda_e^2} \text{ ....para } \lambda_e \geq C$$

Onde:

$C = \pi\sqrt{2E/\sigma_e}$ – valor crítico da esbeltez efetiva

E = módulo de elasticidade do aço (N/m^2)

σ_c = tensão limite de compressão (N/m^2)

σ é definido para os vários grupos de perfis:

1. grupo: $\sigma = \sigma_e$

2. grupo: $\sigma = \sigma_e \left[1,8 + 0,0021 \cdot (b/t) \cdot \sqrt{\sigma_e}\right]$

3. grupo: $\sigma = 590.580/(b/t)^2$

5.2.2.10 - Ação do vento

O vento não é considerado no cálculo de cada elemento da estrutura (flexão), no entanto sua ação é levada em conta no dimensionamento dos montantes.

Os perfis da estrutura ficam sujeitos à pressão **q** (kgf/m^2) do vento, que por sua vez é função da velocidade **V** (m/s) do mesmo, segundo a relação:

$$q = \frac{V^2}{16}$$

O esforço do vento sobre a estrutura é calculado pela expressão:

$$F_v = C \cdot q \cdot A$$

Onde:

F_v = força sobre a estrutura devida ao vento

C = coeficiente de forma (2,0 a 2,6)

q = pressão do vento (kgf/m^2)

A = duas vezes a área projetada dos perfis que compõem a face da estrutura exposta ao vento.

No cálculo da ação do vento na estrutura, considera-se que a incidência seja normal em apenas uma das faces e variável segundo a tabela 5.7.

TABELA 5.7 - PRESSÃO DO VENTO x ALTURA SOBRE O TERRENO

Altura sobre o terreno (m)	Velocidade do vento		Pressão do vento - q (kgf/m²)
	(km/h)	(m/s)	
0 - 40	100 110 120	27,8 30,6 33,5	48 60 70
40 - 100	135	38,0	90
100 - 150	150	43,0	115
150 - 260	160	45,0	125

5.2.2.11 - Análise dos esforços

Todo o carregamento aplicado à estrutura é absorvido nos nós e transmitidos de nó a nó pelos membros até as fundações. Para a absorção dos vários esforços, as seguintes regras devem ser assumidas:

- Todas as forças transversais são absorvidas pelas faces transversais da estrutura.

- Todas as forças longitudinais são absorvidas pelas faces longitudinais da estrutura.

- Todas as forças verticais são transmitidas pelos braços e montantes (pernas) da estrutura.

- Nos painéis compostos de membros cruzados tracionados, todos os cisalhamentos são resistidos pelos membros tracionados do painel.

- Em painéis compostos de membros designados para resistir compressão ou tração, o cisalhamento é dividido igualmente entre eles.

- Os momentos de torção resultantes de esforços horizontais assimétricos (rompimento ou montagem dos cabos), são resistidos pelos reforços horizontais no nível onde o momento é aplicado.

5.2.2.12 - Resolução das treliças

A resolução das treliças para determinação dos esforços nos elementos conta com vários métodos algébricos, gráficos e computacionais.

Considerando a grande quantidade de elementos em uma estrutura, a distribuição espacial dos mesmos e a disponibilidade de softers adequados, torna-se conveniente o uso computacional na resolução das treliças, que permite além de agilidade uma certa otimização no dimensionamento dos perfis.

Depois de resolvida a treliça e dimensionados os elementos da mesma, parte-se para uma padronização dos perfis, de tal forma que garanta uma certa simetria da estrutura.

5.3 - PROJETO

No projeto mecânico de uma Linha de Transmissão, variáveis de naturezas elétricas, geográficas e climáticas permitem algumas definições características do projeto, tais como: sistema de transmissão (CC ou CA), classe de tensão, número de circuitos, bitola dos condutores e pára-raios e número de condutores por fase, enfim, definição do projeto eletromecânico dos cabos.

Com o levantamento planialtimétrico da faixa de servidão e o perfil do eixo de implantação da L.T., parte-se para a distribuição e definição das estruturas de sustentação no terreno.

Normalmente estudos técnico-econômicos predeterminam a família de estruturas a ser usada na L.T. em projeto. Com a definição das estruturas, o próximo passo é o projeto mecânico das mesmas ou a verificação da resistência mecânica das estruturas dispostas no mercado, para as condições do projeto.

5.3.1 - Dados preliminares

São os dados, já definidos, que permitem o projeto ou a

verificação dos esforços mecânicos que vão solicitar determinada estrutura da L.T.

Exemplo 5.1

Verificar o dimensionamento mecânico da torre tipo S3R da L.T. possuidora das seguintes características:

- Cabos:
  Três conutores ACSR, 636 MCM, 26/7
  Dois pára-raios de aço galvanizado, EHS 3/8", 7 fios
- Vento:
  Velocidade máxima: 130km/h (ABNT)
  Velocidade reduzida: 72km/h (vento médio máximo)
  Pressão para velocidade máxima:
  - para cálculo dos esforços nas torres: 58kgf/m^2
  - para cálculo do balanço das cadeias: 45,6kgf/m^2

  Pressão para velocidade reduzida:
  - para cálculo do balanço das cadeias: 14,0kgf/m^2

  Esforço no condutor devido ao vento máximo:
  - para cálculo dos esforços nas torres: 1,46kgf/m
  - para cálculo do balanço das cadeias: 1,148kgf/m

  Esforço no condutor devido ao vento reduzido:
  - para cálculo do balanço das cadeias: 0,352kgf/m
  - para cálculo dos esforços nas torres: 0,448kgf/m

  Esforço no pára-raios devido ao vento máximo:
  - para cálculo dos esforços nas torres: 0,53kgf/m

  Esforço no pára-raios devido ao vento reduzido:
  - para cálculo dos esforços nas torres: 0,163kgf/m

- Tensões: de acordo com as hipóteses de cálculo e a equação de mudança de estados:
  Do condutor sob vento máximo: 3.150kgf a 10°C
  Do condutor sob vento reduzido: 2.216kgf a 10°C
  Do pára-raios sob vento máximo: 1.400kgf a 10°C

- Estrutura S3R adotada: Mostrada na Fig. 5.10, onde as dimensões foram definidas em função da altura de segurança, do ângulo de balanço das cadeias, do ângulo de cobertura do pára-raios, etc.

- Características dos cabos:
  Condutores:
  - diâmetro: 25,15mm
  - peso unitário: 1,300kgf/m
  - tensão máxima: 3.150kgf
  - ação do vento máximo: 1,46kgf/m

  Pára-raios:
  - diâmetro: 9,15mm
  - peso unitário: 0,407kgf/m

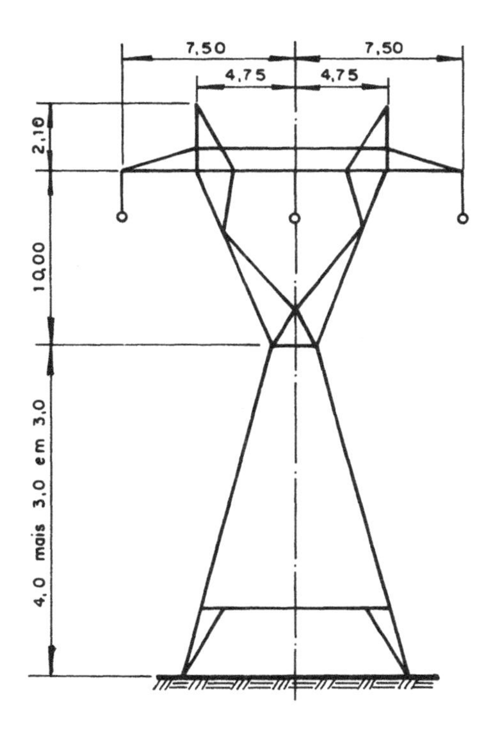

Fig. 5.10 - Esquema da estrutura S3R

- tensão máxima: 1.470kgf
- ação do vento máximo: 0,53kgf/m

- Características da torre S3R
  - Vão médio: 450m, 305m
  - Ângulo: 0°, 3°
  - Vão gravente do condutor: max. 750m, min. 0
  - Vão gravante do pára-raios: max. 1.000m, min. 100m (em suspensão) e 0m (em tração)
  - Peso da cadeia de isoladores: 100kgf
  - Ação do vento nas cadeias de isoladores:
    - para rajadas de 130km/h: 30kgf
    - para rajadas de 72km/h: 10kgf

- Considerações:

Coeficiente para esforços transversais para cabo rompido: 0,80. Leva em consideração a carga de vento ou de peso sobre o vão do cabo intacto e sobre parte do cabo rompido.

Coeficiente para esforços longitudinais: 0,70. Leva em consideração a redução de esforço devido ao deslocamento da cadeia de suspensão do lado do cabo intacto.

Sobrecarga vertical de montagem: sobrecarga existente apenas por ocasião da montagem dos cabos, de acordo com a Fig. 5.11.

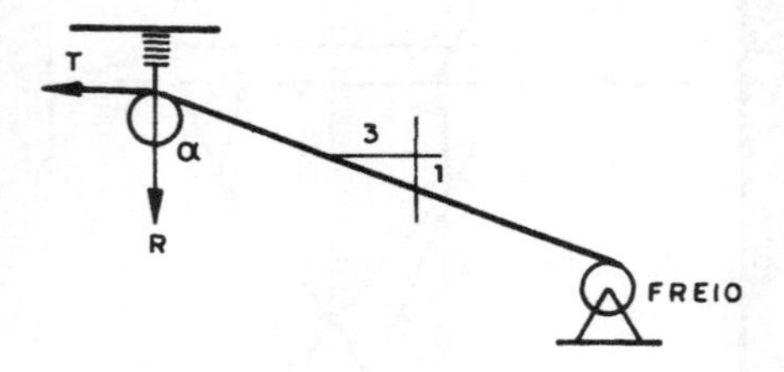

Fig 5.11 - Esforços de montagem

$$R = T_{EDS}.\cos\alpha + 0,75\ a_g p + 400 \text{ (condutor), ou}$$

$$R = T_{EDS}.\cos\alpha + 0,75\ a_g p + 200 \text{ (pára-raios)}$$

onde:

T_{EDS} = tensão EDS
α = ângulo mínimo permitido para posicionamento do freio ($\cos\alpha \geq 0,316$)
a_g = vão gravante
p = peso unitário do cabo
400 = peso de 4 homens mais equipamentos
200 = peso de 2 homens mais equipamentos
0,75 = coeficiente adotado pelo modelo

Esforço longitudinal para o cabo pára-raios intacto: será admitido esse esforço devido ao desequilíbrio de tensões, em vãos adjacentes desiguais, às temperaturas máximas e mínimas.

Considerar a simultaneidade de vento médio máximo com a situação de cabo rompido.

5.3.2 - Hipóteses de cálculo

Durante toda a vida útil da L.T., a mesma passa por inúmeras situações de carregamento mecânico. Quer seja em função das condições climáticas (variações de temperatura, velocidade de ventos, etc.), quer seja em função da taxa de utilização (potência transmitida), quer seja ainda em função de situações anormais (montagem, rompimento de cabos, etc.), as estruturas devem sofrer deformações apenas no regime elástico de seus materiais constituintes e garantir a integridade da linha.

Várias hipóteses de cálculo são então formuladas para que se verifique as máximas solicitações possíveis de cada elemento constituinte de cada estrutura de sustentação da L.T.

Desta forma, cada elemento de cada estrutura é dimensionado à maior solicitação de compressão possível de ocorrer dentre todas as hipóteses de cálculo. Em seguida, suas dimensões são verificadas para o maior esforço de tração possível de ocorrer dentre as mesmas hipóteses.

Não existe uma normalização que indique o número de hipóteses de cálculo que devem ser consideradas no dimensionamento de uma estrutura. Normalmente cada L.T., ou cada estrutura especial, faz jus a um conjunto de considerações que definem o conjunto de hipóteses de cálculo.

Para o exemplo em desenvolvimento, as seguintes hipóteses de cálculo serão consideradas:

- Hipótese 1:
  - todos os cabos intactos,
  - alinhamento reto ou ângulo de até 3°
  - vento máximo
- Hipótese 2:
  - um cabo pára-raios rompido
  - alinhamento reto ou ângulo de até 3°
  - vento médio
- Hipótese 3:
  - um condutor rompido em qualquer posição
  - alinhamento reto ou ângulo de até 3°
  - vento médio
- Hipótese 4:
  - desbalanceamento vertical de montagem
  - vento nulo
- Hipótese 5:
  - carga vertical de montagem
  - vento nulo

5.3.3 - Cálculo dos esforços

O projetista das estruturas, de posse dos dados preliminares da L.T., das hipóteses de cálculo e do projeto de distribuição das estruturas no terreno, tem condições de determinar os esforços atuantes em cada estrutura para cada hipótese de cálculo considerada.

Os esforços atuante nas estruturas são subdivididos em três grupos, de acordo com as direções que solicitam as mesmas. Para o exemplo proposto:

- Esforços horizontais transversais: devidos à ação de ventos laterais nos cabos e equipamentos e tracionamento dos cabos em estruturas de ângulos.

Condutor intacto na hipótese 1:

$$F_t = f_v \cdot (\text{vão médio}) + F_{V_{isol}} = 1{,}46 \cdot 450 + 30 = 690\text{kgf}$$

Condutor intacto nas hipóteses 2 e 3:

$$F_t = f_v \cdot (\text{vão médio}) + F_{V_{isol}} = 0{,}448 \cdot 450 + 10 = 210\text{kgf}$$

Condutor rompido na hipótese 3:

$$F_t = f_v \cdot (\text{vão médio}) \cdot (\text{coef. carga}) + F_{V_{isol}} = $$
$$= 0{,}488 \cdot 450 \cdot 0{,}8 + 10 = 170\text{kgf}$$

Pára-raios intacto na hipótese 1:

$$F_t = f_v \cdot (\text{vão médio}) = 0{,}53 \cdot 450 = 240\text{kgf}$$

Pára-raios intacto nas hipóteses 2 e 3:

$$F_t = f_v \cdot (\text{vão médio}) = 0{,}163 \cdot 450 = 70\text{kgf}$$

Pára-raios rompido na hipótese 2:

$$F_t = f_v \cdot (\text{vão médio}) \cdot (\text{coef. carga}) = 0{,}163 \cdot 450 \cdot 0{,}8 = 60\text{kgf}$$

- Esforços horizontais longitudinais: devidos a trações

Condutor rompido com vento reduzido:

$$F_l = (\text{coef. carga}) \cdot (\text{tensão vento reduzido}) =$$
$$= 0{,}7 \cdot 2.216 = 1.550\text{kgf}$$

Pára-raios rompido com vento reduzido:

F_l = (coef. carga)·(tensão vento reduzido) =

= 0,7·1.400 = 980kgf

Pára-raios intacto com vento reduzido:

F_l = 250kgf

- Esforços verticais: devidos ao peso dos cabos e equipamentos e ainda a esforços de montagem e manutenção.

Condutor - vão gravante máximo:

$F_v = P_c \cdot a_{gmax} + P_{isol} = 1{,}3 \cdot 750 + 100 = 1.100\text{kgf}$

Condutor - vão gravante mínimo:

$F_v = P_c \cdot a_{gmin} = 1{,}3 \cdot 0 = 0$

Esforço de montagem nas hipóteses 4 e 5:

$R = T_{EDS} \cdot \cos\alpha + 0{,}75 \cdot a_g \cdot p + 400 =$

$= 2.090 \cdot 0{,}316 + 0{,}75 \cdot 750 \cdot 1{,}3 + 400 = 1.800\text{kgf}$

Pára-raios - vão gravante máximo:

$F_v = p_c \cdot a_{gmax} = 0{,}407 \cdot 1.000 = 410\text{kgf}$

Pára-raios - vão gravante mínimo:

$F_v = p_c \cdot a_{gmin} = 0{,}407 \cdot 0 = 0$

Esforço de montagem nas hipóteses 4 e 5:

$R = T_{EDS} \cdot \cos\alpha + 0{,}75 \cdot a_g \cdot p + 200 =$

$= 904 \cdot 0{,}316 + 0{,}75 \cdot 1.000 \cdot 0{,}407 + 200 = 800\text{kgf}$

5.3.4 - Diagramas de carregamento

Com os esforços determinados é conveniente traçar os diagramas de carregamento das estruturas. Consta na realidade de um desenho esquemático da estrutura com o respectivo conjunto de esforços para cada hipótese de cálculo.

Para o exemplo em questão, como temos apenas cinco hipóteses de cálculo, temos os seguintes diagramas de carregamento, mostrados na Fig. 5.12.

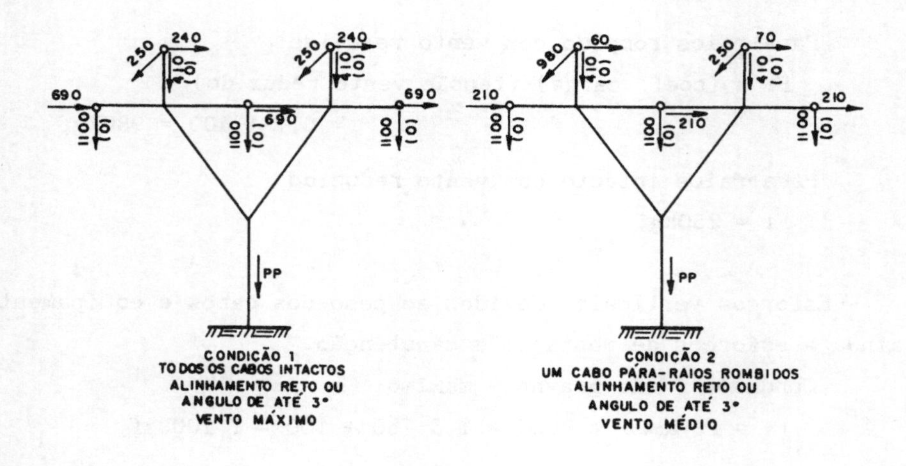

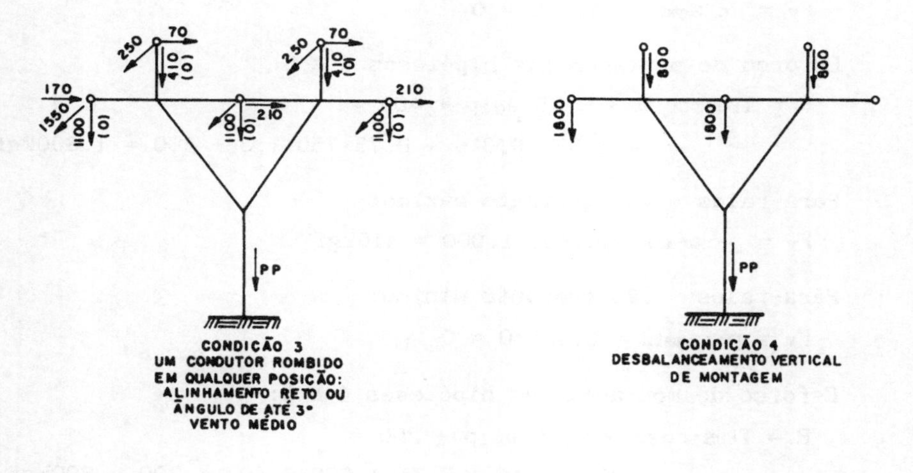

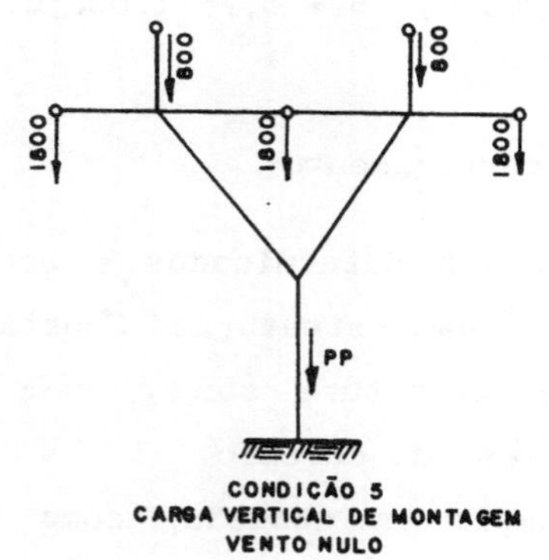

Fig. 5.12 - Diagramas de carregamentos

Os esforços determinados, ou as cargas dos diagramas de carregamento, devem ser majorados de um fator de segurança, para então serem usados nos cálculos e dimensionamentos das estruturas. Os fatores de segurança são os da Tab. 5.8 e um novo conjunto de diagramas de carregamento, agora com esforços majorados, é obtido e mostrado na Fig. 5.13.

TABELA 5.8 - COEFICIENTES DE SEGURANÇA

Cargas	Coef. Segurança
Verticais	1,27
Transversais	1,65
Longitudinais	1,25

5.3.5 - Diagramas de utilização

As estruturas S3R foram projetadas para vão médios de 450 metros e instalação em alinhamento (ângulo 0°).

Os esforços laterais, devido à ação de ventos nos cabos, considera os valores dos vãos médios, logo, 450 metros. Qualquer deflexão no alinhamento da linha também introduz esforços laterais nas estruturas.

Para uma estrutura S3R sujeita a vãos adjacentes que impliquem em vão médio inferior a 450 metros, deixa tal estrutura superdimensionada a esforços laterais se a mesma for usada em suspensão de alinhamento. Esta folga da estrutura a esforços laterais pode ser reaproveitada, usando-se a estrutura para suspensão em pequenas deflexões da linha. Quanto menor o vão médio, maior será a deflexão permitida na linha, para a mesma estrutura S3R. Com este raciocínio e alguns cálculos, é possível se chegar a um diagrama de utilização das estruturas.

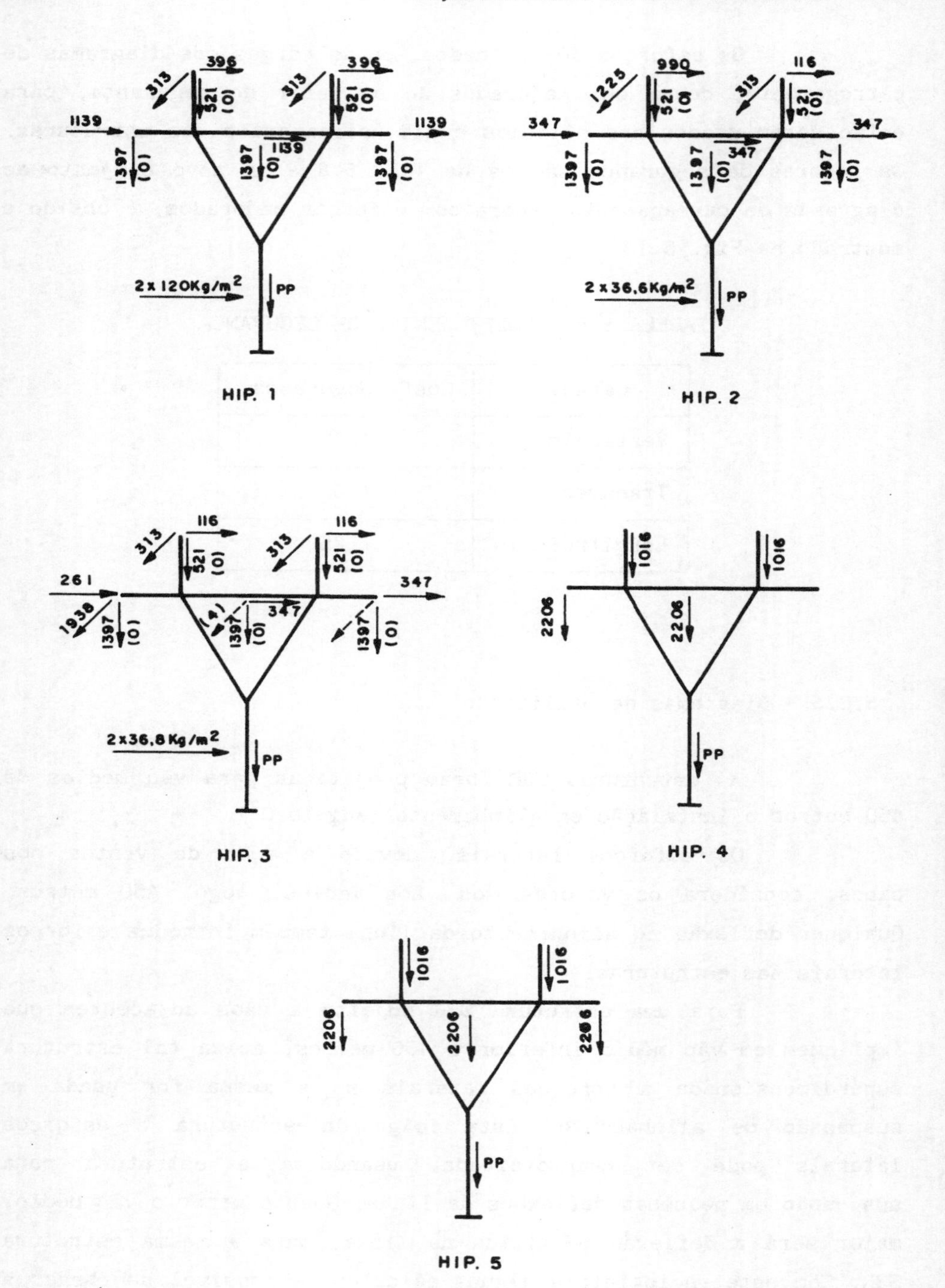

Fig. 5.13 - Diagramas de carregamento com esforços majorados

- Esforços transversais: considerando uma pequena deflexão na linha e ventos laterais normais a ambos os vãos, temos a seguinte equação para definir a maior força transversal na estrutura:

$$F_T = 2T_{Omax} \cdot sen(\alpha/2) + f_v \cdot a_m + F_{visol}$$

Para $\alpha = 0$, F_T será máximo:

$$F_T = f_v \cdot a_m + F_{visol} = 1{,}46 \cdot 450 + 30 \cong 690$$

Para pequenos ângulos $sen(\alpha) = \alpha$ (radianos)

A equação acima escrita em radianos fica:

$$F_T = T_{Omax} \cdot \pi/180 + f_v \cdot a_m + F_{visol} = 690, \text{ ou}$$

$$F_T = 3150 \cdot \pi/180 + 1{,}46 \cdot a_m + 30 = 690,$$

Que resulta a seguinte equação para $a_m = f(\alpha)$

$a_m = 450 - 37{,}6\alpha$ - vãos médios para os cabos condutores

Analogamente:

$a_m = 450 - 48{,}4\alpha$ - vãos médios para os cabos pára-raios

Com esta análise feita, podemos concluir que quando uma estrutura S3R for usada como suspensão em pequenos ângulos, o vão médio correspondente será determinado pela segunda equação, ou seja, pela equação definida pelo cabo pára-raios. Assim, para os ângulos de 0°, 1°, 2° e 3° temos os respectivos valores de vãos médios definidos: 450, 402, 353 e 305 metros.

- Balanços de cadeias: os ângulos de balanço das cadeias de isoladores são funções da relação entre os esforços horizontais transversais e esforços verticais que atuam na penca de isoladores. Conforme já analisado, os ângulos de balanço das cadeias (γ_{max} para vento máximo e γ_m para vento reduzido), podem ser calculados pela seguinte expressão:

$$tg(\gamma) = \frac{f_v \cdot a_m + 1/2 \cdot F_{visol} + 2T_O \cdot sen(\alpha/2)}{p \cdot a_g + 1/2 \cdot P_{cadeia}}$$

Estudos anteriores definiram os ângulos de 48° e 18°, respectivamente para ação de vento máximo e de vento reduzido. Estes valores na equação acima, com ângulos tomados em graus, temos:

Para vento máximo:

$$a_g = 0{,}796a_m + 38{,}1\alpha - 30$$

Para vento reduzido:

$$a_g = 0{,}834a_m + 91{,}7\alpha - 29$$

A segunda equação conduz a maiores valores de a_g, dificultando com mais intensidade o balanço das cadeias. Logo é esta a equação predominante na análise dos vãos gravantes da linha nas deflexões da mesma.

Variando-se os valores de α, teremos uma família de retas paralelas que nos darão os valores de $a_g = f(a_m)$.

Em um sistema de coordenadas (vão gravante x vão médio), traçando-se as famílias de retas correspondentes às equações:

$$a_m = 450 - 48{,}4\alpha$$

$$a_g = 0{,}834\ a_m + 91{,}7\alpha - 29$$

Teremos o chamado Diagrama de utilização da estrutura, onde a família de retas definidas pela primeira equação indica os valores dos vãos médios possíveis em função das deflexões da linha. Já as intersecções das retas de ambas as famílias, relativas às deflexões correspondentes, definem os vãos gravantes, Fig. 5.15.

5.3.6 - Roteiro para o projeto da estrutura metálica

Os seguintes dados são fornecidos ao projetista da estrutura metálica:

- Diagrama de carregamento com esforços majorados, Fig. 5.13, ou o diagrama de carregamento da Fig. 5.12 e os valores da Tab. 5.8.

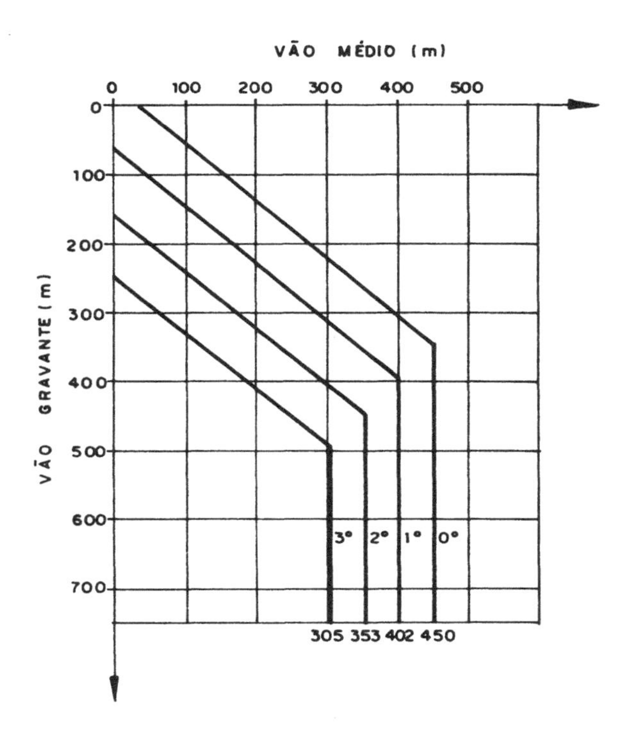

Fig. 5.14 - Diagrama de utilização da estrutura S3R

- Esquema da estrutura conforme a Fig. 5.10.
- Características e quantidades de cabos: dois pára-raios em aço galvanizado EHS 3/8" e três condutores CAA 636 MCM, 26/7 Grosbeak.
- Detalhes das peças de conexão dos suportes dos cabos.
- Velocidades de ventos consideradas para as várias hipóteses de cálculo.

De posse destes dados, o projetista da estrutura tem condições de treliçar o esquema da estrutura da Fig. 5.10 ao nível de detalhes da Fig. 5.15.

Com o treliçamento definido, o projetista passa para o pré-dimensionamento dos elementos da estrutura, que depende de seu know-how, e chega ao nível de detalhes das figuras 5.16, 5.17 e 5.18.

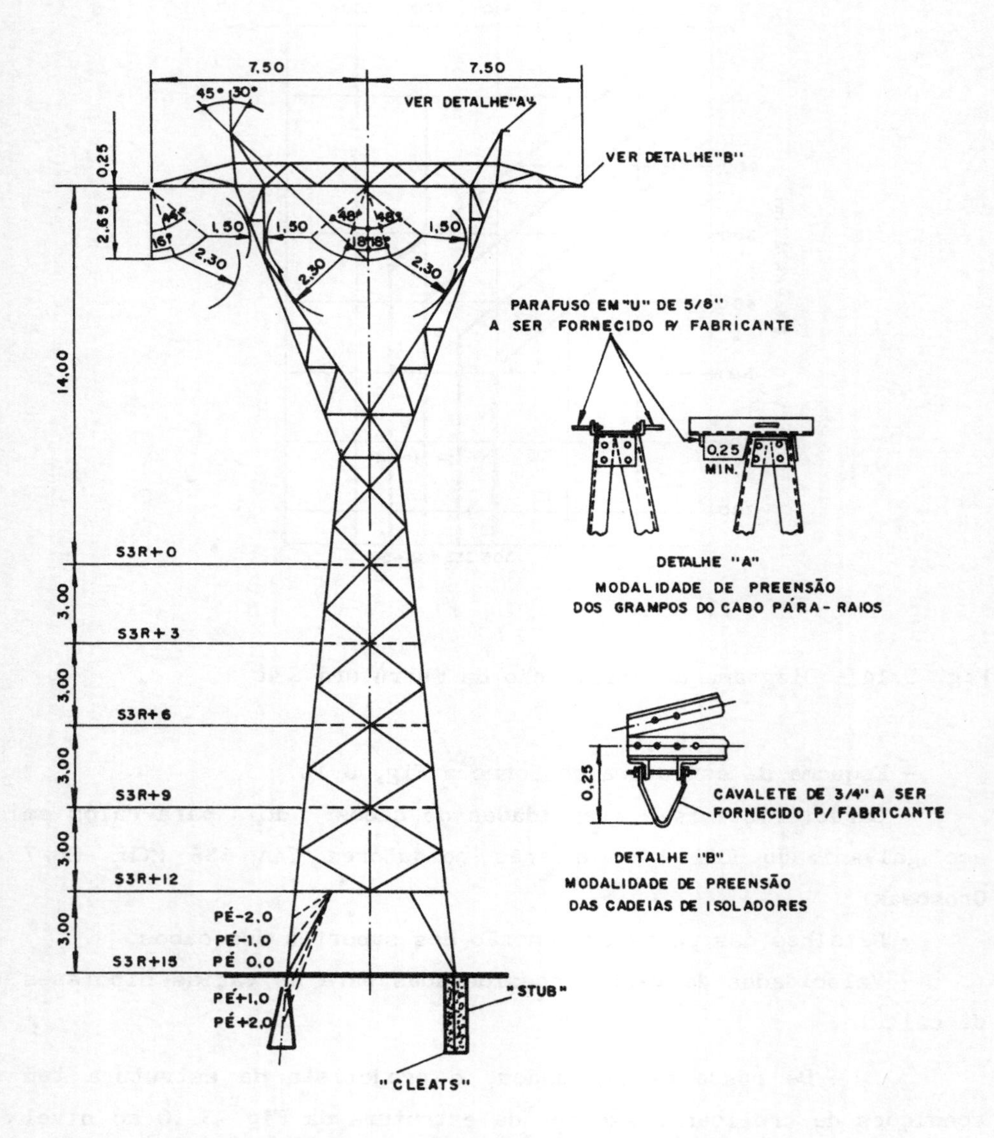

Fig. 5.15 - Treliçamento da estrutura e detalhes das conexões dos cabos

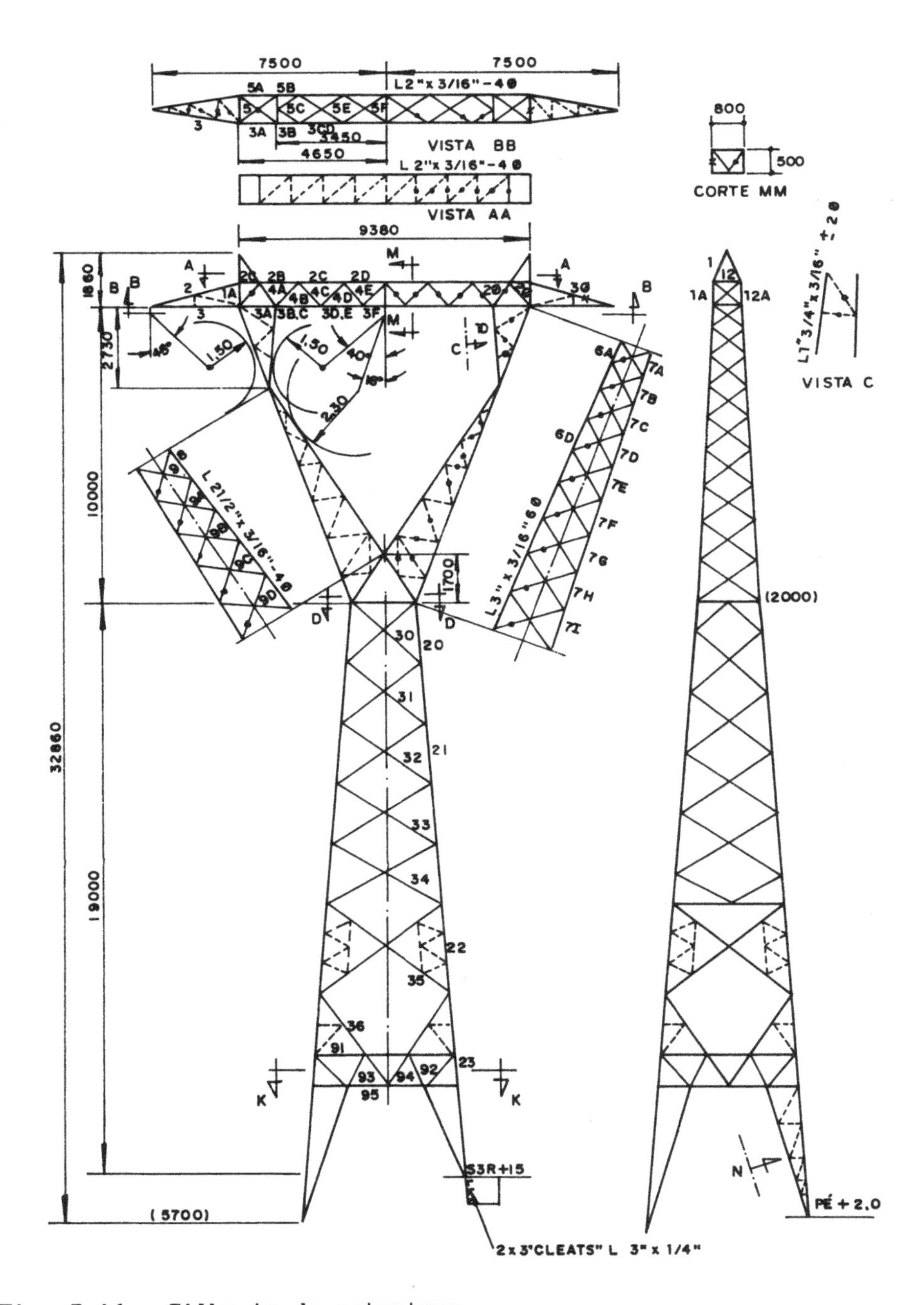

Fig. 5.16 - Silhueta da estrutura

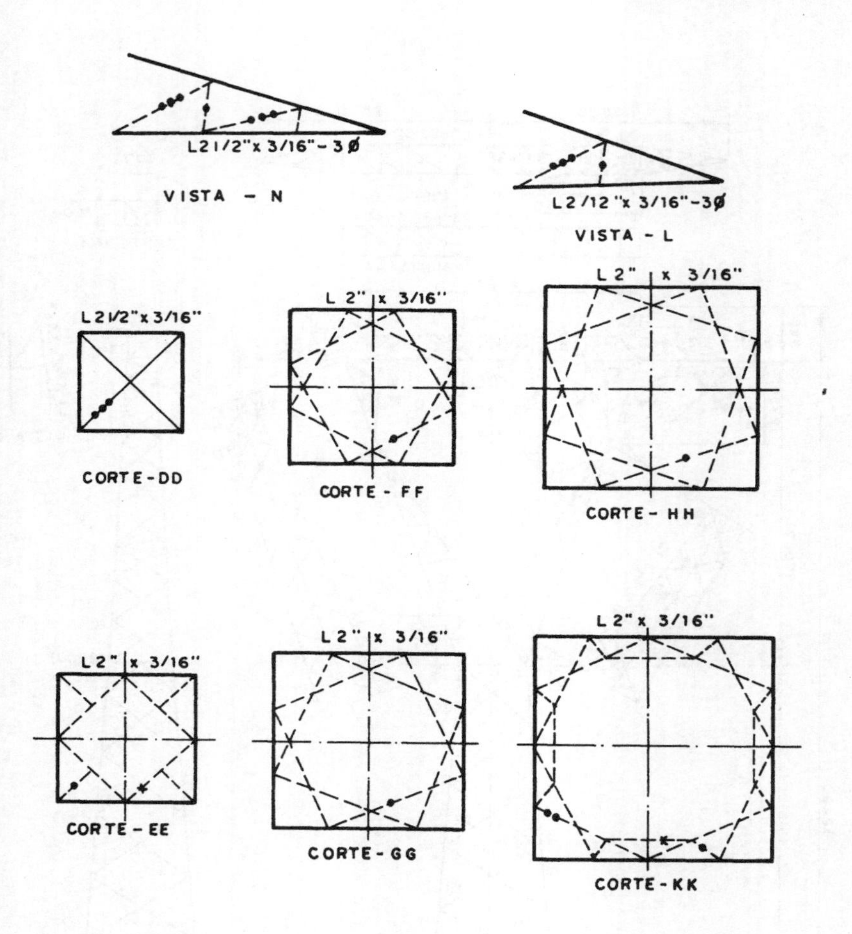

LEGENDA	
—●—	L 1 1/2" x 1/8"
—●●—	L 1 1/2" x 3/16"
—●●●—	L 1 3/4" x 1/8"
—×—	L 1 3/4" x 3/16"
—○—	L 1 1/2" x 1/8" - A 572
—○○—	L 1 3/4" x 1/8" - A572

Fig. 5.17 - Detalhes da estrutura

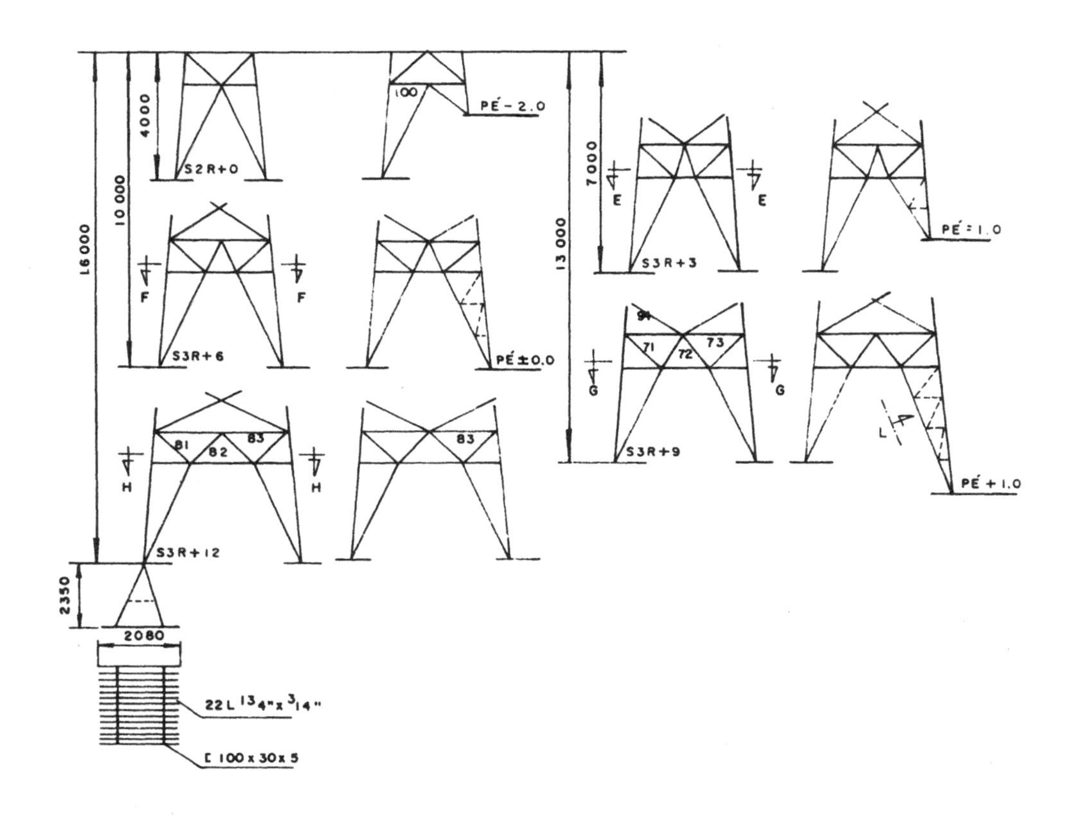

Fig. 5.18 - Detalhes da estrutura

Além dos diagramas de carregamento da Fig. 5.13, mais dois conjuntos de esforços têm influências nos cálculos de verificações dos perfis pré-dimensionados: forças devidas a ação do vento na estrutura e peso próprio da mesma.

Para o cálculo da ação do vento, a estrutura é dividida em módulos de alturas compatíveis com a geometria da torre. Para cada módulo as barras são contadas, medidas e suas áreas expostas calculadas. Calcula-se então os esforços acumulados e os braços de alavanca correspondentes aos seus pontos de aplicação na estrutura, conforme a Fig. 5.19.

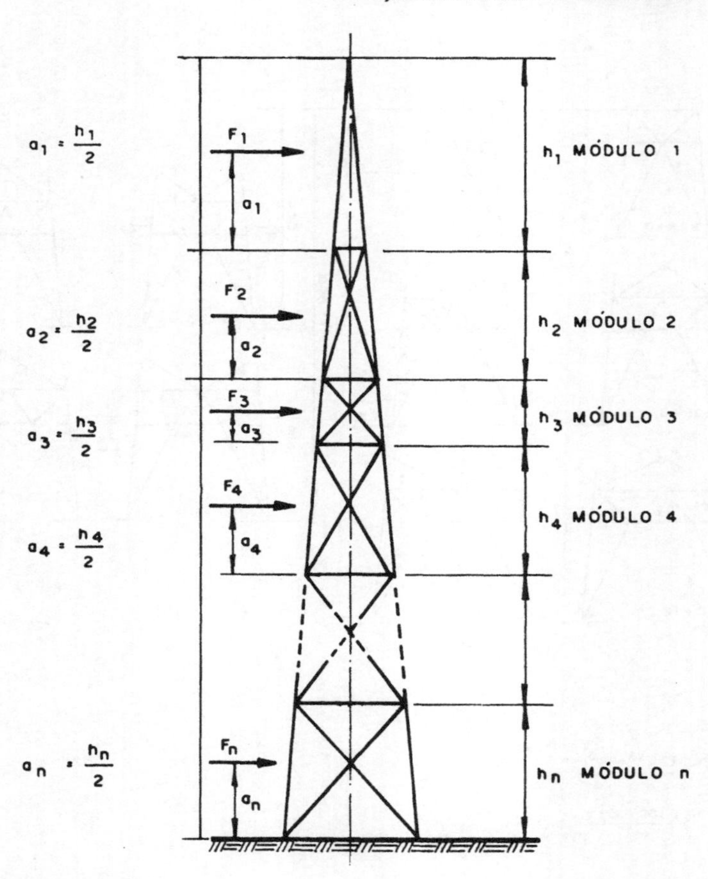

Fig. 5.19 - Forças de vento nos módulos da estrutura

Os cálculos podem seguir o mecanismo abaixo:

Módulo 1:

- Área exposta do módulo 1: A_1
- Área exposta acumulada: $A_1^* = A_1$
- Força do vento no módulo 1: $F_1 = C \cdot q \cdot A_1$
- Força de vento acumulada: $F_1^* = F_1$
- Braço de alavanca ou ponto de aplicação de F_1:

$$a_1 = h_1/2$$

- Braço de alavanca ou ponto de aplicação de F_1^*:

$$a_1^* = a_1$$

Módulo 2: (Fig. 5.20)

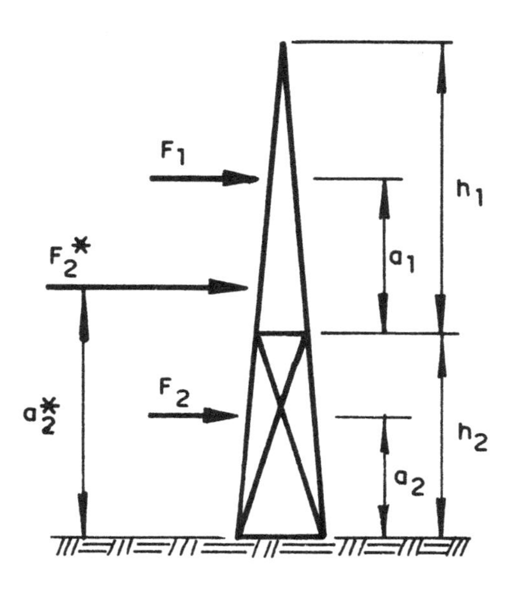

Fig. 5.20 - Ação do vento no módulo 2

- Área exposta do módulo 2: A_2
- Área exposta acumulada: $A_2^* = A_1 + A_2$
- Força de vento no módulo: $F_2 = C \cdot q \cdot A_2$
- Força de vento acumulada:

$$F_2^* = F_1 + F_2 = C \cdot q \cdot (A_1 + A_2)$$

- Braço de alavanca ou ponto de aplicação de F_2:

$$a_2 = h_2/2$$

- Braço de alavanca ou ponto de aplicação de F_2^*:

$$a_2^* = \frac{F_1 \cdot (a_1 + h_2) + F_2 \cdot a_2}{(F_1 + F_2)}$$

É prático fazer estes cálculos, e os sucessivos, até o módulo "n", montando-se tabelas como a Tab. 5.9 e a Tab. 5.10, respectivamente para ventos de intensidade média e máxima.

TABELA 5.9 - FORÇA DE VENTO E BRAÇO DE ALAVANCA - VENTO REDUZIDO

(Pressão do vento na torre = 2 x 36,8kgf/m² sobre área projetada de uma face)

Secção	Altura [m]	Largura do perfil [m]	Comp. [m]	Área exposta [m²]	Pressão [kgf/m²]	Força total [kgf]	Braço de alavanca [m]
1	1,86	0,044	4,00				
		0,038	5,00				
		0,051	8,00	0,774	73,6	57	0,930
2	10,00	0,076	20,00				
		0,064	16,00				
		0,044	5,50				
		0,038	55,00				
				4,914	73,6	362	5,000
						419	5,807
3	1,00	0,076	2,00				
		0,051	2,90				
				0,300	73,6	22	0,500
						441	6,492
4	2,00	0,076	4,00				
		0,051	6,20				
				0,620	73,6	46	1,000
						487	7,784
5	2,00	0,076	4,00				
		0,051	6,70				
				0,646	73,6	48	1,000
						535	8,996
6	2,00	0,076	4,00				
		0,051	7,30				
				0,676	73,6	50	1,000
						585	10,142
7	2,00	0,076	4,00				
		0,064	7,90				
				0,810	73,6	60	1,000
						645	11,106
8	1,00	0,076	2,00				
		0,064	7,90				
				0,658	73,6	48	0,500
						693	11,302
9	3,00	0,076	6,00				
		0,064	10,00				
		0,038	11,20				
				1,522	73,6	112	1,500
						805	12,521
10	3,00	0,076	6,00				
		0,064	7,40				
		0,051	12,30				
		0,044	2,30				
		0,038	4,40				
				1,825	73,6	134	1,500
						939	33,520
11	5,00	0,076	10,00				
		0,064	10,50				
		0,038	13,30				
				1,937	73,6	142	2,500
						1081	16,416

TABELA 5.10 - FORÇA DE VENTO E BRAÇO DE ALAVANCA - VENTO MÁXIMO

(Pressão de vento no torre = 2 x 120kgf/m^2 sobre área projetada de uma face

Secção	Altura [m]	Altura do perfil [m]	Comp. [m]	Área exposta [m^2]	Pressão [kgf/m^2]	Força total [kgf]	Braço de alavanca [m]
1	1,86	0,044	4,00				
		0,038	5,00				
		0,051	8,00	0,074	240	186	0,930
2	10,00	0,076	20,00				
		0,064	16,60				
			5,50				
			55,00				
				4,914	240	1179	5,000
						1365	5,808
3	1,00	0,076	2,00				
		0,051	2,90				
				0,300	240	72	0,500
						1437	6,492
4	2,00	0,076	4,00				
		0,051	6,20				
				0,620	240	149	1,000
						1586	7,788
5	2,00	0,076	4,00				
		0,051	6,70				
				0,646	240	155	1,000
						1741	9,006
6	2,00	0,076	4,00				
		0,051	7,30				
				0,676	240	162	1,000
						1903	10,154
7	2,00	0,076	4,00				
		0,064	7,90				
				0,810	240	194	1,000
						2097	11,122
8	1,00	0,076	2,00				
		0,064	7,90				
				0,658	240	158	0,500
						2255	11,308
9	3,00	0,076	6,00				
		0,064	10,00				
		0,038	11,20				
				1,522	240	365	1,500
						2620	12,523
10	3,00	0,076	6,00				
		0,064	7,40				
		0,051	12,30				
		0,044	2,30				
		0,038	4,40				
				1,825	240	438	1,500
						3058	13,515
11	5,00	0,076	10,00				
		0,064	10,50				
		0,038	13,30				
				1,937	240	465	2,500
						3523	16,401

Tendo agora todo o conjunto de cargas atuantes, determina-se todas as forças nas barras da treliça e verifica-se os seus dimensionamentos à tração (limite de escoamento) ou à compressão (flambagem). Também aqui é conveniente trabalhar com tabelas, onde os esforços devidos a diferentes hipóteses de cálculo para uma mesma barra são anotados para mecanizar os cálculos. Parte dos cálculos para o exemplo em questão estão mostrados na Tab. 5.11.

TABELA 5.11 - ESFORÇOS NAS BARRAS DA ESTRUTURA

Barra N.º	Hipótese N.º	Esforço total-kgf		Barra N.º	Hipótese N.º	Esforço total-kgf	
		Compressão	Tração			Compressão	Tração
1	1	1732		6a	1	6715	
	2	1753			3	9642	
1a	1	1948		6a	1	10974	
	2	2252			3	14897	
2	6		5357	7a	3	1688	
2a	6		5075	7b	3	1693	
2b	1	3726	6649	7c	3	1579	
2c	1	2277	4046	7d	3	686	
3	1	4206		7e	3	619	
	3	9303		7f	3	573	
3a	1	5142		7g	3	506	
	3	8368		7h	3	481	
3b	1	5111		7i	3	437	
	3	7248		8	1	7888	
	4'	3614			3	6655	
3c	1	5111		9	3	741	
	3	6424		9a	3	685	
	4	4970		9b	3	611	
3d	1	2530		9c	3	556	
	3	5055		9d	3	500	
	4	3601		10	1	3598	4151
4	1	4874		11	1	7849	
4a	1	3295	4708		3	6927	
	2	2600	4013	12a	2	1715	
4b	1	1977		13	1	823	1995
4c	1	1174	1977	12	5		1088
5a	4	756					
5c	4	824					
5e	4	824					

Os esforços nos montantes podem ser determinados em uma série de cortes transversais na estrutura, como mostra a Fig. 5.21. e os valores da Tab. 5.12.

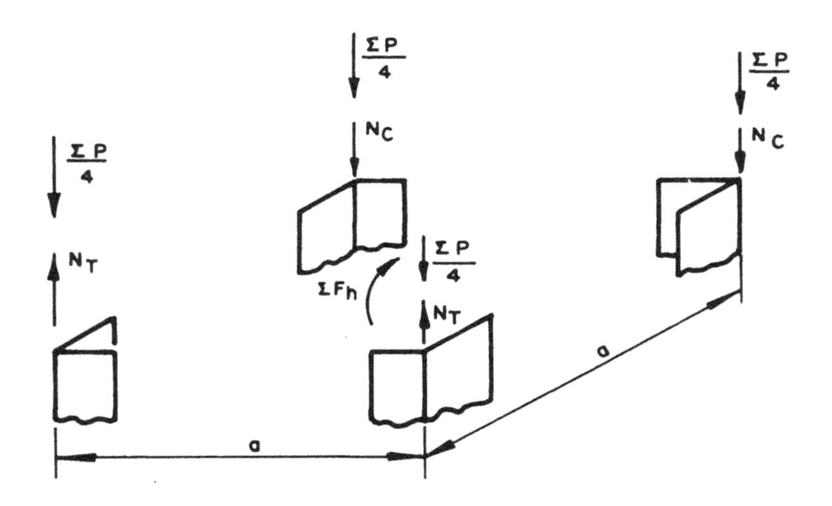

Fig. 5.21 - Esforcos nos montantes

Onde:

ΣF = soma das forças na mesma direção, na hipótese correspondente, inclusive força de vento.

h = altura do ponto de aplicação da força. Para a força de vento será o braço de alavanca correspondente e já calculado.

$\Sigma F \cdot h$ = momento das forças com relação à seção em análise.

a = largura da caixa da torre na seção em análise.

Σp = carga vertical total sobre a estrutura até a seção em análise, incluindo-se as cargas verticais da hipótese de cálculo considerada.

As forças normais nos montantes são distribuídas na forma de um conjugado, acarretando tração em dois montantes e compressão nos outros dois.

Os esforços totais podem ser calculados pelas seguintes expressões:

$$N_C^* = N_C + \frac{\Sigma p}{4} = \frac{\Sigma F \cdot h}{2a} + \frac{\Sigma p}{4}$$

$$N_T^* = N_T - \frac{\Sigma p}{4} = \frac{\Sigma F \cdot h}{2a} - \frac{\Sigma p}{4}$$

TABELA 5.12 - ESFORÇOS NOS MONTANTES

Secção	Hipótese	F [kgf	h [m]	Fh [kgf·m]	2a [m]	Fh/2a [kgf]	P kgf]	P/4 [kgf]	$N = \frac{Fh}{2a} \pm \frac{P}{4}$ [kgf]
ESFORÇOS NOS MONTANTES									
20	1	2x396	12,78						
		2x313	12,78						
		3x1139	10,92						
		1437	6,50						
				64778	4,324	14981	8308	2077	17058
21	1	2x396	16,79						
		2x313	16,79						
		3x1139	14,93						
		1741	9,01						
				90512	5,737	15777	8829	2208	17985
22	1	2x396	23,25						
		2x313	23,25						
		3x1139	21,39						
		2620	10,93						
				134696	8,014	16808	9669	2418	19226
23	1	2x396	27,86						
		2x313	27,86						
		3x1139	26,00						
		3058	13,52						
				169693	9,638	17607	10268	2567	20174

O mesmo raciocínio pode se prolongar até as fundações. Da mesma forma os resultados ficam mais visíveis se forem tabelados conforme a Tab. 5.13.

TABELA 5.13 - ESFORÇOS NAS FUNDAÇÕES

Seção	Hipótese	F [kgf]	h [m]	Fh [kgf·m]	2a [m]	Fh/2a [kgf]	P [kgf]	P/4 [kgf]	$N = \frac{Fh}{2a} \pm \frac{P}{4}$ [kgf]
ESFORÇOS NAS FUNDAÇÕES									
Torre mais baixa									
	1	2x396	13,86						
		2x313	13,86						
		3x1139	12,00						
		1586	6,79						
				71428	4,705	15181	7124	1781	16962
						15181	1767	442	14739
	3	2x116	13,86						
		2x313	13,86						
		2x347	12,00						
		281	12,00						
		1938	6,78						
				50151	4,075	10659	7124	1781	12440
						10659	1767	442	10217
Torre mais alta									
	1	2x396	32,86						
		2x313	32,86						
		3x1139	31,00						
		3523	16,40						
				210301	11,400	18447	9850	2463	20910
						18447	4314	1079	17368
	3	2x116	32,86						
		2x313	32,86						
		2x347	31,00						
		281	31,00						
		1938	31,00						
		1081	16,42						
				136248	11,400	11952	9850	2463	14415
						11952	4314	1079	10873

Determinados os esforços dos montantes, verificam-se os valores pré-dimensionados na Fig. 5.16. Os perfis comprimidos são verificados à flambagem e os perfis tracionados são verificados à tensão de escoamento.

O próximo passo é a determinação dos esforços nas treliças (barras de intertravamento) das faces. Usa-se o método das seções e organiza-se a Tab. 5.14. Da mesma forma que os demais elementos da estrutura, as barras do intertravamento, tendo seus esforços determinados, são verificadas à flambagem se comprimidas e à tensão de escoamento se tracionadas.

As treliças são responsáveis pela transição dos esforços cortantes e momentos torçores aos montantes, através de esforços axiais transmitidos às conexões.

TABELA 5.14 - ESFORÇOS NAS TRELIÇAS DE INTERTRAVAMENTOS DAS FACES

Barra N.º	2n	a [m]	b/l [m]	2na·b/l [m]	Hipótese	F [kgf]	m [m]	Fm [kgf·m]	$N = \frac{Fm}{2na \cdot b/l}$ [kgf]
30	4	2,000	0,796	6,368	3	1938	0,238	461	
						1938	7,500	14535	
								14996	
					3	2x347	0,238		
						281	0,238	14767	
						1938	7,500		
						441	1,032	455	
								15222	2390
31	4	2,352	0,839	7,893	3			14767	
						487	1,157	563	
								15330	1943
32	4	2,705	0,872	9,435	3			14767	
						535	1,296	693	
								15460	1639
33	4	3,057	0,897	10,969	3			14767	
						585	1,446	845	
								15612	1423
34	4	3,410	0,916	12,494	3			14767	
						645	1,629	1050	
								15817	1266
35	4	3,762	0,854	12,851	3			14767	
						805	2,084	1678	
								16445	1280
36	4	4,290	0,653	11,205	3			14767	
						939	2,437	2288	
		17055	1522						

Algumas treliças usuais são as mostradas na Fig. 5.22. O tipo mostrado em 5.22(a) é denominado de treliça simples e o mostrado em 5.22(b) é denominado de treliça cruzada.

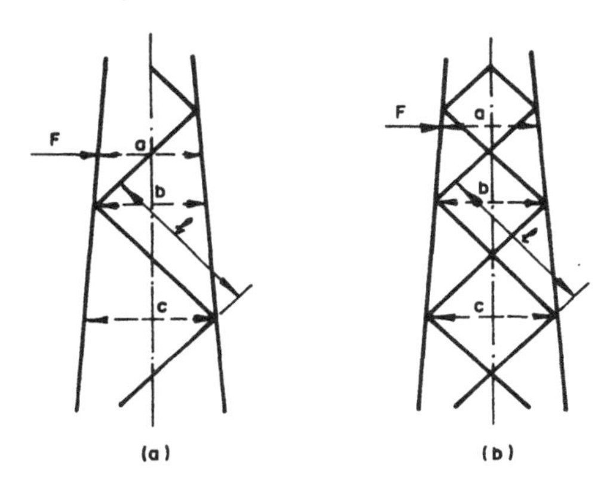

Fig. 5.22 - Esforços nas treliças

O formulário que permite os cálculos dos esforços nas treliças é o seguinte:

$$N = (F \cdot a + M_t)\frac{1}{2bc} \quad \text{para treliça simples}$$

$$N = (F \cdot a + M_t)\frac{1}{4bc} \quad \text{para treliças duplas ou cruzadas}$$

Onde:

N = Esforço axial da treliça considerada (compressão ou tração) (kgf)

F = Força aplicada paralela à face considerada (kgf)

a = Distância entre os eixos baricêntricos dos montantes na cota de aplicação da força (m)

M_t = Momento de torção aplicado à seção superior da treliça considerada (kgm)

b = Distância entre eixos baricêntricos (linhas de centro) dos montantes, no plano do nó superior (m) c = Distância entre eixos baricêntricos dos montantes, no plano do nó inferior (m)

l = comprimento do perfil da treliça, medido entre nós (m)

O mesmo raciocínio usado para a determinação dos esforços nas treliças, pode ser estendido ao cálculo dos esforços cortantes nos pórticos e nas fundações, conforme mostrado na Tab. 5.15.

TABELA 5.15 - ESFORÇOS CORTANTES NAS FUNDAÇÕES E NOS PÓRTICOS

Barra N.º	2n	a [m]	b/l [m]	2na·b/l [m]	hipótese	F [kgf]	m [m]	Fm [kgf·m]	$N = \frac{Fm}{2na \cdot b/l}$ [kgf]
CORTANTES NOS PÓRTICOS									
I	2	2,176	1,000	4,352	3	face transv		15460	3552
		S3R+0				face longit		14996	3446
II	2	2,529	1,000	5,057	3	face transv		15817	3128
						face longit		14996	2965
III	2	3,057	1,000	6,114	3	S3R+6	ft	16445	2690
IV	2	3,586	1,000	7,171	3	S3R+9	ft	17055	2378
							fi	14996	2091
V	2	4,114	1,000	8,228	3	S3R+12	ft	14767	
						1081	2,808	-3035	
							ft	17082	2164
							fi	14996	1823
VI	2	4,290	1,000	8,580	3	S3R+15	fi	17802	2075
CORTANTES NAS FUNÇÕES									
	4	2,352	1,000	9,410	1	3x1139	0,238	813	
						1586	1,156	1833	
								2646	T 281
					3			15330	T1629
					1	2x313	0,090	56	L 6
					3			14996	L1594

Para fundações em gralhas metálicas, os cálculos são prosseguidos como uma extensão dos cálculos da própria estrutura. Detalhes no Capítulo referente às fundações.

5.4 - BIBLIOGRAFIA

1 - FUCHS, R. D., "Transmissão de energia elétrica. Linhas aéreas". Livros Técnicos e Científicos Editora, 2ª Ed., Rio de Janeiro, 1980.

2 - ABNT - NB 182/72, " Projeto de linhas aéreas de transmissão de energia elétrica". Associação Brasileira de Normas Técnicas, Rio de Janeiro, 1972

3 - ELETROBRÁS S/A, Revista Brasileira de Energia Elétrica. Rio de Janeiro, nº 14. set/dez de 1970.

4 - PARIS, L. e OUTROS, "A study of the design parameters of transmission lines above 1000 kV". Cigré, Paris, Vol. 2, n.º 31-45, 24ª sessão, 1972.

5 - CARNASCIALI, C. C., Estruturas metálicas na prática. McGraw-Hill do Brasil, São Paulo, 1974.

6 - ANDERSON, W. C., BENHAM, C. B. e OUTROS, "A guide to the conceptual design of transmissions line structures". IEEE Committee Report C, 73378-7, 1973.

7 - PROJECT EHV, "EHV transmission line". Reference book, Edson Electric Institute, New York, 1968.

8 - NONHAST, R., El proyectista de estructuras metálicas. Editora do autor, Madrid, 1975.

9 - EDWIN, G. H. e CHARLES, G. N., Structural engineering handbook. McGraw-Hill Book Co., New York, 1968.

6

Vibrações e tensões dinâmicas nos cabos

6.1 - INTRODUÇÃO

6.1.1 - Comentários iniciais

A importância da vibração nas linhas de transmissão muitas vezes é esquecida, levando-se em consideração nos cálculos apenas as tensões estáticas. Embora os esforços estáticos de tração nos condutores sejam muito maiores que os esforços dinâmicos, estes podem ser altamente prejudiciais, em virtude de sua qualidade alternativa.

Desde a construção das primeiras linhas de transmissão de energia elétrica, observa-se a ruptura dos fios e cabos, depois de algum tempo de serviço, sem razão aparente. A linha projetada sem sobrecargas mecânicas ou elétricas em seus diversos elementos, portanto sem tensões anormais ou aquecimento exagerado dos condutores, deveria ter durabilidade praticamente ilimitada.

Isso, no entanto, não acontece. Na procura das causas possíveis, observou-se que aparecem vibrações nos diversos elementos, principalmente nos condutores. Elas podem ser vistas do solo, ouvidas e medidas, fazendo tremer ferragens e estruturas. São produzidas pela passagem do vento contínuo através da linha. E chegou-se à conclusão de que elas são uma das grandes responsáveis pela ruptura dos cabos.

Com o uso dos cabos de alumínio, especialmente com alma de aço e com o emprego de maiores seções para a condução de maiores potências, de estruturas mais pesadas, mais complexas, mais altas e mais distantes, e de tensões mecânicas maiores, a vibração tornou-se um inimigo mais perigoso, pois a ruptura dos cabos, fio a fio, passou a ser muito mais precoce, a ponto de se tornar a condição-limite nos projetos.

Nos últimos quarenta anos, o problema vem sendo estudado em todas as partes do mundo, e as soluções mais variadas vêm sendo examinadas. Isso tem permitido a ampliação das dimensões nos projetos e o prolongamento da vida útil dos condutores. Não se chegou até agora, porém, a um resultado completamente satisfatório e talvez mesmo nunca se chegue, porque o homen é insaciável e, resolvido um problema, passa à etapa seguinte com novas exigências. As soluções hoje existentes são de vários tipos, mas, quanto a elas, não há acordo completo entre os especialistas no assunto, algumas vezes devido a interferências dos interesses comerciais dos inventores e fabricantes - tentando provar que a sua é a melhor solução -, mas, na maioria das vezes, devido à complexidade do tema, à dificuldade de execução de experiências coerentes e completas e à diversidade de situações.

É tão importânte o problema das vibrações, que a norma alemã para a construção de linhas de transmissão VDE 0210 diz, em seu parágrafo 7, item (e): "A experiência demonstrou que os condutores podem ser danificados principalmente em regiões planas e expostas aos ventos. O perigo consiste na possibilidade de aparecerem, especialmente nos pontos de fixação, tensões alternadas adicionais, as quais podem ocasionar a ruptura dos fios. Tal perigo pode ser evitado por medidas que reduzam a formação dessas vibrações (por exemplo: redução da tensão máxima admissível) ou que eliminem os efeitos danosos das mesmas".

As normas de diversos outros países, embora não se refiram diretamente às vibrações, estabelecem cargas de trabalho para os condutores, condizentes com a máxima redução desses fios.

6.1.2 - Dimensões e causas das vibrações

A ação do vento sobre as linhas de transmissão provoca oscilações dos condutores, as quais, se não forem amortecidas, poderão chegar a valores críticos, culminando com o rompimento dos cabos, seja pela fadiga, seja pelo efeito de grande amplitude, e até a afetar seriamente os suportes.

As oscilações típicas observadas nas linhas são eólicas (de ressonância), longitudinais (galopping) e de rotação.

6.1.2.1 - Vibrações eólicas provocadas por vórtices de Karman

Essas oscilaçõe eólicas são originadas pelos redemoinhos de ar a sotavento do condutor - causando as vibrações dos cabos no sentido vertical - no momento em que se igualam as freqüências do vento e do condutor, que, por essa razão, entra em ressonância.

Oscilações desse tipo ocorrem com os ventos de velocidades constantes entre 2 e 35km/h, que se verificam em terrenos planos ou levemente ondulados, principalmente ao amanhecer ou ao entardecer [2,3].

Essas vibrações produzem flexões alternadas de pequenas amplitudes nos pontos de suspensão do condutor, causando esforços alternativos que provocam a ruptura do cabo pela fadiga.

6.1.2.2 - Galopping, ou galope

O galope corresponde a uma oscilação de baixa freqüência e de grande amplitude que provoca a movimentação do ponto de suspensão no sentido longitudinal dos condutores, portanto uns contra os outros. Conforme o comprimento do vão, a amplitude de oscilação vertical alcança vários metros, podendo dar origem a curto-cicuito entre fases, e introduz perigosos esforços nos condutores e suportes, capazes de destruir a linha. O galope ocorre tão somente nos trechos de linhas com cadeia de suspensão. No vão ancorado. a oscilação limita-se somente a este e geralmente não ocorrem maiores danos [4].

6.1.2.3 - Oscilações de rotação

A oscilação rotativa ocorre na zona de ar rarefeito ou de vácuo parcial formado por ventos de grande velocidade (ou tufões) na proximidade da linha. Quando a rarefação do ar equivale ao peso do condutor, os esforços normalmente atuantes perdem a componente vertical, ocorrendo assim, conforme a variação do vento, rotações incontroláveis dos cabos.

Como o galope, as oscilações rotativas poderão provocar curtos-circuitos e introduzir esforços mecânicos consideráveis, tanto sobre o condutor como sobre os suportes.

Dos três tipos de oscilações, a mais freqüente é a eólica, sendo habitualmente adotados os sistemas preventivos descritos mais adiantes.

As oscilações galope e rotativas ainda não foram assinaladas no Brasil. O controle da primeira está sendo estudado para linhas com condutores múltiplos, por meio de distanciadores especiais, não existindo, no momento, proteção adequada para condutor simples. A prevenção de oscilações rotativas exigem um estudo específico das condições climáticas de passagem da linha.

6.1.3 - Efeitos das vibrações

São vários, naturalmente, os efeitos das vibrações, sendo o mais importante o prejuízo que trazem às ferragens, isoladores, estruturas e, especialmente, aos cabos condutores. Entre estes, os mais afetados são os cabos ACSR, pela maior fragilidade dos fios de alumínio. Os fios isolados sofrem danos mais rápidos que os cabos. A ruptura dos condutores é por fadiga do material de que são feitos os fios, seja ele o aço, o cobre ou o alumínio. Disso se tem prova cabal, pelo exame das regiões de fratura dos cabos rompidos. As fraturas localizam-se nos pontos de fixação dos cabos, exatamente onde uma seção vibra e a seguinte é forçada, pela ferragem de fixação, a permanecer em posição rígida. As ondas vibratórias refletem-se nesse ponto, retornando em sentido inverso [5,6].

6.2 - ESTUDO GENERALIZADO DAS OSCILAÇÕES EM LINHAS DE TRANSMISSÃO COMO VIBRAÇÕES AUTO-EXCITADAS

6.2.1 - Introdução ao problema

As linhas de transmissão elétrica de alta-tensão, sob certas condições de tempo, vibram com grandes amplitudes e numa freqüência muito baixa.

Um vão de linha vibrará com uma ou duas meias-ondas (Fig. 6.1), com amplitude até 3m no centro e à razão de 1Hz ou menos. Devido à sua característica, esse fenômeno dificilmente é descrito como vibração, sendo, em geral conhecido como "galope". Não se tem observado tal fenômeno em climas quente, mas ele ocorre, uma vez cada inverno, nos estados do nordeste dos Estados Unidos e

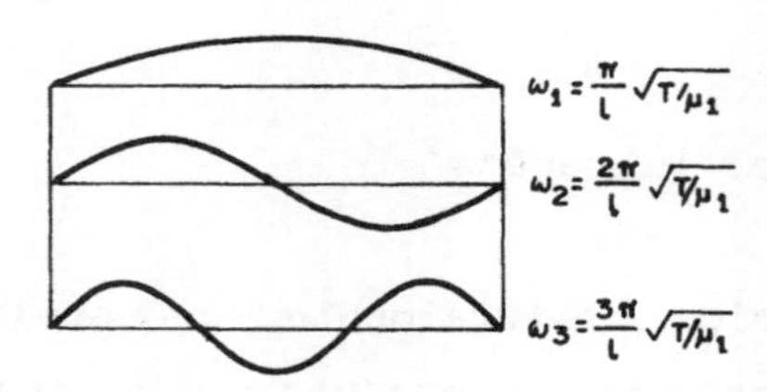

Fig. 6.1 - Os dois primeiros modos naturais de movimento da vibração de um cabo uniforme. (ω = frequência natural; T = tensão no cabo; μ = densidade linear do cabo [7].)

no Canadá, quando a temperatura gira em torno de 0 °C, e quando sopra um vento transversal relativamente forte. Na maioria dos casos, encontra-se gelo sobre o fio. Um cálculo grosseiro mostra que a freqüência natural do vão é da mesma ordem que a freqüência observada. O fato de a perturbação, uma vez iniciada, ser bastante persistente, continuando as vezes por 24h com grande violência, torna a explicação baseada na vibração "forçada" bastante improvável. Tal explicação implicaria em rajadas de vento com freqüência igual à freqüência natural da linha, em um grau de precisão "milagroso". Por exemplo, considerando t = 1s, se em 10 min não houvesse 600 sopros de vento igualmente espaçados, mas sim 601, a vibração cresceria durante 5min e seria destruída nos 5min restantes. Para manter a linha vibrando por 2, seria necessário um erro no sopro do vento menor que 1 parte em 7.200. Essa explicação pode, portanto, ser abandonada [8].

Temos um caso de vibração auto-excitada causada pelo vento que age sobre o fio, o qual, devido à acumulação de gelo, foi considerado de seção transversal não-circular. A explicação envolve uma argumentação aerodinâmica elementar, dada em seguida.

Quando o vento sopra sobre um cilindro circular (Fig. 6.2 a), ele exerce uma força sobre o cilindro na mesma direção que o vento. Isso ocorre, evidentemente, pela simetria. Para uma barra de seção transversal não-circular (Fig. 6.2 (b)), isso em geral não é verdadeiro, havendo um ângulo entre a direção do vento e a da força. Um exemplo bem conhecido é dado por uma asa de avião, em que a força é aproximadamente perpendicular à direção do vento (Fig. 6.2 c).

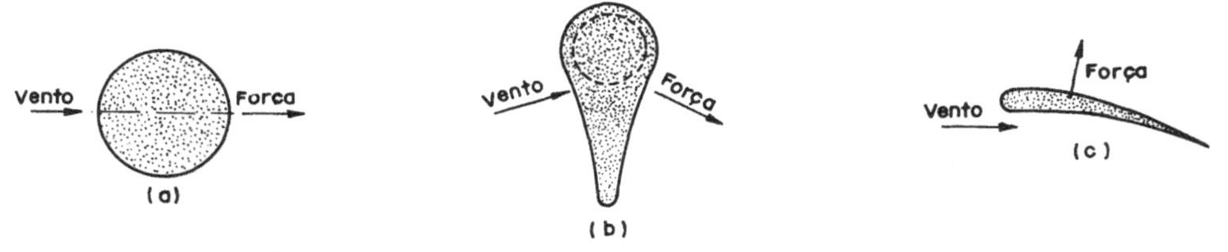

Fig 6.2 - As direções do vento e a força decorrente incluem um ângulo para seções transversais assimétricas [7].

Visualizemos a linha de transmissão no processo vibratório e fixemos nossa atenção sobre ela, durante um curso descendente. Se não houver vento, o fio sentirá o ar vindo de baixo, devido a seu próprio movimento para baixo. Se houver um vento horizontal (de lado) de velocidade V, o fio, movendo-se para baixo com velocidade v, sentirá um vento soprando de um ângulo arctg (v/V), ligeiramente de baixo. Se o fio tiver uma seção circular, a força exercida pelo vento terá uma pequena componente para cima (Fig. 6.3). Como o fio se move para baixo, essa componente para cima (do vento) exerce uma força oposta à direção do movimento do fio e, dessa forma, amortece-o. Entretanto, para uma seção não-circular, pode ocorrer que a força exercida pelo vento tenha uma componente para baixo e, desse modo, fornece amortecimento negativo (Fig. 6.2 b).

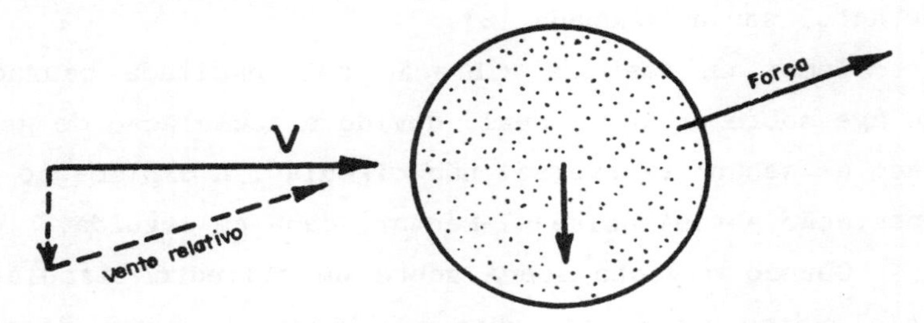

Fig. 6.3 - Um vento lateral horizontal parece vir de baixo se a linha é movida numa direção para baixo

Considerando as condições durante o curso ascendente da vibração, pode-se ver, de maneira semelhante, que o vento relativo sentido pelo fio sopra obliquamente de cima, e a força provocada por ele sobre um fio circular tem uma componente para baixo que causa amortecimento. Para uma seção não-circular, pode ocorrer que a força tenha componente para cima e essa componente, sendo na direção do movimento, age como um amortecimento negativo.

Se o gelo acumulado no fio adquire uma seção transversal que exibe a relação entre as direções do vento e da força (Fig. 6.2 b), temos um caso de instabilidade dinâmica. Se, por qualquer razão, o fio adquire uma pequena velocidade ascendente, a ação do vento empurra-o ainda mais para cima, até que a ação elástica ou de mola do fio pare o movimento. Então essa força elástica move o fio para baixo, em cujo proceso o vento ajuda de novo, e pequenas vibrações transformam-se rapidamente em grandes.

O fenômeno discutido até o momento tem freqüência muito baixa e grande amplitude na linha de transmissão. Esse caso, entretanto, não acontece no Brasil, onde não ocorre deposição de gelo e, em conseqüência, a seção do condutor permanece estável.

O que acontece em nosso país é uma vibração por alta freqüência e pequena amplitude, que é mais comum, e cuja ocorrência depende apenas da existência de um vento lateral. A explicação do fenômeno é encontrada no chamado trem de vórtices de Karman:

Vórtices de Karman: Quando um fluido escoa em torno de um obstáculo cilíndrico, a esteira atrás do obstáculo não é regular, apresentando vórtices de configuração distinta, como mostra a Fig. 6.4.

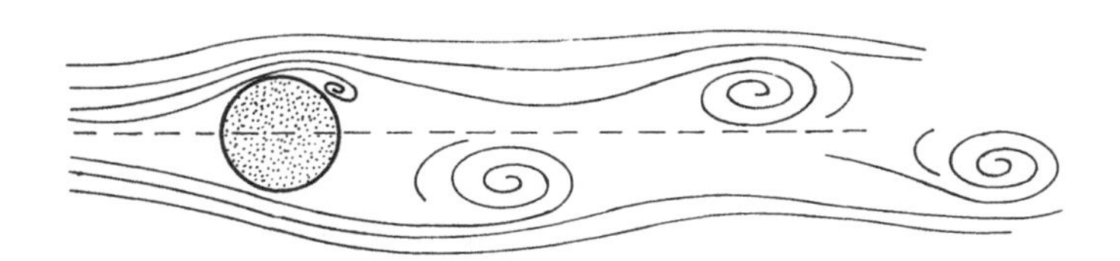

Fig. 6.4 - Vórtices de Karman numa esteira

Os vórtices, alternadamente no sentido horário e anti-horário, originam-se no cilindro de uma maneira perfeitamente regular e estão associados a uma força lateral alternada. Esse fenômeno foi estudado experimentalmente e verificou-se que há uma relação definida com a freqüência (f_s), o diâmetro do cilindro (D), e a velocidade da corrente (V), expressa pela fórmula

$$\frac{f_s D}{U} = 0,185 \qquad (6.1)$$

e o cilindro se move para a frente cerca de 4,5 diâmetros durante um período de vibração. Vê-se que essa fração é adimensional e que o valor 0,185 independe da escolha das unidades. Ele é conhecido como número de Strouhal. A formação alternada de vórtices nos lados do cilindro provoca uma força harmonicamente variável sobre o mesmo, na direção perpendicular à da corrente. A máxima intensidade dessa força pode ser escrita na forma usual da maioria das forças aerodinâmicas (tal como a sustentação e o arrasto), da seguinte maneira:

$$F_A = \left(C_K \frac{1}{2} \rho U^2 A \right) \text{sen } \omega t \qquad (6.2)$$

O índice K corresponde a Karman, sendo F_K a força de Karman e C_K o coeficiente de força de Karman (adimensional). O valor de C_K é conhecido com grande precisão; entretanto um valor satisfatório para ele é $C_K = 1$ (bom para uma larga faixa de número de Reynolds, de 10^2 a 10^7). Ou, em palvras, a intensidade da força alternada por unidade de área projetada lateral é aproximadamente igual à pressão de estagnação do escoamento.

O mecanismo de formação de vórtices em um cilindro estacionário é auto-excitado porque não há propriedades alternadas na corrente de aproximação, e os vórtices são formados na freqüência natural de Strouhal. A vibração auto-excitada geralmente é perigosa. Como regra, isso tem muitas conseqüências, quando a freqüência auto-excitada de formação dos vórtices (Eq. 6.1) coincide com a freqüência natural do cabo sobre a qual ela age. Ocorre então, uma ressonância que pode ser destrutiva.

Uma linha de transmissão de 1pol de diâmetro, na presença de um vento de 50km/h, tem freqüência de Strouhal (Eq. 6.1) igual a 116Hz. A vibração das linhas com essas elevadas freqüências e pequenas amplitudes, foram observadas no Brasil, havendo, repetidamente, terminado em falhas por fadiga. A ressonância, obviamente, ocorre num alto harmônico de linha, em que o vão é subdividido em várias meias-ondas senoidais, de ordem vinte e trinta. Devido à alta freqüência e pequena amplitude desse movimento, verificou-se ser possível e prático controlá-la por meio de absorvedores de vibração amortecida. A construção mais simples e comum que se conhece é o "amortecedor Stockbridge de cabo de ponto", mostrado na Fig. 6.5.

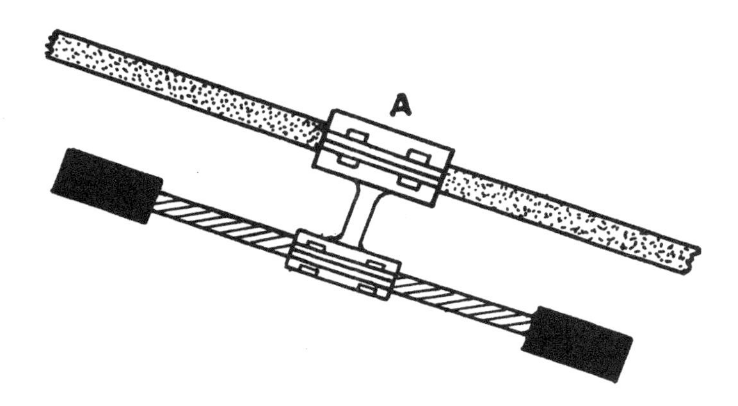

Fig. 6.5 - Amortecedor para linha de transmissão

Uma peça de cabo de aço, com pesos em suas extremidades, é fixada à linha. O cabo age como uma mola e é ajustado grosseiramente para a freqüência de vibração esperada. Qualquer movimento da linha no ponto A provocará movimento relativo nas peças do cabo, e o atrito entre seus cordões dissipará energia. O ponto A de fixação é escolhido ao longo da linha, de forma tal a não coincidir com um nó do movimento, em cujo caso o amortecedor seria inútil. Esse dispositivo, embora primitivo, provou ser inteiramente eficiente na proteção das linhas contra avarias provocadas pela vibração decorrentes dos vórtices de Karman.

Uma tentativa de projeto desses amortecedores, para o caso de oscilações tipo galope (caso discutido em 6.1.2.2), onde a freqüência é cem vezes menor e a amplitude cem vezes maior, resultaria em um peso de várias toneladas, o que é totalmente impraticável.

6.3 - ESTUDO DO FENÔMENO DAS VIBRAÇÕES POR VÓRTICES

6.3.1 - Descrição matemática

Uma linha aérea de transmissão, com seus condutores, grampos, isoladores e torres, é um sistema muito complexo. Ela não é confiada a um modelo matemático que, realisticamente, preencha todos os requisitos reais. É necessário fazer simplificações, que podem variar de acordo com o problema específico a ser estudado.

A ferramenta matemática necessária para estudar o fenômeno da vibração em um vão livre, é relativamente simples. Em uma primeira aproximação , usamos a equação da corda vibrante:

$$m \frac{\partial^2 y}{\partial t^2} - T \frac{\partial^2 y}{\partial x^2} = 0, \qquad (6.3)$$

onde

m - é a massa por unidade de comprimento no condutor e
T - a tensão no condutor.

Um parâmetro fundamental, que pode ser derivado da equação da corda, é a velocidade transversal da onda:

$$U_{tr} = \sqrt{\frac{T}{m}} \qquad (6.4)$$

A equação diferencial pode ser refinada pela introdução de termos, levando em conta a rigidez flexional e o amortecimento. Esses dois parâmetros são, em condutores reais, contudo, de tal natureza complexa, que os termos serão apenas aproximações.

Aqui será mencionada somente a influência da rigidez flexional sobre a velocidade trasnversal da onda, como fornecida na Eq. 6.4,

$$U'_{tr} = U_{tr} \left(1 + \frac{\omega^2 mEI}{2T^2}\right) \qquad (6.5)$$

onde

ω (= $2\pi f$) é a freqüência circular e

EI a rigidez flexional do condutor.

Pode-se observar que a velocidade transversal da onda aumenta com a rigidez flexional e com a freqüência.

Para um condutor ACSR com 38mm de diâmetro (Parrot) e com uma tensão de, aproximadamente, 60N/mm^2, o aumento em U_{tr} é da ordem de 0,5% em 10Hz, e 5% em 25Hz.

O efeito do amortecimento do condutor é no sentido de reduzir a velocidade transversal da onda, sendo, porém, tão pequeno que pode ser desprezado nos casos práticos. Além disso, a gravidade modifica a velocidade de propagação da onda, pois a tensão varia ao longo do vão.

A solução da equação da corda vibrante, ou uma equação modificada, pode ser efetuada por diferentes métodos, todos equivalentes, resguardadas suas precisões. Dependendo do propósito da análise, um método pode ser usado ao invés do outro. Dois métodos são, talvez, os mais empregados:

- o método dos modos principais [9];
- o método da propagação de ondas, incluindo o uso de analogias eletromecânicas [10].

As influências da rigidez, amortecimento e gravidade resultam em alterações nas freqüências naturais de um vão. Uma expressão aproximada para freqüências naturais é:

$$f_n \cong \frac{n}{2a} U_{tr} \qquad (6.6)$$

onde

a - vão;

U_{tr} - velocidade de propagação da onda correspondente à componente horizontal da tensão no condutor;

n = 1, 2, 3, ...

Vamos calcular, como exemplo, a freqüência natural de um vão normal de 400m, submetido a uma tensão normal, dando U_{tr} = 120m/s:

$$f_1 = \frac{1}{2 \cdot 400} 120 \cong 0{,}15\text{Hz}$$

Uma freqüência normal de vibração em linhas, no Brasil, está em torno de 10Hz. Nesse intervalo, podemos encontrar freqüências ressonantes como:

9,55; 9,70; 9,85; 10,00; 10,30; 10,45; ...

Esse exemplo dá a ordem de grandeza das diferenças entre as freqüências acarretando modos vizinhos de vibração em um vão normal. Como será demonstrado posteriormente, é muito importante, para o desenvolvimento das vibrações, que as freqüências naturais estejam tão próximas.

6.3.2 - Origem hidrodinâmica das vibrações eólicas

Tem sido aceito, por um longo tempo, que a causa da vibração eólica é a esteira de vórtices periódicos. Os nomes mais freqüentemente associados com as pesquisas nesse campo são Strouhal e Von Karman, daí serem, esses vórtices conhecidos por "vórtices de Karman" [11,12].

Strouhal encontrou a seguinte relação empírica para a freqüência do vórtice para um cilindro em um fluxo de fluido:

$$f_s = S \frac{U}{D} \tag{6.7}$$

onde:

S (Re) $\cong$ 0,2, no intervalo real do número de Reynolds (400 < Re < 40.000, veja a Fig. 6.6);

U = velocidade do fluido (velocidade do vento) [m/s];

D = diâmetro do cilindro [m].

Essa relação tem sido largamente usada no caso de um cilindro fixo.

A freqüência é relativamente estável, enquanto que a amplitude das forças que agem sobre o cilindro tem um caráter aleatório, indicando que a diferença de fase entre os vórtices ao longo do cilindro tem um caráter aleatório.

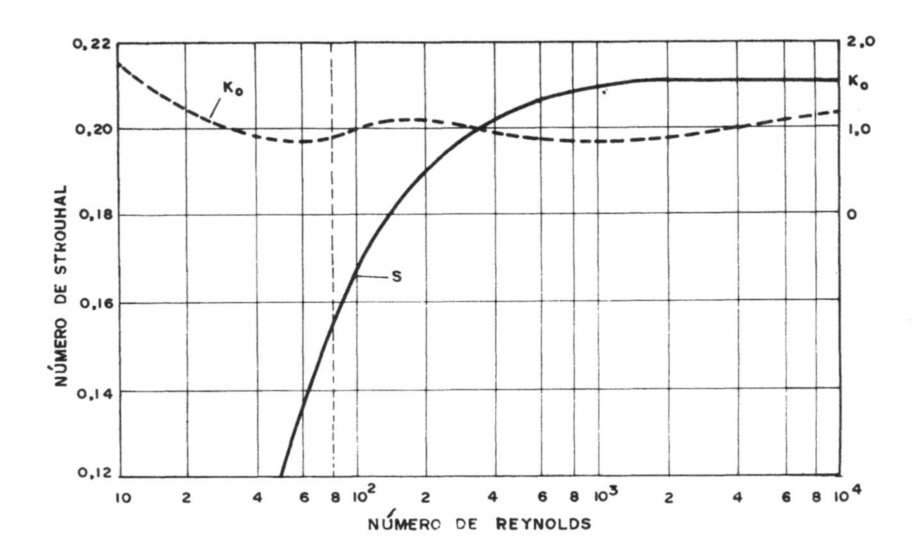

Fig. 6.6 - Número de Strouhal em função do número de Reynolds. curva obtida experimentalmente para escoamento sobre cilindros circulares.

Quando o cilindro oscila livremente, isto é, devido às forças resultantes da esteira de vórtices, duas observações fundamentais geralmente são feitas conforme segue.

Para freqüências de oscilações em um certo intervalo próximo (± 20%) da de Strouhal (f_s), os vórtices não estão na maior esteira em sintonia com a de Strouhal, porém são governados pela freqüência de oscilação.

1 - Como uma conseqüência, os vórtices não estão na maior esteira para uma fase aleatória, porém tornam-se síncronos ao longo do cilindro, resultando em um movimento harmônico. Esse fenômeno é freqüentemente citado como efeito de sincronização.

2 - Se a freqüência de oscilação permanece no intervalo de sincronização, toma lugar uma amplificação na força dinâmica de sustentação. Chegando-se a uma amplitude de saturação, também aparece uma amplificação da amplitude de oscilação.

A esteira de vórtices pode também ser controlada pelos distúrbios periódicos. Tem sido mostrado que ondas sonoras de uma freqüência apropriada são capazes de governar a freqüência do vórtice e amplificar a resistência do vórtice, e tem sido sugerido, também, que a turbulência contém uma freqüência predominante com um efeito análogo [13,14,15].

A Fig. 6.7 ilustra a esteira de vórtices em um cilindro submetido a um fluxo. A Fig. 6.8 mostra as forças hidrodinâmicas de sustentação agindo sobre o cilindro. E pode ser visto que o efeito é muito semelhante ao tão conhecido efeito Magnus, e a força de sustentação pode ser escrita como

$$F_K^* = C_K \frac{1}{2} \rho \cdot U^2 \cdot Dq \qquad (6.8)$$

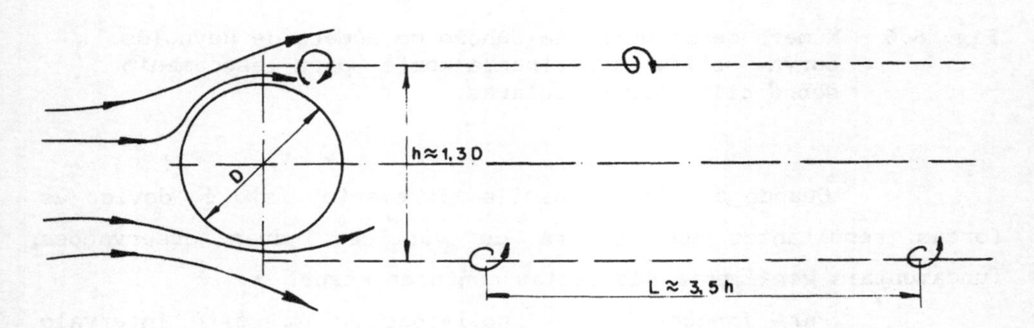

Fig.6.7 Geometria da esteira do vértice de KARMAN

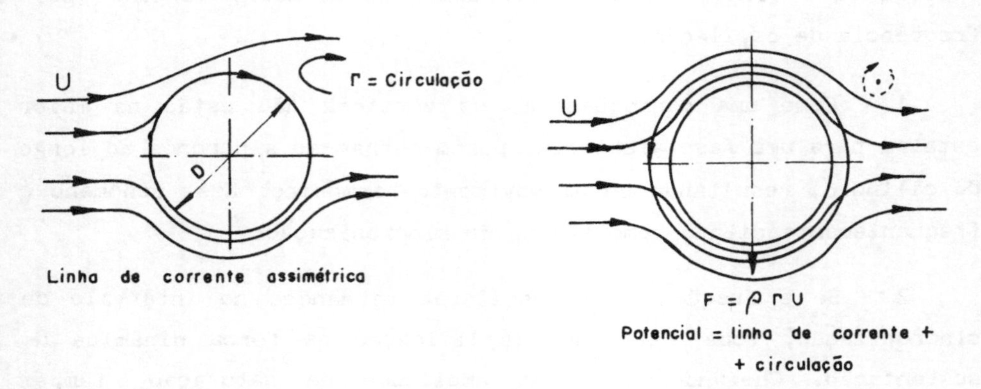

Fig. 6.8 - Força de Karman sobre um cilíndro estacionário

onde

C_K - é o coeficiente dinâmico de sustentação, isto é, o coeficiente de sustentação que é válido quando a freqüência síncrona, descrita anteriormente, toma lugar, e

ρ - é a densidade do fluido (ar).

É admitido que o efeito de sincronização entra em ação se a amplitude de vibração chega a um nível considerado crítico. O coeficiente de sustentação dinâmico é tomado como dependente dos distúrbios do fluxo de ar, isto é, do nível de turbulência.

O fator de amplificação (q) origina-se da segunda observação referida anteriormente. O fator de amplificação pode ser escrito, em princípio,

$$q(\eta, f),$$

como, porém, essa função não foi ainda definitivamente estabelecida, Steinman [16], contudo, propôs a função

$$q = 1 + 0{,}77 \cdot \eta$$

onde:

η é a amplitude relativa dupla (=Y/D) e Y a amplitude dupla (pico a pico)

Exemplo 6.1

Sobre um condutor, com diâmetro de 25,4mm e pesando 0,825kgf/m, sopra um vento de 36km/h. O cabo foi tensionado com uma tração de 1.650kgf.

a - Calcular a freqüência de Strouhal, em Hz.

b - Sabendo que a densidade do ar nessas condições é 1,29 kg/m^3 e que a amplitude de vibração pico a pico nesse vão é de 0,5 mm, determinar a expressão da força harmônica de Karman.

c - Desprezando a rigidez (EI) do cabo, calcular uma série de freqüências naturais do cabo para esse vão de 400m.

Solução:

a - Da Eq 6.1, temos

$$\frac{f_s D}{U} = 0{,}185 \therefore f_s = \frac{0{,}185 U}{D};$$

$$U = 36km/s = 10m/s \text{ e } D = 0{,}0254m$$

Logo:

$$f_s = \frac{0,185 \cdot 10}{0,0254} = 72,8\text{Hz}$$

b - Das Eqs 6.2 e 6.8, temos

$$F_k = C_k \frac{1}{2} \rho U^2 Dq \text{ sen } \omega t.$$

Tomemos $C_k = 1$ e $\omega = 2\pi f = 2\pi \cdot 72,8 = 457,4\text{rad/s}$; o fator de amplificação, será

$$q = 1 + 0,27 \cdot \eta = 1 + 0,77 \frac{Y}{D} = 1 + 0,77 \frac{0,5}{25,4} \cong 1,02.$$

Logo,

$$F_k = 1 \cdot \frac{1}{2} \cdot \frac{1,29}{9,81} \cdot 10^2 \cdot 0,0254 \cdot 1,02 \text{ sen } (457,4t),$$

$$F_k = 0,17 \text{ sen } (457,4t) \text{kgf/m}.$$

Note que o maior valor da força de sustentação é 0,17 kgf/m, que representa somente 21% do peso do cabo.

c - Da Eq. 6.6,

$$f_n \cong \frac{n}{2a} U_{tr} = \frac{n}{2a} \sqrt{\frac{T}{m}} = \frac{n}{800} \sqrt{\frac{1.650 \cdot 9,81}{0,825}},$$

$$f_n \cong n \cdot 0,175 \ (n = 1,2,3,\ldots).$$

Se, na ressonância, $f_n \cong f_s$,

$$72,8 \cong n \cdot 0,175 \therefore n = 416,$$

O modo de vibração será de ordem 416.

6.3.3 - Desenvolvimento da vibração eólica em um vão de linha de transmissão

A força hidrodinâmica que age sobre um comprimento unitário de condutor é muito pequena. Por exemplo, um condutor de 50mm de diâmetro, de acordo com a Eq. 6.8, pode estar sujeito a um pico de força de aproximadamente $2,5\cdot10^{-2}$N/m , para uma velocidade de vento de 1m/s.

Está, portanto, claro que uma condição necessária para o desenvolvimento de uma vibração é que as forças hidrodinâmicas trabalham em fase sobre uma parte suficiente de comprimento de vão.

Uma vez que as forças hidrodinâmicas ao longo do vão são muito pequenas e distribuídas aleatoriamente, a vibração está iminente.

Por outro lado, como mencionado anteriormente, tão logo a vibração comece, o efeito de sincronização entra em ação e comanda a esteira de vórtices, de tal maneira que as forças hidrodinâmicas sejam harmônicas e tenham uma componente suficiente em fase com a velocidade trasnversal do condutor vibrante.

A transição do estado de vibração irregular para o estado de vibração estável ou permanente, em que os vórtices são regulares, deve, portanto, ser iniciada por um impulso de partida.

Diferentes fenômenos podem servir como impulso de partida. O mecanismo está ainda para ser investigado posteriormente. Contudo, pode ser dito que qualquer evento que cause um movimento do condutor favorecerá o efeito de sincronização em alguma parte do vão e, então, inicia-se um processo para levar a vibração a todo o vão.

Todo vão inclui torres, isoladores, grampos e, eventualmente, amortecedores e espaçadores. É, portanto, um sistema dinâmico que tem um grande número de freqüências naturais. Como, em uma linha de transmissão normal, essas freqüências naturais são muito próximas, o efeito de sincronização pode facilmente ocorrer em qualquer uma delas, especialmente aquelas que apresentam um baixo amortecimento.

A vibração de um vão em geral não começa de maneira instantânea. Usualmente há um período de desenvolvimento, um período mais ou menos de vibrações estacionárias e, por fim, um período curto de enfraquecimento.

Um período de desenvolvimento maior que o necessário para alcançar o nível apropriado de energia armazenada, pode ser explicado, desde que suponhamos o vento mudando gradualmente de um estado de turbulência para uma corrente de ar mais ou menos capaz de gerar vibrações. Quando a frente da corrente de ar passa pelo vão, haverá numerosas tentativas de início de vibração. Porém, pelo fato de a corrente de ar variar com o tempo, em vorticidade e velocidade, vibrações instáveis ocorrerão até que a corrente de ar se torne suficientemente laminar e com variações de velocidades dentro do intervalo crítico em que o efeito de sincronização ocorre.

A vibração no período estacionário raramente está na forma de ondas puras. Um batimento-padrão é a forma mais comumente observada. Isso pode ser atribuído à geração de vibração por duas ou mais frentes com diferentes velocidades de vento [17]. Uma outra explicação afirma ser possível que a velocidade do vento esteja variando no tempo e no espaço, porém dentro do intervalo do efeito de sincronização. Isso não causaria qualquer variação significante na freqüência, porém a amplitude variaria com o tempo e a posição no vão. Um registro típico de vibração natural é mostrado na Fig. 6.9. Se as variações na velocidade do vento excedem significativamente o efeito de sincronização, é provável que o estado de vibração estacionário cessará, e uma transição para o estado irregular não-vibratório tomará lugar.

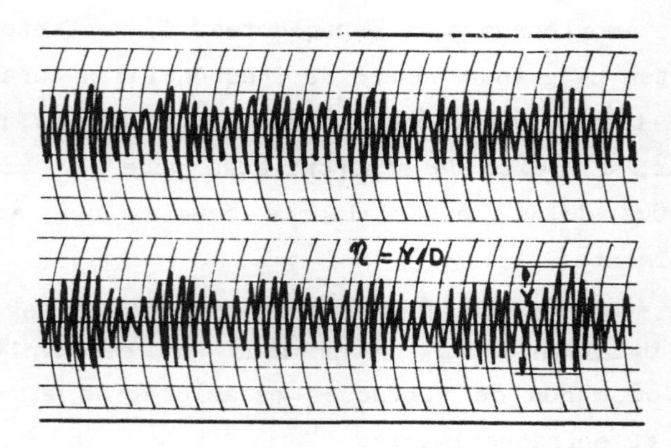

Fig. 6.9. - Registro da vibração em uma linha de transmissão

6.4 - AUTO-AMORTECIMENTO EM CONDUTORES

Quando um condutor tensionado é sujeito a uma deformação na sua condição estática normal, ele dissipará alguma energia. Tal dissipação de energia se relaciona diretamente à forma de deformação e, portanto, será relacionada aos parâmetros que descrevem a deformação.

Como uma simplificação, as oscilações ou vibrações de condutor podem ser admitidas como um harmônico e em ressonância. A distorção, então, pode ser expressa por uma função harmônica simples,

$$y(x) = \frac{Yo}{2} \text{ sen } \left(\frac{2\pi}{\lambda} x\right),$$

onde Yo/2 é o deslocamento do antinó e λ o comprimento de onda.

O auto-amortecimento de um condutor sujeito a uma tração T é, portanto, definido pela energia por ciclo, ou a potência por unidade de comprimento, de um condutor vibrando em cada um dos seus modos principais naturais, com um comprimento de onda λ e deslocamento do antinó Y (amplitude):

$$E = \text{função } (T, \lambda, Y) \tag{6.9}$$

Para condutores normais, essa pode ser expressa como

$$E = \frac{\pi}{2} H \cdot \lambda^{-n} \left(\frac{Yo^m}{2}\right) \tag{6.10}$$

Como a função não é linear, mas está dentro dos valores usuais de T, λ e Yo que podem ser encontrados nas linhas de transmissão, n e m são encontrados nos intervalos de 3 a 3,5 e de 2 a 2,5, respectivamente. A variação normal do parâmetro H com a tração pode ser vista na Fig. 6.10.

As duas principais fontes de amortecimento em um condutor normal tensionado são:

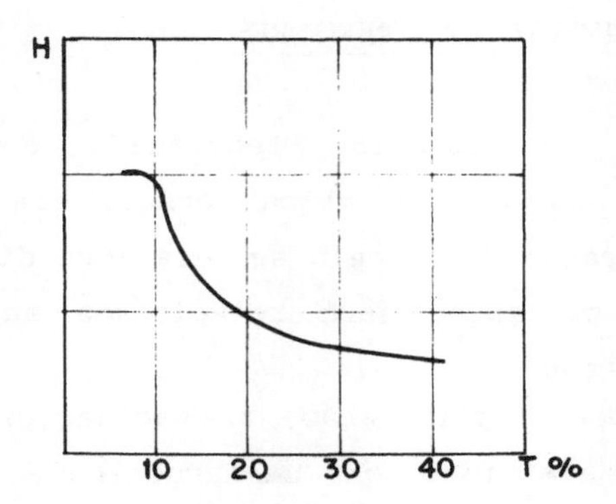

Fig. 6.10 - Variações típicas do parâmetro de amortecimento H com a tração no condutor

- amortecimento material, isto é, a dissipação de energia na matéria sólida dentro do próprio condutor;
- atrito de Coulomb entre as superfícies deslizantes em contato.

Numerosas investigações têm indicado que o amortecimento material é pequeno, em comparação com o do atrito de deslizamento. Testes experimentais têm, de fato, mostrado que o aumento do deslizamento entre os fios sempre leva a um aumento da dissipação de energia, em tal proporção que a influência do amortecimento material tem sido comprovadamente pequena.

Embora o verdadeiro mecanismo do amortecimento por deslizamento ainda não seja claramente conhecido, ele está evidentemente relacionado com as deformações dinâmicas ocorridas sobre os fios individualmente. Essas deformações dependem da deformação do cabo (parâmetros Yo e λ), do atrito interfaces e da pressão entre os fios, que depende da geometria do cabos e da tensão (T).

Se considerarmos esses fatos na prática da linha de transmissão, as considerações que seguem serão importantes.

- Não há relação direta entre a resistência básica do condutor e o auto-amortecimento. Portanto, qualquer recomendação baseada em porcentagens da resistência básica é válida somente para condutores de geometria semelhantes e com os mesmos valores de resistência básica por unidade de área de seção reta.

- Para uma dada geometria de condutor (diâmetro, seção reta, número de fios), uma variação na tensão afetará a dissipação de energia de duas maneiras. Primeiro, para uma dada freqüência, ou velocidade de vento, o comprimento de onda variará de acordo com a expressão simplificada para a ressonância

$$\lambda = \frac{1}{f}\sqrt{\frac{T}{m}};$$

Como um exemplo, um aumento da carga para 1,25 T causaria um aumento no comprimento de onda de 12% e diminuiria a energia em 30%. E segundo, uma variação em T modificará o parâmetro H, como mostra a Fig. 6.10. Tomando o mesmo exemplo, uma variação na tensão de 20 a 25% de T causará uma redução em H de 20%, portanto conduzindo a 56% a redução total de energia.

Para um ACSR, um aumento do conteúdo de aço influirá essencialmente no comprimento de onda para uma dada freqüência, podendo se presumir que a tensão nos fios de alumínio não variará apreciavelmente.

Existem diferentes métodos para as medidas de auto-amortecimento em condutores, os quais podem ser encontrados nas referências [18,19,20 e 21].

6.5 - INTENSIDADE DA VIBRAÇÃO

A intensidade da vibração depende essencialmente da tensão no condutor e do terreno onde a linha se encontra exposta [22].

Testes sobre vibrações, usando excitação artificial em instalações especiais e mediadas de vibrações naturais em vãos experimentais, têm mostrado que vibrações com amplitudes notáveis aparecem quando a tensão mecânica no condutor excede 4 ou 5 kgf/mm^2. Com tensões menores, as perdas devido ao amortecimento interno são tão altas que não se tornam perigosas [23,24].

As condições topográficas, ou seja, natureza do terreno, presença de florestas e de construções nas vizinhanças da linha, têm influência nas características do vento, na camada adjacente à terra e, conseqüentemente, sobre a intensidade da vibração.

Os maiores danos ocorrem nas seções da linha em travessia plana. Montanhas rugosas e inclinadas, travessias em vales, não têm sérias influências na intensidade de vibração e, portanto, no dano resultante. Em linhas que atravessam montanhas, terrenos muito rugosos e áreas florestais, são raros os danos no condutor, e ocorrem somente depois de uma longa vida da linha. A presença, sobre a linha ou em volta dela, de ravinas, diques, construções, jardins ou algumas árvores isoladas ou bosques quebra o fluxo lamelar do vento e possui uma considerável influência na vida dos condutores. Vibrações fortes aparecem, entretanto, em vãos muito grandes, nas travessias de grandes rios, onde o vale do rio guia o fluxo de ar através da linha, e onde a alta suspensão do condutor sobre a área plana favorece um fluxo regular do vento.

Pelas medidas de vibrações em diferentes condutores, tem sido possível caracterizar a tendência à vibração como uma função das condições locais, pelo seguinte número médio (Tab. 6.1):

$$\tau = \frac{T_v}{T_e} \cdot 100 \qquad (6.11)$$

onde:

T_v = duração de vibrações ($\alpha > 5'$);

T_e = duração das observações (mínimo de um mês);

α = ângulo de vibração; representa o ângulo formado pela linha da catenária (estática) e a linha do primeiro laço livre (LL), medido na boca do grampo de fixação, em minutos (veja a Fig. 6.11).

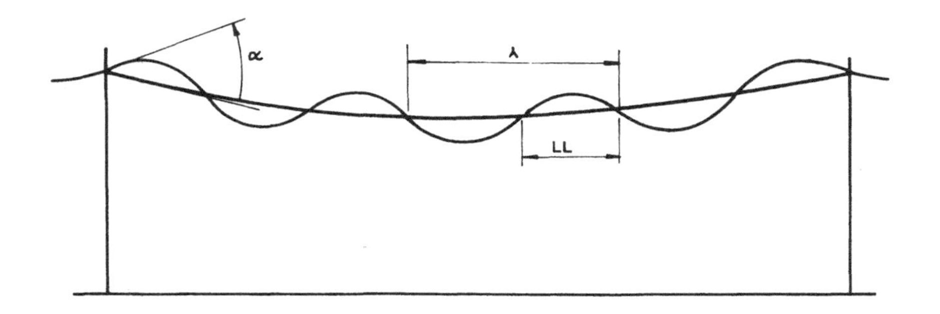

TABELA 6.1

Condições locais	Máximo ângulo de vibração α'	Duração relativa de vibração τ(%)
Travessias longas (800 a 1.500m)	35-50	35-50
Terreno plano, aberto, vãos de 300 a 500m	25-35	20-35
Mesmo, vãos de 150 a 300m	25-30	20-25
Bosques com árvores escassas, terreno muito rugoso, vãos de 150 a 300m	15-20	8-15
Áreas florestais onde os topos das árvores são mais altos que os pontos de suspensão dos condutores	5-10	2-5

Fig. 6.11 - Representação exagerada da vibração de um cabo condutor. (α, ângulo de vibração; λ, comprimento de onda; LL, meio comprimento de onda:

$$LL = \frac{1}{2f}\sqrt{\frac{Tg}{p}},$$

sendo f a freqüencia [Hz], T o tracionamento mecânico [kgf], p o peso do condutor por unidade de comprimento [kgf/m] e g a aceleração da gravidade [m/s^2].)

6.6 - CRITÉRIO DE VIBRAÇÃO PERIGOSA

6.6.1 - Prognóstico do nível de vibração

Se o amortecimento do sistema e a potência do vento em um condutor vibrante são conhecidos, é possível calcular-se o nível de vibração em estado permanente pelo conceito do balanço de energia. Aqui o problema se aproxima das condições ideais; mais tarde, a importância de alguns pontos práticos será discutida.

As condições ideais aqui supostas são:

a - o vento é estável e uniforme sobre todo o comprimento do condutor;

b - a vibração é descrita como senoidal;

c - toda energia dissipada toma lugar no próprio condutor.

O auto-amortecimento do condutor é medido, e admite-se a energia do vento descrita [25] pela função

$$P_v = f^3 D^4 \cdot \text{função } (U) \cdot \text{função } (\eta) \qquad (6.12)$$

onde:

f - freqüência [Hz];

D - diâmetro do condutor [m];

U - velocidade do vento [m/s];

η - amplitude dupla de variação [= Yo/D].

A Fig. 6.12 (a) mostra o princípio da determinação do nível de vibração pelo método do balanço de energia. A interseção entre a curva da energia do vento e a curva de auto-amortecimento, dá a amplitude esperada para a freqüência particular considerada.

Para um dado condutor em uma dada tensão, as curvas de auto-amortecimento e energia do vento podem ser estabelecidas para valores diferentes de freqüência. Os pontos de interseção dão as amplitudes esperadas como uma função da freqüência de vibração. A Fig. 6.12 (b) mostra o nível de vibração calculado dessa maneira para o condutor Parrot, para quatro valores diferentes de tensões.

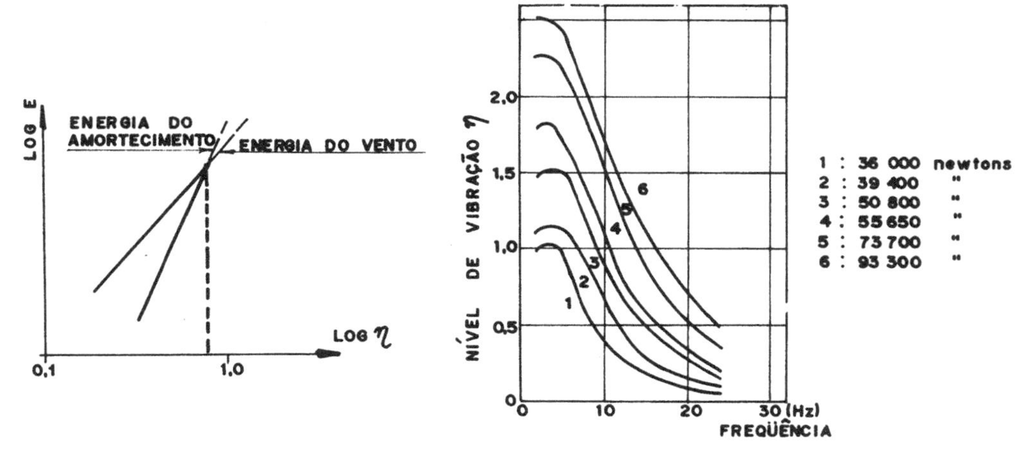

Fig. 6.12 - (a) Determinação da amplitude de vibração (freqüência constante). (b) Previsão do nível de vibração para um condutor Parrot em diferentes valores de tensão.

As suposições feitas raramente são correspondidas. Como foi dito previamente, as vibrações são em geral formadas por um batimento padrão. O mecanismo que governa a formação do batimento não é completamente desconhecido. Algumas explicações têm sido propostas por vários pesquisadores. Não é de todo surpreendente, contudo, que a vibração-padrão seja irregular, quando se leva em conta a pequena probabilidade de o vento ser uniformemente distribuído no tempo e no espaço.

O amortecimento nas extremidades, devido aos amortecedores, tende a reduzir o nível de vibração real. É evidente que, se os dispositivos especiais de amortecimento são aplicados ao condutor, o sistema modifica-se. O amortecimento do novo sistema deve ser avaliado e introduzido no cálculo do balanço das energias.

6.6.2 - Critério de vibração perigosa

Numa tentativa de restabelecer os valores de tensões onde há perigo de danos por vibrações, testes de laboratório foram feitos em vários países, cobrindo diferentes condutores, sob vários valores de tensões mecânicas e de amplitudes de vibrações. Entretanto, esse método tem dois sérios inconvenientes. Em primeiro lugar, para se determinar esses valores com certeza, é necessário realizar um grande número de testes, reduzindo paulatinamente a tensão e a amplitude de vibração num condutor não-ferroso; este pode suportar sem danos 100 a 200 milhões de ciclos de vibração. Para um condutor de aço, teríamos 10 milhões de ciclos sem que ocorressem danos. Obviamente, esse procedimento consome muito tempo.

Em segundo, as condições de laboratório jamais reproduzem fielmente as condições a que uma linha em serviço está sujeita. Os resultados das investigações em laboratório podem, portanto, ser relacionados às condições reais, e isso causa certas dificuldades. Dessa maneira, devemos coletar dados sobre danos nas próprias linhas em serviço, em adição às investigações em laboratório.

As vibrações nos condutores aparecem para velocidades de vento de 0,6-0,8 a 10m/s ou mais. Contudo, quando a velocidade do vento e a freqüência de vibração aumentam, o número de meia-ondas no vão aumenta, e também a perda (dissipação de energia), limitando o aumento da amplitude de vibração. Isso explica por que, com um aumento na freqüência de vibração, há um decréscimo nas amplitudes de oscilações e deslocamento angular. Portanto, comumente as vibrações geradas pelas velocidades de vento, excedendo 5-6m/s, não alcançam níveis perigosos.

A análise dos resultados das medidas das amplitudes de vibrações feitas em linhas, para várias freqüências, mostram que a relação entre a amplitude e a freqüência pode ser expressa por uma fórmula empírica, do seguinte tipo:

$$y = Ax^{B}e^{cx} \qquad (6.13)$$

Para ser capaz de generalizar os dados obtidos com condutores de diferentes diâmetros, para diferentes intensidades de vibração, ela parece ser aplicável em dois casos, como segue.

a - Para tomar como amplitude de vibração um parâmetro adimensional, K_A, igual à razão das amplitudes observadas para seus valores máximos ou à razão do maior ângulo observado para seu valor máximo:

$$K_A = \frac{(A/0,5\cdot\lambda)}{(A/0,5\cdot\lambda)_{max}} = \frac{\alpha}{\alpha_{max}} \tag{6.14}$$

Onde:

A - amplitude de vibração;

$0,5\cdot\lambda$ - meio comprimento de onda de vibração;

α - ângulo de vibração.

b - Para expressar a variação do valor K_A como função de um parâmetro $(f\cdot D)$, onde f é a freqüência de vibração e D o diâmetro do condutor.

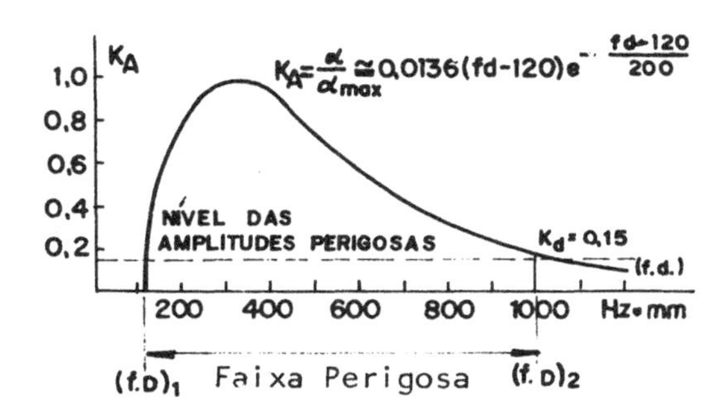

Fig. 6.13 - Relação generalizada $K_A = F\ (f\cdot D)$ [26]

A fórmula que expressa a Eq. 6.13 torna-se:

$$K_A = 0,0136\ (f\cdot D - 120)\ e^{-(f\cdot D\ -\ 120)/200}$$

Um gráfico generalizado (Fig. 6.13), estabelecido desta maneira, ajuda na determinação dos limites da faixa perigosa de frequência de vibrações. Por exemplo, se tomarmos como a menor amplitude de vibração perigosa $K_A = 0,15$, que, para α_{max} = 30-35' corresponde a α de aproximadamente 5', os valores do número $(f\cdot D)$

cobrem a faixa de $(f \cdot D)_1 = 120$ a $(f \cdot D)_2 = 1.000 Hz \cdot mm$, que permite a determinação da faixa perigosa de freqüência, conhecido o diâmetro do condutor.

Esse procedimento simplifica consideravelmente a escolha dos parâmetros dos amortecedores e de suas posições relativas aos grampos, quando suas características dinâmicas são conhecidas.

Exemplo 6.2

Em uma certa linha, foram observados ângulos de vibração de 8', para valores máximos de 40'. Sabendo que o diâmetro do cabo nessa linha é de 18,52mm, determinar o nível das amplitudes perigosas, bem como o intervalo dessas frequências.

Solução:

O nível perigoso é dado por:

$$K_A = \frac{\alpha}{\alpha_{max}} = \frac{8}{40} = 0{,}20$$

Para tirar o intervalo, usamos a Fig. 6.13, donde

$(f \cdot D)_1 = 130$ e $(f \cdot D)_2 = 900 Hz \cdot mm$

Portanto

$$f_1 = \frac{130}{18{,}52} = 7{,}02 Hz \quad e \quad f_2 = \frac{900}{18{,}72} = 48{,}08 Hz;$$

$$7 < f_{perigosa} < 48 Hz$$

6.6.3 - Ruptura dos condutores

Os danos resultantes das vibrações eólicas podem ser divididos em duas categorias, respectivamente fadiga e abrasão. Ambos os tipos de avarias são progressivos e podem ocorrer ao mesmo tempo. A abrasão, entretanto, em geral, evidencia-se muito mais rapidamente [27].

As rupturas dos cabos condutores localizam-se nos pontos de fixação dos mesmos, exatamente onde uma seção vibra e a seguinte é forçada, pela ferragem de fixação, a ficar em posição rígida (Fig. 6.14). Nessa condição, forma-se um ponto fixo de flexão no condutor, localizado na boca do grampo de suspensão, onde fatalmente ocorrerá a fadiga do material (Fig. 6.15).

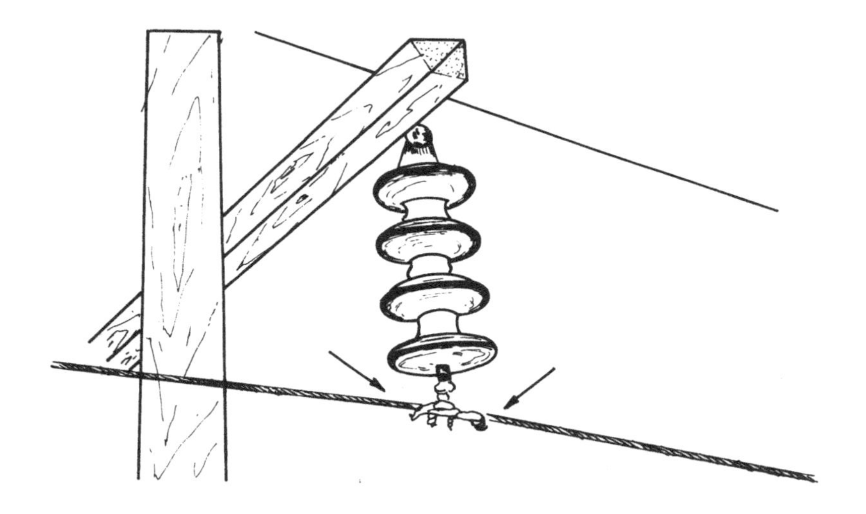

Fig. 6.14 - Região onde ocorre a ruptura dos cabos condutores

Fig. 6.15 - Vista de um condutor após a remoção do grampo de suspensão. A alma de aço ainda está intacta

O condutor ACSR (condutor de alumínio reforçado com alma de aço), é formado por camadas de fios, que agem, sob flexão, de um modo diferente de um cilindro sólido estático. A camada exterior de fios, durante o movimento de flexão, tende a aproximar-se do centro, pressionando a camada imediatamente inferior, e a abrasão resultante do atrito entre os fios de camadas diferentes tende a formar entalhes nos mesmos.

Assim, a camada inferior, embora não seja teoricamente a mais carregada, sob os efeitos adicionais dessas pressões e entalhes (Fig. 6.16), torna-se a zona onde freqüentemente ocorrem os primeiros rompimentos.

Esse pormenor elimina a possibilidade de se evitarem interrupções na operação da linhas de transmissão, por meio de manutenção preventiva, já que os primeiros fios rompidos, estando cobertos pela camada externa de fios, não podem ser detectados. Uma inspeção visual revelará apenas as quebras que já atingiram a quase totalidade da seção do condutor.

A solução do problema reside, então, em controlar as vibrações, ou seus efeitos, de uma maneira preventiva, controlando a intensidade das vibrações.

A intensidade das vibrações depende essencialmente da tensão do condutor e das condições locais de cada vão da linha.

Fig. 6.16 - Entalhes na segunda camada de um condutor, causados por vibrações eólicas

Testes de vibrações são executados com excitação artificial em instalações especiais, e medições das vibrações naturais, realizadas em vãos experimentais na URSS, mostraram que vibrações de magnitude perceptível aparecem quando o tensionamento mecânico do condutor excede 4 a $5 kgf/mm^2$ [26].

Com pequenas tensões de estiramento, as dissipações de energia, através de atrito interno, entre os fios que formam os cabos, são tão altas que a vibração não pode ser considerda perigosa.

A vibração dos cabos ACSR aumenta também quando a temperatura desce, pelo aumento de tensão nos fios de alumínio com relação aos fios de aço. Para as tensões e diâmetros de cabos usualmente adotados, encontramos velocidades dos ventos que permitem o aparecimento do fenômeno das vibrações eólicas.

Porém, em umas poucas regiões dos Estados Unidos, onde são usados altos valores de tensionamento de cabos condutores e onde são comuns ventos estáveis de altas velocidades, têm sido notadas vibrações em condutores sob velocidades de vento acima de 50km/h [28, 29].

Uma vez que já está comprovada a justificativa teórica que impõe ventos leves e estáveis como condição básica para o aparecimento de vibrações eólicas, um terreno plano e sem vegetação será o mais apropriado para que o vento ocasione vibrações. A mudança de direção dos ventos, devido a irregularidades do solo ou presença de árvores, modificará o fluxo laminar do vento, constituindo uma proteção natural contra as vibrações eólicas. Os cabos fixados nos pontos mais altos da estrutura, para um mesmo valor de flecha, terão maiores possibilidades de vibrar, uma vez que essas proteções naturais não conseguirão alterar o fluxo laminar do vento nessa região.

Uma vez conhecida a faixa das velocidades do vento dentro da qual existe condição para oscilações eólicas, e os diâmetros dos condutores normalmente usados nas linhas de transmissão, podemos, por meio da Eq. 6.7, determinar a gama da freqüências para essas oscilações. Considerando até 39,24mm de diâmetro e as velocidades de vento já citadas, verificamos que as oscilações eólicas podem ocorrer entre 2 e 70Hz.

Edwards e Boyd, através de experiências de campo, determinaram o limite crítico de deformação dinâmica dos cabos ACSR, na boca do grampo de suspensão, como sendo de 150 microdeformações [30,31]. J. Pullen [31,32], num estudo teórico das vibrações dos cabos condutores, partindo do limite estabelecido por Edwards e Boyd, e relacionando as amplitudes e as freqüências das oscilações com as deformações dos fios, estabeleceu a condição básica para uma linha ser adequadamente amortecida em função do produto da amplitude pela freqüência. Esse valor não deve ultrapassar 30,4Hz·mm. Sendo assim, são admissíveis oscilações de até 15mm de amplitude e 2Hz de freqüência, porém de apenas 1mm de amplitude a 30Hz. Construindo-se um gráfico tendo por abcissa as freqüências e por ordenada as amplitudes, obtemos a hipérbole representando a limitação Af = 30,4Hz·mm. Esse gráfico delimita duas zonas: a crítica, acima dessa curva, e a das vibrações toleráveis, abaixo da mesma (Fig. 6.17).

Sendo constante o valor máximo do produto Af, torna-se constante inclusive o maior ângulo de vibração [30], α = 0°05'03",

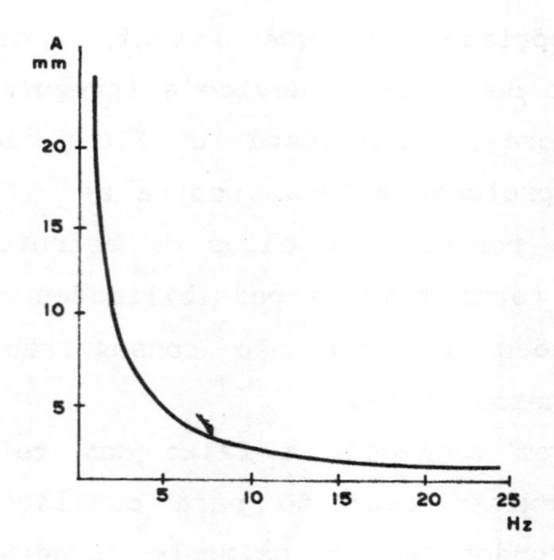

Fig. 6.17 - Hipérbole; Af = 30,4Hz·mm

que está perfeitamente de acordo com o valor-limite α = 5', adotado por Liberman [26].

A tendência para o emprego de condutores de diâmetros cada vez maiores e de vãos cada vez mais longos, implicando, muitas vezes, aumento do tensionamento, tem como conseqüência facilitar o aparecimento das vibrações eólicas e, embora as causas das vibrações dos condutores já sejam bastante conhecidas, os cálculos que permitiram trabalhar com altos valores de tensão dentro de uma faixa de segurança razoável demandam levantamentos minuciosos, complexos e precisos das condições de cada vão. Devido à alta frequência e pequena amplitude da oscilação eólica, verificou-se ser economicamente viável controlá-la por meio de dispositivos amortecedores.

6.7 - TENSÃO MECÂNICA E DISPOSITIVOS PARA A FIXAÇÃO DOS CONDUTORES

A vida de um condutor relaciona-se inversamente com o nível de esforços estáticos e dinâmicos. Quanto maiores forem os esforços estáticos, menores serão os valores dinâmicos permitidos para evitar uma falha do material por fadiga [27] (Fig. 6.18).

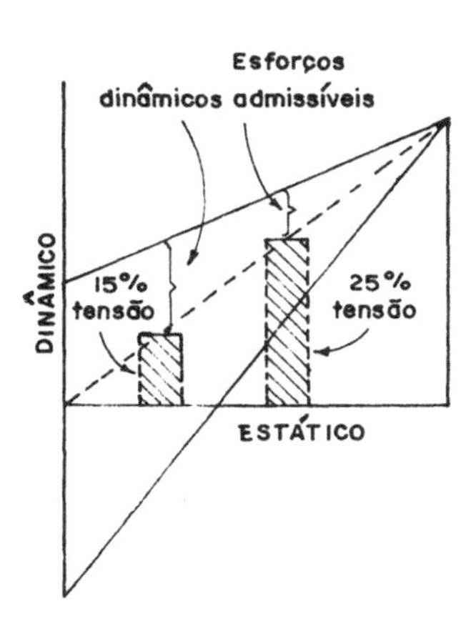

Fig. 6.18 - Diagrama de Goodman modificado

A tensão mecânica é considerada como um dos meios eficientes para prevenir o aparecimento de vibrações nos cabos. De acordo com a Fig. 6.10, o aumento de tensão reduz o valor do auto-amortecimento dos cabos, e por esse motivo a tensão deve ser tão baixa quanto economicamente viável.

As normas ABNT para projetos de linhas aéreas de transmissão (P-NB 182) estabelecem:

"13.2.1. Na pior condição, a carga atuante num cabo deve ser, no máximo, igual a 40% de sua carga de ruptura para cabos de alumínio, ACSR ou aço, e 50% para cabos de cobre."

"13.2.2. Na condição de trabalho de maior duração, a carga atuante no cabo deve ser, no máximo, 25% de sua carga de ruptura."

Observação: Esses limites basearam-se no uso de dispositivos especiais para evitar falhas por fadiga e o desgaste do cabo por atrito com os grampos. Quando tais práticas não são seguidas, tensões menores devem ser empregadas.

Uma boa norma de projeto é evitar transições abruptas, utilizando-se presilhas de suspensão e de ancoragem que possuem terminais de abertura suave e progressiva. Essas presilhas devem apresentar baixo momento de inércia e uma articulação que acompanhe, o mais fielmente possível, os movimentos do cabo e reduza as solicitações nas seções próximas à fixação. O corpo das presilhas deve ser longo para que as tensões introduzidas nas extremidades dos dois vãos contínuos não se somem, e para permitir um afrouxamento progressivo dos cabos nas suas extremidades (Fig. 6.19).

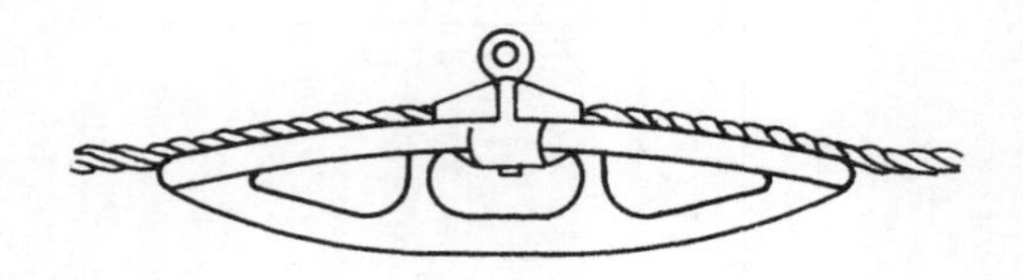

Fig. 6.19 - Grampo de suspensão tipo longo

As presilhas devem ser curvas, permitindo uma saída do cabo o mais tangencialmente possível, reduzindo assim a tensão estática de flexionamento no cabo daqueles pontos críticos, visto que os esforços de compressão devem ser o mais baixos possíveis.

Costuma-se capear os cabos com tiras de alumínio junto às presilhas de suspensão, com o objetivo de reduzir e distribuir os esforços estáticos e dinâmicos do cabo, e protegê-lo de "queimaduras" ocasionadas por descargas elétricas. Esse capeamento aumenta a rigidez do cabo, diminuindo, dentro de certos limites, a amplitude de vibração. Uma sofisticação dessa técnica de capear o cabo deu origem ao emprego de armaduras (em inglês, armour rods)(Fig. 6.20).

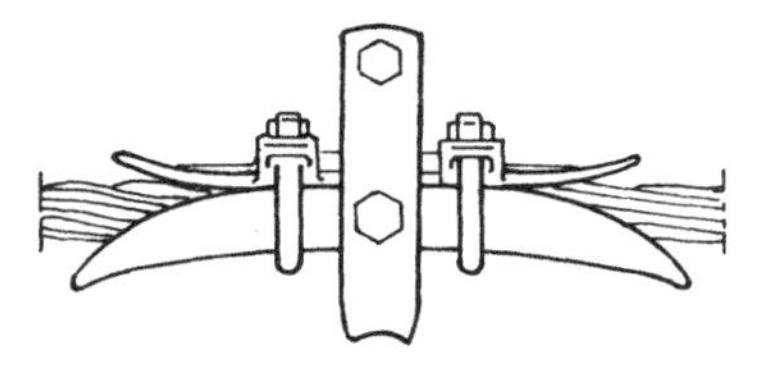

Fig. 6.20 - Grampo de suspensão tipo curto, com armadura

Atualmente os tipos de armaduras em maior uso são as cônicas e as pré-formadas (Figs. 6.21 e 6.22).

A diferença básica consiste no fato de as primeiras serem construídas de tiras retas, que são instaladas em volta do

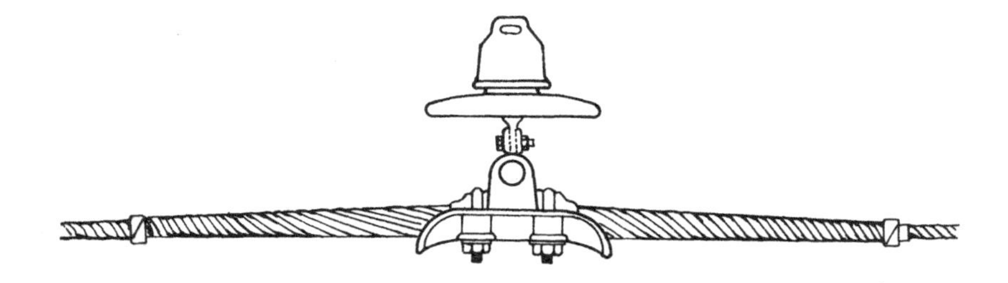

Fig. 6.21 - Armadura cônica

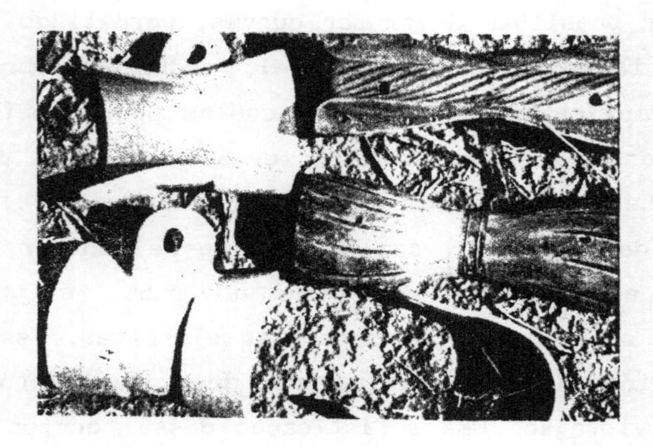

Fig. 6.22 - Armadura pré-formada

cabo, após o mesmo já ter subido à estrutura com o auxílio de uma ferramenta especial.

Sua função é aumentar a área e a rigidez do condutor na seção de fixação, reduzindo o movimento vibratório alternado do cabo no sentido vertical (junto às presilhas de suspensão). É importante que sejam bem aplicadas e bem ajustadas para terem efeito.

As pré-formadas não requerem a utilização de ferramenta alguma, e possuem uma vantajosa ação amortecedora, devido ao atrito, além de não exigirem virolas de fixação nas extremidades. Estima-se entre 10 e 20% o efeito de redução de vibração pela colocação de armaduras desse tipo [5].

Finalmente, consideremos um acessório para sustentação dos cabos que tem apresentado resultado altamente satisfatório, na proteção contra as vibrações eólicas, em todo o mundo. Trata-se de um bloco de neoprene, que é colocado envolvendo o condutor, e sobre o qual se instala um jogo de armaduras pré-formadas (Fig. 6.23).

O neoprene, por suas características elásticas, adere firmemente ao condutor sem comprimi-lo, eliminando esforços de compressão e reduzindo consideravelmente a transmissão das vibrações aos isoladores e à estrutura.

Fif. 6.23 - Pré-formado com núcleo de neoprene

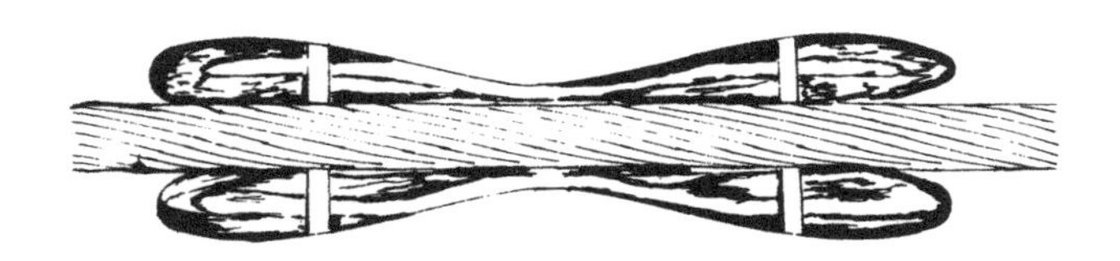

Fig. 6.24 - Reforçado de alumínio moldado no neoprene

A rigidez do pré-formado e a elasticidade do núcleo de neoprene oferecem apoio em uma ampla área e aumentam o raio de curvatura, o qual reduz a tendência estática de dobramento sobre o ponto de suporte e diminui de maneira significativa os esforços dinâmicos de vibração.

6.8 - AMORTECEDORES DE VIBRAÇÃO

6.8.1 - Introdução

A limitação dos esforços estáticos e a adoção de dispositivos de fixação convenientes, muito têm contribuído para baixar os níveis de vibração. Porém, é no desenvolvimento de dispositivos amortecedores, cada vez mais eficientes, que os estudiosos do assunto têm concentrado maior atenção, no sentido de reduzir os efeitos danosos das vibrações eólicas.

Essa tendência a se buscar amortecedores mais eficientes, é justificada pela possibilidade de tais dispositivos virem a ser adotados tanto em novos projetos como nas inúmeras linhas já construídas e que apresentam problemas de vibrações.

Amortecedores instalados em posições onde sua presença não é necessária, além de ter um fator economicamente negativo, implica em uma sobrecarga mecânica nos cabos, o que vem a reduzir a vida útil dos mesmos.

Existe uma grande variedade de dispositivos amortecedores. Citaremos somente aqueles que tenham realmente se destacado por sua eficácia ou tenham sido objeto de estudo de trabalhos de pesquisa. Até o momento não foi desenvolvido um amortecedor perfeito, mas, na maioria dos casos, uma seleção adequada dos mesmos proporciona uma solução satisfatória. Sua função é suprimir as vibrações eólicas nas proximidades das fixações dos cabos.

A suspensão das vibrações reduz os níveis de esforços dinâmicos no condutor e reduz também a quantidade de energia transmitida para a estrutura ou para vãos adjacentes.

É de particular importância a magnitude das forças transmitidas pelo amortecedor ao condutor, bem como seu engastamento ao mesmo. Quando não se atenta para esses detalhes, corre-se o risco de falhas por fadiga ocorrerem junto ao ponto de engastamento de tais dispositivos.

6.8.2 - Tipos de amortecedores

Amortecedor tipo ponte (festões) ou Bretelle

Consiste num cabo de material semelhante ao dos condutores, com comprimento entre 3 a 5m, preso de cada lado do grampo de suspensão, formando um laço (Figs. 6.25 a 6.28).

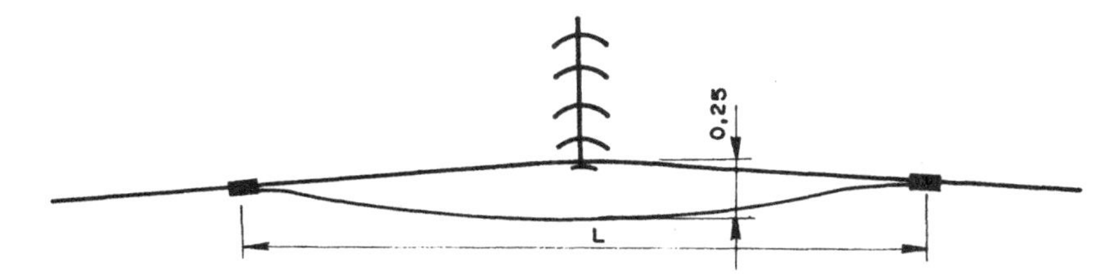

Fig. 6.25 - Amortecedor Bretelle tipo I

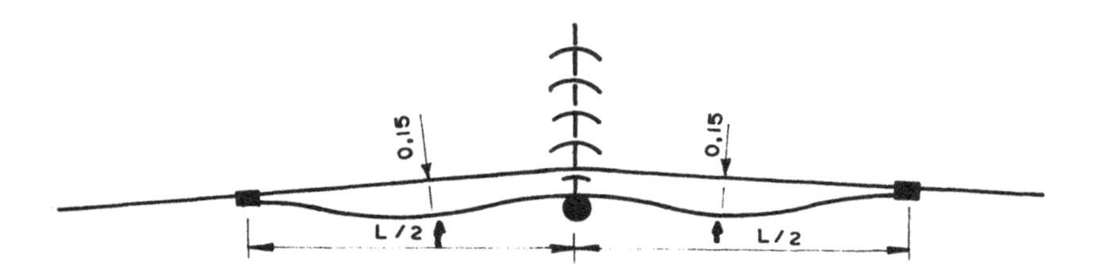

Fig. 6.26 - Amortecedor Bretelle tipo II

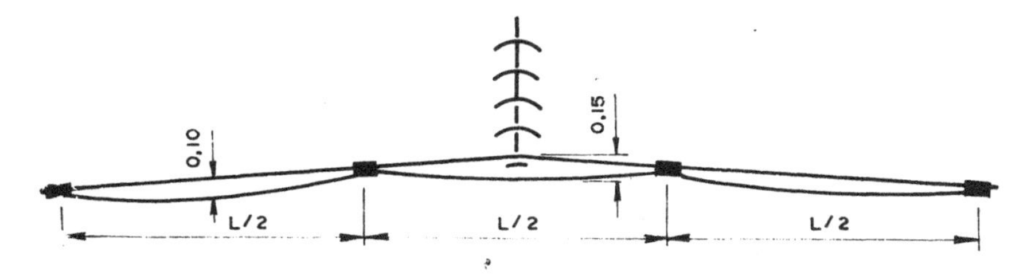

Fig. 6.27 - Amortecedor Bretelle tipo III

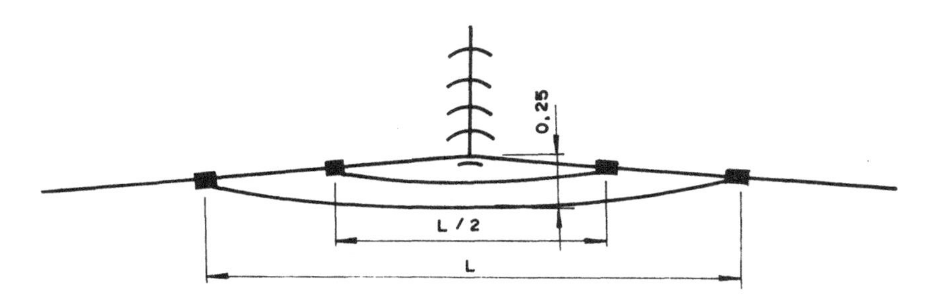

Fig. 6.28 - Amortecedor Bretelle tipo IV

O princípio de funcionamento baseia-se nas propriedades de dissipar energia por fricção que um cabo não-tensionado possui, além de modificar as características de vibração entre os pontos onde está engastado.

Esse dispositivo é de instalação mais demorada que os demais, não podendo ser instalado com linha viva. Sua eficiência é discutível [33].

Sua única vantagem consta ser a economia, pois pode ser contruído com sobras de condutor. Porém, computando-se as dificuldades de instalação, certamente seu custo supera o dos outros tipos.

Uma variante desse dispositivo é conhecida como festão. É formado por vários laços de sobra do próprio condutor, conectados paralelamente ao mesmo (Fig. 6.29).

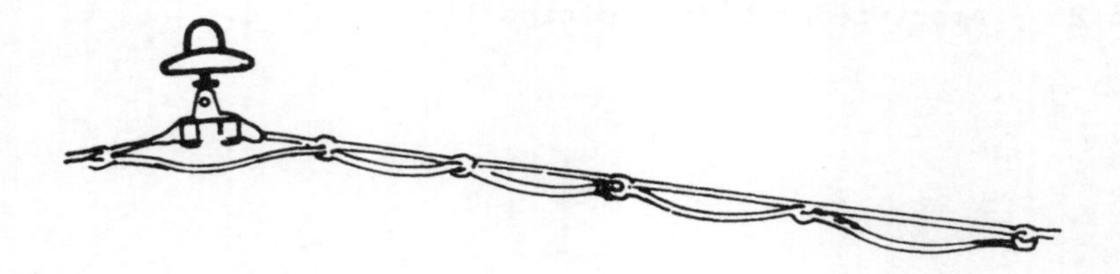

Fig. 6.29 - Amortecedor festão

O Comitê de Estudos n.º 6 da CIGRE (Conference Internationnale des Grands Réseaux Electriques a Haute Tension), depois de efetuar um estudo comparativo com os diversos tipos de amortecedores, concluiu que "os amortecedores Bretelle, durante as provas realizadas, foram claramente menos eficientes que os outros tipos".

Amortecedores de braço oscilante

Foi um dos primeiros dispositivos adotados para reduzir as oscilações eólicas. Consta de um braço oscilante e um anel de impacto fixados ao cabo condutor (Fig. 6.30). O impacto de uma extremidade do braço oscilante com o anel dissipa energia, reduzindo as amplitudes de vibração.

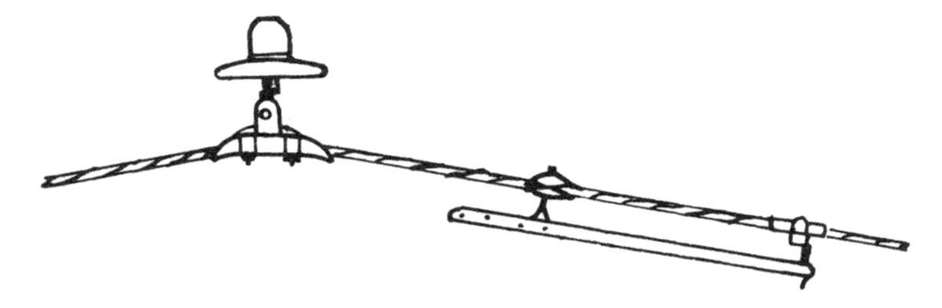

Fig. 6.30 - Amortecedor de braço oscilante

Amortecedor de impacto (massa-mola)

Uma massa suportada por uma mola desliza sobre uma barra, com uma plataforma de impacto na extremidade inferior (Fig. 6.31). A barra vibra com o condutor e a massa oscila, comprimindo e descomprimindo a mola alternadamente. Para amplitudes suficientemente grandes, entretanto, o impacto da massa contra a plataforma inferior provoca dissipação de energia.

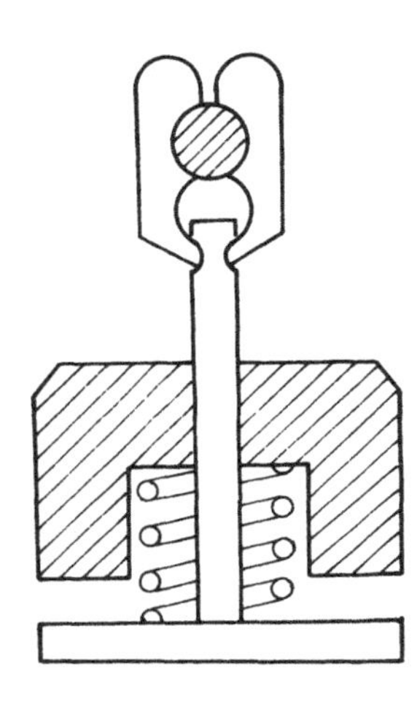

Fig. 6.31 - Amortecedor de impacto (massa-mola)

Amortecedor Helgra

Esse amortecedor, mostrado na Fig. 6.32, foi desenvolvido pelos engenheiros de Swedish State Power Board, e tem sido muito usado na Península Escandinávia. Consiste em discos de ferro e neoprene, com furos centrais, dispostos alternadamente sobre uma haste cilíndrica articulada. O impacto entre as massas provoca dissipação de energia.

A energia mecânica é transformada em calor pela compressão das arruelas de neoprene, na fricção interna destas. O calor é dissipado no ar circundante. Quando aplicado corretamente, absorve 90% das vibrações, reduzindo-as a valores sem perigo para os condutores. Não tem freqüência própria, não havendo, portanto, o risco de introduzir vibração nos cabos. Não sofre fadiga, podendo ter uso por tempo ilimitado. No Brasil, onde são fabricados sob licença, são usados em grande extensões de linhas de transmissão, tendo, em algumas, mais de 10 anos de serviço.

Amortecedor Bouche

Fabricado pela Vibration Control Co., Pasadena, Califórnia, é essencialmente um sistema massa-mola. Consiste numa massa de concreto e duas molas helicoidais (Fig. 6.33).

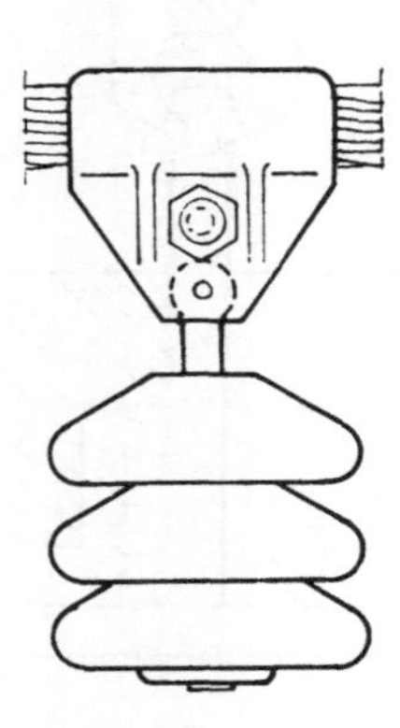

Fig. 6.32 - Amortecedor Helgra

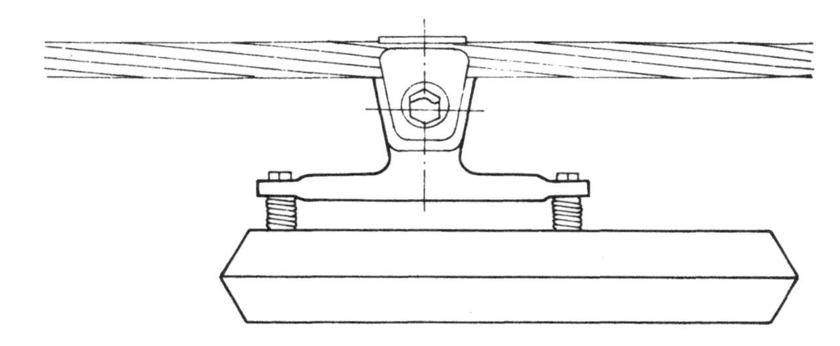

Fig. 6.33 - Amortecedor Bouche

Presentemente, tal dispositivo encontra-se em testes de campo em diversas localidades dos EUA.

Amortecedor torcional

Um outro tipo de amortecedor é o haltere, ou amortecedor torcional, que tem sido muito usado no Canadá (Fig. 6.34). Um haltere, fixado a uma alavanca inclinada, procura torcer o condutor, tendo seu movimento amortecido por discos de fricção. A vibração torcional do condutor possibilita ao dispositivo introduzir um amortecimento na direção da torção.

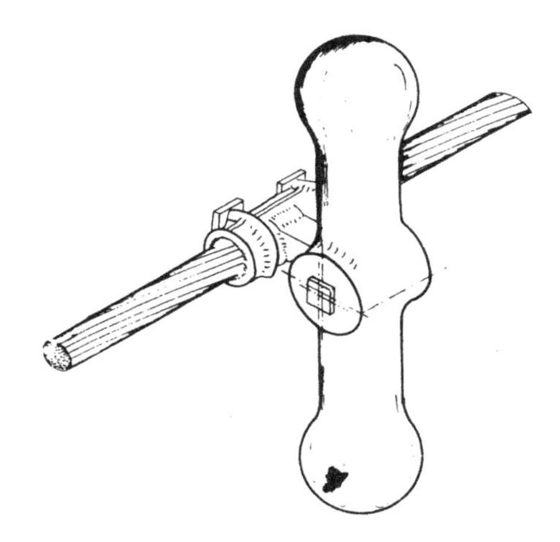

Fig. 6.34 - Amortecedor torcional

Conclusões baseadas em ensaios experimentais realizados no Canadá [34], afirmam que o uso de dois amortecedores torcionais por vão, fornece mais amortecimento que o necessário, possibilitando uma adequada proteção contra falhas por fadiga provinda de vibrações eólicas.

Amortecedor linear

Consiste num elemento de inércia com uma unidade amortecedora central, acoplado ao condutor através de um elemento articulado (Fig. 6.35). A unidade amortecedora consiste numa mola trabalhando dentro de sua faixa linear, e cilindro com pistão e fluido, proporcionando amortecimento viscoso. Esse amortecedor deixou de ser fabricado no Brasil, talvez por questões econômicas.

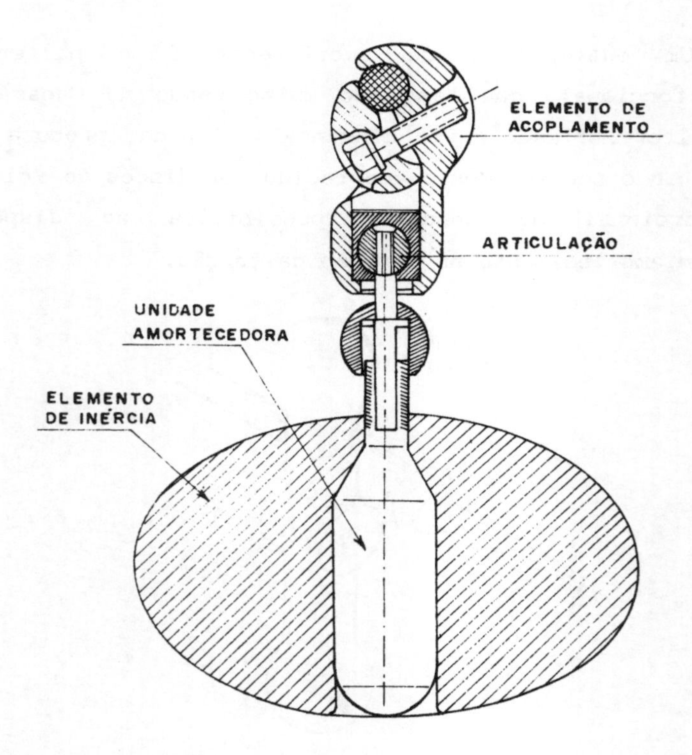

Fig. 6.35 - Amortecedor linear

Amortecedor Stockbridge

Desenvolvido em 1925 por George H. Stockbridge, é até o presente momento o amortecedor de maior aceitação mundial [35 e 36]. Consiste numa cordoalha de fios de aço com duas massas simétricas fixadas uma em cada extremidade; é conectado ao condutor por uma presilha central (Fig. 6.36).

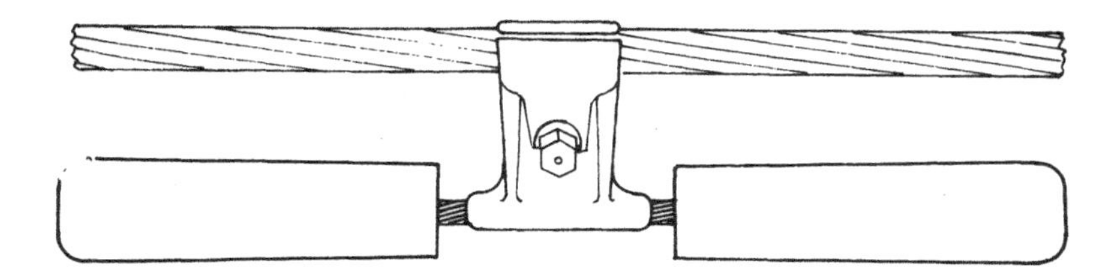

Fig. 6.36 - Amortecedor Stockbridge

Dissipa energia através do amortecimento histerético, fornecido pelo material dos fios componentes da cordoalha, e coulombiano , devido à fricção entre os fios quando as massas oscilam.

O amortecimento é obtido pela inércia gravitacional ao movimento, podendo ser observadas três fases de um ciclo em seqüência às vibrações (Fig. 6.37):

- na primeira fase, o condutor é flexionado para baixo, porém o amortecedor mantém sua posição devido à inércia;

- na segunda fase, o condutor é flexionado para cima e o amortecedor, sendo vencido pela inércia estática e adquirindo energia cinética, movimenta-se para baixo;

- na terceira fase, o condutor retorna à posição negativa, porém o amortecedor, devido à energia cinética obtida do condutor, é flexionado para cima.

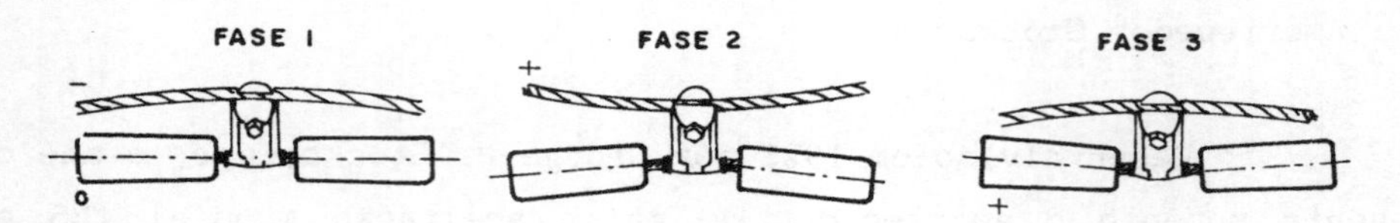

Fig. 6.37 - Fases de amortecimento

Observa-se que o amortecedor trabalha em contrafase, em relação ao condutor. Ele possui duas freqüências ressonantes, nas quais é muito efetivo. Porém a sua eficiência diminui muito rapidamente, fora da região entre essas freqüências. Isso implica a necessidade do conhecimento prévio das características de vibração do condutor, de modo a coordená-las com as do amortecedor. Da qualidade do material da cordoalha (cabo mensageiro) e do modo com que as massas são a ele conectadas, depende a vida útil do dispositivo. O tipo de presilha usado é outro detalhe importante, cuidando-se para não "ferir" o cabo condutor.

Amortecedor Dulmison ES-1

As letras ES, abreviatura de elastomer sandwich, designam um novo arranjo para o amortecedor Stockbridge, que consiste num completo envolvimento do cabo mensageiro com uma camada de neoprene. Trata-se de uma nova técnica de isolamento e absorção de vibrações. Segundo informações do fabricante, recentes pesquisas realizadas pela DuPont mostraram que a amplitude de vibração de uma placa pode ser dividida por 30, com a adição de uma camada viscoelástica envolta por uma outra camada metálica de compressão. Foi também descoberto que a vida até a fadiga pode ser aumentada em mais de cem vezes, substituindo-se a placa metálica por um coxim composto, de igual peso, contendo uma camada de material viscoelástico, numa forma de sanduíche.

No caso do ES-1, a estrutura vibrante é o condutor e a presilha de fixação, a camada viscoelástica é a cobertura de neoprene e a camada de compressão é a massa inercial (Fig. 6.38).

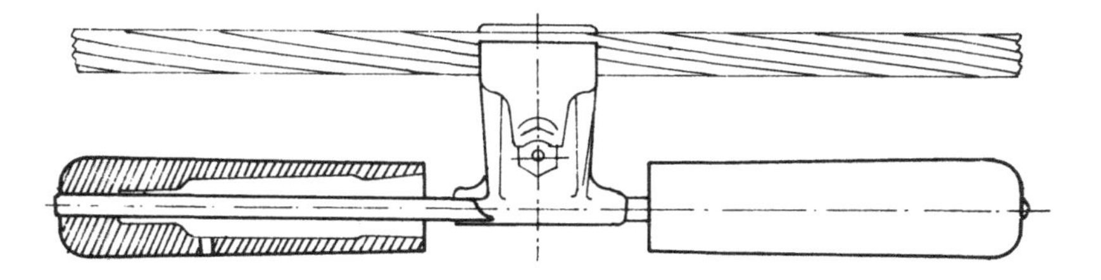

Fif. 6.38 - Amortecedor Dulmison ES-1

Amortecedor Dulmison ES-2

Nesta outra versão ES da Dulmison, um segundo sanduíche de elastômero é introduzido entre o condutor e a armação pré-formada que substitui a presilha convencional. O dispositivo apresenta, em seus dois sanduíches, uma dissipação de energia através de amortecimento viscoso, em adição aos amortecimentos coulombiano e histerético, característicos do amortecedor Stockbridge.

O uso de armaduras pré-formadas sobre uma camada de neoprene inibe o aparecimento de falhas por fadiga do material junto ao ponto de fixação do Stckbridge (Fig. 6.39).

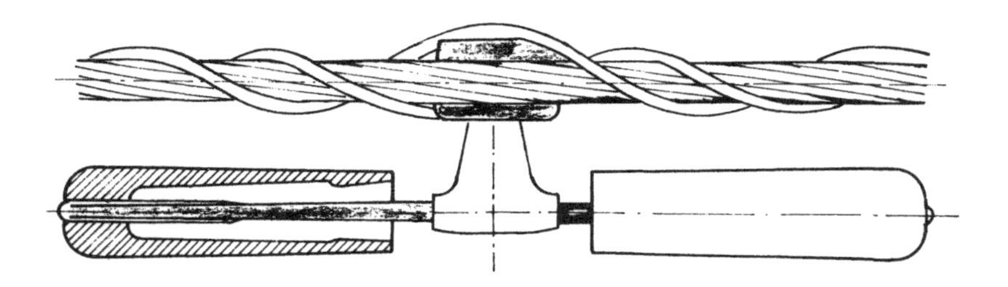

Fig. 6.39 - Amortecedor Dulmison ES-2

Amortecedor Varispond Dulmison

Possui as mesmas características do modelo ES-2, porém duas massas toroidais, ajustáveis sobre as massas principais, proporcionam a obtenção de mais quatro freqüências de ressonância. A grande vantagem desse dispositivo é a possibilidade de se regularem as freqüências de ressonância de acordo com as características de vibração da linha (Fig. 6.40).

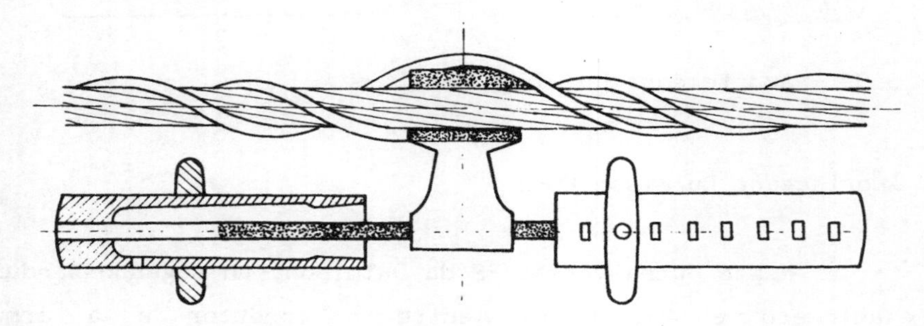

Fig. 6.40 - Amortecedor Varispond

Amortecedor Salvi 4-R

Foi desenvolvido na Itália, e possui diferentes comprimentos de cabo mensageiro e massas de geometrias diferentes em cada lado do grampo de suporte. Esse arranjo fornece quatro frequências de ressonância (Fig. 6.41).

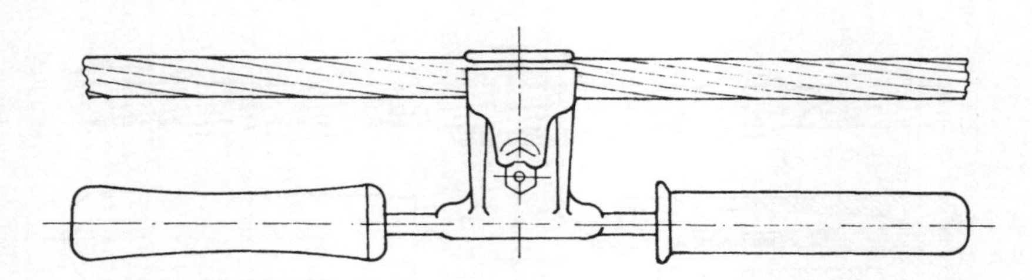

Fig. 6.41 - Amortecedor Salvi 4-R

Amortecedor Vibless

Desenvolvido no Japão pela Furukawa Co. Ltd., Tóquio, é um Stockbridge modificado. As massas inerciais são tubos cilíndricos curvados para baixo (Fig. 6.42).

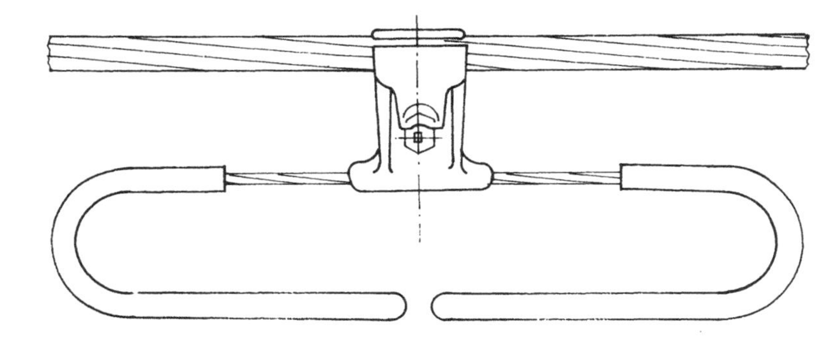

Fig. 6.42 - Amortecedor Vibless

Amortecedor Haro

Desenvolvido na Finlândia, esse dispositivo é uma outra variante do Stockbridge. Consiste em três massas unidas por um cabo flexível conectado ao condutor por duas presilhas. Possui cinco freqüências de ressonância (Fig. 6.43).

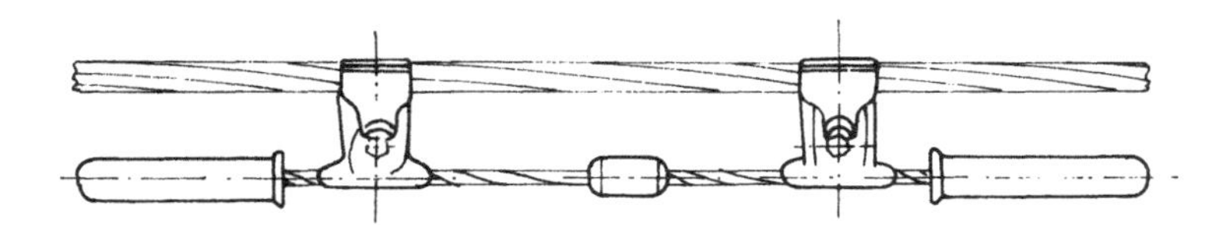

Fig. 6.43 - Amortecedor Haro

6.9 - RESUMO PRÁTICO DE VIBRAÇÕES

6.9.1 - Introdução

A intensidade de vibração dos condutores depende essencialmente da tensão mecânica a que os mesmos estão sujeitos e das características topográficas das regiões atravessadas pela linha de transmissão.

Como dispositivos, recomendam-se, pela eficácia, os amortecedores Stockbridge e as pontes antivibratórias tipo festão.

A Tab. 6.2 fornece a recomendação do número de Stockbridge necessário, conforme o tipo de terreno e a tensão dos cabos de diferentes materiais, segundo a prática russa (Bolentim 2304, sessão de 1968 da CIGRE). As dimensões dos Stockbridges variam com o cabo.

TABELA 6.2 - SELEÇÃO DE AMORTECEDORES STOCKBRIDGE

Condições da rota da linha (característica do terreno)	Vãos (m)	Proteção recomendada para tensão média de serviço em:		
		Condutor ACSR		
		Acima de $5kgf/mm^2$	Entre 4 e $5kgf/mm^2$	Menos de $4kgf/mm^2$
		Condutor de cobre		
		Acima de $11kgf/mm^2$	Entre 10 e $11kgf/mm^2$	Menos de $10 kgf/mm^2$
		Condutor de aço e cabo pára-raio		
		Acima de $22kgf/mm^2$	Entre 18 e $22kgf/mm^2$	Menos de $18kgf/mm^2$
Terreno aberto, plano ou levemente montanhoso	150-500	2 amortecedores por vão	1 amortecedor por vão	
	75-150	1 amortecedor por vão	1 amortecedor por vão	
Terreno acidentado, áreas florestais com poucas árvores, ou áreas com árvores baixas	100-500	1 amortecedor por vão		
Florestas maciças com árvores cujas alturas excedem às dos pontos de suspensão dos condutores	Independente do vão	Não necessitam de proteção		

A eficácia dos Stockbridges e das pontes tipo festão é máxima, quando fixados próximos ao centro do ventre de vibração (Fig. 6.44).

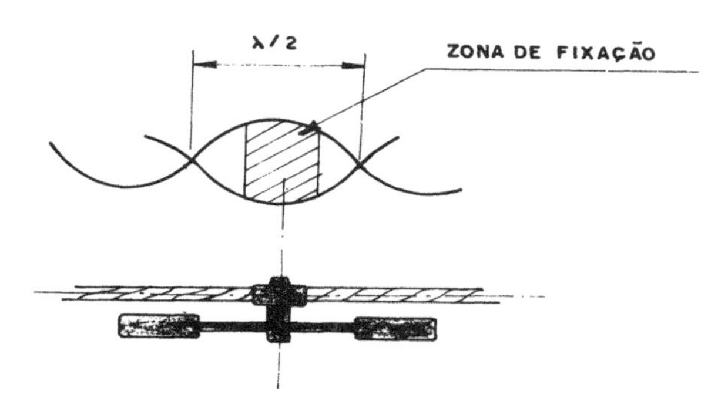

Fig. 6.44 - Zona de fixação dos amortecedores

As linhas aéreas de transmissão podem ser afetadas diferentemente por vibrações, dependendo da topografia do terreno e da classe de tensões dos condutores. Os amortecedores Stockbridge, extensivamente usados no Brasil, têm sido bastante eficazes, quando são colocados dois amortecedores por vão, um em cada terminal, para vãos em torno de 500m. As medidas efetuadas por Furnas mostraram que a amplitude de vibração foi amenizada em dez vezes e, conseqüuentemente, o ângulo característico de vibração ficou abaixo de 5', proporcionando uma vida segura aos condutores.

Contudo, para as seções de linhas onde a tendência de vibrações é pequena e os ângulos de vibração não excedem 20', e também onde a tensão no condutor permanece dentro dos limites, na Tab. 6.1, uma redução de três ou quatro vezes na amplitude é totalmente adequada para excluir o perigo de danos para condutores.

As seções de linhas completamente protegidas contra ventos perigosos e submetidos a tensões relativamente baixas, não requerem qualquer proteção contra vibração.

Recomendamos que a necessidade de proteção de condutores e o mínimo de amortecedores a serem instalados em vãos normais se baseiem na Tab. 6.2.

Para proteção de vibrações em condutores e cabos pára-raios com seções de 35 a $600mm^2$, em vãos normais até 500m, usam-se amortecedores Stockbridge pesando de 2 a 8kg.

Os amortecedores devem ser, na medida do possível, posicionados de forma a atingir a máxima eficácia numa ampla faixa de condições ambientais compreendendo diferentes freqüências, comprimento de onda e velocidades de vento.

Apresentamos a seguir um estudo simplificado. Seja o cabo tensionado no vão isolado da Fig. 6.45.

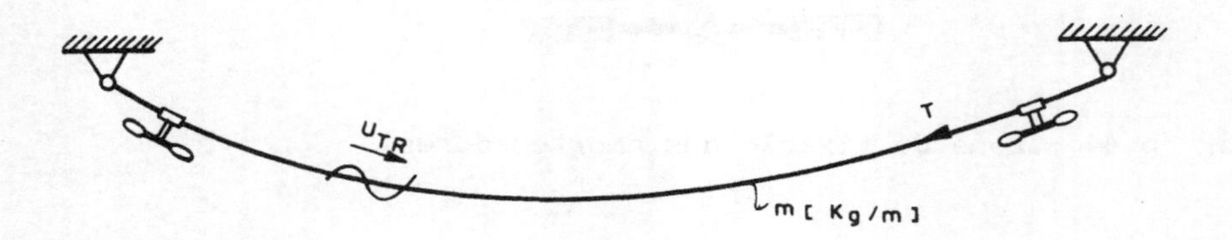

Fig. 6.45 - Vão isolado sujeito a vibração

Sabemos que a velocidade de propagação da onda correspondente à componente horizontal da tensão no condutor é dada por:

$$U_{Tr} = \sqrt{\frac{To}{m}} = \sqrt{\frac{To \cdot g}{p}} = \sqrt{Co \cdot g}$$

onde:

To - tensão horizontal EDS no condutor

m - massa do condutor por unidade de comprimento

p - peso unitário do condutor

g - aceleração da gravidade

Co - To/p = parâmetro da catenária.

Observando a Fig. 6.46, podemos escrever que:

$$U_{Tr} = \lambda \cdot f \quad \text{ou} \quad \lambda = \frac{1}{f} \cdot U_{Tr} \tag{6.15}$$

Substituindo U_{Tr} na Eq. 6.15, teremos o comprimento de onda formado no cabo:

$$\lambda = \frac{1}{f} \sqrt{Co \cdot g} \qquad (6.16)$$

onde:

λ - comprimento de onda

f - frequência da onda.

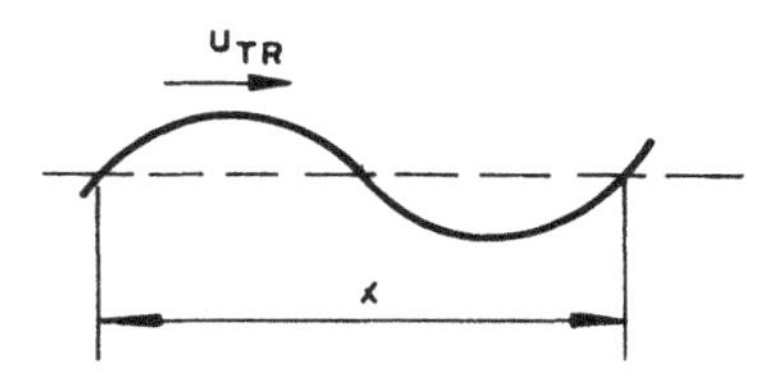

Fig. 6.46 - Comprimento de onda

Vejamos o caso da formação de ondas estacionárias no cabo, correspondentes aos seus modos naturais, Fig. 6.47.

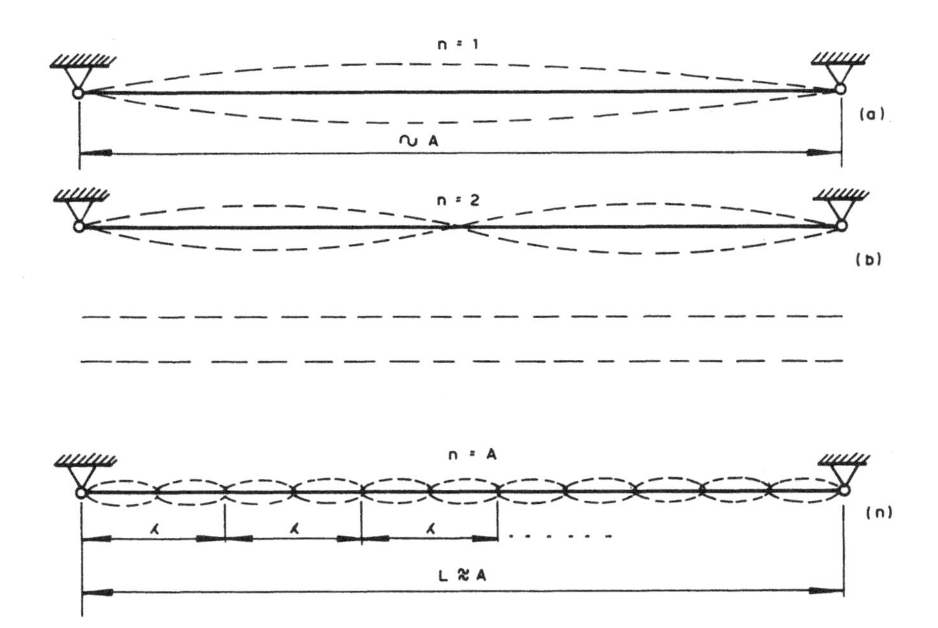

Fig. 6.47 - Cabo em vibração natural em diversos modos

Utilizando a Eq. 6.16 para o primeiro modo da Fig. 6.47 (a), podemos escrever que:

$$\frac{\lambda}{2} = A \quad \therefore \quad 2A = \frac{1}{f_{n1}} \sqrt{Co \cdot g}$$

e a freqüência natural fundamental do cabo será:

$$f_{n1} = \frac{1}{2A} \sqrt{Co \cdot g} \qquad (6.17)$$

Analogamente, para o modo de ordem n, Fig. 6.47 (n), temos:

$$\frac{n \cdot \lambda}{2} = L$$

Usando a Eq. 6.16:

$$\frac{2L}{n} = \frac{1}{f_n} \sqrt{Co \cdot g} \quad \therefore \quad L \cong A$$

ou seja:

$$f_n = \frac{n}{2A} \sqrt{Co \cdot g} \qquad (6.18)$$

onde n = 1,2,3,4,... representa o número de meias-ondas formadas no cabo, ou seja, o número de ventres.

Exemplo 6.3

Para um vão A = 400m com To = 1.200kgf e um cabo pesando p = 0,78kgf/m, calcular f_n do cabo para n = 100.

Solução:

$$f_n = \frac{n}{2A} \sqrt{Co \cdot g}$$

$$Co = \frac{1.200}{0,78} = 1.538,5$$

$$f_n = \frac{100}{2 \cdot 400} \sqrt{1.538,5 \cdot 9,81} = 15,4Hz$$

A freqüência para 100 ventres será de 15,4Hz.

Já estudamos anteriormente que o fenômeno da ressonância acontece quando a freqüência de excitação se iguala com a natural. No nosso caso, a freqüência de excitação é a de Strouhal.

Temos então:

$$f_n = f_s \tag{6.19}$$

Note que o cabo possui infinitas freqüências naturais, e que também elas são muito próximas entre si. Portanto, provavelmente sempre haverá um vento (f_s) que ressonará o cabo.

A ressonância perigosa será aquela correspondente ao vento de maior duração que ocorrerá durante a vida da linha; esse vento é tomado como o vento de brisa (baixa velocidade).

Temos então da Eq. 6.7 que:

$$f_s \cong 0,19 \frac{U}{D}$$

e da Eq. 6.18

$$f_n = \frac{n}{2A} \sqrt{Co \cdot g}$$

usando a condição de ressonância (6.19), vem:

$$U = \frac{D.n}{0,38 \cdot A} \cdot \sqrt{C \cdot .g} \tag{6.20}$$

U é a velocidade do vento que causará ressonância no modo n.

Para o comprimento de onda mostrado na Fig. 6.48, usando as Eqs. 6.7 e 6.16, chegaremos em:

$$\lambda = \frac{D}{0,19 \cdot U} \sqrt{Co \cdot g} \tag{6.21}$$

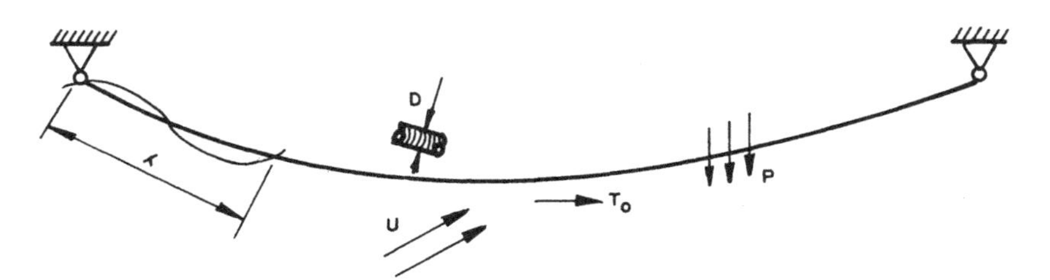

Fig. 6.48 - Cabo com comprimento de onda calculado pela Eq. 6.21

Exemplo 6.4

Calcular o comprimento de onda formado em um cabo tensionado com 1.200kgf; sendo o peso do cabo 0,78kgf/m. Tomar um vão experimental de 400m, velocidade do vento 20km/h. O diametro do cabo é 0,01883m.

Solução:

$$U = \frac{20}{3,6} = 5,56 m/s$$

$$\lambda = \frac{D}{0,19 \cdot U} \sqrt{Co \cdot g} \qquad Co = \frac{1.200}{0,78} = 1.538,5$$

$$\lambda = \frac{0,01883}{0,19 \cdot 5,56} \sqrt{1.538,5 \cdot 9,81} = 2,2 m$$

Então o comprimento de onda mostrado na Fig. 6.48, será de 2,2m, ou seja, cada ventre terá 1,1m.

Observação: A freqüência de Strouhal (dos vórtices), na condição do exemplo, será:

$$f_s = 0,19 \frac{U}{D} = 0,19 \frac{5,56}{0,0883} \cong 56 Hz$$

6.9.2 - Posição do amortecedor no vão

Teoricamente, o amortecedor deve ser colocado no ponto do cabo, o qual possui maior amplitude de vibração e o mais próximo do grampo de suspensão. Este ponto deve ser obviamente o centro do primeiro ventre (Fig. 6.49 (a))

De acordo com a experiência de membros da CIGRÉ, o amortecedor, juntamente com o cabo, altera a freqüência natural do cabo. Em outras palavras, o conjunto possui freqüências naturais diferentes das do cabo sozinho. Portanto, o ponto ($\lambda/4$) não deve ser usado para colocação. A posição recomendada pela CIGRÉ (Fig. 6.49 (b))é

$$S = 0,85\left(\frac{\lambda}{2}\right) = 1,70\left(\frac{\lambda}{4}\right) \qquad (6.22)$$

Fig. 6.49 - Colocação do amortecedor Stockbridge no cabo

Sabemos da Eq. 6.21 que:

$$\lambda = \frac{D}{0,19 \cdot U} \sqrt{Co \cdot g} \qquad (6.21)$$

Substituindo (6.22) em (6.21), vem

$$S = 2,24 \frac{D}{U} \sqrt{Co \cdot g} \qquad (6.23)$$

S é a posição de colocação do Stockbridge a partir do grampo de suspensão. Se usarmos U = 20km/h e g = 9,81m/s^2 a Eq. 6.23 torna-se:

$$S = 0,0013 \cdot D \sqrt{Co} \qquad (6.23.a)$$

com S em [m], D em [mm] e Co em [m].

Exemplo 6.5

Calcular para o vão do exemplo 6.4:

a - Posição do Stockbridge;

b - Qual deve ser a freqüência natural do amortecedor?

Solução:

a.

$$S = 2,24 \frac{D}{U} \sqrt{Co \cdot g} = 2,24 \frac{0,01883}{5,56} \sqrt{1.538,5 \cdot 9,81}$$

S = 0,93m a partir do grampo.

Outra maneira:

$$S = 0,85 \frac{\lambda}{2} = 0,85 \frac{2,2}{2} = 0,93m$$

b. A figura abaixo (6.50), mostra um modelo matemático simplificado do conjunto, cabo e amortecedor.

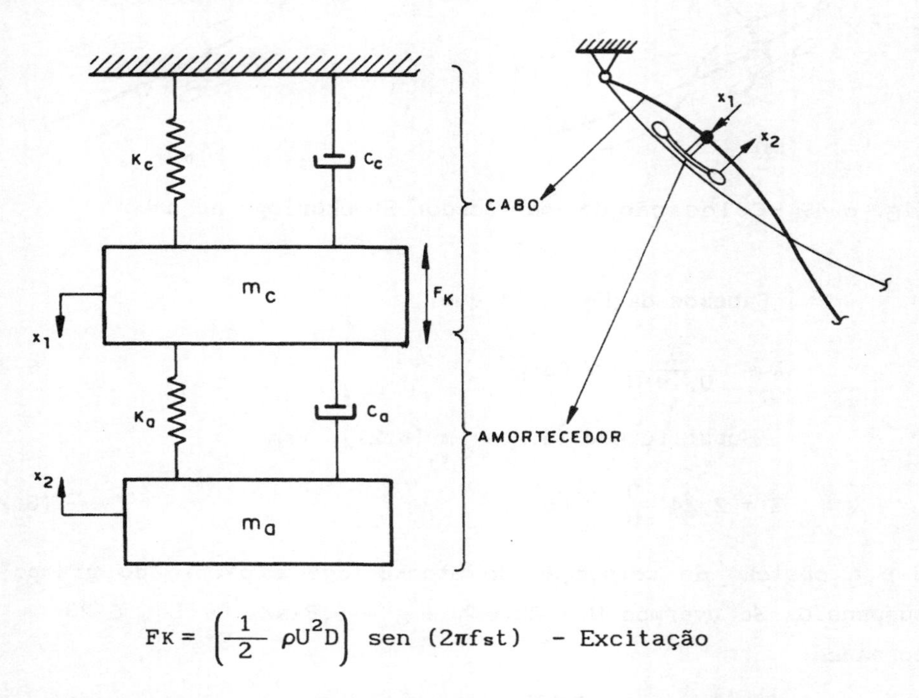

$$F_K = \left(\frac{1}{2} \rho U^2 D \right) \text{ sen } (2\pi f_s t) \quad \text{- Excitação}$$

Fig. 6.50 - Modelo matemático do conjunto cabo-amortecedor

Variando a velocidade do vento, e conseqüentemente a freqüência de Strouhal f_s, teremos para os deslocamentos no cabo (ponto de fixação do amortecedor) e na massa do Stockbridge respostas em freqüência conforme a Fig. 6.51 (a) e (b). Na Fig. 6.50 K, C, M são rigidez, amortecimento e massa (para o cabo-ventre e amortecedor) correspondentes ao modo de vibração.

Observando a Fig. 6.51, concluimos que, para minimizar o deslocamento de vibração do cabo próximo ao grampo de suspensão, precisamos que o amortecedor ressone, ou seja $f_s \cong f_{n\ \text{amortecedor}}$ para o ponto de projeto. No exemplo em estudo, o cabo precisa ser protegido na região de 56Hz, portanto o amortecedor deverá ter freqüência natural próxima de 56Hz, para que ele seja eficiente, veja Fig. 6.52.

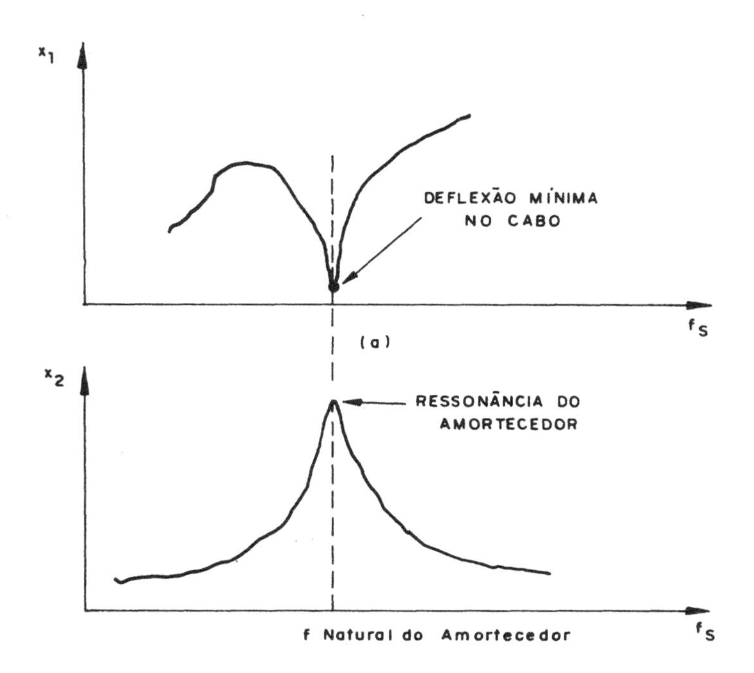

Fig. 6.51 - Resposta em freqüência do conjunto cabo-amortecedor

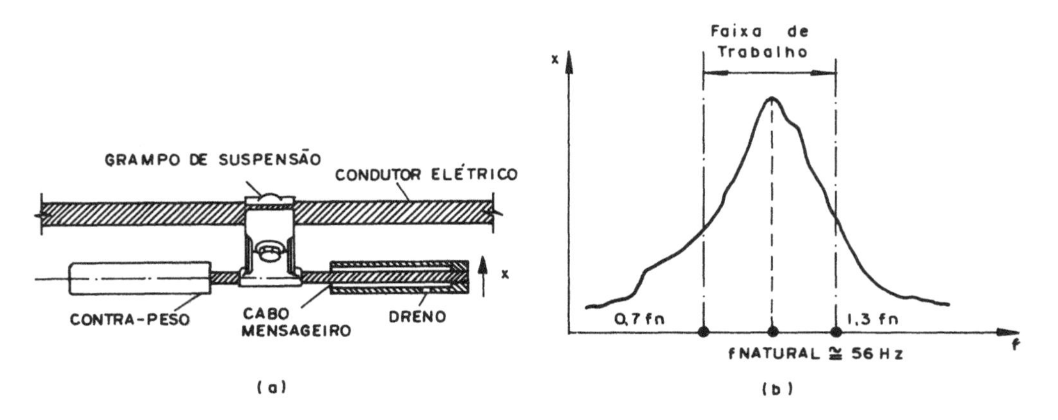

Fig. 6.52 - Resposta em freqüência de um amortecedor Stockbridge e sua faixa de trabalho

6.9.3 - Modelo matemático de um amortecedor Stockbridge

A eficiência de um amortecedor Stockbridge pode ser medida através de ensaios de laboratório, onde são levantadas curvas características para a resposta em freqüência ou energia absorvida em um ciclo. O Centro de Pesquisas da Eletrobrás - CEPEL, no Rio de Janeiro, realiza estes tipos de ensaios [47].

A maioria dos trabalhos publicados [48,49,50], estuda a interação entre o amortecedor e a linha de transmissão, onde a determinação da força total exercida pelo amortecedor sobre a linha e as condições de instalação são os objetos principais.

Podemos também relacionar as tensões máximas no cabo mensageiro (Fig. 6.52.a), com o deslocamento no grampo de suspensão.

Partindo de um modelo simplificado e utilizando uma solução analítica, podemos prever algumas conclusões interessantes.

Modelo matemático [35]

A Fig. 6.53 (a) mostra o esquema de um amortecedor simétrico com o cabo perfeitamente elástico e uniforme, sem massa, mas com amortecimento.

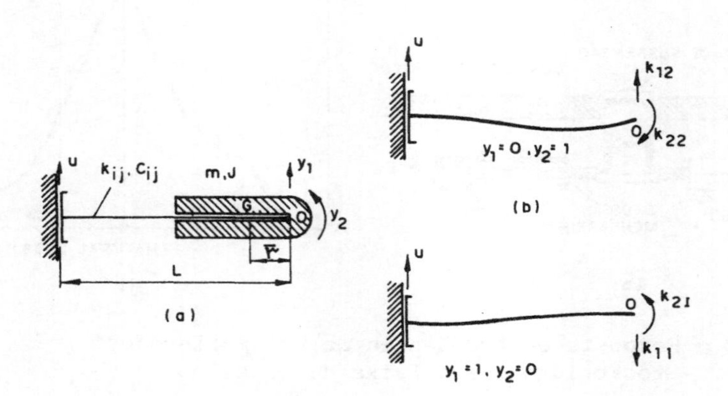

Fig. 6.53 - Esquema de corpo livre de um amortecedor simétrico

Chamamos de m a massa de cada contra-peso, J o momento de inércia de m em relação ao eixo normal, passando por O (ponto de engastamento do cabo), L o comprimento do cabo, $\bar{r}$ a distância entre o centro de gravidade G e o ponto O, e EI a rigidez flexional do cabo.

As coordenadas adotadas são y_1, deslocamento vertical de O, y_2, deslocamento angular do contrapeso e u deslocamento vertical do grampo de suspensão.

Fazendo o balanço de forças e dos momentos sobre o contrapeso, com o auxílio da Fig. 6.53 (b) e (c), onde as forças e momentos unitários são os coeficientes de influência de rigidez, as equações de movimento se escrevem como:

$$[M]\begin{Bmatrix} \ddot{y}_1 \\ \ddot{y}_2 \end{Bmatrix} + [C]\begin{Bmatrix} \dot{y}_1 - \dot{u} \\ \dot{y}_2 \end{Bmatrix} + [k]\begin{Bmatrix} y_1 - u \\ y_2 \end{Bmatrix} = \begin{Bmatrix} 0 \\ 0 \end{Bmatrix} \qquad (6.24)$$

onde:

$$m_{11} = m; \; m_{12} = m_{21} = -\, m\bar{r}; \; m_{22} = J$$

$$k_{11} = 4k; \; k_{12} = k_{21} = -\, 2kL; \; k_{22} = 4/3kL^2 \qquad (6.24a)$$

$$k = 3EI/L^3$$

Vários estudos experimentais com cabos [35,51], têm demonstrado que as forças de amortecimento estão associadas às forças elásticas, guardando o mesmo tipo de relação, quer os deslocamentos sejam lineares ou angulares. Essas investigações mostraram que é possível estabelecer a seguinte relação entre os seguintes elementos da matriz de amortecimento e de rigidez:

$$c_{ij} = \frac{\mu}{\Omega}\, k_{ij} \qquad (6.24b)$$

onde

$\mu = \delta/\pi$, sendo δ o decremento logarítmico do amortecedor e

Ω = a freqüência de vibração forçada.

Frequências naturais

Para vibrações livres do amortecedor ($u = 0$), deprezando-se o amortecimento, o modelo fornece a seguinte equação característica do sistema, desde que adotemos soluções harmônicas para os deslocamentos y_1 e y_2:

$$\det([K] - \omega^2 \cdot [M]) = 0 \tag{6.25}$$

da qual obtemos a expressão para as freqüências naturais do sistema:

$$\omega_{1,2} = \frac{1}{2}\left[- A \mp \sqrt{A^2 - 4B}\right] \tag{6.26}$$

onde:

$$A = [k_{12}\, m_{21} + k_{21}\, m_{12} - (k_{11}\, m_{22} + k_{22}\, m_{11})]/ \det [M]$$

$$B = \det [K]/ \det [M] \tag{6.26a}$$

k_{ij}, m_{rs} são dados por 6.24a.

Experimentação - CEPEL [47]

Os amortecedores foram ensaiados em um sistema eletrodinâmico que mantém constante, por realimentação, a amplitude de deslocamento U do grampo de suspensão. Os sinais do acelerômetro A, preso à mesa vibratória, e de um transdutor de força localizado entre a mesa vibratória e o grampo do amortecedor, são comparados continuamente para a determinação das freqüências de ressonância do sistema, que ocorrem quando o ângulo de fase entre eles for 90° (Fig. 6.54).

Resultados

Os valores característicos do amortecedor foram:

$m = 2,4\text{kg}$ $\quad J = 0,03\text{kg}\cdot\text{m}^2$

$EI = 23\text{N}\cdot\text{m}^2$ $\quad L = 0,183\text{m}$

$\bar{r} = 0,03\text{m}$

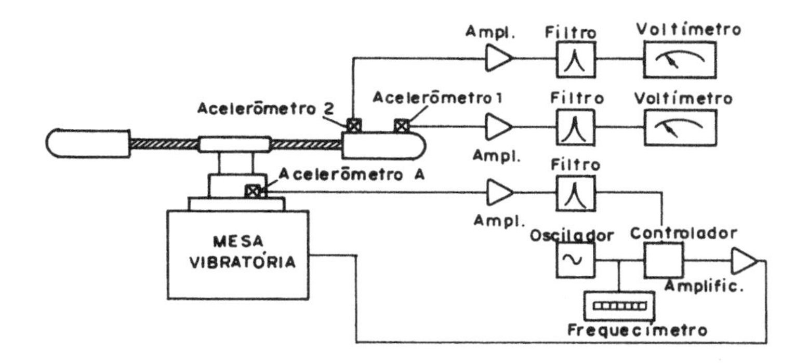

Fig. 6.54 - Esquema da experimentação no CEPEL

Usando a Eq. 6.26, calculamos as freqüências naturais do amortecedor:

Primeira freqüência natural = 9,1Hz

Segunda freqüência natural = 25,9Hz.

Pela experimentação da Fig. 6.54, foram encontrados os seguintes valores para as freqüências naturais:

Primeira freqüência natural = 9,5Hz

Segunda freqüência natural = 24,5Hz

Os resultados obtidos mostraram que existe uma boa correlação entre o modelo matemático e a experimentação.

6.9.4 - Amortecedor tipo festão

O comprimento de onda mínimo pode também ser usado para calcular o tamanho do amortecedor, tipo festão ou Bretelli. Pela Fig. 6.55, o comprimento S' entre os dois pontos de fixação, usando a Eq. 6.23a, é dado por:

$$S' = 2S + e = 0{,}0026 \cdot D \cdot \sqrt{C} + e \qquad (6.27)$$

onde:

D = diâmetro do condutor [mm];

C = parâmetro da catenária = T_{EDS}/P [m];

e = comprimento do grampo [m];

b = espaçamento, tomado aproximadamente em torno de 250mm;

S' = distância entre os pontos de fixação [m].

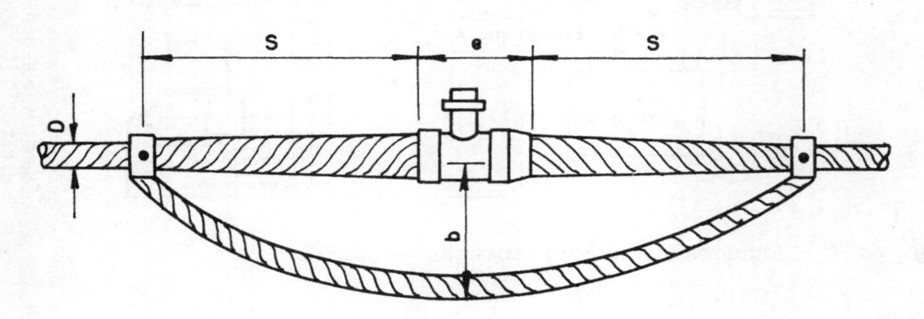

Fig. 6.55 - Amortecedor tipo festão

Exemplo 6.6

Uma linha de tensão de 138kV será construída com cabos ACSR. O cabo possui uma seção de 210,3mm^2. Sua carga de ruptura é igual a 7.735kgf e seu peso igual a 0,7816kgf/m. Admitindo que o condutor seja tensionado, à temperatura média anual, com TEDS = 1.545kgf, sendo o vão em estudo igual a 400m, e que o terreno seja aberto e plano, determinar:

a - o número de amortecedores para o vão, usando a Tab. 6.2;
b - o ponto de fixação do amortecedor pela equação "prática";
c - se usados festões para proteção contra vibrações, determinar a distância entre os pontos de fixação, empregando a equação prática e sabendo que o comprimento do grampo é 200mm.

Solução:

a - A tensão no condutor, será:

$$\sigma = \frac{To}{A} = \frac{1.545}{210,3} \cong 7,3\text{kgf/mm}^2$$

Da Tab. 6.2, com as condições topográficas, e tensão maior que 5kgf/mm^2, teremos dois amortecedores para cada grampo.

b - Usando a Eq. 6.23.a

$$S = 0,0013 \cdot D \cdot \sqrt{C} \quad \text{(para esse condutor D = 16,4mm)}$$

$$C = \frac{To}{p} = \frac{1.545}{0,7816} \cong 1977$$

logo :

$$S = 0{,}0013 \cdot 16{,}4 \cdot \sqrt{1977} = 0{,}95m$$

S = 95cm a partir da boca do grampo.

c - Da Eq. 6.27:

$$S' = 2S + e = 0{,}0026 \cdot D \cdot \sqrt{C} + e$$

$$S' = 0{,}0026 \cdot 16{,}4 \cdot \sqrt{1.977} + 0{,}200 = 2{,}08m$$

S' = 208cm de fixação a fixação.

6.10 - PROTEÇÃO AO LONGO DE VÃO DE TRAVESSIAS

Em vãos acima de 500m de comprimento, um Stockbridge é fixado em cada terminal e, em vãos entre 500 e 1.500m, dois amortecedores com diferentes frequências características são instalados em cada terminal. Em vãos com menos de 500m, amortecedores são fixados somente em um terminal (veja a Fig. 6.46).

Os tamanhos e pesos dos amortecedores são escolhidos considerando-se o diâmetro e a tensão mecânica nos condutores. Para condutores de 11 a 35mm de diâmetro, tensionados até 18.000kgf, usam-se amortecedores pesando de 4,5 a 10,5kg. Os amortecedores

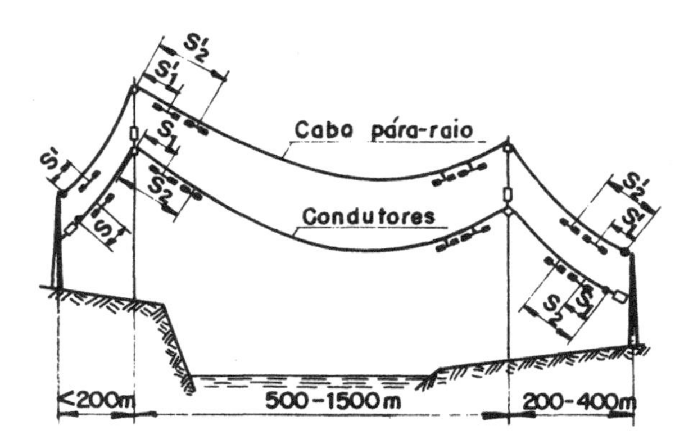

Fig. 6.56 - Amortecedores Stockbridge; arranjos para travessia de um grande rio

fixados perto de uma torre intermediária de travessia, onde os condutores são suportados por um grampo de suspensão em roldana, são de um tipo especial chamado de "releasable"

As posições dos amortecedores são calculadas pelas seguintes fórmulas: para o primeiro amortecedor,

$$S_1 = 0{,}0013 \cdot D \cdot \sqrt{C} \qquad (6.28)$$

para o segundo amortecedor,

$$S_2 = 0{,}85 \cdot (2S_1),$$

logo

$$S_2 = 0{,}0022 \cdot D \cdot \sqrt{C} \qquad (6.29)$$

Medidas de verificação foram feitas repetidamente sobre vãos de travessia de 800 a 1.500m, e mostraram que essa proteção introduz um bom amortecimento às vibrações.

Para travessias em torno de 2.000m, com condutores de 50mm de diâmetro e tensionados com 20 a 35t, empregam-se amortecedores gêmeos especiais, pesando de 10 a 20kgf.

6.11 - VIBRAÇÕES EM SUBVÃOS

Os problemas decorrentes da mobilidade dos condutores utilizados nas linhas de transmissão provocaram o desenvolvimento de acessórios especiais, entre os quais os dispositivos espaçadores, que mantêm os cabos de cada fase à distância ótima de projeto e melhoram as condições de estabilidade do feixe. A vibração nos condutores, provocada pelo vento, obriga o uso de espaçadore-amortecedores, de forma a reduzir a solicitação dos cabos a níveis convenientes. Especial atenção tem sido dedicada ao estudo desses fenômenos e aos danos que causam, como a ruptura de cabos e até a destruição de componentes das torres [37].

Oscilações de subvão ocorrem quando da presença de um cabo na esteira de outro. Os cabos assumem movimento elíptico (Fig.

6.57), em antifase, na direção predominantemente horizontal. Essas vibrações ocorrem, em geral, para ventos com velocidades entre 8 a 20m/s, com amplitudes na faixa 50-80mm e frequências de 1 a 2Hz.

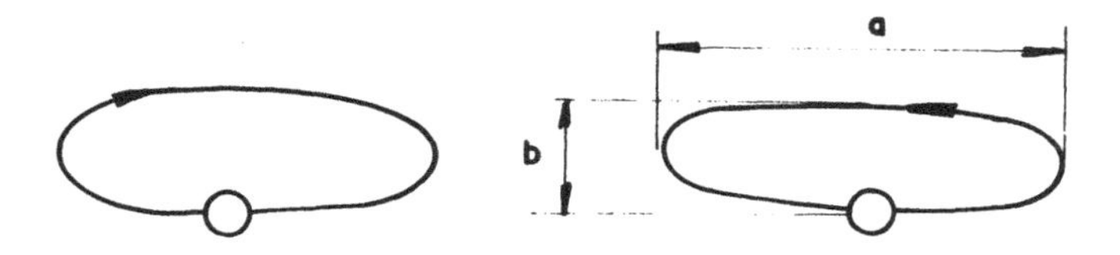

Fig. 6.57 - Modo elíptico de oscilação

No caso de oscilações de subvãos, os recursos de proteção são disponíveis, embora não se disponha de processo prático para a determinação de sua ocorrência no campo. Isso se dá em virtude de diversos fatores:

- a ocorrência de oscilações em posições intermediárias dos vãos, dificultando o acesso ao mesmo;
- a inexistência de dispositivos apropriados;
- a baixa incidência do fenômeno, exigindo períodos excessivamente longos de observação.

Tais fatores geram a necessidade de testes que permitem a avaliação da eficiência de amortecimento do sistema cabos-espaçadores de forma prática.

Com relação às vibrações, um feixe de condutores comporta-se de maneira substancialmente diferente, comparado com um condutor simples. As modificações podem ser classificadas como segue:

- modificação da resposta do sistema, isto é, modificação do amortecimento do sistema, e dos possíveis modos de vibração;
- modificação do fluxo de ar ao redor dos condutores, particularmente sobre aqueles protegidos contra o vento; isto resulta em uma modificação da potência de entrada do vento no sistema.

Ambas as modificações tendem a reduzir o nível e a duração da vibração. Tem sido relatado que medidas sobre linhas de transmissão indicam uma redução no nível de vibração de aproximadamente 50%, e uma redução do tempo de vibração de aproximadamente 20% para feixes de condutores geminados, em comparação com condutores simples [38]. Outras investigações encontraram que o nível máximo de vibração foi de mesma ordem tanto para o simples como para o feixe de condutores geminados, enquanto que o número de amplitudes máximas foi menor para o feixe [39]. Para feixes com mais de dois condutores, a tendência de redução é maior.

6.12 - RELACÃO ENTRE NÍVEL DE VIBRAÇÃO E DEFORMAÇÕES

A relação entre o nível de vibrações e as deformações sobre um condutor sólido, ou barra, é muito simples, sendo governada, no vão, apenas pela deformação e, nas extremidades do vão, pela deformação e pelas condições de apoio do vão.

Com uma distorção harmônica sobre o condutor,

$$y(x) = \frac{Yo}{2} \text{ sen } \frac{2\pi}{\lambda} x,$$

a máxima deformação ε_{x1} ocorrida no vão, na distância D/2 do eixo do condutor sólido, ou em uma seção reta do condutor, no plano de vibração, é dada por

$$\varepsilon_{x1} = 2\pi^2 \frac{Yo}{2} \lambda^{-2} D \text{ sen } \frac{2\pi}{\lambda} x_1 \qquad (6.30)$$

onde:

x_1 = distância entre o primeiro nó e a seção reta;

Yo = amplitude dupla do antinó;

D = diâmetro do condutor;

λ = comprimento de onda.

A máxima deformação ocorrida no vão em antinós é, portanto,

$$\varepsilon_v = 2\pi^2 \frac{Y_o}{2} \lambda^{-2} D \qquad (6.31)$$

Se admitirmos as extremidades do cabo rigidamente fixas, a deformação máxima ε_i, no final do vão, ocorrerá à distânciaD/2 do eixo do condutor, sendo dada pela expressão

$$\frac{\varepsilon_i}{\varepsilon_v} = \text{função} \left(\lambda \frac{T}{\sqrt{EI}} \right) \qquad (6.32)$$

onde:

T = tensão no condutor;

E = módulo de elasticidade do condutor;

I = momento de inércia do condutor.

A função da Eq. 6.32 é mostrada na Fig. 6.58. Como pode ser visto, para valores de

$$\lambda \sqrt{\frac{T}{EI}} > 35$$

$$\text{função} \left(\lambda \sqrt{\frac{T}{EI}} \right) = 0{,}166\, \lambda \sqrt{\frac{T}{EI}} \qquad (6.33)$$

e portanto, a máxima deformação no terminal do vão pode ser escrita

$$\varepsilon_i = 3{,}27 \sqrt{\frac{T}{EI}} \frac{Y_o}{2} \lambda^{-1} D \qquad (6.34)$$

onde ela mostra que as deformações e os ângulos de vibração (Y_o/λ) podem ser diretamente relacionados.

Se olharmos agora para um condutor real, veremos que seus fios individuais descrevem uma hélice sobre o eixo do condutor. Pode ser, portanto, entendido que, em um cabo vibrante, cada seção de um fio, em um comprimento do passo, estará sujeita a deformações dinâmicas, que não diferirão somente em valores absolutos, mas também em sinal. Contudo, os valores das deformações serão também diferentes nas diferentes camadas do cabo, devido às suas diferentes distâncias ao plano neutro.

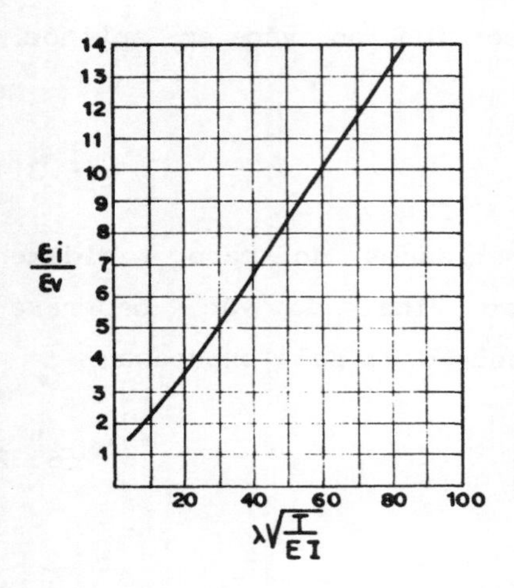

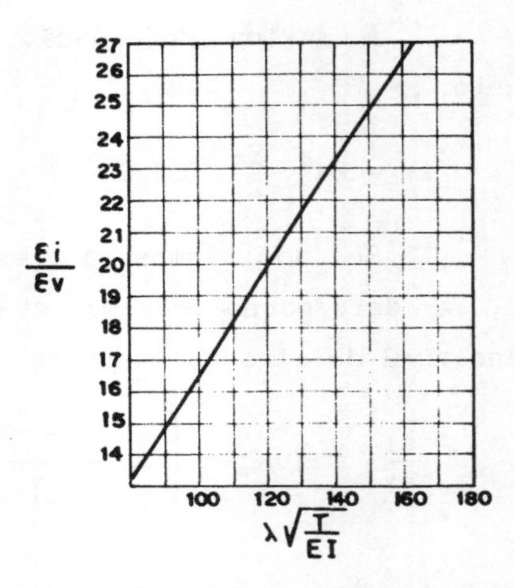

Fig. 6.58 - Deformações na extremidade fixa no antinó versus $\sqrt{\frac{T}{EI}}$

Como as camadas do cabo estão trançadas em direção oposta, cada fio, em um comprimento de passo, terá um número finito de pontos de contato com as camadas mais altas e mais baixas, e a carga de tensão estática resultará em uma pressão exercida pelos fios da camada superior naquelas da inferior.

Como conseqüência de tal distribuição de deformação, as forças tangenciais serão desenvolvidas nos pontos de contato entre fios. Essas forças são equilibradas pelas forças de atrito devidas à pressão radial.

Isso, portanto, é facilmente entendido como um escorregamento entre fios. O fenômeno do deslizamento é não-linear, porém, dentro dos valores usuais de T, λ e Yo encontrados nas linhas de transmissão, expressões linearizadas dão as deformações reais ocorridas em um condutor com fios individuais; usam-se:

$$\varepsilon_v = K_1 \; 2\pi^2 \; \frac{Y_o}{2} \; \lambda^{-2} \; D \qquad (6.35)$$

$$\varepsilon_i = K_2 \; 3{,}27 \sqrt{\frac{T}{EI}} \; \frac{Y_o}{2} \; \lambda^{-1} \; D \qquad (6.36)$$

onde $K_1 \leq 1$ e $K_2 \leq 1$ são chamados de fatores de deslizamento. Os fatores de deslizamento, ou escorregamento, e o diâmetro devem ser apropriados para a camada considerada.

Um grande número de testes experimentais comprova a validade das Eqs. 6.35 e 6.36, tão bem quanto a relação entre K_1 e o auto-amortecimento do condutor.

Os valores de K_1 serão afetados pela tensão mecânica no condutor, pela compactação do cabo e também pelo diâmetro do cabo. Valores normais nos fios externos estão compreendidos entre 0,7 e 0,5, embora $K \cong 1$ tenha sido encontrado em grandes cabos de aço.

Os valores do escorregamento dos fios internos não têm sido extensivamente medidos, devido às dificuldades inerentes de tais testes, porém testes especiais de fadiga e amortecimento e resultados de medidas tendem a confirmar o fato óbvio de que as camadas internas, tendo atrito nos pontos de contato (ambas, a externa e a próxima interna), teriam valores de K_1 maiores que a camada do lado de fora de um condutor.

Os valores de K_2 na extremidade do vão estão mais afetados pela pressão do grampeamento do que pela tensão no cabo, e são geralmente maiores que os valores de K_1. Com grampos proporcionais aos tamanhos dos condutores, tomamos um valor prático de 0,7.

Mencionamos anteriormente que as Eqs. 6.30, 6.31 e 6.35, que relacionam as deformações no vão com um condutor simples, são independentes das condições de apoio. As Eqs. 6.32, 6.33, 6.34 e 6.36 são válidas para vãos com extemidades grampeadas rigidamente, o que significa que tanto os deslocamentos verticais como qualquer rotação da extremidade do cabo não são permissíveis.

As condições reais de grampeamento diferem um pouco de um "grampo rígido", resultando em deformções mais baixas e, muitas vezes, também em valores mais altos de deformações.

O estudo do comportamento real do grampeamento está sendo feito pelo Grupo n.º 2 do CIGRE. Tem-se observado que o deslocamento e a rotação nas extremidades do vão não são comandadas apenas pela capacidade do grampo de executar tais movimentos, porém que é possível um acoplamento entre os dois vãos adjacentes. Tal acoplamento dependerá das condições de ressonância do sistema formado pelos dois vãos e das forças do vento que agem sobre ambos os vãos. Quando todas essas condições são preenchidas, uma redução de aproximadamente 50% nas deformações, relativamente às obtidas com um grampo rígido, parece ser possível.

Embora não haja possibilidade de relacionar diretamente o deslocamento e a rotação nas extremidades do vão, é necessário mencionar aqui o efeito do aumento da rigidez de fixação com armour rods.

Estudos analíticos e trabalhos experimentais provaram que as deformações reais sobre os fios dos condutores são reduzidas de 20 a 40% em relação àqueles valores, considerando a fixação perfeitamente rígida. A redução, contudo, não é constante para todas as freqüências e, para um dado cabo, dependerá do comprimento de onda.

Este capítulo trata mais das vibrações eólicas de linhas com condutores simples, sendo fácil comprovar que, com os valores usuais de Yo e λ encontrados nessas linhas,

$$0{,}6.10^{-3} < Yo/\lambda < 3.10^{-3},$$

não ocorrerá perigo de fadiga no vão, exceto em casos especiais nas proximidades das junções. Sobre feixes de condutores e, em particular, em condutores geminados verticais de três ou quatro feixes, deformações em grampos espaçadores podem ser um tanto altas e, com espaçadores inconvenientes, podem atingir valores 60% superiores aos de um grampo rígido [40,41,42,43,44 e 45].

6.13 - ESTUDOS SOBRE VIBRAÇÕES NAS LINHAS DE TRANSMISSÃO NO BRASIL

A Tabela 6.3 apresenta um resumo do que as empresas brasileiras estão realizando sobre estudos e pesquisas em vibrações nas linhas aéreas de transmissão (elaborada pelo CEPEL - 1990).

TABELA 6.3 - PROBLEMAS DE VIBRAÇÃO EM L.T.

EMPRESA	ESTUDOS E TRABALHOS EXISTENTES OU EM FASE DE EXECUÇÃO	LABORATÓRIOS, INSTRUMENTAÇÃO ETC. (INFRA ESTRUTURA)	PROCEDIMENTOS ADOTADOS PARA DEFINIÇÃO DAS CONDIÇÕES DE CÁLCULO DE TENSÃO E FLECHA	INTERESSE EM PROBLEMAS ESPECÍFICOS
CEMIG	-Conferência da tensão de esticamento a partir da med. de amp. e freq. de vibração, insp. de pontos de fixação de cond. (fadiga) -Ensaios de lab. para verificação de danos nos cond. em função de torque e geom. dos grampos de suspensão -Invest. do comp. de cond. e disp. de amortecimento (Stockbridge, festão, amort. helicoidal, etc) em função da tensão de est. -Trabalhos exerc. em linha experimental -Medições de vento através de anemógrafos	-Laboratórios de ensaios mecânicos -Linha experimental para medição de vibração -Rede de anemógrafos -Vibrógrafos ONTÁRIO-HYDRO e SEFAG -Infra estrutura de pessoal em manutenção, tecnologia e projeto	-Tensão máxima do cond. igual a 40% da tensão de ruptura -Tensão EDS considerada a 20°C final, sem vento, igual a 18,5% da tensão de ruptura -Tensão inicial a 20°C sem vento, limitada a 22% da tensão de ruptura -Pressão de vento máxima igual a 44kgf/m² considerada a 10°C inicial	-Condições ambientais geradora de danos aos condutores -Relações entre condições ambientais e o projeto -Pesq. de grampos de suspensão tendo em vista a fadiga -Avaliação de eficiência de disp. amortecedores -Estabelecer relações entre estic. de cabos e uso diferenciados de disp. de proteção -Levantamento de curvas de Wohler
ELETROPAULO	Não existem em elaboração estudos sobre vibrações em L.T.	Não dispõe de laboratório ou instrumentação para realização de estudos de vibração	Definição das C.I. de cálculo de tensão e flecha é feita considerando-se: o tipo de cabo e estruturas-padrões, a topografia e o tipo de região (urbana, rural, etc)	Não tem interesse em problema específico mas tem interesse nas informações e estudos realizados
FURNAS	-É feita verificação periódica da atuação do sistema de amort. (esp. amort.), em linhas de extra alta-tensão, por meio de vibrógrafos e anemógrafos -Está sendo feito estudo teórico da vibração de sub-vão	-Não dispõe de laboratório específico -As LT vem sendo utilizadas para ensaios/pesq. sobre comportamento de esp.-amort. -Laboratório existente realiza aferição e manutenção dos conjuntos vibrógrafos/anemógrafos	-Definição das C.I. de cálculo de flechas e tensões são usadas NBR 5422 da ABNT -Limite das tensões: 18% da carga de ruptura a 20°C, sem vento, final, após "creep" de 10 anos	Vibração de sub-vão

(Continuação da tabela 6.3)

EMPRESA	ESTUDOS E TRABALHOS EXISTENTES OU EM FASE DE EXECUÇÃO	LABORATÓRIOS, INSTRUMENTAÇÃO ETC. (INFRA ESTRUTURA)	PROCEDIMENTOS ADOTADOS PARA DEFINIÇÃO DAS CONDIÇÕES DE CÁLCULO DE TENSÃO E FLECHA	INTERESSE EM PROBLEMAS ESPECÍFICOS
CEEE	-Atualmente não executa nenhun estudo -Foi feito estudo em 1981: Análise do problema de vibrações eólicas na LT; 138kV SE Scharlau-Estância Velha (disponível no GT) -Foram feitas medições da LT de 69kV com vibrógrafo ONTÁRIO-HYDRO e anemógrafo tipo Woelfe	-Vibrógrafo ONTÁRIO-HYDRO -Anemógrafo registrador tipo Woelfe (não registra temperatura	Adota-se uma condição de maior duração (EDS) e uma de carregamento máximo (vento). Na primeira limita-se a tração a 20% da carga de ruptura e na segunda 50%. Conforme o vão a condição regente definirá as C.I. Para cabos pára-raios adota-se o critério que a flecha deve ser 90% da flecha do condutor (para flecha de cond. até 10m) ou 1m inferior para flechas de cond. acima de 10m	-Vibrações eólicas (muito comuns) -Oscilações de sub-vão (alguns registros)
CPFL	Foram realizados estudos em princípios de 1970 em LT de 138kV. Foram usados grampos AGS + amortecedor Stockbridge. Após novos estudos tais amortecedores ficaram restritos aos vãos maiores que 300m.	Não dispõe de infra-estrutura para realização de estudos	Adota a tração média que atua supostamente a maior parte do tempo, à temperatura de 20•C com EDS de 20% da tensão de ruptura do cabo CAA	Vibrações eólicas em condutores de alumínio sem alma de aço Condições de tensionamento para o projeto
CESP	Análise de desempenho de diversos tipos de espaçadores, rígidos e amortecedores, em LT de 440 kV (Jupiá-Bauru)	Vibrógrafos tipo ONTÁRIO-HYDRO e ZENITH	NBR 5422/85 -Cabo de formação 26x7: 18% de carga de rupt. temp. de 20•C com "creep" de 10 anos, sem vento -Cabo de formação 30x7: 20% da carga de ruptura, temp. de 20•C com creep de 10 anos sem vento	Verificação do desempenho dos amortecedores em geral para mesmas condições de projeto
COPEL	———	Não dispõe de infra estrutura de laboratório	É adotado um valor final de 20% da carga de ruptura do condutor nas condições de 20•C, sem vento	Vibrações e fadiga nos cabos com objetivo de redução nos custos das proteções ou de aplicar EDS mais elevado
CELESC	Informe técnico: Vibração eólica - causas, efeitos e medidas corretivas (disponível no GT)	-Não dispõe de laboratório -Dispõe de vibrógrafos ZENITH	-Procedimento 1: Cálculo do vão crítico; de posse deste valor determina a condição regente na LT (temp. min. sem vento ou temp. med. sem vento ou temp. coincidente com vento) -Procedimento 2: Parte do vão de interesse e busca a condição regente, comparando-se entre si, para aquele vão a condição que não é violada em seu limite superior (temp. mínima sem vento, temp. média sem vento ou temp. coincidente com vento)	———

6.14 - BIBLIOGRAFIA

1 - ZETTERHOLM, O.D. - "Report on the work of the international Study Commitee n∘6: bare conductors and mechanical calculations of overhead lines". Appendix C, CIGRE, 223, 1960.

2 - VINJAR, A. - "Vibrations theories - predominant factors involved in cable vibration". CIGRE, SCG-66-2.

3 - HARD, A.R. - " Studies of conductor vibration in laboratory span outdoor test span and actual transmission lines". CIGRE, 404, 1958.

4 - EDWARDS, A.T. - "Conductor galloping". Electra n∘ 12, abril de 1970.

5 - ANTUNES, A.N. - "A vibração nas linhas de tranmissão". Mundo Elétrico, setembro de 1970.

6 - ROSA, A.A. e SITER, R.B. - "Comentários sobre o reparo e emenda do cabo condutor em linhas de energia elétrica". Copimera, VI Reunião, São Paulo, 1975.

7 - HARTOG, DEN - Vibrações dos sistemas mecânicos. Editora Edgard Blücher Ltda, 1972.

8 - HARTOG, DEN - "Transmission line vibration due to sleet". Presented at the Summer Convention of the A.I.E.E., Cleveland, Ohio, 20-24 junho, 1932.

9 - CLAREN, R. e DIANA, G. - "Transverse vibration of stranded cables". CIGRE, CSC-67-5.

10 - SLETHEL, DEN - "Conductor vibration - theoretical and experimental investigations on a laboratory test span". Proc. IEE, vol. 112, n∘ 6, 1965, pp 1173-79.

11 - Von KARMAN, Th - "Über den mechanismus des wierständes, den ein bewegter körper einer flüssigkeit erfährt". Collected works, pp 224-258, Butterworths, London, 1956.

12 - STROUHAL, V. - "On aeolian tones" Ann. of Phys., 5(1878) p.216

13 - MARRIES, A.W. - "A review on vortex streets, periodic wakes and induced vibration phenomena". Basic. Engn. Journ., 1964 p 185 (trans. of ASME).

14 - GERRARD, J.H. - "A disturbance - sensitive Reynolds number range of the flow past a circular cylinder". Journ. Fluid Mech., vol. 22, pt 1 (1965, pp 187-196).

15 - BATE, E. e CALLOW, J.R. - "The quantitative determination of the energy envolved in the vibration of cylinders in an air stream". Journ. Inst. Eng. Australia, vol. 6-1 405, 1934.

16 - STEINMAN, D.B. - "Problems of aerodynamics and hydrodynamics stability". Proc. 3rd Hydr. Cof Bull., 31, Univ. of Iowa.

17 - HARD, A.R. - "Studies of conductor vibration in laboratory span - outdoor test span and actual transmission lines ". CIGRE, 404, 1958.

18 - LAMPIO, E. - "Theory and measurements of transverse vibration in uniform stranded cables". Thesis, 1966, Inst. for Technology, Helsinki.

19 - SAKAI, O. e MURATA, T. - "Damping energy measurements". CSCG-68-WG 1

20 - HARD, A.R. - "Applications of the vibration test on transmission line conductors". Trans. IEEE, Vol. 1. PAS-86, nº 2, 1965.

21 - SLETHEL,T.O. - Conductor vibration measurements. CSCG-66-3.

22 - LIBERMAN, A.J. - "Present state of the problem of vibration and protection against it in overhead lines". Tr. CNIEL, Vol. 5, Gosenergoizdat, Moscou, pp. 62-90, 1956.

23 - LIBERMAN, A.J. - "Vibration investigations on bundled conductors on 400 and 500 kV lines". Sbornike, Dalnia elektrop redatcha Vojskava Gez. im. Lenina-Moskva; Gosénergoizdat, Moscow, pp 230-251, 1958.

24 - BOURGSDORF, V.V.; LIBERMAN, A.J. e MECHKOVV, K. - "Conductor vibration and damping employing on E.H.V. transmission lines bundle conductors". CIGRE, report nº 219, 1964.

25 - BATE, E. e CALLOW, J.R. - "The quantitative determination of the energy involved in the vibration of the cylinders in air stream". Journ. Inst. Eng., Australia, Vol. 1.6 1405, 1934.

26 - LIBERMAN, A.J. e KRUPOV, K.P. - "Vibration of overhead line

conductors and protection against in it in the USSR". CIGRE, 23-06, Paris, 1968.

27 - ROSA, A.A.; MONETTI. J. e SITER, R.B. - "Overhead line vibration and inspection techniques". Trabalho apresentado no IEEE LATICON, São Paulo, Brasil, 1974.

28 - ALUMINIUM COMPANY OF AMERICA, Overhead conductor vibration, Pennsylvania, EUA, 1961.

29 - TOMPKINS, J.S.; MERRIL, L.L. e JONES, B.J. - "Quantitative relationships in conductor vibration damping". AIEE Tran., Vol 75, pp 879-896, 1956.

30 - HEBRA, A. - Teoria das vibrações eólicas. Publicação da Burndy do Brasil, 1972.

31 - PULLEN, J. - Tensões críticas em cabos de linhas de transmissão. Burndy Research Division Norwalk, 1970.

32 - PULLEN, J. - "The control of aeolian vibration in single conductor transmission lines". Burndy Research, Report nº 76, 1969.

33 - CALANCHE, J. M. - "Vibraciones eólicas de lineas de transmissión y distribución en zonas rurales". III CLER, MÉXICO, Comission Federal de Eletricidad, 1969.

34 - SPROULE, J.E. e EDWARDS, A.T. - "Progress toward optimum damping of trasmission conductor". AIEE Trans. Distribution Committee, Paper 59, 209, 1958.

35 - WAGNER, H.; RAMAMURT, V.; SASTRY, R.V.R. e HARTMANN, K. - "Dynamics of Stockbridge dampers". Journal of Sound and Vibration, pp 207-220,1973.

36 - POFFENBERGER, J.C. e SITER, R.B. - "Conductor hardware for tomorrow's lines". IEEE, México, 73 Power Conference, 1973.

37 - BARBOSA, M.A.P. - "Avaliação da eficiência de amortecimento de oscilações de subvãos em linhas de transmissão". Energia Elétrica, pp 54-58, setembro de 1979.

38 - BURGSDORF, V.V.; LIBERMAN, A.Y. e MESHKOV, V.K. - "Conductor vibration and damping on EHV transmission lines employing bundle conductors". CIGRE, 219, 1964.

39 - ERVIK, M. - "Vibration tests on twin bundle conductors". EFI, the Norwegian Res. Inst. of Electr., Supply. Techn. Rep. nº 1470, Noruéga.

40 - CLAREN, R. e DIANA, G. - "Dynamic strain distribution on loaded stranded cables". Trans. IEEE, Vol. PAS-88, nº 11, pp 1678-1690, 1969.

41 - SEPPA, T. - "Effect of various factors on vibration fátique life ACSR". CIGRE, CSC 22-66, WG 04.

42 - STEIDEL, R.F. JR - "Factors affecting vibratory stresses in cables near of point of suports". AIEE Trans., 78 HI pp 1207-13, 1959.

43 - SEPPA, T. - "Dynamic behaviour of suspension clamp and fatique life of conductor". CIGRE, 22-69, WG 02, 03 IWD.

44 - HELMS, R. - "Zur sicherkeit der hochspannungs-freileitungen bei hoher mechanischer beanspruchung". VDI Forschungsheft, 506, 1964.

45 - SCANLAN, R. e SWART, R. - "Bending stiffeness and strain in stranded cables". IEE, 68, CP 4, PWR.

46 - ARRUDA, A.C.F. - Análise de amortecedores para linhas de transmissão, Unicamp, 1975.

47 - OLIVEIRA, A.R.E. e NETO, A.P.R. - "Estudo analítico e experimental do amortecedor Stockbridge". Proceeding COBEM -83, Uberlândia, C1 pp 1-10, 1983.

48 - CLAREN, R. e DIANA, G. - "Mathematical analysis of transmission line vibration". IEEE, Tran. Power Apparatus and Systems, 88, pp 1741-71, 1969.

49 - DEHOTARAD, M.S. - "Transmission line vibration". Journal of Sound and Vibration, 60 (2), pp 217-37, 1978.

50 - HAGEDORN, P. - "On the conputation of damped wind-exited vibration of overhead transmission lines". Journal of Sound and Vibration 33 (3), pp 253-71, 1982.

51 - DURVASULA, S. - "Vibration of a uniform cantilever beam carrying a concentraded mass and moment of inertia at the tip". Report Nº AE 1335, Indian Institute of Science, Bangalore, 1965.

7

Fundações

7.1 - INTRODUÇÃO

Toda obra de engenharia, assentada na superfície terrestre, necessita de uma estrutura de transição entre os esforços criados por condições de trabalho e peso próprio e o terreno subjacente. Esta estrutura de transição, nada mais é que a fundação da obra, que pode ser tão simples quanto a abertura de uma cava para a fixação de um mourão de cerca, ou tão complexa quanto as fundações de grandes obras de engenharia civil.

Normalmente, o projeto de fundação de uma obra de engenharia é a última fase do projeto estrutural da mesma. Deve anteceder ao dimensionamento da fundação duas fases de estudos:

1- Cálculo de todas as cargas possíveis de serem suportadas pela estrutura e transmitidas à fundação,

2- Estudo das características geotécnicas do terreno.

De posse desses pré-requisitos passa-se à escolha do tipo ideal, dimensionamento e detalhamento da fundação, que transmitirá com segurança toda a solicitação ao terreno suporte.

Assim se procede na construção de uma fábrica, de um edifício,... de uma LINHA DE TRANSMISSÃO, sendo que para esta última, cada torre ou cada trecho , é caso de um estudo específico, pois ao longo de quilômetros de extensão as características geotécnicas do terreno podem ser as mais variadas possíveis.

Para o cálculo das fundações das torres de uma L.T., apenas após o projeto de locação das estruturas, da exata definição das posições das fundações, é que se tem condições de definir as variáveis do projeto: esforços solicitantes, alturas e tipos de estruturas, ângulos, travessias, vãos, natureza do terreno e vegetação, nível do lençol freático, etc. Passa-se então à fase de projeto da mesma.

7.2 - ESFORÇOS NAS FUNDAÇÕES

Todos os esforços provenientes da montagem, sustentação dos condutores e equipamentos eletromecânicos, esforços devidos a atuação de fenômenos naturais sobre todas as partes da obra, bem como o peso próprio integral, geram tensões que devem ser absorvidas pelo terreno através das fundaçõs.

Um estudo técnico-econômico determina as linhas gerais da L.T.: potência a ser transmitida, classe de tensão, tipo de corrente (CA ou CC), número de circuitos, etc. Conseqüentemente tem-se uma predefinição do número e bitola de condutores por fase, distâncias de afastamentos, tipos básicos de torres, etc.

Cabe ao projetista mecânico da L.T. a definição dos cabos, dos equipamentos eletromecânicos suspensos e de suspensão, considerações de fenômenos naturais, sobrecargas acidentais e condições de montagem e manutenção da L.T.. Como resultado dessas considerações e cálculos, determina tal projetista as posições e os esforços a serem absorvidos pelas estruturas suportes da linha.

Cabe ao projetista mecânico das estruturas de sustentação da L.T., de posse dos dados anteriores, após consultas ao projetista das fundações, projetar as torres e definir os esforços a serem absorvidos pelas fundações.

Cabe ao projetista das fundações considerar os esforços que devem absorver, os fenômenos naturais sobre as estruturas das fundações, as características geotécnicas do terreno, e então determinar o tipo de fundação de cada estrutura, projetá-la e detalhá-la.

Cada tipo de solicitação transmite um tipo de esforço ao terreno. É responsabilidade da estrutura de fundação distribuir tais solicitações, de forma que os esforços transmitidos ao terreno sejam inferiores aos limites do mesmo.

TIPOS DE ESFORÇOS DE REAÇÃO DO TERRENO

7.2.1 - Compressão

Tem a tendência de causar um afundamento do terreno, e conseqüentemente um afundamento da estrutura (Fig. 7.1).

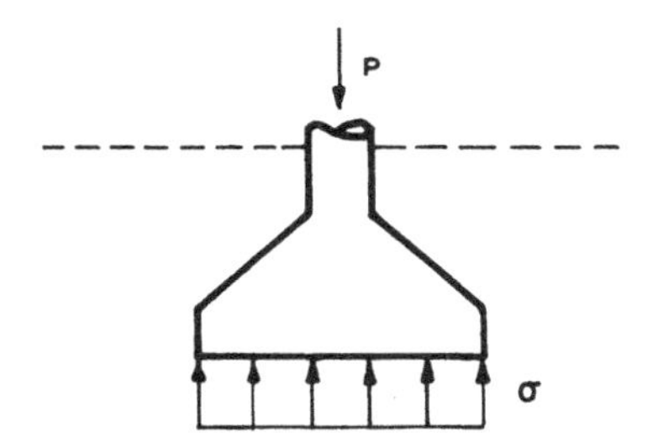

Fig. 7.1 - Esforço de compressão e reação do terreno

7.2.2 - Tração

Tem a tendência de levantar o terreno devido ao arrancamento da estrutura (Fig. 7.2).

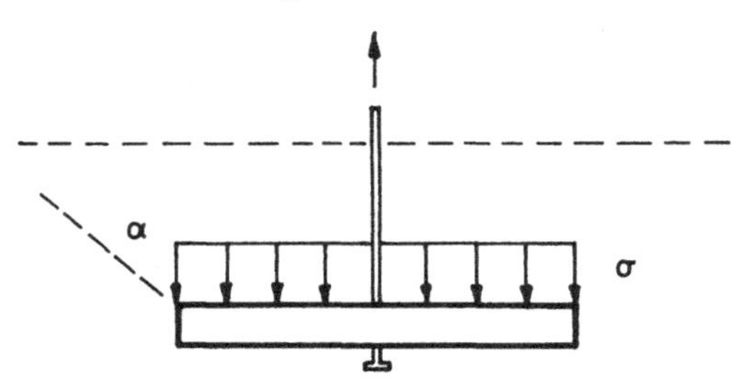

Fig. 7.2 - Esforço de tração e reação do terreno

7.2.3 - Flexão

Tem a tendência de bascular a estrutura e provocar compressões diferenciais no terreno, ou até mesmo uma descompressão parcial (Fig. 7.3).

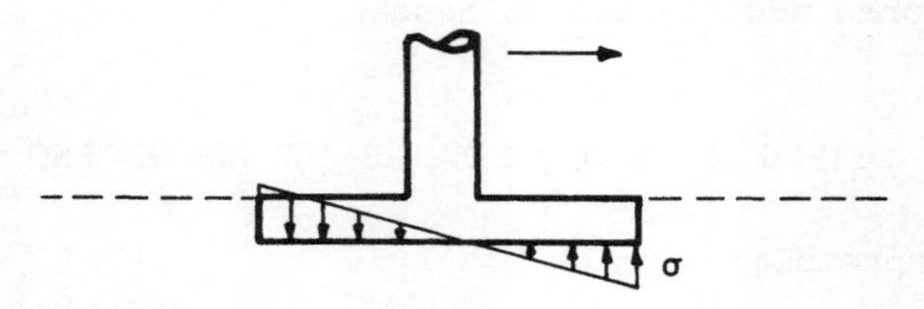

Fig. 7.3 - Esforço de flexão e reação do terreno

7.2.4 - Torção

Tem a tendência de torcer a estrutura segundo um eixo vertical, provocando compressões e descompressões diferenciadas no terreno (Fig. 7.4).

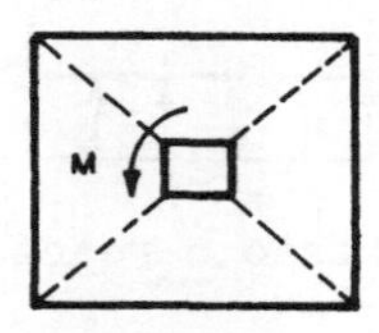

Fig. 7.4 - Esforço de torção e reação do terreno

7.2.5 - Cisalhamento

Tem a tendência de arrastar a fundação, provocando o deslizamento de camadas do terreno (fig. 7.5).

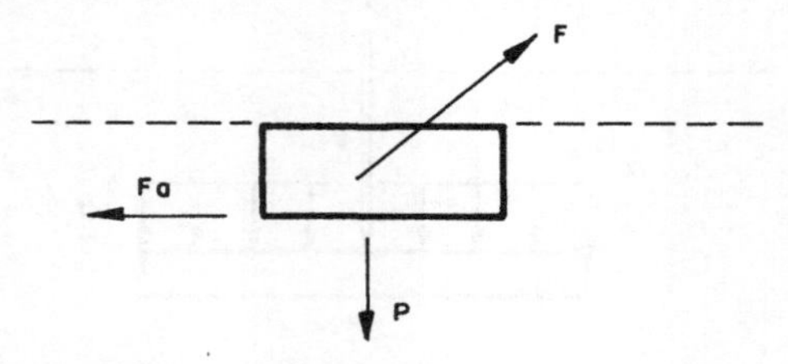

Fig. 7.5 - Esforço de cizalhamento do terreno

7.2.6 - Empuxo

Em fundações abaixo do nível freático local, deve-se considerar o empuxo sobre a mesma, pois este tem a tendência de empurrar a fundação para cima, e virtualmente diminuir o peso próprio (Fig. 7.6).

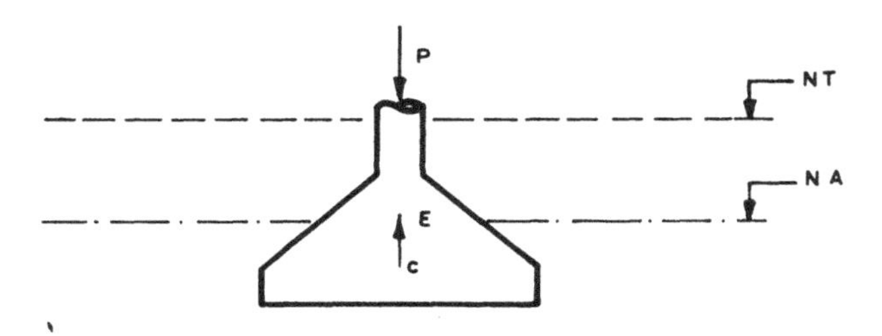

Fig. 7.6 - Ação do empuxo

Relação entre solicitações do sistema x reações do terreno:

A - Cargas verticais - Peso próprio (condutores, cadeias de isoladores, equipamentos eletromecânicos, torres, estruturas de fundações), sobrecargas (acidentais, de montagem e de manutenção):

- Simétricas - quando este conjunto de forças tem uma resultante coincidente com o eixo que passa pelo CG (Centro de Gravidade) da fundação, provoca no terreno uma compressão uniforme.
- Assimétrica - quando este conjunto de forças é assimétrico em relação ao eixo que passa pelo CG da fundação, provoca no terreno uma compressão não uniforme, que pode ser interpretada como uma flexo-compressão (uma compressão uniforme combinada com uma flexão)
- Empuxo - dependendo da geometria da fundação este esforço pode provocar na estrutura da mesma uma descompressão uniforme ou flexo-descompressão.

B - Cargas horizontais - Tensionamento dos condutores, variação de tensões devido a variações de temperaturas, ação de ventos, sobrecargas de montagem, rompimento de condutores, etc. Solicitações que atuam em um plano horizontal e podem ser longitudinais, transversais ou oblíquas em relação à L.T.

- Vãos alinhados:

- Esforços horizontais simétricos em relação ao plano vertical do eixo da linha, mas assimétricos em relação ao plano vertical perpendicular ao eixo da linha: provocam um esforço de flexão na fundação, no sentido do eixo da linha.

- Esforços horizontais anti-simétricos em relação ao eixo da linha: provocam um esforço de torção na fundação, segundo o eixo vertical da estrutura.

- Vãos desalinhados:

- Esforços horizontais simétricos em relação aos planos verticais dos eixos da linha, mas assimétricos em relação ao plano vertical bissetor do àngulo interno da linha: provocam um esforço de flexão lateral na fundação.

- Esforços horizontais antissimétricos: provocam esforços de flexo-torção na fundação, no plano bissetor do ângulo interno da linha.

- Esforços horizontais assimétricos: provocam esforços de flexo-torção na fundação, na direção do ângulo interno da linha

C - Cargas de arrancamento - São cargas atuantes na vertical, porém no sentido de baixo para cima (ancoragem de estais ou estruturas no fundo de depressões do terreno):

- Estruturas de ancoragem: nestas estruturas, e nestas condições, os esforços de compressão são substituídos por esforços de tração nas estruturas de fundação, dando a tendência de um arrancamento das mesmas.

- Ancoragem de estais: blocos de ancoragem normalmente são tracionados segundo os eixos dos estais, como conseqüência transmitem esforços combinados de tração e cisalhamento ao terreno circunvizinho.

7.3 - NOÇÕES DE GEOLOGIA

Como, praticamente, todas as fundações das estruturas de uma L.T. são assentadas em terrenos de características variáveis, algumas são executadas externamente à superfície, outras nas camadas superficiais e outras ainda em camadas profundas do terreno, sempre com a finalidade de fazer com que o solo suporte seja capaz de realmente suportar, sem rompimentos, os esforços solicitantes da fundação.

É então, de suma importância, que o projetista das fundações de uma L.T. tenha conhecimentos básicos de geologia, que saiba identificar os vários tipos de "solos", que saiba interpretar os resultados de sondagens, etc. Quando a situação for bastante específica, consultas a um engenheiro geólogo devem ser feitas.

7.3.1 - Tipos de terrenos de fundações

Dependendo das composições mineralógicas e das formas construtivas dos "terrenos", estes recebem várias denominações, cada uma engloba um conjunto específico de características e propriedades.

a - Rochas - são os materiais duros, compactos e consolidados, constituídos por uma ou mais espécies de minerais, formando volumes definidos da crosta terrestre.

Quando as rochas são constituídas por agregados de um só tipo de mineral, dizemos se tratar de rochas simples, (por exemplo: mármore-$CaCO_3$, quartzito-SiO_2). As rochas são ditas compostas quando constituídas por agregados de mais de um tipo de mineral, (por exemplo: granito-quartzo/feldspato/mica)

Dependendo de suas gêneses, as rochas são classificadas em:

- Magmáticas - originadas do resfriamento e consolidação do magma.

-Sedimentares - originadas pela cimentação e consolidação de depósitos sedimentares, que por sua vez se originaram do transporte de produtos de decomposição de outras rochas.

- Metamórficas - originadas pelas alterações estruturais e/ou mineralógicas de outras rochas sob a ação de temperatura, pressão e soluções químicas.

b - Solos - São materiais provenientes da meteorização de rochas originais, pela ação de agentes físicos, químicos ou biológicos.

Com a degeneração da rocha original, decomposição química ou desagregação mecânica, os produtos finais ou intermediários podem ser classificados, de acordo com a granulometria resultante, em:

- Blocos - diâmetros superiores a 1 metro
- Matacões - diâmetros entre 1 metro e 25cm.
- Pedras - diâmetros entre 25cm e 7,6cm.
- Pedregulho ou Cascalho - diâmetros de 7,6 a 0,5cm
- Areia grossa - diâmetros de 5 a 2mm
- Areia média - diâmetros de 2 a 0,4mm
- Areia fina - diâmetros de 0,4 a 0,05mm
- Silte - diâmetros de 0,05 a 0,005mm
- Argila - diâmetros inferiores a 0,005mm

Dependendo das posições geográficas dos corpos de solos, estes se classificam em:

b.1 - Solos residuais - são os solos que se encontram nos locais originais das rochas matrizes, isto é, as rochas foram meteorizadas e os produtos não foram transportados.

É regra que toda rocha forma um solo residual, a composição deste é função direta do tipo e composicão mineralógica da rocha mãe. Assim os basaltos, filitos e calcários originam solos argilosos, o quartizito origina um solo arenoso, um granito origina um solo areno-argiloso, etc.

Na meteriorização da rocha original, não existe uma superfície nítida que separa o solo da rocha. Existem, sim, camadas mais ou menos diferenciadas, desde a rocha sã até o produto superficial e final de decomposição, o solo residual (Fig. 7.7).

- Solo residual - é a camada mais superficial do terreno e não mostra mais nenhuma relação com a rocha original

- Solo de alteração de rocha - ainda mostra elementos da rocha original, grânulos minerais ainda não decompostos, linhas estruturais, etc.

- Blocos de rocha, matacões e pedras - são volumes remanescentes da rocha original, que devido à sua maior resistência, ainda não foram decompostos e sobram imersos nas camadas superiores de solos.

- Rocha aletrada - guarda aspecto da rocha original (estrutura e composição), mas com dureza e resistência inferiores à matriz, por exemplo o saibro.

- Rocha sã - é a própria rocha ainda inalterada.

b.2 - Solos transportados - também chamados de solos sedimentares, são aqueles em que os produtos originados pela decomposição da rocha original são transportados e depositados em outros locais, formando depósitos mais fofos e menos consolidados que os solos residuais.

Dependendo do meio de transporte, localização geográfica ou composição, estes solos são chamados de:

- Solo aluvião - são sedimentos transportados por cursos d'água e acumulados ao longo do tempo nos fundos e margens dos mesmos.

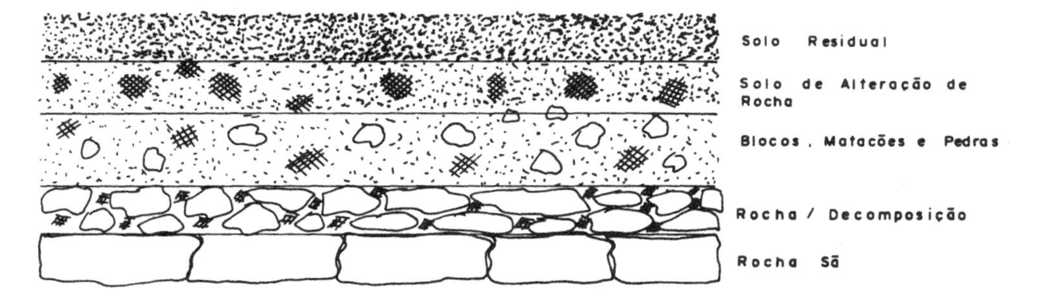

Fig. 7.7 - Camadas do solo

- Solos orgânicos - solos típicos de bacias planas, depressões, baixadas marginais de rios e litorâneas, onde os sedimentos transportados inclui grande quantidade de matéria orgânica.

- Solos coluviais - são depósitos situados junto a elevações, escarpas e encostas do relevo, e cuja desagregação mecânica tem como origem principal as forças gravitacionais. Normalmente são inconsistentes, permeáveis e sujeitos a deslizamentos.

- Solos eólicos - exemplo típico são as dunas, que se movimentam sob a ação do vento.

- Solos concrecionados - são os solos que, após sedimentados, são cimentados por infiltrações naturais: soluções alcalinas, argilosas, compostos ferruginosos, etc.

c - Turfas - são solos compostos por grande quantidade de materiais carbônicos e orgânicos no estado alveolar, encontram-se normalmente em zonas pantanosas, compõem um material fofo, não plástico e combustível.

d - Betonitas - são argilas de granulometria bastante fina e originadas da alteração química de cinzas vulcânicas.

e - Aterros - são depósitos construídos artificialmente com qualquer tipo de solos ou entulhos.

7.3.2 - Sondagem

Uma investigação das qualidades da superfície e subsolo, no local de assentamento de uma carga (obra de engenharia), é necessária para a determinação das qualidades geotécnicas do "terreno" suporte das fundações, para um perfeito e adequado dimensionamento das mesmas.

Dependendo da finalidade do levantamento, da precisão, das qualidades e características do terreno, vários métodos são disponíveis:

- Métodos indiretos ou geofísicos - são métodos variados, baseados em medidas físicas, e escolhidos em função da finalidade do levantamento, que pode ser: exploração de petróleo, prospecção de minerais, prospecção de água subterrânea ou investigação para grandes projetos de engenharia civil.

- Métodos diretos ou mecânicos - efetuados através de perfurações e sondagens do terreno, normalmente se utilizam da retirada de amostras, que, se não interpretadas "in loco", devem ser convenientemente embaladas e transportadas o mais rápido possível ao laboratório de mecânica dos solos para a determinação de suas características. São usados com finalidades de: extração de matéria- prima (água, petróleo, gás, ...), ventilação de minas, rebaixamento do lençol freático, mapeamento geológico do subsolo, com conseqüente determinação das qualidades geotécnicas do mesmo.

Quanto às formas de escavação, estes métodos se classificam em:

- Manuais
- Mecânicos

Os métodos manuais consistem na abertura de poços, trincheiras ou furos cilíndricos (trado manual), sempre identificando no local as camadas rasgadas ou furadas e coletando amostras a cada metro de profundidade.

Os poços são abertos manualmente (pá e picareta), as trincheiras podem fazer uso de escavadeiras mecânicas e rasgam o solo em grandes extensões.

Dos métodos manuais, o mais indicado e usado nos levantamentos para uma L.T. é o "Trado Manual", Fig. 7.8, que consiste em abrir um furo cilíndrico, com uso de cavadeira rotativa (trado) de diâmetro variável entre 2,5" a 6". O acionamento de um trado é feito normalmente por 1 ou 2 operários, através de um cabo em **T** com extensões de 1, 2 ou 3 metros, feitas de cano galvanizado 3/4", e emendados com luvas. O acionamento é fácil, e a cada 5-6 voltas o trado é retirado para descarga do material escavado, quando a profundidade, tipo de material, mudanças de camadas, etc, são anotados. O método não se presta para terrenos compactados, endurecidos, pedregoso ou quando o terreno é inconsistente (tipo

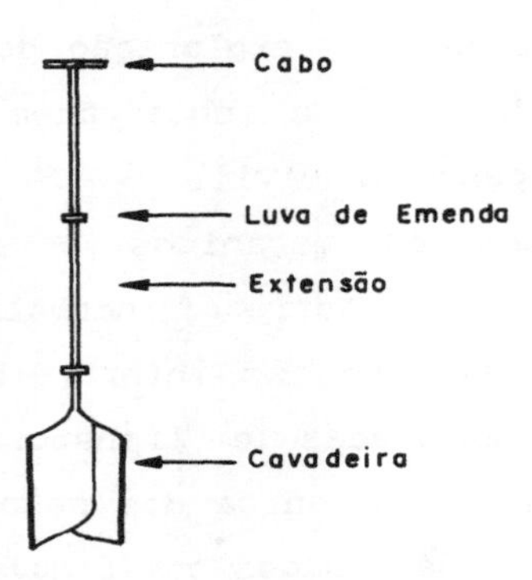

Fig. 7.8 - Trado manual

areia) e o lençol freático é atingido. Em terrenos ideais, a profundidade de 10-15 metros são atingidas com facilidade.

Os resultados das sondagens a trado, descrições geológicas das camadas, devem ser feitas no campo, ao final de cada perfuração, e apresentados em forma de tabelas ou perfis individuais.

Existem trados de acionamento mecânico, porém mais equipamentos são necessários, aumentando os custos de sondagem, sendo então preferível optar por métodos mecânicos de percução.

Os métodos mecânicos, que se subdividem em "sondagem a percussão" e "sondagem rotativa", se identificam por usarem equipamentos mecânicos específicos (brocas, sondas, compressores, etc...) e tripés para sustentação e guia das brocas e sondas. Para ambos os casos, o furo inicial da sondagem pode ser feito por trado manual, para vencer as camadas superiores do terreno, próprias para tal equipamento.

As camadas duras, compactas, inconsistentes, submersas, etc, são atravessadas à percussão. Já as camadas rochosas são vencidas com sondagem rotativa, que por sua vez podem ou não permitir a recuperação do testemunho (cilindro rochoso realmente escavado).

Na **sondagem a percussão** o furo pode ou não ser encamisado (revestido por tubo de aço); sempre usa água em abundância, quer seja para amolecer o fundo da sondagem, quer seja para transportar o solo escavado na forma de lama, quando então a sondagem é denominada de "sondagem a jato d'água". Neste caso a camisa é cravada por percussão e o solo retirado por desagregação mecânica sob a ação de jatos de água, na forma de lama, que reflui entre o tubo de injeção e a camisa.

Na **sondagem a jato d'água**, a amostra é retirada cravando no fundo do furo um amostrador padrão, (tubo cilíndrico de diâmetro interno de 1" e externo de 1 5/8"), através de um peso padrão (65 kg), caindo de uma altura padrão (75cm). A cada 15cm de penetração, é anotado o número de golpes necessários, até a cravação total de 45cm, quando então o amostrador é retirado e submetido a ensaios de laboratório.

Na **sondagem S.P.T.** (Standard Penetration Test), a amostra é retirada em condições semelhantes, porém com outros valores padronizados: peso de 65kg, altura de queda de 75cm, porém conta-se apenas o número de golpes necessários para a cravação dos últimos 30cm do total de 45cm cravados.

Em ambos os casos (jato d'água e S.P.T.) a contagem do número de golpes necessários para cravar os 45cm do amostrador no material perfurado, nas condições acima descritas, é denominado de Índice de Resistência à Penetração (I.R.P.). Este índice, quando atinge valores máximos preestabelecidos, indica a suspensão dos trabalhos na sondagem em questão.

Um terceiro tipo de sondagem a percussão é denominado de **sondagem Borro**, que consiste na contagem do número de golpes de um peso de 60Kg, caido de 75cm, e necessário para cravar continuamente uma sonda de ponta, sem extração de amostra, com resultados anotados a cada 30cm de cravação.

Com base no I.R.P., é possível estimar as pressões admissíveis pelo terreno, podendo então fazer uso de tais valores para os dimensionamentos das fundações.

Como exemplo ilustrativo, o quadro a seguir mostra valores correlatos para argilas e areias.

solo	consistência /compacidade	S.P.T.	pressão adm. (kg/cm^2)
argila	muito mole	—	—
	mole	< 4	< 10
	média	4 a 8	1,0 a 2,0
	rija	8 a 15	2,0 a 3,5
	dura	> 15	> 3,5
areia	fofa	< 5	1,0 a 1,5*
	pouco compacta	5 a 10	1,0 a 3,0*
	compacta	10 a 15	2,5 a 5,0*
	muito compacta	> 25	> 5,0*

* Função da granulometria

As sondagens rotativas, também denominadas de Métodos Diretos para Investigação de Rochas, permite a retirada de amostras de grandes profundidades, constituindo o mais importante meio de exploração superficial.

Para este tipo de sondagem, faz-se necessário o uso de todo um equipamento específico: tripé, motor (elétrico, gasolina ou óleo), bomba d'água, reservatórios de água e de lama, guincho, brocas de diâmetros variados, tubulações, cabeçote, tubos, barrilete, etc.... As brocas, quando em forma de coroa, permitem a retirada dos testemunhos, que por sua vez dá informações do tipo da rocha, posições de contatos das camadas, elementos estruturais e estados do solo.

Tanto com brocas compactas ou em forma de coroa, a rocha é desagregada por atrito e o material desbastado é retirado na forma de lama, pela injeção de água de refrigeração, injetada pelo eixo da própria broca.

Classificação das rochas em funcão do número de fraturas por metro de testemunho:

N.º de fraturas		Classificação da rocha
1	-	Ocasionalmente fraturada
1 a 5	-	Pouco fraturada
6 a 10	-	Medianamente fraturada
11 a 20	-	Muito fraturada
> 20	-	Extremamente fraturada
Blocos caóticos	-	Rocha fragmentada

Denominação da rocha de acordo com o estado de alteração:

Grau de Alteração	-	Estado da rocha
São	-	Rocha inalterada
Ligeiramente alterado	-	Rocha com manchas alteradas
Medianamente alterada	-	Faixas alteradas e faixas sãs
Muito alterada	-	Material friável, com solo de alteração de rocha

Registro e apresentação dos dados de sondagem

Os dados e resultados dos levantamentos das sondagens devem ser transcritos e apresentados em formulários e tabelas específicos, que permitem ao projetista das fundações uma rápida interpretação.

Estes relatórios de sondagem, Fig. 7.9 e Fig. 7.10, além de informações de: obra, local, data, responsável, etc...,

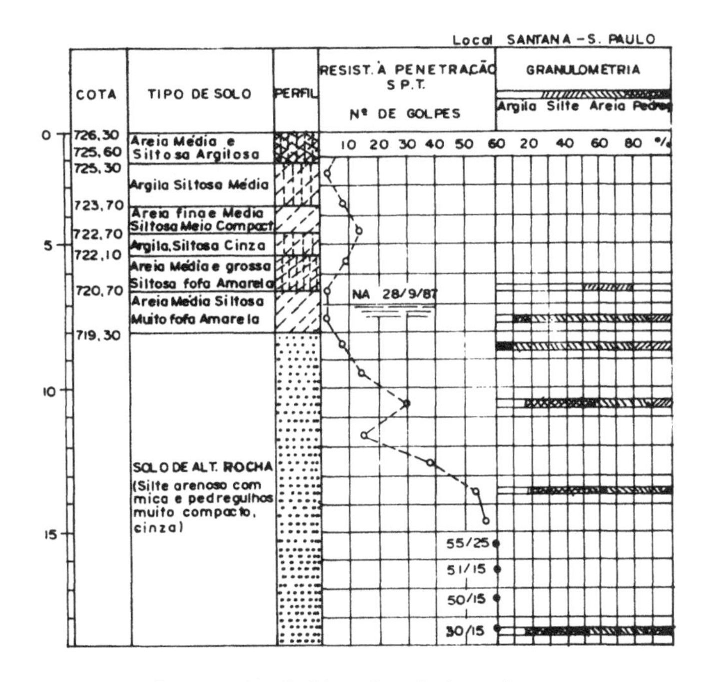

Fif. 7.9 - Exemplo típico de folha de dados de uma sondagem a percussão

informam para cada furo executado: as cotas, profundidades, nível da água, tipo de solo, perfil geológico, granulometria do material escavado, número de golpes e resistência à penetração (para sondagem a percussão) ou recuperação do material escavado e diâmetros do furo (para sondagem rotativa).

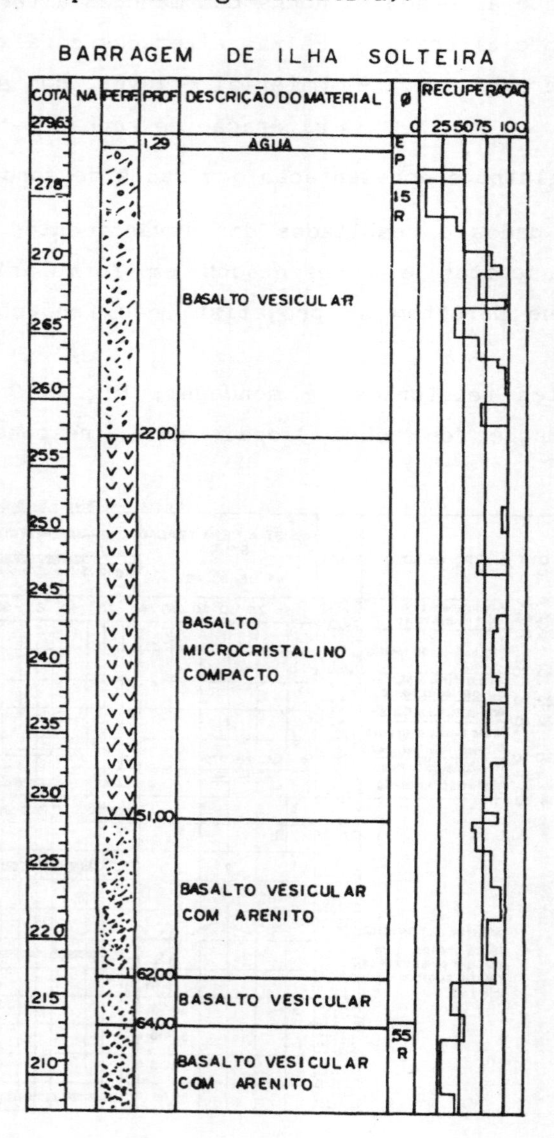

Fig. 7.10 - Exemplo típico de folha de dados de sondagem rotativa

Número e profundidade dos furos de sondagens

São itens variáveis em função do tipo da obra, e muita economia pode ser feita com reconhecimentos prévios, com observações superficiais ou consulta a mapas geológicos da região a ser estudada.

As sondagens para viabilizar o projeto de fundações de uma L.T. adotam normas que diferem daquelas adotadas na construção de uma barragem, estrada, ou um grande edifício, pois diferentemente de uma barragem ou estrada, que se assentam continuamente no terreno, uma L.T, embora seja uma obra de grande extensão, assenta-se descontinuamente no terreno, e as sondagens são concentradas exatamente nestes pontos.

Quando uma L.T. atravessa uma região de topografia e geologia uniformes, os levantamentos são espaçados na média de 4 em 4 torres. Por outro lado, em regiões de topografia acidentada, ou geologia variável, faz-se necessário uma sondagem mais freqüente. Mas quem realmente dita o número e profundidade da sondagem é a importância da estrutura em estudo, e esta importância é definida pelos esforços que serão transmitidos ao solo.

As sondagens Borro, por serem de baixo custo, podem ser executadas para todas as torres de uma L.T., e quando impenetrável além de 3 metros no piquete central, deve ser repetida para cada pé da estrutura. Normalmente, considera-se impenetrável quando são necessários 50 golpes ou mais para penetrar 30cm.

As sondagens S.P.T., segundo a norma MB-1.211/79 da ABNT, são indicadas para todas as estruturas fim-de-linha, ancoragens, ângulos e travessias. Para trechos uniformes de terreno e topografia, recomenda-se o espaçamento de 5 a 10 torres para o levantamento, no entanto, nunca se deve desprezar nas estruturas assentadas em aterros, fundos de vales, e encostas íngremes, ou locais com lençol freático a pouca profundidade (até 2 metros para L.T. de tensão inferior a 230kV e 3 metros para L.T. de tensão superior a 230kV.

As sondagens rotativas são programadas para fundações específicas, tais como: grandes travessias, ancoragem e fim-de-linha. Nem sempre são executadas em locais de afloramento rochoso ou rochas a pouca profundidade. É comum o uso dos furos de ancoragem de blocos, como dados para a avaliação das qualidades da rocha existente.

A determinação do nível do lençol freático não é a cota do encontro com a água, mas sim a cota do nível da água medido depois de um tempo de estabilização de pelo menos 1 hora. A água encontrada deve ser quimicamente analisada para comprovar sua não agressividade aos materiais utilizados nas fundações.

7.4 - MATERIAIS USADOS EM FUNDAÇÕES

É relativamente pequena a quantidade de materiais disponíveis e realmente usados na execução das fundações das L.T.. Consta basicamente de : aterro, madeira, aço e concreto.

Alguns dos materiais são usados na confecção de peças estruturais da fundação, é o caso do aço, do concreto armado e até mesmo da madeira. Já o aterro e às vezes o próprio concreto são usados simplesmente para aumentar o peso sobre a estrutura da fundação.

7.4.1 - Madeira

A madeira pode ser usada nas fundações de uma L.T., tanto quando sendo o pé de um poste ou contraposte da linha, como também fazendo papel de âncora nas ancoragens e estaiamentos de estruturas. Um caso de uso de madeira, não comum, mas possível para fundações, é usá-la como estacas em regiões pantanosas.

Para qualquer caso de uso, a madeira deve ser de lei, por exemplo a aroeira, que é uma madeira bastante dura, densa, resistente ao intemperismo, fibras entrelaçadas, e de difícil ataque por bactérias e microorganismos. Embora tenha apenas qualidades que a indique para tal uso, seu emprego é altamente antiecológico, pois trata-se de madeira só conseguida graças ao desmate, muitas das vezes ilegais, de florestas naturais, pois sendo uma árvore de crescimento lento, não é cultivada em reflorestamentos.

Madeiras não de lei podem, e devem, substituir as de lei, porém com alguns cuidados. As mais utilizadas nesses casos são algumas espécies de eucaliptos (citriodora, polipticornius e alba), espécies de alta resistência mecânica, fibras entrelaçadas, bastante cerne e pouco albume. Qualquer que seja a espécie, deve ser tratada e impregnada de substâncias químicas que lhe aumente as resistências mecânicas e aos ataques bioquímicos e do intemperismo.

A grande vantagem do uso do eucalipto é que, por ser uma árvore de crescimento acelerado, o plantio de espécies adequadas em condições ideais dá retorno relativamente rápido, e com possibilidade de se conseguir peças retilíneas com até 20 metros de comprimento e diâmetros variados. Os troncos devem ser descascados logo após abatidos, os extremos cintados com arame de aço para evitar rachaduras longitudinais, e então tratados com óleos especiais em autoclaves de alta temperatura e pressão. Isto tudo, adequadamente executado, permitirá ao poste ou contraposte ser "plantado" no terreno, fazendo do pé a própria fundação da estrutura.

Tanto o eucalipto devidamente tratado, quanto as madeiras de lei usadas como estruturas da L.T., têm alta resistência ao ataque bioquímico do solo na parte enterrada, esta resistência sempre é proporcional ao índice de umidade do terreno, chegando a ser ideal o uso da madeira em regiões pantanosas.

O problema crucial do uso da madeira como estrutura-fundação, é a secção transversal entre elas , pois é o local mais sujeito tanto ao intemperismo, quanto ao ataque bioquímico.

O uso da madeira como âncora, (toras vulgarmente

denominadas de "morto" - Fig. 7.13), é altamente vantajoso em relação ao concreto, pois a madeira além de ser de menor densidade, dispensa cuidados no manuseio, por ter alta resistência ao choque mecânico. Estas vantagens são multiplicadas quando a ancoragem é executada em terreno úmido ou pantanoso, quando então as condições de preservação da madeira se tornam ideais.

Estacas de madeira tem vantagens no transporte e manuseio, porém devem ser de uso restrito às fundações de estruturas de suspensão, devido as dificuldades da transmissão de esforços diferentes dos de compressão entre estaqueamento e sapatas. Seu uso deve ser restrito, quando totalmente cravadas abaixo do lençol freático e evitado para terrenos secos.

7.4.2 - Aterro

Normalmente executado com o próprio material escavado para a execução da fundação, trata-se portanto de material inerte, que contribui apenas com o peso próprio sobre a estrutura da fundação, contrapondo assim aos esforços de arrancamento (tração). Os aterros devem ser feitos em camadas finas, umidecidas, compactadas e apiloadas.

Sua aplicação direta se dá nos pés de postes (madeira, concreto ou metálicos), no aterro de cavas de sapatas e grelhas metálicas, bem como no reaterro de âncoras (madeira ou concreto) e blocos de ancoragem.

7.4.3 - Aço

Sempre usado como elemento estrutural das fundações, o aço permite várias modalidades de aplicações:

- Pé de poste - estruturas tubulares ou perfiladas usadas como suporte de linha (postes tubulares, treliçados ou mesmo trilhos de linha férrea) são plantados como postes, diretamente no solo, ou com base concretada. Nestas condições, é necessãrio que o aço seja galvanizado ou seja de alta resistência à corrosão.

- Stub-cleat - São peças estruturais que ancoram a torre no concreto da fundação (fig. 7.12). São executados com cantoneiras que devem ser galvanizadas.

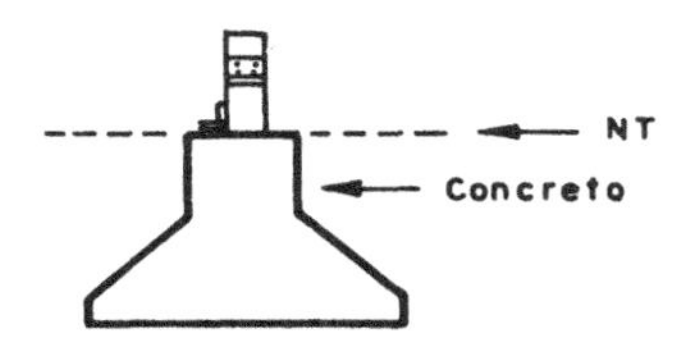

Fig. 11 - Instalação

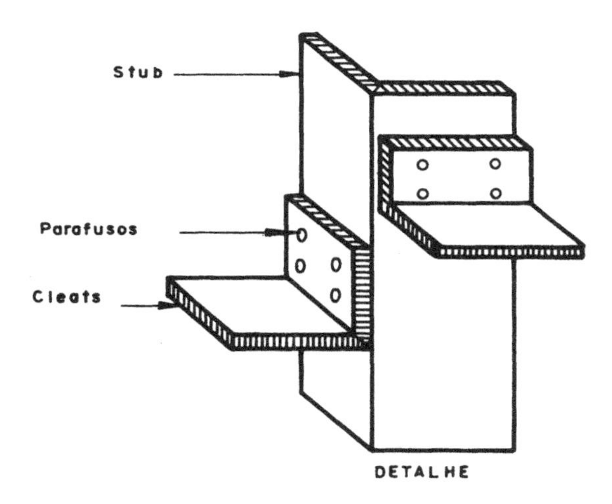

Fig. 12 - Stub-cleat

Hastes de âncora: são peças que trabalham à tração e que ancoram os cabos de estaiamento nas âncoras ou blocos de ancoragem. Normalmente são executadas em vergalhões galvanizados, providos de rosca, arruela e porca em um dos extremos e olhal no outro (Fig. 7.13).

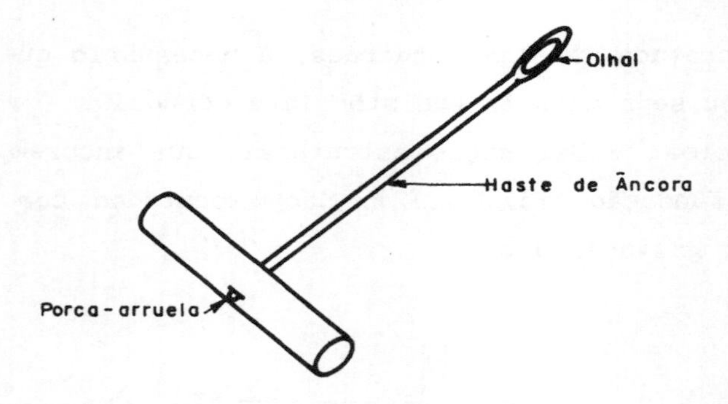

Fig. 7.13 - Âncora e haste de âncora

Grelha - são estruturas construídas com perfilados de aço galvanizado (Fig. 7.14) e servem de suporte aos pés das torres, com a finalidade de absorver esforços de tração ou compressão.

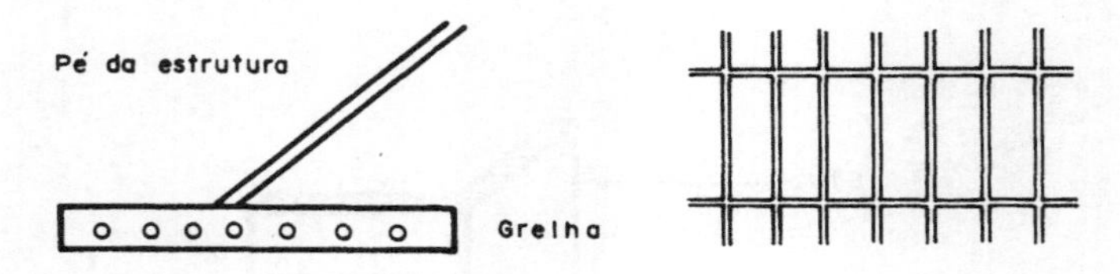

Fig. 7.14 - Grelha

Estacas - Executadas com perfilados de secção reta de grandes momentos de inércia, aços de alta resistência à corrosão, e cravadas por percussão, até terrenos mais resistentes do que as camadas superficiais. Fazem a transição de esforços de tração ou compressão entre blocos de fundação e terreno profundo e resistente (Fig. 7.15)

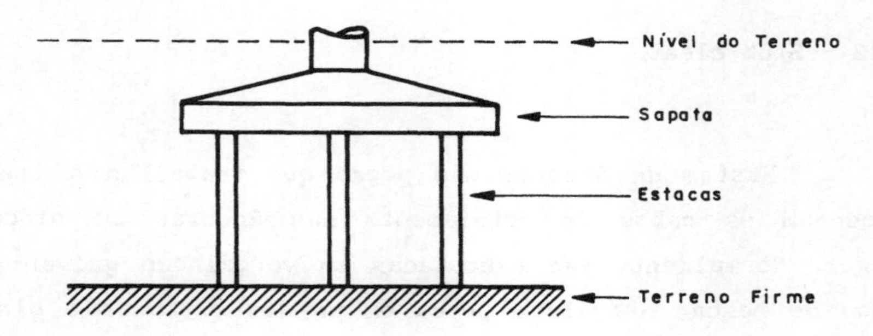

Fig. 7.15 - Estacas

Peças para ancoragem em rocha: chumbadores, parafusos, buchas de expansão, etc... (Fig. 7.16), são peças executadas em aços especiais de alta resistência mecânica e à corrosão, usadas exclusivamente na ancoragem direta de estruturas em rocha sã.

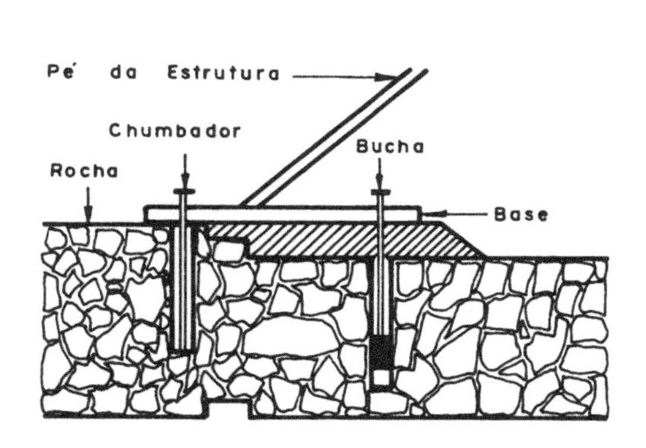

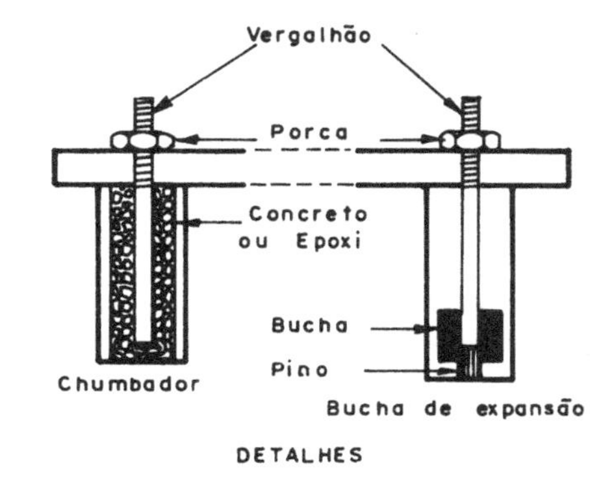

Fig. 7.16 - Ancoragem em rocha

7.4.4 - Concreto

O concreto pode ser amplamente usado como peças estruturais, como mostrado na Fig. 7.17. Pode ser armado, ou simplesmente como ente criador de peso sobre a estrutura da fundação, quando então a armadura tem importância secundária e o concreto pode mesmo ser ciclópico.

Algumas peças de concreto são pré moldadas: caso dos postes, (plantados em buracos reaterrados ou concretados), ou estacas (cravadas à percussão), ou ainda âncoras de estaiamento.

A grande maioria das peças de concreto são fundidas "in loco", é o caso das peças de concreto das estacas franklin, estascas strauss, sapatas, blocos de fundação, blocos de ancoragem,

Para qualquer que seja o material empregado nas fundações, desde que sujeitos ao nível do lençol freático local, ou ao intemperismo aéreo, cuidados especiais devem ser tomados. Assim:

- Estacas de madeira ou concreto devem ter preferência em regiões pantanosas.

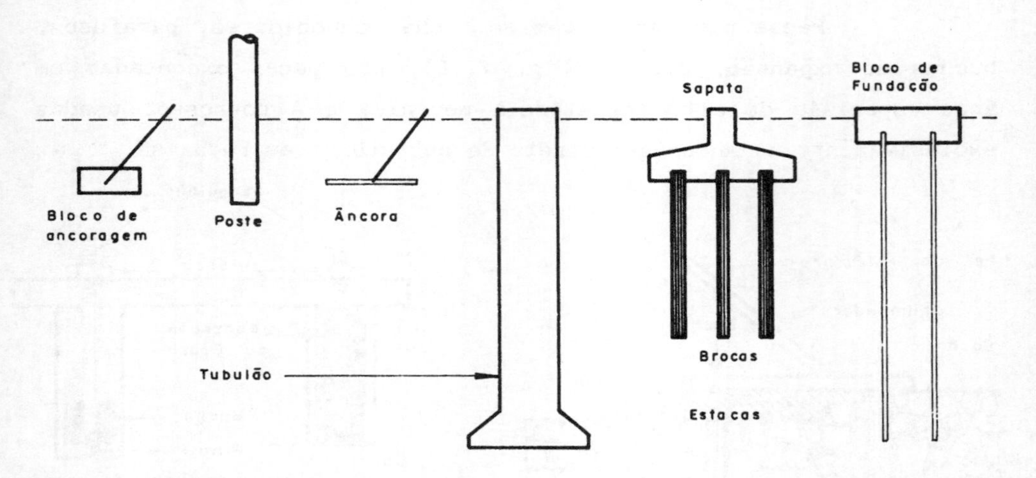

Fig. 7.17 - Peças de concreto

- Peças metálicas não devem ser usadas quando sujeitas a ação de marés ou maresias.
- A madeira não deve ser utilizada fora do lençol freático
- O concreto armado, quando usado em locais úmidos, pantanosos ou agressivos, deve ter um recobrimento mínimo de 3cm.
- Em peças metálicas de fundação de estruturas de L.T. com cabo pára-raio aterrado, deve-se ter precauções extras contra a corrosão galvânica.
- Uma análise química da água do lençol freático, quando atingido pela fundação, sempre deve ser feito para prever possíveis agressividades.
- Enxurradas devem ser desviadas das bases das estruturas, principalmente dos aterros que funcionam como pesos nas fundações.

7.5 - TIPOS ESTRUTURAIS DE FUNDAÇÕES

Raramente a fundação de uma estrutura de uma L.T. tem alternativa única de solução. Pode existir uma solução mais prática ou econômica do que outra, mas sempre existe mais que uma solução técnica. Dependendo das soluções adotadas pelo projetista na concepção do projeto, ou mesmo de imposições do próprio projeto das fundações das estruturas de uma L.T., elas podem ser divididas nos seguintes tipos estruturais:

- Fundações simples
- Fundações fracionadas
- Fundações de estaiamento
- Fundações especiais.

7.5.1 - Fundações simples

São as fundações de estruturas constituídas por postes (concreto, madeira ou metálicos) únicos ou duplos, ou mesmo por torres treliçadas, esbeltas, de pequenas dimensões de base. Nesses casos, cada torre ou poste tem uma estrutura de fundação que é única e dimensionada de acordo com carga a suportar e características do terreno (Fig. 7.18).

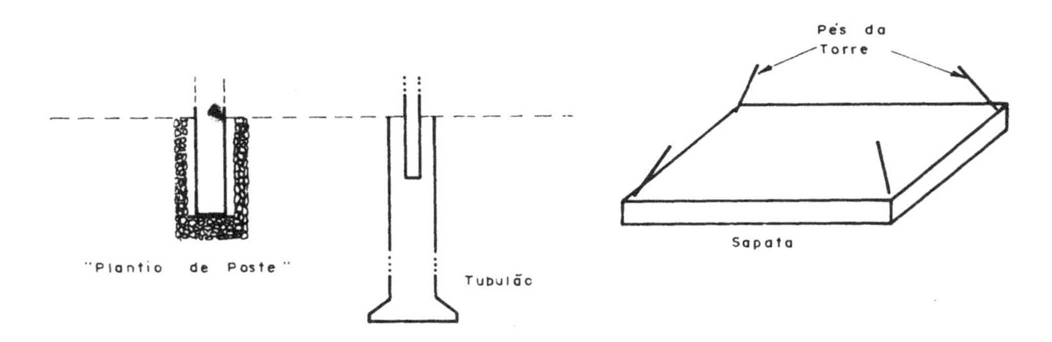

Fig. 7.18 - Fundações simples

7.5.2 - Fundações fracionadas

Quando as torres da L.T. têm grandes dimensões e os afastamentos entre os montantes da base são consideráveis, dependendo das qualidades do terreno, é mais econômico e, portanto, indicado, dimensionar as fundações particularmente para cada apoio no terreno. Assim cada pé da torre tem sua fundação própria, podendo mesmo ter diferentes formas construtivas entre si para uma mesma torre, e executadas em posições topográficas dependentes da topografia do terreno na base das mesmas.

Outros tipos de estruturas que forçam o uso de fundações fracionadas são as estruturas não autoportantes, logo estaiadas. Essas estruturas exigem uma fundação central dimensionada à compressão para os pórticos e fundações isoladas para as ancoragens dos estais.

7.5.3 - Fundações de estaiamento

São fundações destinadas a ancorar os cabos de estais de estruturas não autoportantes, ou absorver esforços laterais em estruturas semi-rígidas em ângulos de uma L.T. (Fig. 7.19).

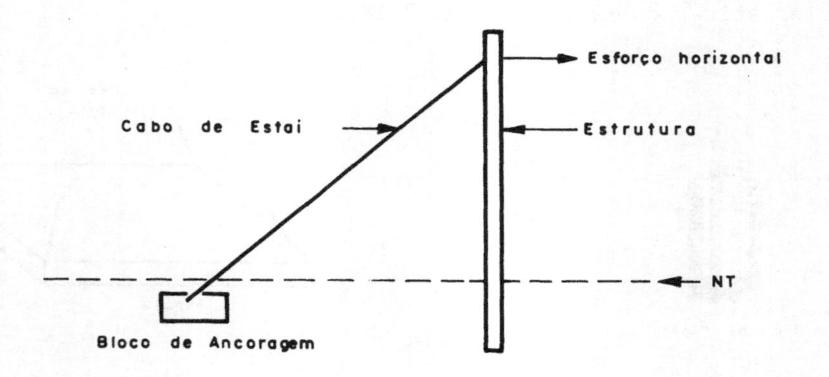

Fig. 7.19 - Fundações de ancoragem

7.5.4 - Fundações especiais

São fundações que fogem à regra da grande maioria das fundações das estruturas de uma L.T., ou mesmo de um trecho da linha.

Algumas são classificadas de especiais, devido à importância da estrutura (travessias, ângulos, fim-de-linha, etc), outras tem tal classificação devido às características geológicas do local, outras ainda pelas dificuldades de execução ou mesmo de acesso, etc...

Por exemplo:

- Em uma L.T. com 120 estruturas, das quais apenas 3 são executadas em rocha, estas serão classificadas de especiais, pelo menos para para essa linha.

- A fundação da torre da L.T. 230KV que alimenta Belém do Pará, executada no meio do Rio Guamá, é especial pelas características do rio, que, além de ter uma corrente de alta velocidade, tem marés nos dois sentidos, dependendo da hora local. Outras torres da mesma linha, implantadas nas margens dos rios Guamá e Acará, são igualmente classificadas de especiais, por terem sido de acessos extremamente difíceis, resolvidos com a construção de mais de 6.000 metros de passarelas de madeira.

7.6 - TIPOS CONSTRUTIVOS DE FUNDAÇÕES

Além de sempre ser possível ter mais de uma alternativa na concepção da estrutura de uma fundação, sempre temos também mais de uma forma construtiva para a mesma.

Ao passo que o tipo estrutural das fundações tem fortes influências das dimensões e tipos de estruturas adotadas para a L.T., o tipo construtivo das fundações é praticamente definido pela geologia local.

Basicamente existem os seguintes tipos construtivos de fundações para L.T.:

- "Plantio de postes"
- Fundações em grelhas
- Fundações em tubulão

- Fundações em sapatas de concreto
- Fundações estaqueadas
- Ancoragem em rocha

Assim, para explicar as alternativas construtivas para uma fundação simples, ela pode ser simplesmente um poste cravado no terreno, como pode ser uma única grelha de aço, ou um único tubulão para o engaste do poste, ou uma única sapata de concreto que pode ou não ser estaqueada, ou finalmente uma estrutura ancorada numa superfície de rocha sã. A alternativa escolhida será definida principalmente pelas características locais do terreno.

7.6.1 - "Plantio de postes"

É errônea a idéia de se pensar que "postes" são peças estruturais apenas para linhas de distribuição. Temos muitos exemplos de L.T. executadas com posteamento de madeira ou concreto, por exemplo L.T. de 69 e 138kV da CPFL e de até 500kV em L.T. nos EUA, executadas com postes de madeira.

Quando se refere ao "plantio de postes", não significa que cada estrutura da L.T. seja um poste único. Existem L.T. executadas com postes em que alguns ou todas as estruturas são postes duplos ou mesmo quádruplos. Nestes casos, cada poste componente da estrutura é cravado independentemente no terreno.

Embora os projetos e execução de linhas de distribuição e subtransmissão, de tensões inferiores a 34,5kV, já sejam normalizadas e tabeladas, e mesmo considerando-se que tensões inferiores conduzem a estruturas e vãos menores, conseqüentemente a estruturas de fundações menos solicitantes e menos robustas, as fundações das estruturas sempre são executadas com os mesmos materiais, com as mesmas técnicas e cuidados.

O plantio de postes, sejam eles de concreto, aço ou madeira, consiste em engastar os pés dos mesmos em um furo "cilíndrico" aberto no terreno.

Para esforços compressivos nas bases dos postes, superiores à resistência do terreno, lança-se mão da concretagem dos fundos dos furos, que equivale a um aumento da bases dos postes (Fig. 7.20). Esforços laterais e/ou transversais normalmente são absorvidos por estaiamentos. Sempre que possível, as fundações de "postes plantados" trabalham exclusivamente à compressão.

Alguns casos de impossibilidade do estaiamento direto da estrutura, o uso de um contraposte pode resolver a situação (Fig. 7.21). A fundação de um contraposte segue as mesmas regras da fundação de um poste.

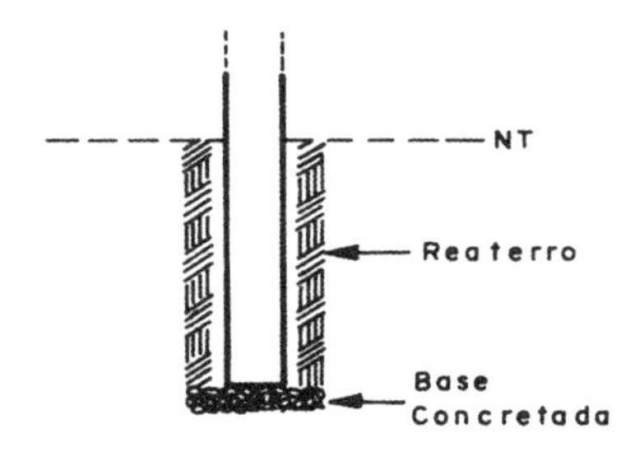

Fig. 7.20 - Base concretada

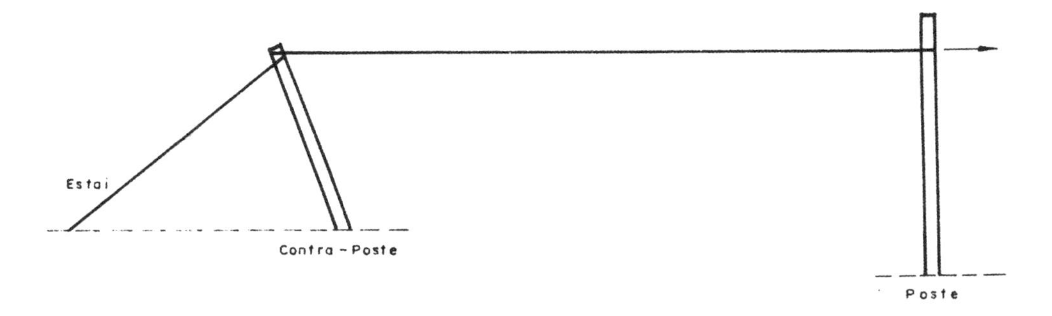

Fig. 7.21 - Contra poste

Para postes implantados em faixas estreitas ou margeando vias públicas, quando estais laterais são impossíveis mesmo com uso de contrapostes, as fundações devem ser adaptadas para absorverem esforços laterais da estrutura, que tendem a provocar flexões laterais nas fundações.

Pequenos esforços de flexão são normalmente absorvidos pelo terreno. Os limites admissíveis são funções das características dos mesmos.

As formas de capacitar as fundações de postes aos esforços de flexão presentes são:

- Aumento da profundidade de engastamento, que conseqüentemente aumenta as áreas do terreno sujeitas aos esforços compressivos (Fig. 7.22).

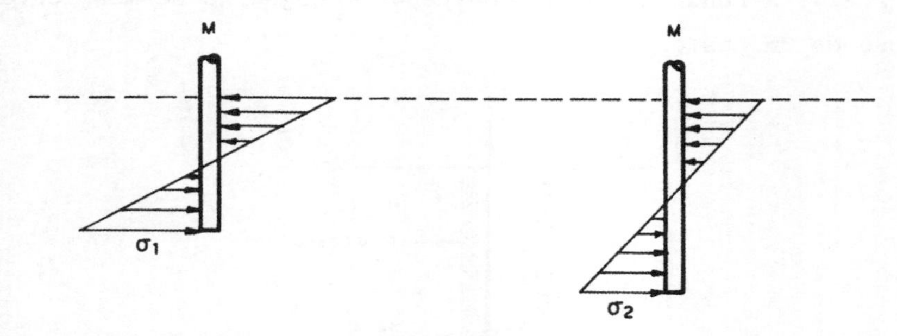

Fig. 7.22 - Aumento de profundidade

- Concretagem da base dos postes (Fig. 7.23), que virtualmente é encarado como um aumento do diâmetro do pé do poste e conseqüentemente da área de contato entre o mesmo e o terreno.

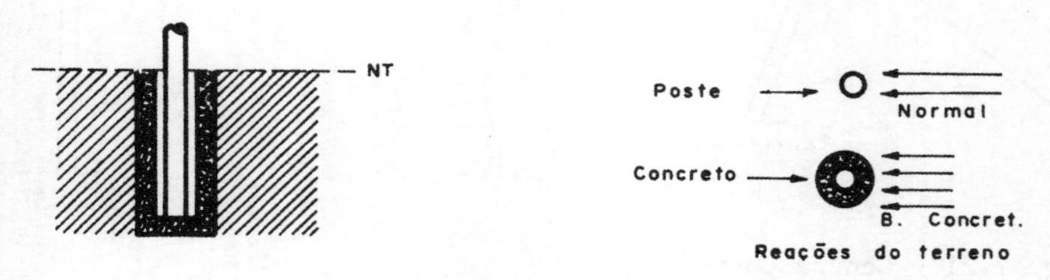

Fig. 7.23 - Concretagem da base do poste

- Uso de "mortos" (Fig. 7.24), peças prismáticas de concreto armado ou madeira, enterrados horizontalmente junto ao pé dos postes, do lado do terreno comprimido, dissipando assim os esforços de compressão por uma região maior do terreno.

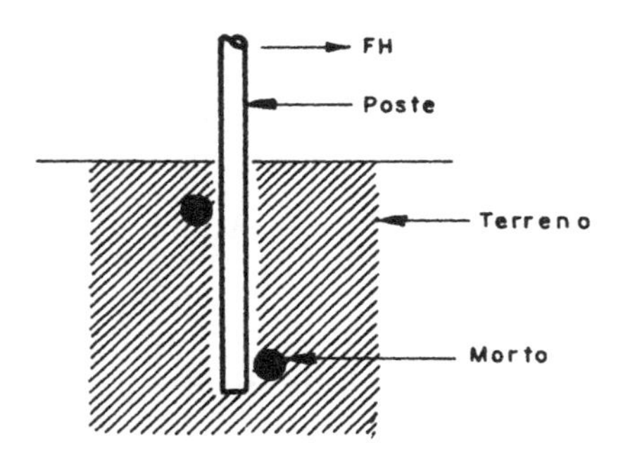

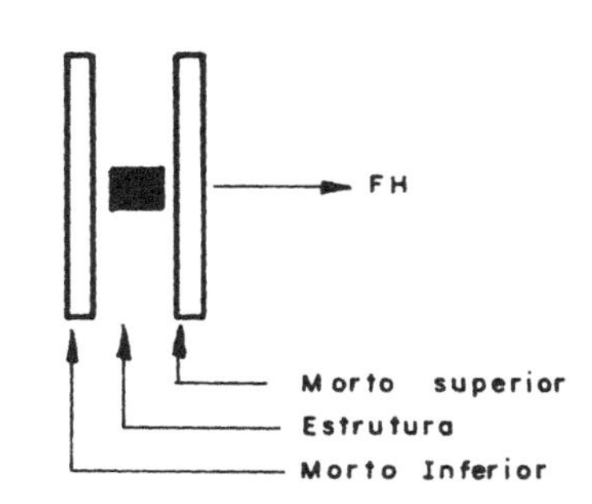

Fig. 7.24 - Uso de "morto"

7.6.2 - Fundações em grelhas

São fundações rasas com profundidades de 2 a 4 metros, indicadas para terrenos argilosos, arenosos ou siltosos, porém secos e com resistência crescente com a profundidade, e com possibilidade de serem escavados a céu aberto. Executadas em perfilados de aço galvanizado, material idêntico ao da estrutura da própria torre, têm a vantagem de serem compradas em conjunto único - estrutura da torre e da fundação.

Podem ser construídas na forma de tabuleiro ou grelha de onde sai uma perna de comprimento ajustável e na direção do montante da estrutura da torre; ou na forma piramidal, quando a perna, além de ser direcionada com o mantante da torre, nasce no vértice da pirâmide e aponta o centróide da base. No primeiro caso, a grelha é do tipo "membro edificado" e, no segundo caso, é o tipo "piramidal", (Fig. 7.25).

Em ambos os casos, os esforços de compressão são transmitidos ao solo pela superfície de contato da grelha com o mesmo; os esforços de tração são compensados praticamente pelo peso do solo sobre a grelha, que pode ser considerado como o peso do volume de um tronco de pirâmide, cuja base menor é a própria grelha e a inclinação lateral dada pelo "ângulo de talude" do terreno, que

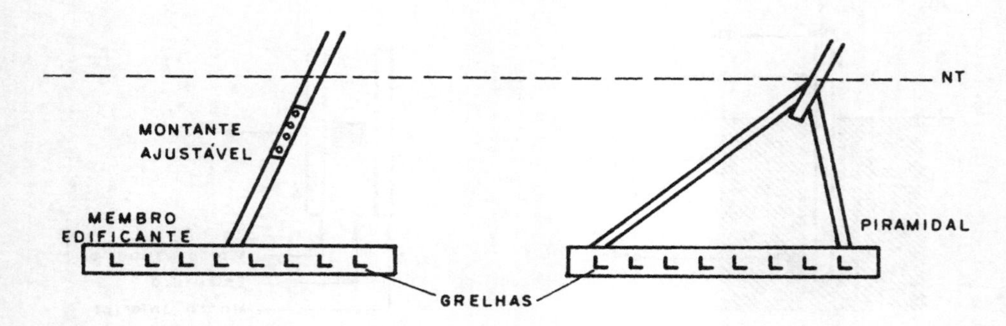

Fig. 7.25 - Grelhas

por sua vez está relacionado ao ângulo de atrito para materiais granulosos e aos esforços de coesão para as argilas.

Também para ambos os casos, a baixa resistência à compressão do terreno, ou baixa coesividade das partículas, podem ser compensados por uma concretagem sob ou sobre a grelha

As grelhas normalmente são usadas para fundações fracionadas, mas nada impede de serem usadas em fundações simples de estruturas metálicas esbeltas e de pequenas bases (Fig. 7.26). Quando usadas para fundações simples, deverão ser do tipo piramidal e simétrica. A imposição de simetria é para a distribuição uniforme dos esforços sobre o terreno, já a imposição de ser piramidal é para possibilitar a absorção de esforços de flexão sem deformações estruturais das pernas.

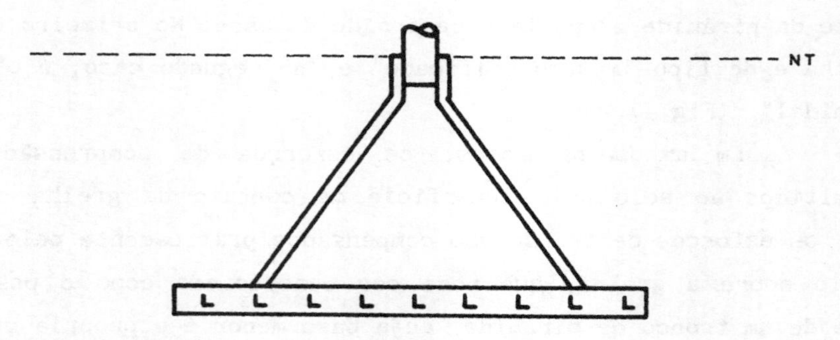

Fig.7.26 - Fundação simples em grelha

7.6.3 - Fundações em tubulão

Embora existam tubulões de apenas 3 metros de comprimento, são fundações profundas que atingem 10 metros ou mais de profundidade, até substratos mais resistentes e preferencialmente rochosos. São indicados para terrenos argilosos, siltosos ou arenosos, com resistência crescente com a profundidade, e que permitem a escavaçâo a céu aberto. As dimensões transversais indicadas variam de 70 a 120 centímetros, e o concreto utilizado deve ser estrutural (armado).

Normalmente os tubulões são usados como fundações fracionadas, quando estão à razão de um tubulão por pé de torre, com eixos verticais ou alinhados com os montantes da estrutura--escavação mecanizada (fig. 7.27). No entanto, existem casos do uso de tubulão para fundações simples de grandes postes de concreto, quando o topo do tubulão tem um furo cilíndrico coaxial, para o engaste, com auxílio de areia ou concreto, do pé do poste.

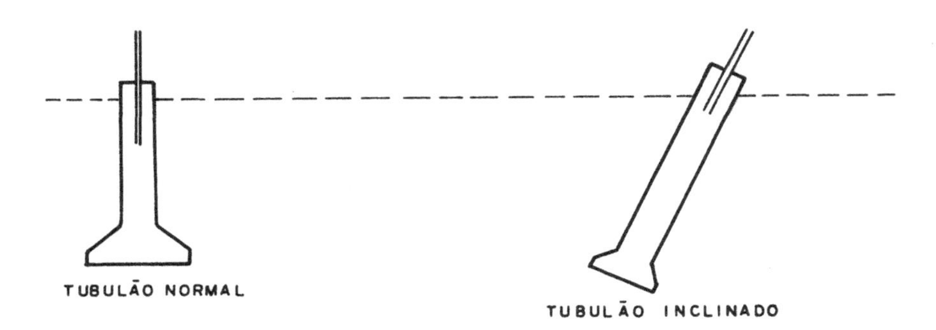

Fi. 7.27 - Tubulões

Em todos os casos, os esforços verticais são absorvidos por atrito lateral e por compressão da base do tubulão, os arrancamentos são vencidos pelo peso próprio do tubulão e pelo peso do tronco de cone de terra, cuja base menor é a própria base do tubulão e geratriz inclinada do ângulo de talude do solo. Para qualquer esforço vertical, um alargamento da base aumenta em muito a capacidade de carga do tubulão.

Para terrenos consistentes, a escavação pode ser manual e em terrenos de baixa consistência, e principalmente com a presença de água, recomenda-se o uso de camisa, que tem diâmetro igual ao do fuste para escavação normal, ou diâmetro da base para escavação total.

Denomina-se escavação normal àquela que tem as dimensões do projeto da peça de concreto; denomina-se escavação total quando o volume escavado é bem maior que o volume de concretagem. A escavação normal é a mínima possível; a escavação total exige forma para a concretagem, e permite escoramento da escavação, e exige reaterro posterior.

Embora antieconômicos, ou pelo menos de execução mais complicada, os tubulões inclinados são mais indicados que os verticais para a absorção de esforços horizontais.

7.6.4 - Fundações em sapatas de concreto

São fundações piramidais de bases normalmente quadradas ou retangulares e com pequenas alturas, executadas em concreto armado a uma profundidade máxima de 3 metros (fundações rasas) e em terrenos de baixa resistência mecânica à compressão, baixa ao nível de ser contra-indicado o uso de grelhas. São indicadas preferencialmente para estruturas de suspensão e executadas à razão de uma sapata por pé de torre (Fig. 7.28)

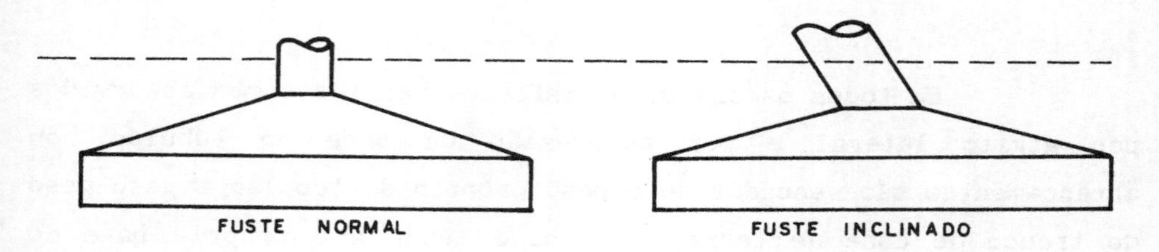

Fig. 7.28 - Sapatas de concreto

O fuste da sapata pode ser vertical ou inclinado. Os verticais devem ser mais robustos, para absorverem esforços de flexão, porém são de execução mais fáceis. Já os fustes inclinados são dimensionados apenas à compresão ou tração, porém devem ser alinhados com os montantes das estruturas, fato que dificulta e onera a construção.

Os esforços verticais são vencidos pela compressão da base ou peso próprio, acrescido do peso do tronco de pirâmide do solo sobre a sapata. Os esforços horizontais são absorvidos pelo cisalhamento do terreno, e as sapatas em si dimensionadas à flexo-compressão ou flexo-tração

7.6.5 - Fundações estaqueadas

São fundações indicadas para terrenos de baixa resistência (regiões pantanosas, alagadiças, mangues, etc), onde o uso de tubulões é antieconômico ou impraticável.

As estacas, normalmente de concreto armado pré--fabricadas ou moldadas *in loco*, (de dimensões mínimas de 30 centímetros de diâmetro para as circulares e 25 centímetros de lado para as quadradas), metálicas e até mesmo de madeira, transmitem os esforços às camadas profundas do subsolo.

A transição de esforços entre estrutura e estacas é normalmente feita por um bloco de concreto armado, denominado bloco de fundação.

Quando a estaca atinge terrenos de alta resistência mecânica, é denominada estaca de ponta, e os esforços de compressão são transmitidos a esses substratos. Em terrenos de baixa resistência, tanto a tração quanto a compressão são absorvidos pelo atrito lateral da estaca, que são então denominadas de estacas flutuantes. Nas estacas flutuantes, o complemento aos esforços de tração são conseguidos com o aumento do peso do bloco de fundação.

Esforços horizontais podem ser absorvidos com a

cravação de estacas inclinadas, que é a solução ideal para fundações fracionadas estaqueadas (Fig. 7.29).

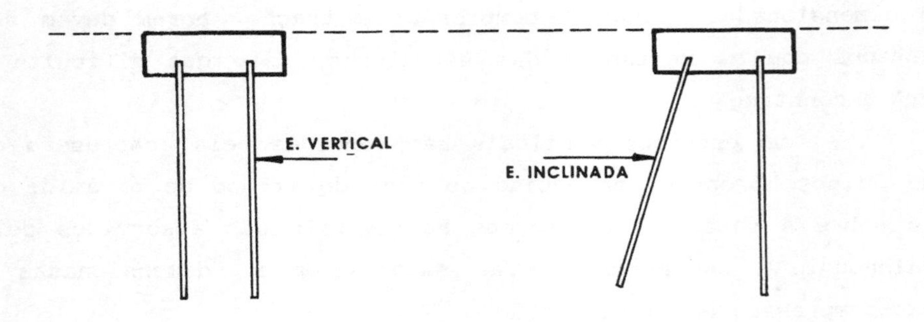

Fig. 7.29 - Estacas

Fundações de grandes estruturas em terrenos de péssima qualidade, são dimensionadas como fundações simples estaqueadas. Quando as estacas são curtas, os blocos de fundação podem ser substituídos por caixas estaqueadas (Fig. 7.30), cheias de reaterro compactado, em substituição ao concreto não estrutural. Quando as estacas são profundas e as dimensões do bloco atingem tamanhos descomunais e pesos excessivos, estes devem ser substituídos por um conjunto de vigamento de concreto armado, responsável pelo intertravamento das estacas e formação de uma base para a estrutura (Fig. 7.31).

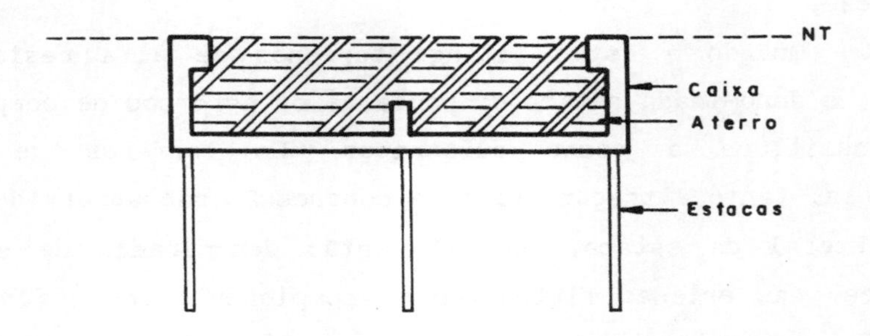

Fig. 7.30 - Caixa estaqueada

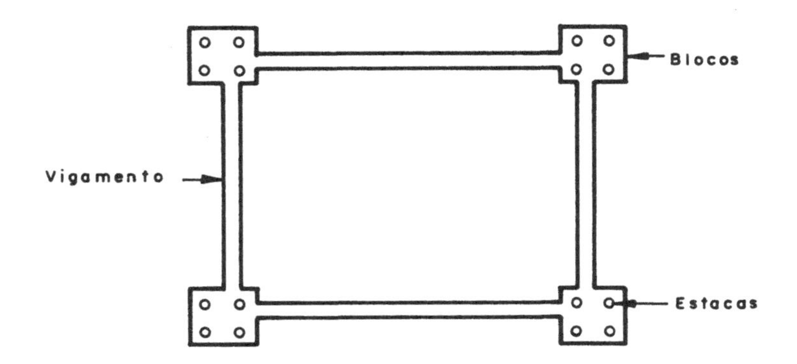

Fig. 7.31 - Blocos isolados intertravados com vigamento

7.6.6 - Ancoragem em rocha

Em locais de afloramentos ou pequenas profundidades de rocha sã ou em decomposição, impossíveis de serem escavados sem auxílio de explosivos, opta-se pela ancoragem da base da estrutura diretamente na rocha ou através de um bloco de ancoragem.

No caso de rocha sã aflorante, chumbadores ou buchas de fixação são instalados em furos abertos por perfuratrizes especiais (Fig. 7.32). Qualquer tipo de esforço é transmitido por uma base especialmente projetada e absorvido pela rocha. No máximo é feita uma regularização superficial da rocha, com o uso de concreto de alta resistência mecânica.

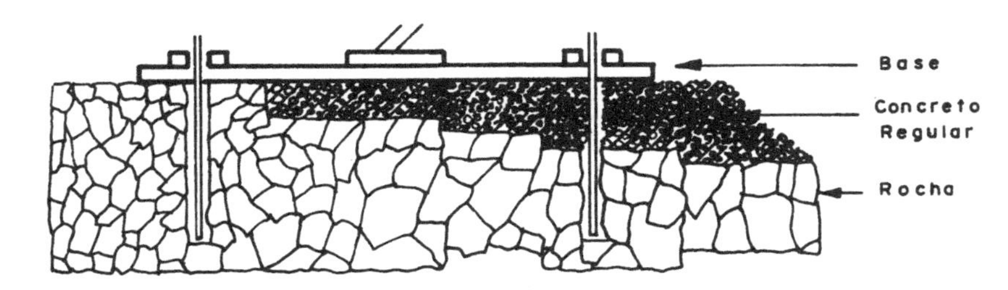

Fig. 7.32 - Ancoragem em rocha

Para rocha sã enterrada, o ideal é o uso de uma treliça piramidal, fixa à rocha e reaterrada (Fig. 7.33).

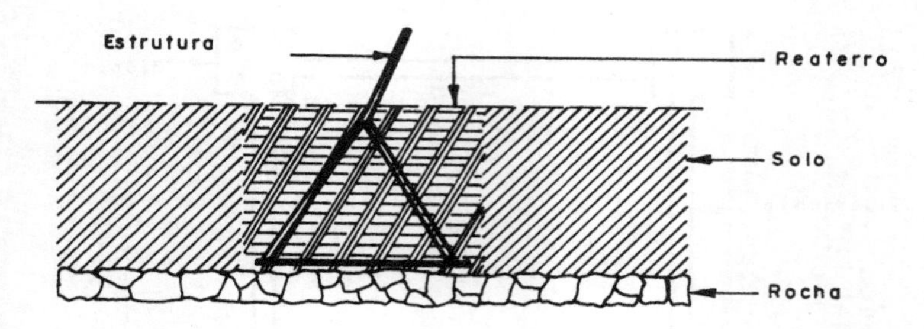

Fig. 7.33 - Ancoragem em rocha enterrada

Para rocha em decomposição, usa-se chumbadores de grandes comprimentos, que ancoram os blocos de ancoragem, que por sua vez suportam os arranques de espera para os pés das estruturas (Fig. 7.33).

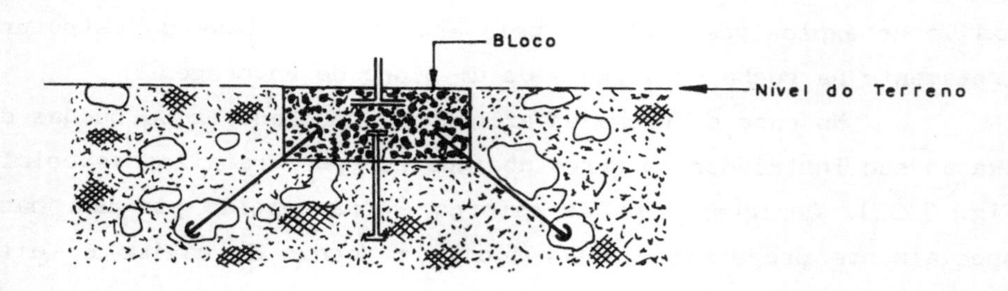

Fig. 7.34 - Bloco de ancoragem em rocha

7.7 - EXECUÇÃO

O projeto de uma L.T. inicia-se com a escolha do caminhamento da mesma, passa pelo levantamento topográfico, projeto mecânico, sondagem do terreno e arremata-se com o projeto das fundações.

Para a montagem da L.T., as fases percorridas são inversas das fases do projeto, pois inicia-se a construção das linhas pela execução das fundações.

7.7.1 - Locação

A definição dos locais das fundações é feita com a definição dos posicionamentos das estruturas, durante o projeto mecânico da linha.

Feita a locação das estruturas, através dos piquetes centrais das mesmas, passa-se ao levantamento das características do terreno nos locais de implantação das torres ao redor do referido piquete, quando então levanta-se planialtimetricamente o local, qualidades do terreno na superfície e no subsolo, tipo de vegetação, existência de rochas ou matacões, nível do lençol freático, proximidade de córregos, possibilidades de alagamento ou erosão, etc, tudo com a finalidade de fornecer subsídios ao projeto das fundações.

Os dados geológicos definem os tipos estruturais e construtivos das fundações, os dados topográficos definem a combinação de pés desnivelados das fundações necessários para o nivelamento da base da mesma.

A construção da L.T. inicia-se com a locação do piquete central de cada torre, posição que define o eixo central de cada estrutura, que é o próprio eixo vertical da fundação quando se trata de uma fundação simples, ("plantio de postes", tubulão único, sapata estaqueada ou não, bloco de fundação, etc). Para fundações fracionadas ou estaiadas, o piquete central é o centro de radiações de demarcação das várias partes constituintes das obras de fundações da estrutura da torre.

7.7.2 - Preparação de terreno

Após a locação, o terreno deve ser previamente preparado. Além da construção de acesso ao local da fundação, alguns itens devem ser verificados e executados, tais como:

- Limpeza superficial do terreno,
- Abertura de clareira, quando a vegetação não for rasteira,

- Remoção de pedras, blocos e matacões superficiais,
- Se for o caso, construção de ensecadeira.

7.7.3 - Execução

É a fase do implante da fundação no terreno, quando então, em função do tipo estrutural ou construtivo , técnicas e cuidados especiais devem ser tomados.

Para o "plantio de postes" (madeira, concreto ou aço), exige-se apenas a abertura de um furo cilíndrico de diâmetro pouco superior às dimensões transversais da base do poste, para facilitar o reaterro compactado. A perfuração do solo pode ser feita por cavadeira manual até 2,5 metros de profundidade, ou por escavadeira mecânica rotativa. A abertura manual, com o auxílio de alavancas, consegue ultrapassar pedras e até mesmo matacões menores, e a perfuratriz mecânica produz um furo realmente cilíndrico e se necessário com eixo fora da vertical. Quando o poste é içado mecanicamente (uso de um guindaste), este é descido dentro do furo no terreno. Em terreno acidentado, quando o içamento for manual (impossibilidade do guindaste se aproximar do local), um rasgo lateral no furo, vulgarmente denominado de "cachimbo" e executado no lado mais alto do terreno, facilita a descida do pé do poste ao fundo do buraco.

Se a base do poste for concretada (Fig. 7.35), o concreto deve ser executado dias antes do implante da estrutura,

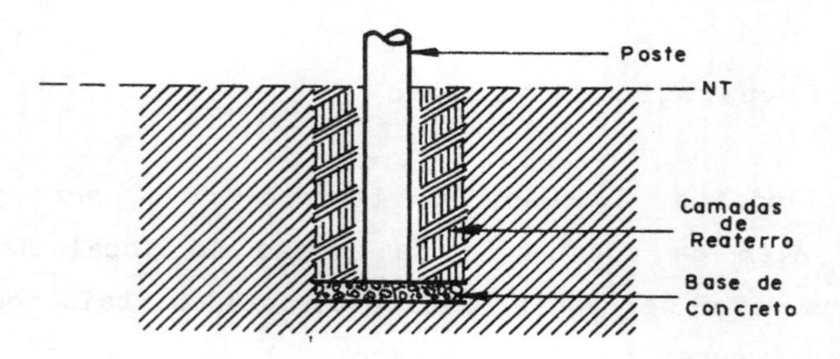

Fig. 7.35 - Concretagem de base de poste

isto para permitir uma cura parcial do concreto. Em terrenos de boa consistência, pode-se optar por um concreto seco e apiloado, que imediatamente suporta o poste e o reaterro.

O reaterro de pés de postes deve ser feito por camadas finas, preferencialmente umidecidas, sem pedras e apiloado manualmente.

Para fundações fracionadas, tomar muito cuidado tanto no posicionamento quanto no afloramento relativo das fundações, pois apenas a execução perfeita possibilitará o "encaixe" da base da estrutura nos stubs da fundação, e conseqüentemente o alinhamento e prumo das estruturas (fig. 7.36).

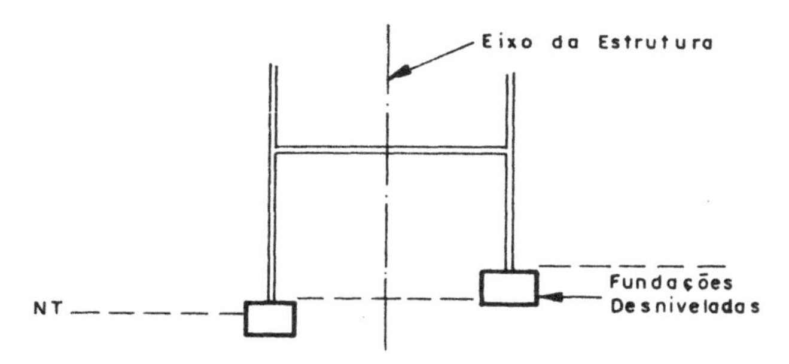

Fig. 7.36 - Fundações fracionadas desniveladas

Nas fundações de estaiamento, as hastes de âncora devem ser instaladas preferencialmente com o eixo na direção definitiva dos estais aí ancorados (Fig. 7.37).

Fig. 7.37 - Posicionamento das hastes de âncora

As grelhas metálicas diretamente enterradas no solo (reaterro), além de serem galvanizadas, devem ser pintadas com impermeabilizante (por exemplo neutrol) na transição do solo com a atmosfera.

A escavação para tubulões ou blocos pode ser normal ou total (Fig. 7.38). A escavação normal é aquela que tem as dimensões de projeto da peça de concreto, e a total tem dimensões mínimas iguais às dimensões do alargamento da base do tubulão ou bloco.

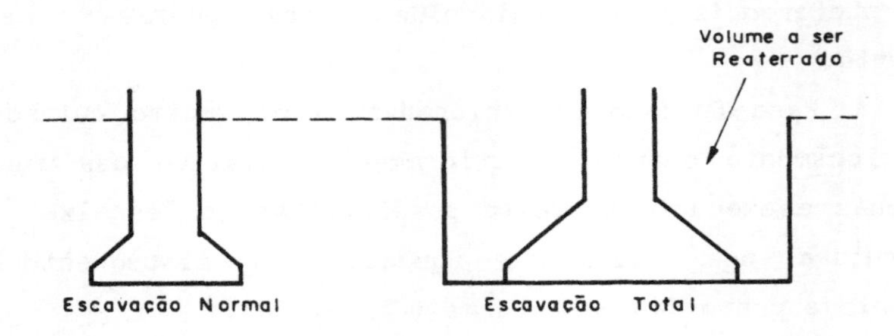

Fig. 7.38 - Escavação normal e total

Para a escavação de qualquer tipo de fundação (grelha, sapata, tubulão, etc), dependendo da naturaza do terreno a cava pode ou não ser escorada, para se prevenir contra possíveis desmoronamentos, principalmente em épocas de chuva (fig. 7.39). Quando se trata de cava cilíndrica, caso dos tubulões, o escoramento pode ser substituído por um encamisamento, que pode ou não ser recuperável.

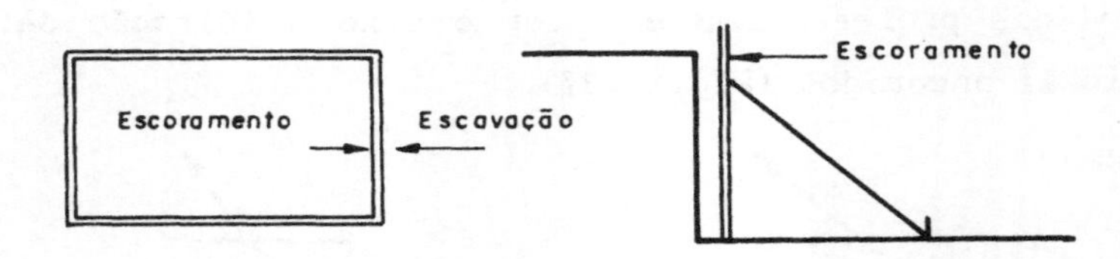

Fig. 7.39 - Escoramento

Em caso de se atingir o nível freático, a água deve ser bombeada para possibilitar a continuidade dos trabalhos.

As estacas de concreto pré-fabricadas devem ser verificadas quanto ao alinhamento de seus eixos e quanto ao fissuramento que possam comprometer a armadura à corrosão.

As emendas de estacas, tanto metálicas quanto de concreto armado, devem ser efetuadas com peças que garantam a transmissibilidade de esforços de compressão e/ou tração.

O concreto, quando não estrutural, dispensa maiores cuidados, porém quando estrutural, um rigoroso controle de qualidade deve ser feito, principalmente quando se usa água local ou em estruturas especiais.

A armação de concretos estruturais deve ser afastada da forma ou solo com o uso de pastilhas de concreto amarradas à armação, para garantir o recobrimento mínimo da ferragem, evitando assim futuras corrosões (Fig. 7.40).

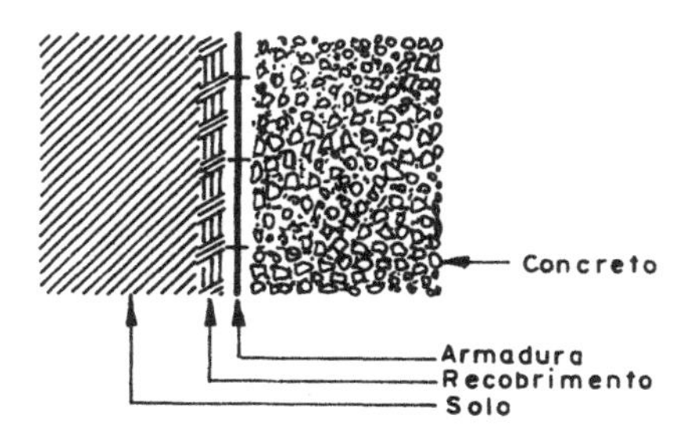

Fig. 7.40 - Recobrimento

O arrasamento das estacas cravadas pré fabricadas (metálicas ou concreto), ou arranque das estacas fundidas *in loco* deve ser tal que garanta um engaste perfeito nas sapatas ou blocos de fundação (fig. 7.41).

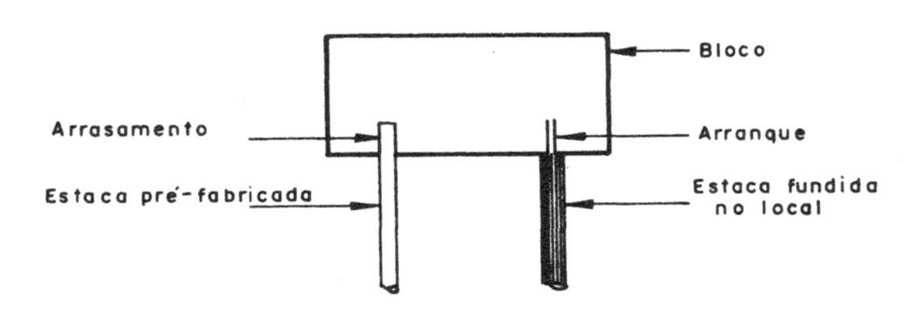

Fig. 7.41 - Arranque e arrasamento

As estacas metálicas devem ser encamisadas com concreto numa altura correspondente à faixa de variação do nível da água no local (Fig. 7.42).

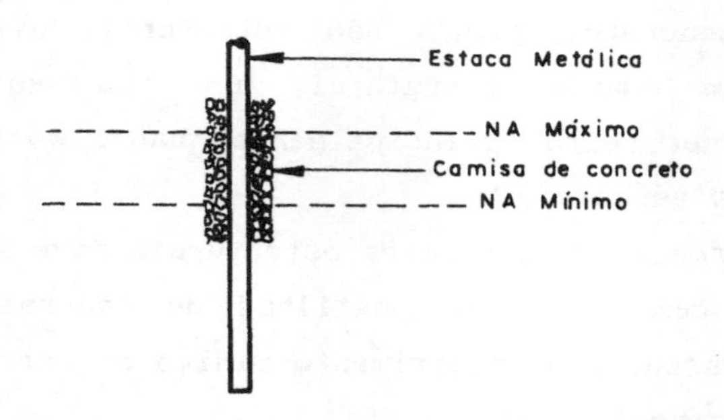

Fig. 7.42 - Encamisamento

7.7.4 - Recomposição do terreno

Após a conclusão das obras que devem ficar enterradas, o terreno deve ser recomposto.

- Os escoramentos e fôrmas devem ser desmantelados.

- Os reaterros, executados em finas camadas umidecidas e compactadas manualmente para pequenos volumes, ou mecânicamente para grandes volumes.

- As enxurradas devem ser desviadas dos pés das estruturas, principalmente dos aterros.

- Em terrenos íngremes, uma vegetação rasteira deve ser replantada.

- Cortes e aterros, se indispensáveis, devem ser protegidos com canaletas para o escoamento de águas pluviais.

- Em locais de trânsito motorizado, os pés das estruturas devem ser protegidos de acidentes por elevações, estacas ou proteções especiais (Fig. 7.43 e Fig. 7.44).

- Torres implantadas em rios navegáveis ou volumosos devem ser protegidos por paliçada estaqueada ao redor da base, para evitar colisão de embarcações ou de volumes de grande inércia transportados pela fluxo do rio (Fig. 7.45).

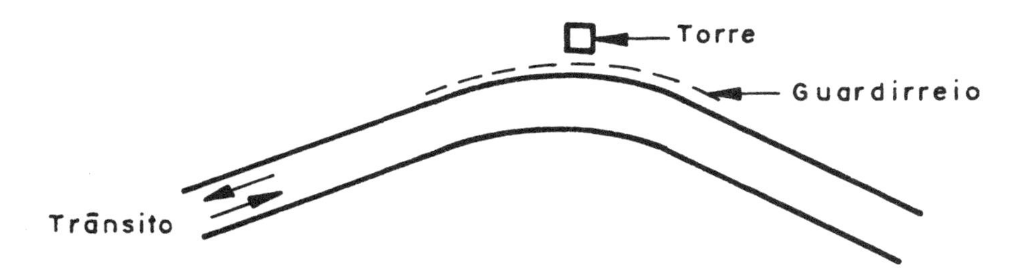

Fig. 7.43 - Proteção com guardirreio

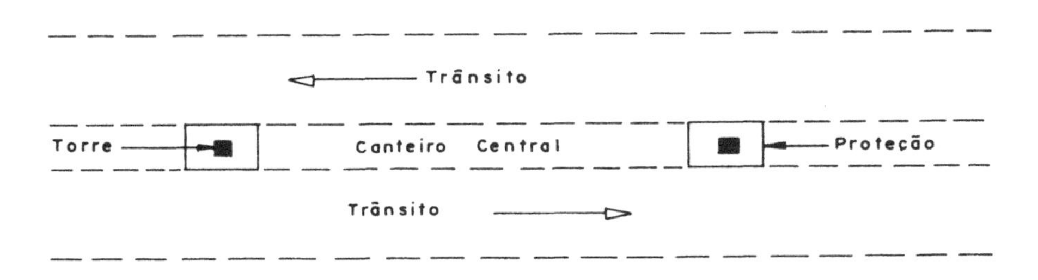

Fig. 7.44 - Proteção em canteiro central

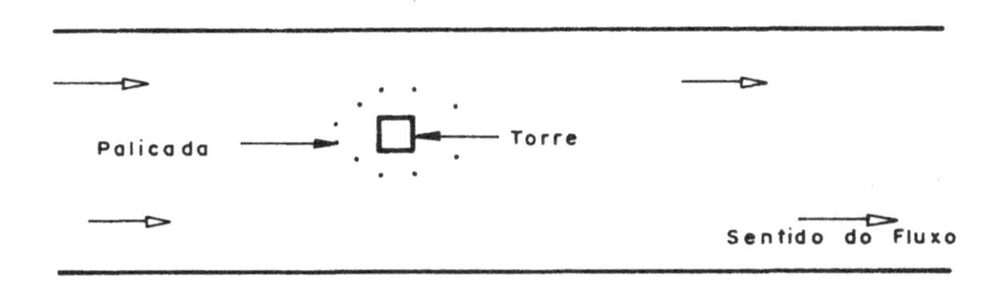

Fig. 7.45 - Paliçamento de proteção

7.8 - MÉTODOS DE CÁLCULO

A preocupação e responsabilidade do projetista das fundações de uma L.T. é: de posse dos esforços existentes nos pés das torres — fornecidos pelo projetista da estrutura, e das qualidades e topografia do solo — definidas pelo projeto de locação das estruturas e sondagens, calcular as estruturas de fundações tal que os esforços sejam absorvidos com segurança pelo terreno, bem como verificar suas estabilidades para as várias alternativas de carregamento.

O dimensionamento é sempre feito para uma alternativa de carregamento, preferencialmente a mais solicitante, e verificada para as outras.

Para fundações fracionadas, quando cada fundação tem um tipo e um módulo de esforço, procura-se uma padronização entre todas. Nestes casos o dimensionamento é feito para as condições de uma das fundações e as verificações feitas com as condições de outra, porém sempre procurando os valores mais solicitantes.

Exemplo 7.1

Uma torre de altura total de 32 metros, base quadrangular de 5,0 x 5,0 metros, tem peso próprio de 2.500kgf. Nas condições de projeto fica sujeita aos seguintes esforços, conforme Fig. 7.46:

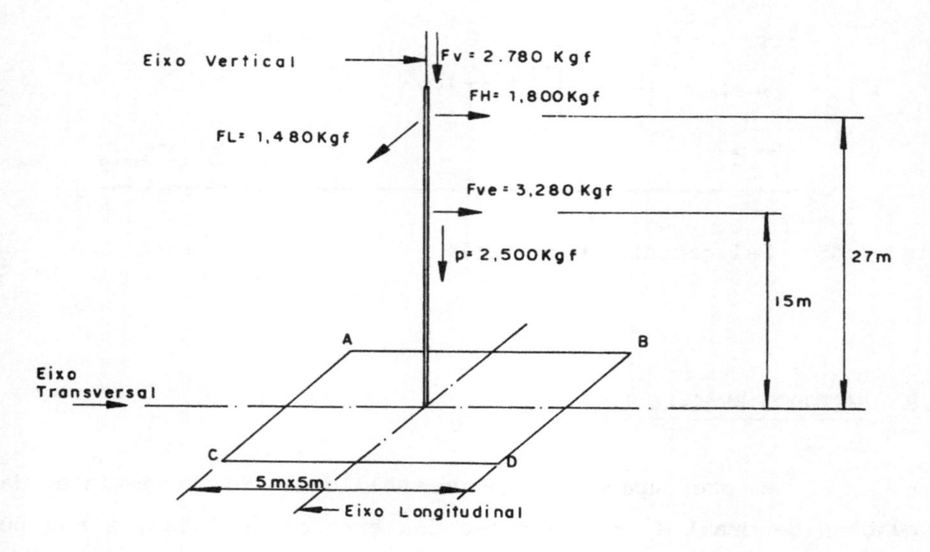

Fig. 7.46 - Exemplo 7.1

Solução:

- F_{Ve} = 3.280kgf - força de vento transversal aplicada na estrutura a 15m da base

- F_V = 2.780kgf - carga devido ao peso dos condutores e equipamentos aplicada segundo o eixo vertical da estrutura

- F_H = 1.800kgf - carga horizontal lateral devida a ação do vento nos condutores e aplicada a 27m da base

- F_L = 1.480kgf - carga horizontal longitudinal devida ao ancoramento dos condutores e aplicada a 27m da base

Esforços devido às cargas verticais:

$$A_V = B_V = C_V = D_V = \frac{\Sigma F_V + P}{4}$$

$$A_V = B_V = C_V = D_V = 1.320\text{kgf}$$

Esforços devido às forças transversais:

$$B_T = D_T = -A_T = -C_T = \frac{\Sigma h F_T}{2b}$$

$$B_T = D_T = -A_T = -C_T = 9.780\text{kgf}$$

Esforços devido às forças longitudinais:

$$C_L = D_L = -A_L = -B_L = \frac{\Sigma h F_L}{2b}$$

$$C_L = D_L = -A_L = -B_L = 3.996\text{kgf}$$

Esforço vertical total em cada fundação:

$$F_A = A_V + A_T + A_L = 1.320 - 9.780 - 3.996$$

$$F_A = -12.456$$

$$F_B = B_V + B_T + B_L = 1.320 + 9.780 - 3.996$$

$$F_B = 7.104\text{kgf}$$

$$F_C = C_V + C_T + C_L = 1.320 - 9.780 + 3.996$$

$$F_C = -\ 4.464\text{kgf}$$

$$F_D = D_V + D_T + D_L = 1.320 + 9.780 + 3.996$$

$$F_D = 15.096\text{kgf}$$

As quatro fundações serão padronizadas e calculadas para a compressão de 15.096kgf e verificadas para o arrancamento de 12.456kgf.

O exemplo foi apenas didático, mas na realidade as fundações fracionadas de uma mesma torre são padronizadas, calculadas e verificadas para as condições mais solicitantes de um conjunto de alternativas de condições de projeto, acidentes e situações simuladas.

7.8.1 - Método suíço

Este método permite a verificação da estabilidade de blocos enterrados e sujeitos a esforços de flexocompressão; foi estabelecido pela Comissão para a Revisão das Normas Suiças, cujas esperiências chegaram aos resultados comentados abaixo.

Um bloco em forma de paralelepípedo, de dimensões **a**x**b**x**t**, enterrado, sujeito ao carregamento dado por **P** (peso próprio mais carregamento da estrutura) e **F** (força lateral), conforme a figura abaixo, sob a ação desta última, fica sujeito a um momento de tombamento, que deve ser vencido pelos momentos resistentes causados por **P** e pelos esforços de compressão do fundo e das paredes do terreno junto ao bloco.

O centro de rotação do bloco varia em função das qualidades do terreno (Fig. 7.47). Para terrenos soltos, sem coesão, como areia, o eixo de rotação do bloco é o próprio centro de gravidade do mesmo, ponto **O**. Para terrenos plásticos o eixo de rotação será **O'**, de coordenadas **b**/4 e 2**t**/3. Para terrenos bastante resistentes, o eixo de rotação será o próprio ponto **O"**.

Comprovou-se que a resistência específica dos solos à compressão ao longo das faces verticais varia de maneira diretamente proporcional à profundidade, que depende da classe do terreno e do grau de umidade do mesmo, e também de que a resistência sob o bloco deve ser pelo menos igual à resistência da parede à profundidade equivalente.

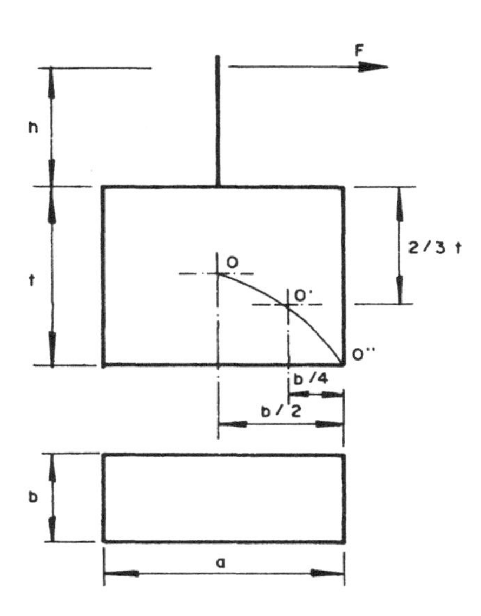

Fig. 7.47 - Centro de rotação do bloco segundo a classe do terreno

A tabela abaixo dá os valores aproximados dos coeficientes de terreno **C***t* sobre as paredes verticais, enterradas a 2 metros de profundidade

Natureza do terreno	C*t* (kgf/cm^2)
Terreno lamacento e turfa leve	0,5 a 1,0
Turfa pesada, areia fina da costa	1,0 a 1,5
Dep. de terra vegetal, areia/cascalho	1,0 a 2,0
Argila molhada	2,0 a 3,0
Argila úmida	4,0 a 5,0
Argila seca	6,0 a 8,0
Argila pesada (dura)	10
Terrenos bem compactados	
Terra vegetal c/ argila, areia e pedras	8,0 a 10,0
Idem, mas com muitas pedras	10,0 a 12,0
Cascalho fino c/ muita areia fina	8,0 a 10,0
Cascalho médio c/ areia fina	10,0 a 12,0
Cascalho médio c/ areia grossa	12,0 a 15,0
Cascalho grosso c/ muita areia grossa	12,0 a 15,0
Cascalho grosso c/ pouca areia grossa	15,0 a 20,0
Idem para bem compactado	20,0 a 25,0

Coeficientes da Comissão Suiça para diversos tipos de terrenos

Partindo desses dados, o engenheiro Sulzberger, da Comissão Federal Suiça, propôs as seguintes bases:

- O bloco em questão pode girar de um ângulo α, definido por $tg\alpha = 0{,}01$, sem que se tenha de levar em conta a variação do coeficiente que caracteriza o terreno;

- O terreno se comporta como um corpo mais ou menos plástico e elástico e, por ele, os deslocamentos do bloco dão origem a reações que são sensivelmente proporcionais;

- A resistência do terreno é nula na superfície e cresce proporcionalmente com a profundidade da escavação (Fig. 7.48)

- Não se levam em consideração as forças de atrito, pois existe indeterminação com relação à grandeza das mesmas.

- Sobre as bases explanadas, Sulzberger estabeleceu umas fórmulas que se aplicam na determinação das dimensões das fundações dos apoios para a relação *h/t*>5, que estão submetidas a um esforço paralelo a um eixo de simetria, e montados em terrenos médios e plásticos.

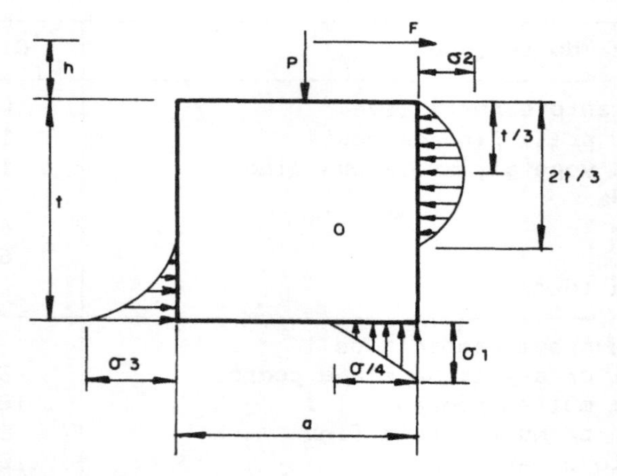

Fig. 7.48 - Reações do Terreno

Para o bloco da figura acima, em que aparecem os empuxos laterais (curvas parabólicas) e a pressão do bloco na base do terreno (forma linear), as letras representam:

- **F** - Resultante das forças laterais atuantes na estrutura
- **h** - Altura do centro astático das forças laterais
- **t** - Altura do bloco
- **P** - Peso do conjunto bloco/estrutura/equipamentos

Considerando:

- **Ct** - coeficiente do solo das paredes laterais à profundidade **t**, entendendo-se por tal o esforço necessário, em kgf, para fazer penetrar no terreno, a 1cm de profundidade, uma placa de $1cm^2$ de área.
- **Cd** - coeficiente do solo no fundo da escavação
- α - ângulo que o bloco pode girar por efeito de **F**
- σ - Pressão máxima sobre o solo em kgf/cm^2

Os seguintes valores são determinados:

- Momento de tombamento

$$M = F \left(h + \frac{2}{3} t \right)$$

- Pressões do solo

$$\sigma_3 = C_t \frac{t}{3} tg\alpha$$

$$\sigma_2 = \frac{\sigma_3}{3}$$

$$\sigma_1 = \sqrt{\frac{2 \ C_b \ P \ tg\alpha}{b}}$$

- Momento da ação lateral do solo

$$M1 = \frac{bt^3}{36} C_t \ tg\alpha$$

- Momento das cargas verticais

$$M2 = Pa \left(0,5 - \frac{2}{3} \sqrt{\frac{P}{2 \ a^2 b \ C_b \ tg\alpha}} \right)$$

A condição de equilíbrio é:

$$M = M1 + M2$$

Quando $M1/M2 < 1$, a ação do terreno é menor que das cargas verticais, deve-se então introduzir um coeficiente de segurança K, tal que:

$$M = \frac{M1 + M2}{K}$$

O coeficiente K varia entre 1 e 1,5.

Sendo $\alpha = \text{arctg } 0,01$, admitindo-se que $M2 = 0,4Pa$ e $K = 1,2$

Temos a seguinte fórmula para verificar a estabilidade de blocos nas condições descritas:

$$M = \frac{\frac{Ctbt^3}{36} 0,01 + 0,4Pa}{1,2}$$

Na sessão do CIGRE de 1954 aparece um estudo do Prof Berio, relativo às fundações das estruturas segundo o método suiço. Nesse estudo, o Prof. Berio trabalhou com a hipótese de blocos de base quadrada (a = b) e propõe as seguintes fórmulas aproximadas, relacionadas às qualidades do solo, para a determinação dos momentos resistentes ao tombamento:

1- Terreno de limo ou em presença de água

$$M = 0,40P \frac{b}{2} + 0,50bt^3$$

2- Terreno desagregado, terra fina

$$M = 0,50P \frac{b}{2} + 0,70bt^3$$

3- Ordinários ou velhas planícies

$$M = 0,65P \frac{b}{2} + 1,10bt^3$$

4- Terrenos argilosos

$$M = 0,70P \frac{b}{2} + 1,80bt^3$$

5- Terrenos compactos, cascalho consistente

$$M = 0,85P \frac{b}{2} + 2,20bt^3$$

6- Terrenos fortes ou argilosos

$$M = 0,85P \frac{b}{2} + 3,30bt^3$$

As formulas anteriores podem ser empregadas para a verificação global de uma fundação, porém, quando se pretende conhecer a distribuição exata dos esforços sobre as faces do bloco, por exemplo, para proceder à determinação das dimensões de um bloco oco, será preciso empregar a fórmula de Sulzberger, conhecidos, como é natural, os coeficientes do terreno.

Exemplo 7.2

Uma estrutura de concreto de 12 metros de altura livre e peso próprio de 2.220kgf, suporta em seu extremo a carga vertical de 4.800kgf e uma carga lateral de 320kgf. A estrutura foi engastada em um bloco de concreto de 1,2x1,2x1, 0 m em um terreno argiloso (Fig. 7.2). Verificar a estabilidade da fundação.

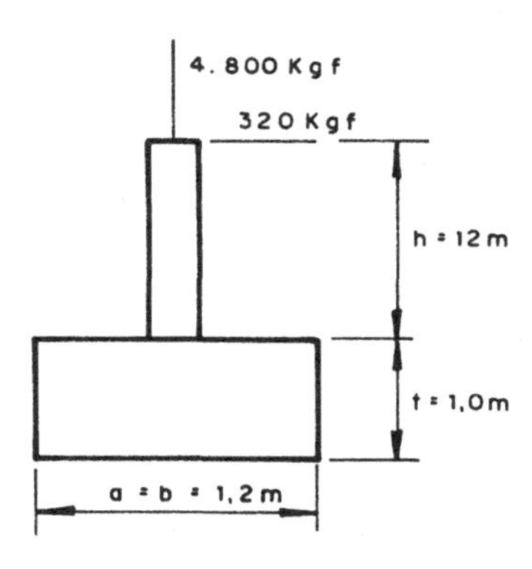

Fig. 7.49 - Exemplo 7.2

Solução:

Peso do bloco de fundação $\gamma V = 2.500 \times 1 \times 1{,}2 \times 1{,}2 = 3.600$kgf
Peso do poste.................................. 2.200kgf
Carga axial.................................... 4.800kgf
Carga vertical total na fundação........... P = 10.600kgf

Cálculo do momento do tombamento M

$$M = F\left(h + \frac{2}{3}t\right) = 4.053\,\text{kgf}\cdot\text{m}$$

Cálculo do momento resistente M_R

$$M_R = 0{,}70P\,\frac{b}{2} + 1{,}80bt^3 = 6.610\,\text{kgf}\cdot\text{m}$$

$$\frac{M_R}{M} = 1{,}63 > 1{,}5$$

O bloco de fundação tem estabilidade ao tombamento.

7.8.2 - Fundações tracionadas

As componentes verticais das forças de tração sobre as fundações têm a tendência de arrancá-las do solo. Estas componentes são vencidas pelo peso próprio das fundações, pelo atrito lateral entre o solo e as superfícies verticais das mesmas e ainda pelo peso da terra disposta sobre a expansão da base, que tem a tendência de ser levantada juntamente com as estruturas.

O método por ora descrito, aplica-se para fundações rasas: grelhas, sapatas, blocos e até mesmo tubulões. Para estas, usa-se normalmente um alargamento da base com a finalidade de aumentar o volume de solo influente na reação ao arrancamento da estrutura. O volume de solo, comprovadamente infuente nas reações de arrancamento, consiste no volume incluso entre a superfície externa da fundação e a superfície de um tronco de cone (nas fundações de bases circulares), ou tronco de pirâmide (para fundações de bases poliédricas), cuja base menor é a própria base expandida da fundação e inclinação lateral dada pelo ângulo β, ângulo de talude do terreno.

Experimentos práticos têm mostrado que o peso da terra levantada com o arrancamento, juntamente com o peso próprio da estrutura da fundação, tem um valor inferior ao do esforço realmente necessário ao arrancamento. Esta diferença é atribuída aos esforços de cisalhamento do solo e ao atrito lateral entre terreno e superfícies verticais da fundação, prumadas com o perímetro da base da mesma, (Fig. 7.50) .

O atrito lateral pode ser calculado pela fórmula:

$$F_a = \gamma y^2 L \ \mathrm{tg} \ \frac{\theta}{2}$$

Onde:

γ - peso específico da terra sobre a expansão da base ($\cong$1.600Kgf/m^3)

y - profundidade da parede vertical prumada com o fundo (m)

L - perímetro da superfície de contato

θ - ângulo de atrito (geralmente 45°)

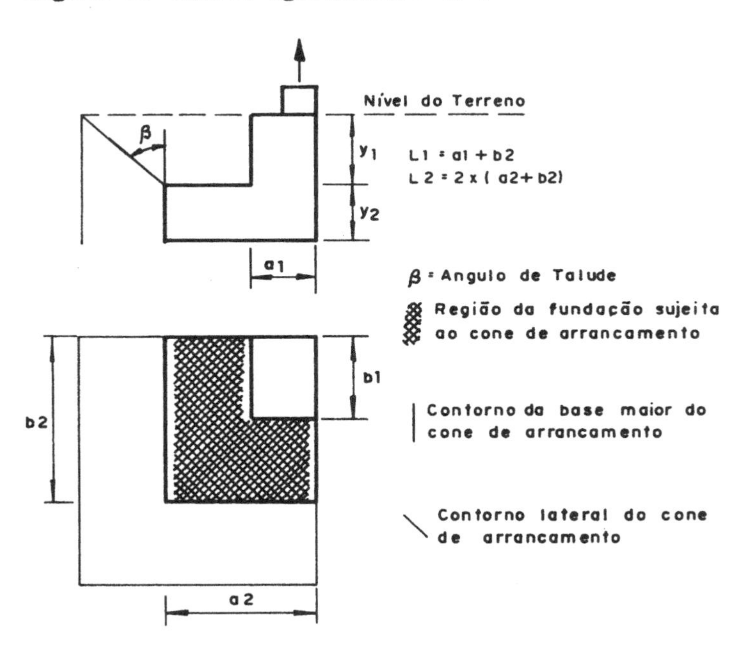

Fig. 7.50 - Cone de arrancamento e força de atrito

O peso do concreto da fundação é calculado pela equação:

$$P_c = \gamma_c V_c$$

Onde:

γ_c = peso específico do concreto (2.500Kgf/m^3)
V_c = volume do concreto (m^3)

O peso do volume de terra do cone de arrancamento é calculado pela fórmula generalizada:

$$P_t = \gamma_t \cdot V_t = \gamma_t \left(\frac{1}{3} h \; (A_1 + A_2 + \sqrt{A_1 A_2}\,) - V_c \right)$$

Onde:

γ_t – peso específico do solo ($\cong$ 1.600Kgd/m^3)
V_t – volume da terra do cone de arrancamento
V_c – volume do concreto da fundação dentro do cone
h – profundidade da fundação
A_1 – área da base da fundação (m^2) = base menor do cone
A_2 – área da base maior do cone calculada em função de h e β

Fundações de paredes verticais sofrem ação apenas das forças de atrito lateral, e as terras erguidas com o arracamento constituem apenas parte do reaterro compactado.

Com as considerações feitas acima, e sempre considerando um fator de segurança de 1,5, as fundações de grandes linhas têm sido calculadas com resultados satisfatórios.

Exemplo 7.3

O bloco mostrado abaixo é uma fundação fracionada de uma torre, cujo montante exerce um arrancamento de 14.500kgf, (Fig. 7.51)

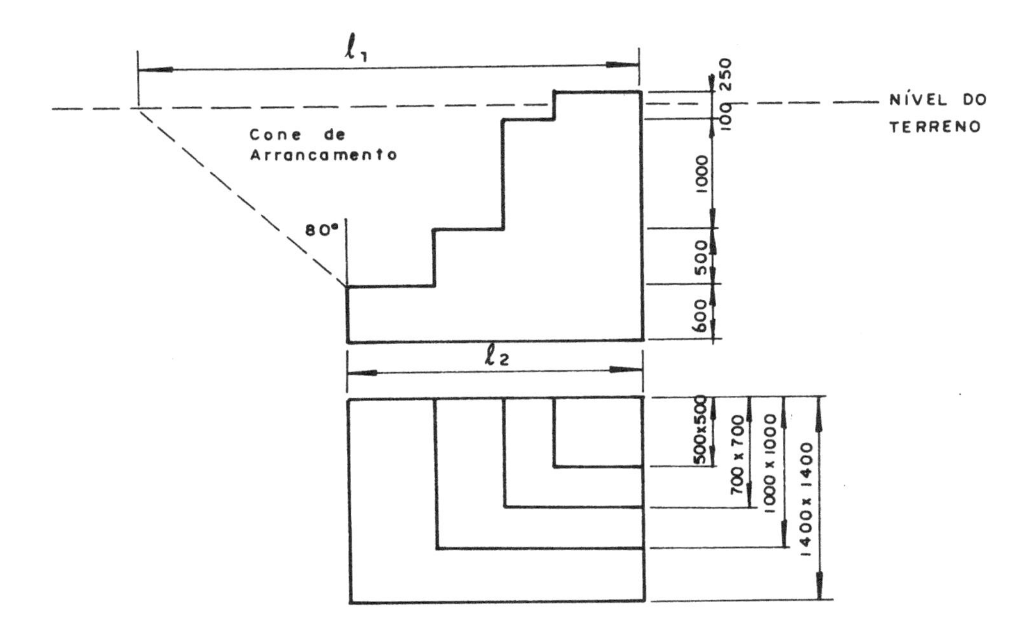

Fig. 7.51 - Exemplo 7.3

Volume total do concreto:

$$V_c = 1{,}4 \cdot 1{,}4 \cdot 0{,}6 + 1{,}0 \cdot 1{,}0 \cdot 0{,}5 + 0{,}7 \cdot 0{,}7 \cdot 1{,}0 + 0{,}5 \cdot 0{,}5 \cdot 0{,}35$$

$$V_c = 2{,}252 m^3$$

Peso total do concreto:

$$P_c = \gamma_c V_c = 2.200 \cdot 2{,}252$$

$$P_c = 4.960 kgf$$

Volume da terra do cone de arrancamento:

$$V_t = \frac{1}{3} h \left(B1 + B2 + \sqrt{B2 \cdot B2}\right) - V_{cc} \quad (V_{cc} \text{ - vol concreto no cone})$$

$$B1 = l_1^2 = (1{,}4 + 1{,}6\ tg30°)^2 = 2{,}324^2 = 5{,}40 m^2$$

$$B2 = l_2^2 = 1{,}4^2 = 1{,}96 m^2$$

$$V_{cc} = V_c - 1{,}4 \cdot 1{,}4 \cdot 0{,}6 = 1{,}076 m^3$$

$$h = (0{,}5 + 1{,}0 + 0{,}1) = 1{,}6 m$$

$$V_t = \frac{1}{3} 1{,}6\ (5{,}40 + 1{,}96 + 2{,}324 x 1{,}96) - 1{,}076$$

$$V_t = 5{,}280 m^3$$

Peso total do cone de arrancamento:

$Pt = \gamma t \cdot Vt = 1.600 \cdot 5,280$

$Pt = 8.446kgf$

Força de atrito lateral

$Fa = \gamma t \left(\Sigma\, y^2 L \right) tg\frac{\theta}{2}$

$\theta = 45°$

$Fa = 1.600 \cdot tg22,5° \, [4 \cdot 2,2^2 \cdot 1,4 - 2 \cdot 1,6^2 (1,4 + 0,4) -$

$- 2 \cdot 1,1^2 \cdot 0,3 - 2 \cdot 0,1^2 \cdot 0,2)]$

$Fa = 11.371kgf$

Somatório das forças de oposição ao arrancamento:

$Ft = Pc + Pt + Fa = 8.446 + 4.960 + 11.371$

$Ft = 24.777kgf$

Verificação da estabilidade ao arrancamento

$\frac{Ft}{F} = \frac{24.777}{14.500} = 1,71 > 1,5$ (valor mínimo normalizado)

7.8.3 - Grelhas

Quando as condições geológicas indicam o uso de fundações fracionadas em grelhas, as mesmas são padronizadas para cada torre e calculadas para situações extremas (Fig. 7.52).

O dimensionamento das pernas, quer seja membro edificante, quer seja piramidal, segue as mesmas regras do dimensionamento das peças das torres e são dimensionadas à tração e/ou compressão.

No presente capítulo veremos o dimensionamento da grelha em si, quando então as seguintes considerações devem ser feitas:

- A espessura mínima dos perfis enterrados deve ser de 3/16"
- A área bruta da grelha não deve ser maior que o dobro da área líquida
- Não se considera a contribuição dos primeiros 30cm de terra da superfície do terreno

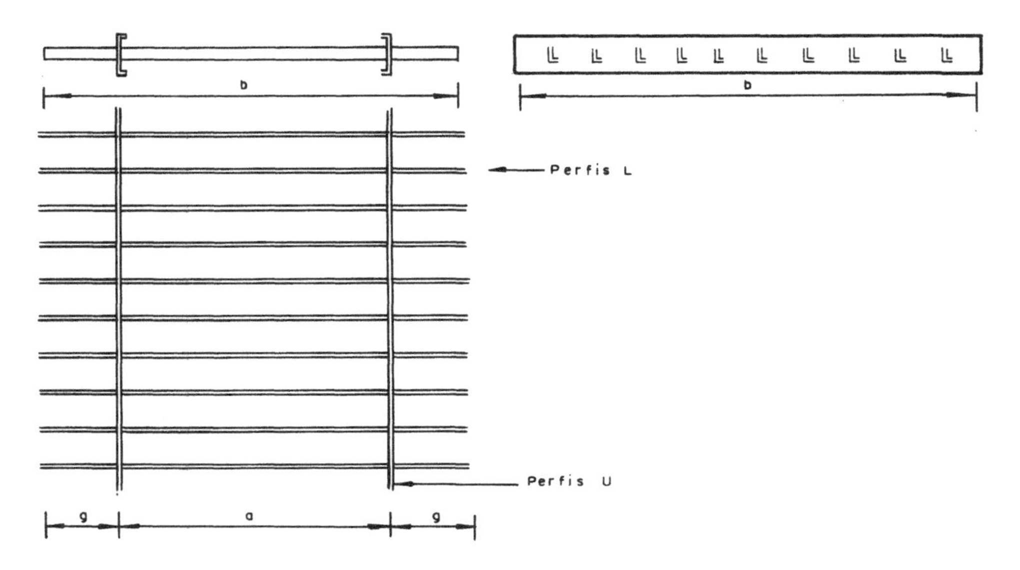

Fig. 7.52 - Esquema de montagem de uma grelha

- Para terrenos pouco consistentes, pode-se lançar mão de uma camada de concreto sob ou sobre a grelha, para um aumento virtual da superfície de contato da mesma com o solo e conseqüente diminuição de tensões

- A grelha é dimensionada para o maior esforço de compressão e verificada para o maior esforço de arrancamento, fazendo uso do método do cone de arrancamento

- Para os cálculos, parte-se das cargas das estruturas fornecidas pelo calculista das mesmas

- As cargas devem ser majoradas de um fator **K** - coeficiente de segurança, variável entre 1,1 e 1,3

- As características do solo fornecidas pelos resultados das sondagens e ensaios de laboratório, são as seguintes:

  -γ_T - peso específico do solo (kgf/m^3)
  -σ_s - compressão média admissível no solo (kgf/m^3)
  -σ_{sh} - comp. máxima horiz. admissível no solo (kgf/m^3)
  -β - ângulo de talude.

Como normalmente os fabricantes já tem grelhas padronizadas para atender ao mercado, é comum, partindo-se destas medidas padronizadas e das características locais do terreno, verificar quais as grelhas que atendem às solicitações.

- Verificação ao arrancamento

$$P_t = \gamma_t V_t = \gamma_t \frac{h}{3} \left(BC + bc + \sqrt{BC \cdot bc}\right)$$

$$K = \frac{(P_t + 1{,}1P_g)}{F_{Ti}} \geq 1{,}5$$

Onde:

- h - profundidade da grelha (m)
- b, c - dimensões da grelha (m)
- B, C - dimensões superficiais da base maior do cone de arrancamento, calculadas à partir de b, c, h e β
- P_g - peso estimado da grelha (kgf)
- P_t - peso da terra do cone de arrancamento
- F_{Ti} - maior força de tração de acordo com a hipótese i
- K - fator de segurança ao arrancamento
- 1,1 - fator de majoração do peso da grelha

- Verificação ao afundamento
- Cálculo da área líquida da grelha - área realmente em contato com o solo e responsável em comprimí-lo

$$A_{liq} = Z_1 b_1 b + Z_2 b_2 c - 2Z_1 b_1 b_2$$

$$R = \frac{bc}{A_{liq}} \geq 2$$

Onde

- Z1 - número de cantoneiras L usadas na grelha
- b1 - largura da cantoneira (cm)
- b - comprimento das cantoneiras (cm)
- Z_2 - número de travessas em U usadas na grelha
- b_2 - largura das travessas (cm)
- c - comprimento das travessas
- R - coeficiente de área líquida

- Pressão média sobre o solo (Fig. 7.53) - razão entre a compressão máxima e a área líquida da grelha:

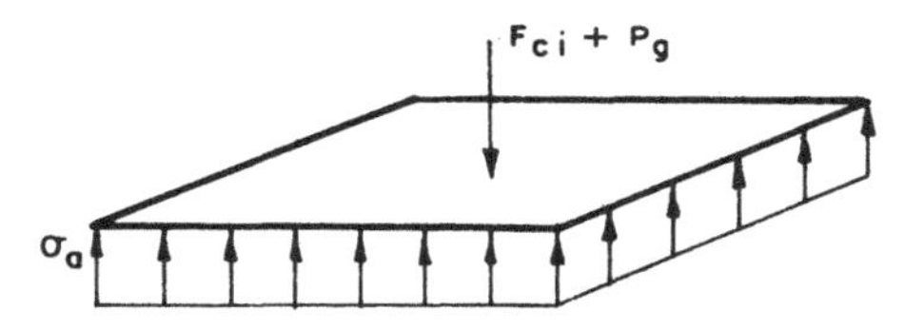

Fig. 7.53 - Compressão do solo

$$\sigma_a = \frac{F_{ci} + 1,1P_g}{A_{liq}} \leq \sigma_s$$

Onde

- F_{ci} - força de compressão máxima de acordo com a hipótese i
- 1,1 - fator de majoração do peso da grelha ($1,1 \leq K \leq 1,3$)

- Pressão máxima sobre o solo: como cada fundação tem que absorver esforços horizontais longitudinais e transversais, além dos carregamentos verticais; estas ficam sujeitas a esforços de flexo-compressão, que descomprimem um dos lados da grelha ao mesmo tempo que sobrecarregam o lado oposto. Esta tensão máxima pode ser calculada pela expressão geral:

$$\sigma_m = (\sigma_t + \sigma_L + \sigma_c)R \leq \sigma_{sh}$$

Onde:

- σ_t - tensão na base da grelha provocada pelos esforços horizontais transversais - F_t, (Fig. 7.54)
- σ_L - tensão na base da grelha provocada pelos esforços horizontais longitudinais - F_L, (Fig. 7.55)
- σ_c - tensão de compressão provocada pelas cargas verticais F_c correspondente à hipótese de carregamento de F_t e F_L, (Fig. 7.56)

$$\sigma_t = \frac{6hF_t}{bc^2}$$

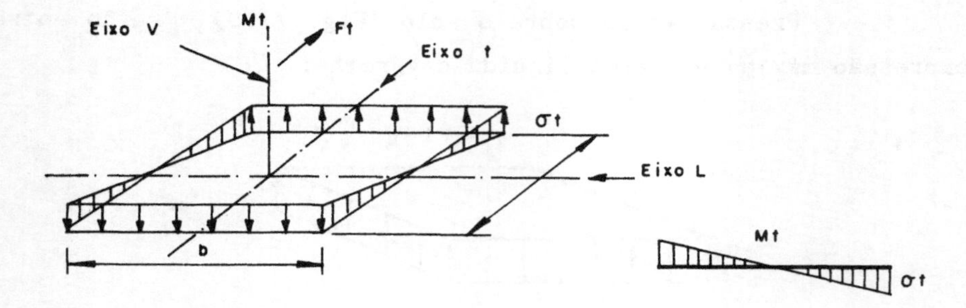

Fig. 7.54 - Flexo-compressão transversal

$$\sigma_L = \frac{6hF_L}{cb^2}$$

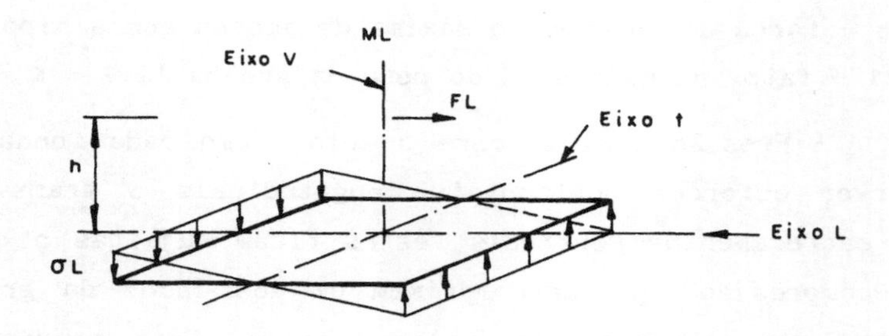

Fig. 7.55 - Flexo-compressão lateral

$$\sigma_c \frac{F_c + 1,1P_g}{bc}$$

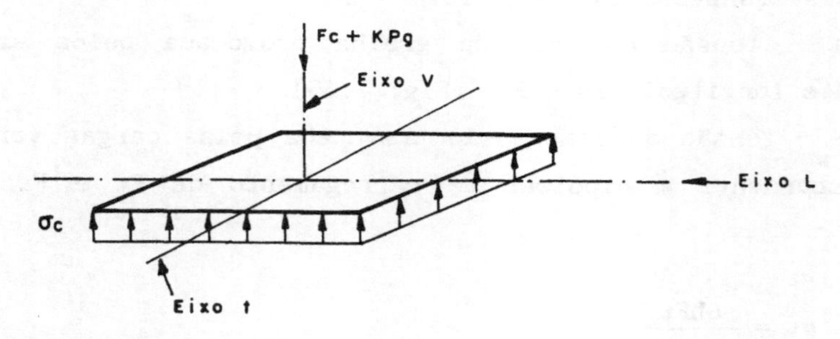

Fig. 7.56 - Compressão uniforme

- Verificação ao reviramento- os esforços de flexão na grelha, que provocam compressão em um dos lados provocam ao mesmo tempo uma descompressão no lado oposto. Embora o terreno suporte a compressão máxima da grelha, é conveniente verificar se a mesma não se levanta do lado descomprimido, ou seja, se a mesma não bascula em torno de um eixo horizontal. Estes esforços de descompressão devem ser vencidos pelo peso da terra do cone de arrancamento, situada na metade descomprimida da grelha (Fig. 7.57).

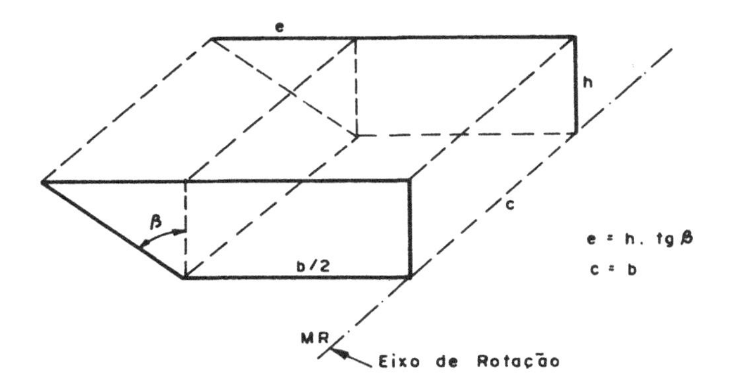

Fig. 7.57 - Verificação do reviramento

– Cálculo de M_R - momento resistente devido ao cone de arrancamento.

$$M_R = \frac{b^3 \cdot h \cdot \delta t}{8} + \frac{h^2 \cdot tg\beta \cdot b \cdot \delta t}{2}\left(\frac{b}{2} + \frac{h \cdot tg\beta}{3}\right)$$

– Cálculo do momento M_a causado por F_t e/ou F_L (forças horizontais no topo do pé da grelha

$$M_a = \Sigma F_a \cdot h$$

$$\text{Verificação: } K_R = \frac{M_R}{M_a} \geq 1,5$$

Até agora foram verificadas apenas a estabilidade do terreno para as várias hipóteses de carregamento do mesmo. Passemos agora ao dimensionamento da grelha em si.

- Dimensionamento das grelhas:

- Dimensionamento das vigas L - cada viga L da grelha recebe carga das 2 vigas U e a transmite ao terreno, que reage uniformemente em condições de simetria. A seguinte distribuição de esforços e diagrama de momentos fletores podem ser considerados, (Fig. 7.58):

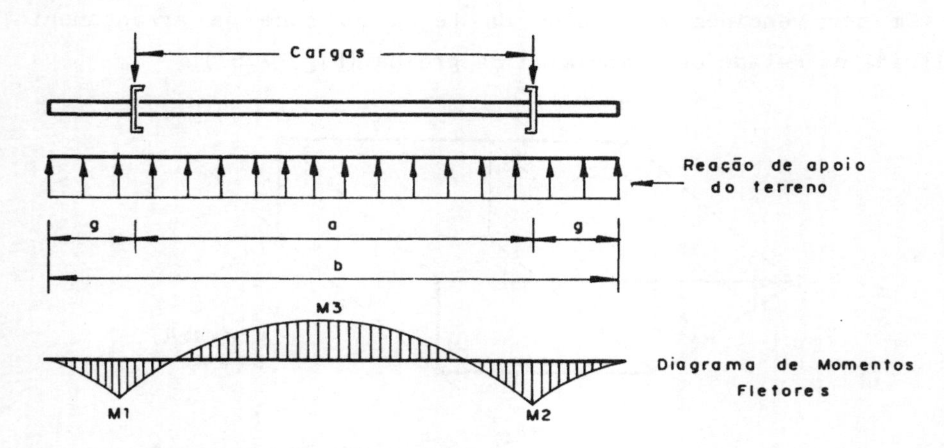

Fig. 7.58 - Diagrama de esforços

Para um melhor aproveitamento dos perfis L da grelha é quando M1 = M2 = M3, e isto ocorre para:

$$g = \frac{b}{2}(\sqrt{2} - 1) \cong 0{,}2b = \frac{b}{5}$$

Considerando que todos os Z_1 perfis L trabalham igualmente e que

$$q = \frac{F_c + 1{,}1P_g}{b} \text{ (kgf/m)}$$

Teremos:

$$M1 = M_2 = M_3 = \frac{q \cdot g^2}{2} = \frac{(F_c + 1{,}1P_g) \cdot b \cdot (\sqrt{2} - 1)^2}{8}$$

ou

$$M_1 = M_2 = M_3 \cong \frac{(F_c + 1{,}1P_g) \cdot b}{50}$$

$M1$, M_2 e M_3 são os momentos máximos que ocorrem nos perfis **L**. Tomemos para os Z_1 perfis **L** de dimensões b_1xt_1 (onde t é a espessura do perfil), o momento de resistência w_1 (cm^3) retirado da tabela de perfis cantoneiras. Logo, o momento de resistência total de ser absorvido pelas Z_1 cantoneiras será:

$$W_1 = Z_1 \cdot w_1$$

Lembrando-se que as tensões de flexão máxima para o aço ASTM A36 é de 2.530kgf/cm^3, chegamos a:

$$\sigma = \frac{M_{1,2,3}}{W_1} < 2.530 kgf/cm^3$$

- Dimensionamento das vigas **U**: Usando-se Z_2 perfis **U** de secção $h_2xb_2xt_2$, (altura, largura e espessura), temos da tabela de perfis **U** o momento de resistência w_2, que é capaz de absorver no total o momento de resistência W_2

$$W_2 = Z_2 \cdot w_2$$

Como normalmente as grelhas são quadradas, e as pernas fixas nos perfis **U** à distância g dos extremos, que por sua vez transmitem os esforços às cantoneiras **L**, podemos considerar como uma boa aproximação os valores de M_1, M_2 e M_3 dos perfis **U**, como sendo aproximadamente iguais aos correspondentes dos perfis **L**, consideração que permite concluir:

$$\sigma = \frac{M_{1,2,3}}{W_2} < 2.530 kgf/cm^2$$

- Dimensionamento das pernas - nas grelhas piramidais os esforços dos pés das estruturas são transmitidos às grelhas pela compressão (ou tração) dos perfis, normalmente cantoneiras em número de 4, que compõem as arestas da pirâmide da grelha, denominados de pernas da grelha.

De acordo com a geometria da pirâmide e hipóteses de carregamento, determina-se os esforços F de compressão das pernas através da expressão:

$$F = \frac{F_{ci} \cdot b}{4h'} + \frac{(F_{Li} + F_{ti}) \cdot h'}{2a}$$

Onde:

F_{ci} - força de compressão na hipótese i (kgf)

h' - altura da grelha (m)

b - comprimento da perna (m)

a - vão entre travessas (m)

F_{Li} - maior força longitudinal na hipótese i (kgf)

F_{ti} - maior força transversal na hipótese i (kgf)

Escolhe-se uma cantoneira que atenda às solicitações e que ao mesmo tempo tenha um índice de esbeltez que impossibilite a flambagem.

$$\sigma = \frac{F}{A_c} < \sigma_a$$

$$\lambda = \frac{l_f}{r_k}$$

Onde:

- F - força de compressão das pernas
- A_c - área útil transversal da cantoneira
- σ_a - tensão admissível compatível com a flambagem
- l_f - comprimento de flambagem
- r_k - raio de giração da secção do perfil (dado de catálogo)
- λ - índice de esbeltez

Se o índice de esbeltez der um valor superior ao indicado por norma, recomenda-se usar um perfil de maior secção reta (maior raio de giração) ou fazer um contraventamento das pernas, diminuindo assim os comprimentos de flambagem.

Exemplo 7.4

Seja dimensionar uma fundação em grelha padronizada para fundações fracionadas de torres de uma mesma família, tal que atenda as solicitações das seguintes hipóteses de cálculo:

Torre tipo 1

Hipótese 1:

Compressão........... 23.000kgf
Tração............... 19.105kgf
Esf. longitudinal..... 00.002kgf
Esf. transversal...... 00.517kgf

Hipótese 2:

Compressão............ 15.857kgf
Tração................ 11.960kgf
Esf. longitudinal..... 00.724kgf
Esf. transversal...... 00.859kgf

Torre tipo 2
Hipótese 1:

Compressão............ 18.658kgf
Tração................ 16.213kgf
Esf. longitudinal..... 00.007kgf
Esf.transversal....... 00.309kgf

Hipótese 2:

Compressão............ 13.648kgf
Tração................ 11.239kgf
Esf, longitudinal..... 01.753kgf
Esf. transversal...... 01.792kgf

Obs.: as cargas já foram majoradas em 10%, como fator de segurança.

- Características do solo na região de implantação da L.T.

Peso específico.............. γ_t = 1.400kgf/m^3
Pressão máxima.............. σ_s = 1,50kgf/m^2
Pressão máx. horizontal...... σ_{sh} = 1,80kgf/m^2
Ângulo de atrito.............. β = 20°

Solução:

Proposição inicial: fazer uso de uma grelha disponível no mercado, de peso 236kgf e de dimensões já padronizadas, conforme a Fig. 7.59.

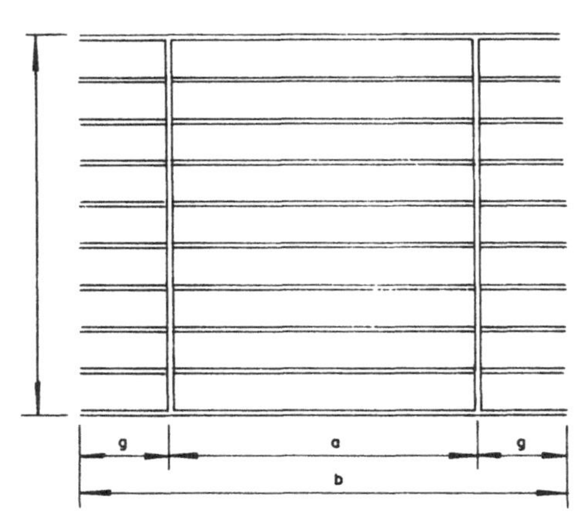

Fig. 7.59 - Exemplo 7.4

1 - verificação do arrancamento

Dimensões do cone de arrancamento (Fig. 7.60)

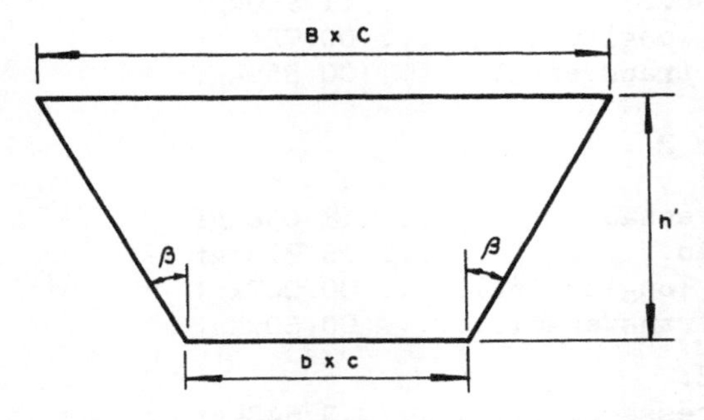

Fig. 7.60 - Dimensões do cone de arrancamento

$B = C = b + 2h' \cdot tg\beta$

$B = C = 20 \quad + 2 \cdot 235 \cdot tg20°$

$B = C = 3,77m$

Volume do cone de arrancamento

$$V_t = \frac{h'}{3}\left(BC + bc + \sqrt{BC \cdot bc}\right)$$

$v_t = 20,54m^3$

Peso do cone de arrancamento

$P_t = \gamma_t \cdot V_t$

$P = 28.757kgf$

Verificação:

$$K = \frac{P_t + 1,1P_g}{F_{Ti}} = \frac{28.757 + 1,1 \cdot 236}{19.105} = 1,52 > 1,5\text{:verificado}$$

2 - verificação quanto ao afundamento

Cálculo da área líquida da grelha

$A_{liq} = Z_1b_1b + Z_2b_2b + 2Z_1b_1b_2$

$A_{liq} = 22 \cdot 4,45 \cdot 206 + 2 \cdot 5,00 \cdot 206 - 2 \cdot 22 \cdot 4,45 \cdot 5,00$

$A_{liq} = 21.298cm^2$

Coeficiente de área líquida

$$R = \frac{bc}{A_{liq}} = \frac{20 \cdot 20}{21.298}$$

$R = 1,992$

Pressão média sobre o solo

$$\sigma_a = \frac{F_{ci} + 1,1P_q}{A_{liq}} = \frac{23.001 + 1,1 \cdot 236}{21.298}$$

$$\sigma_a = 1,09 kgf/cm < 1,50 = \sigma_s$$

$$\sigma_m = (\sigma_t + \sigma_L + \sigma_c) \cdot R \leq \sigma_{sh}$$

$$\sigma_t = \frac{6h' \cdot Ft}{bc^2} = \frac{6 \cdot 235 \cdot 1792}{206 \cdot 206^2} = 0,298 kgf/cm^2$$

$$\sigma_L = \frac{6h' \cdot Fl}{cb^2} = \frac{6 \cdot 235 \cdot 1753}{206 \cdot 206^2} = 0,283 kgf/cm^2$$

$$\sigma_c = \frac{Fc + 1,1Pg}{bc} = \frac{13.684 + 1,1 \cdot 236}{206 \cdot 206} = 0,329 kgf/cm^2$$

$$\sigma_m = (0,298 + 0,283 + 0,329) \cdot 1,992 = 1,79$$

$$\sigma_m = 1,79 > 1,50 = \sigma_{sh}$$

Até o momento, comprovamos que o solo aguenta ao carregamento transmitido pela grelha adotada. É necessário agora verificar a resistência da própria grelha.

4 - Verificação das dimensões da grelha

Verificação da viga L

Momento fletor máximo:

$$M_1 = \frac{q \cdot g^2}{2} = \frac{(Fc + 1,1P_g)}{b} \cdot \frac{g^2}{2}$$

$$M_1 = \frac{(F_c + 1,1P_g)}{b} \cdot \frac{1}{2} \left(\frac{b}{2} \cdot \sqrt{2} - 1 \right)^2$$

$$M_1 \cong \frac{(F_c + 1,1P_g) \cdot b}{50} = \frac{23.001 + 1,1 \cdot 236}{50} \cdot 206$$

$$M_1 \cong 102.574 kgf \cdot m$$

Da tabela de perfis temos para o perfil L 4,45 (1 3/4) e espessura e = 3 1/16 o momento de resistência $w_1 = 2.30 cm^3$

Logo:

$$W_1 = 22 \cdot w_1 = 22 \cdot 2,30$$

$$W_1 = 50,60 cm^3$$

Tensão de flexão:

$$\sigma = \frac{M_1}{W_1} = \frac{102.574}{50,60} = 2.036 kgf/cm^2$$

$$\sigma = 2.036 kgf/cm^2 < 2.530 kgf/cm^2 = \text{valor limite}$$

Verificação das vigas U

Da tabela de perfis temos para o perfil U 10,16 ... (10,8kgf/m) o momento de resistência $W_2 = 37,5cm^3$

Logo:

$$W_2 = 2 \cdot W_2 = 2 \cdot 37,5$$

$$W_2 = 75cm^3$$

Tensão de flexão:

$$\sigma = \frac{M_1}{W_2} = \frac{102.574}{75}$$

$$\sigma = 1.350kgf/cm^2 < 2.530kgf/cm^2$$

5 - Dimensionamento das pernas. Fig. 7.61

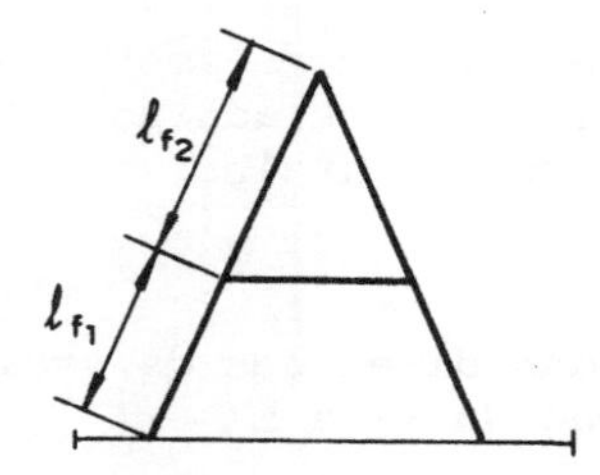

Fig. 7.61 - Pernas da grelha

Esforço de compressão das pernas

$$F = F = \frac{F_{ci} \cdot b}{4h'} + \frac{F_{Li} + F_{ti}}{2a} \cdot h'$$

$$F = \frac{13.648 \cdot 2,06}{4 \cdot 2,35} + \frac{(1.753 + 1.792)}{2 \cdot 206} \cdot 2,35$$

$$F = 7.233kfg$$

Índice de esbeltez

$$\lambda = \frac{l_f}{r_k}$$

Como existe um contraventamento entre as pernas, o comprimento de flambagem é dado por:

$$l_f = \frac{l_{f1} + l_{f2}}{2} = \frac{133,2 + 127,6}{2}$$

$$l_f = 130,4cm$$

Da tabela de perfis temos para o perfil L 2 1/2"x5/16"

$r_k = 1,24$

$A = 9,48\,cm^2$

Logo:

$$\lambda = \frac{l_f}{r_k} = \frac{130,4}{1,24}$$

$$\lambda = 105$$

para este valor de λ, na tabela de tensões máximas temos:

$$\sigma_a = 1.501 kgf/cm^2$$

Tensão de flambagem

$$\sigma = \frac{F}{A} = \frac{7.233}{9,48} = 763 kgf/cm^2$$

$$\sigma = 763 kgf/cm^2 < 1.501 kgf/cm^2$$

7.8.4 - Tubulão

Estas peças de concreto armado (Fig 7.62), classificadas como fundações profundas, são construídas na verdade em duas versões.

Em terrenos de boa consistência, à pequena profundidade, os tubulões são dimensionados com as seguintes regras:

- Esforços de compressão - absorvidos pela compressão do terreno na base do tubulão e pelo atrito lateral do mesmo com o terreno.
- Esforços de arrancamento - absorvidos pelo peso próprio do concreto e pelo peso do volume de terra do cone de arrancamento
- Esforços de flexão - absorvidos pela resistência do terreno

Em terrenos de baixa resistência por grande prfundidade, alto nível do lençol freático, os tubulões são realmente fundações profundas e dimensionados com as bases de:

- Esforços de compressão - absorvidos pela compressão do terreno na base do tubulão e pelo atrito lateral do mesmo
- Esforços de tração - absorvidos pelo peso próprio do concreto mais o atrito lateral do mesmo com o terreno. Em caso de

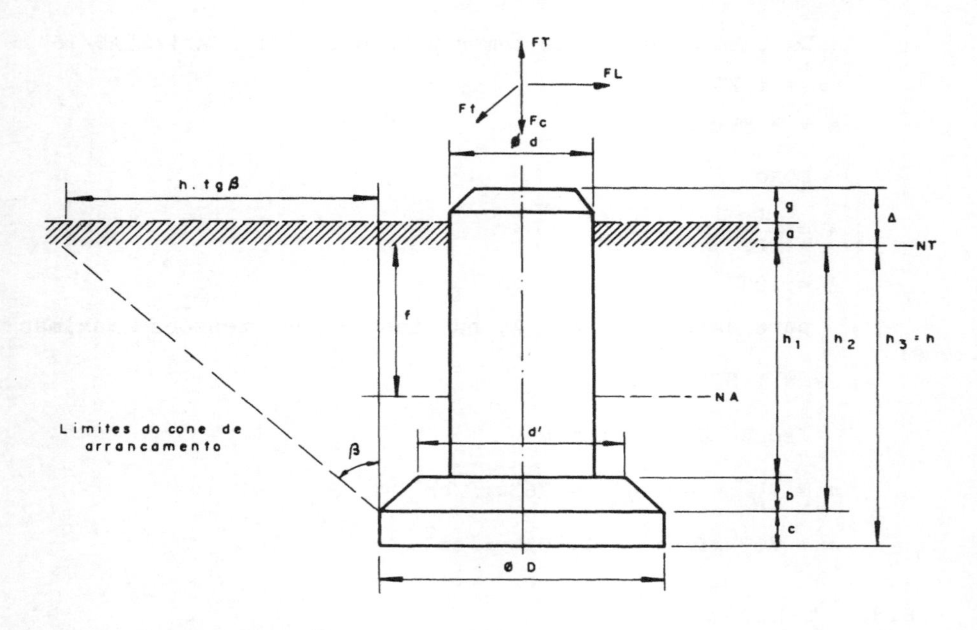

Fig. 7.62 - Esquema de um tubulão

necessidade pode-se ainda lançar mão de um bloco de fundação no topo do tubulão, com a finalidade de aumento de peso do concreto.

Em qualquer caso, desde que o tubulão todo ou parte dele esteja submerso no nível freático, deve-se considerar o esforço do empuxo sobre o mesmo.

Os tubulões podem ser empregados como fundações simples ou fracionadas. Quando na forma de fracionadas, usa-se um tubulão por pé de torre e normalmente padronizados para uma mesma torre. Nestas condições, os tubulões são dimensionados para a hipótese mais solicitante do pé mais desfavorável, e verificados para a hipótese mais controvertida, mesmo que para outro pé da estrutura.

Os tubulões profundos não deixam de ser um tipo especial de estaca Neste item discutiremos apenas os tubulões rasos.

O dimensionamento de um tubulão de concreto consiste em: partindo-se dos dados de projeto (cargas, características do solo, do concreto e do aço), chegar a um conjunto de dimensões da peça de concreto — tubulão — tal que seja capaz de transmitir com segurança as solicitações máximas ao solo, e este seja capaz de absorvê-las também com segurança.

Roteiro para dimensionamento

- Levantamento dos dados do projeto - é a definição das cargas a suportar e das características do solo e dos materias de construção disponíveis.

- Cargas na hipótese i:

F_{ci} - compressão máxima

F_{ti} - esforço horizontal transversal

f_{Li} - esforço horizontal longitudinal

- Cargas na hipótese j:

F_{Tj} - tração máxima

F_{tj} - esforço horizontal transversal

F_{Lj} - esforço horizontal longitudinal

Força horizontal máxima:

$$F_{Tmax} = \sqrt{F_t^2 + F_L^2}$$

- Características do solo

γ_N - peso específico do solo

γ_s - peso específico do solo saturado

σ_s - tensão de compressão

τ_A - tensão de aderência

β - ângulo de talude

NA - nível da água abaixo do nível do terreno

- Características do concreto:

F_{cd} - resistência de cálculo do concreto à compressão

F_{ck} - tensão característica do concreto à compressão

γ_c - peso específico

- Características do aço Tipo - CA

F_{yk} - tensão de escoamento

F_{yd} - resistência de cálculo do aço à tração

- Cálculos

- Cargas de cálculo - todas as cargas devem ser majoradas de um fator K_1 (K_1 = 1,1 a 1,2).

$$Ci = K_1 \cdot Fci$$

$$ti = K_1 \cdot Fti$$

$$L_i = K_1 \cdot F_{li}$$

$$T_j = K_1 \cdot F_{Tj}$$

$$t_j = K_1 \cdot F_{tj}$$

$$L_j = K_1 \cdot F_{Lj}$$

- Dimensionamento à compressão - as forças verticais de compressão (C_i e peso próprio) serão absorvidas pelo atrito lateral e compressão do terreno na base do tubulão. Embora o empuxo alivie a compressão da base do tubulão, o mesmo não é considerado.

- Volume do concreto

$$V_c = V_{c1} + V_{c2} + V_{c3} + V_{c4}$$

Onde:

$$V_{c1} = \frac{\pi d^2}{4} (a + h_1)$$

$$V_{c2} = \frac{\pi b}{12} (D^2 + d'^2 + D \cdot d')$$

$$V_{c3} = \frac{\pi D^2}{4} c$$

$$V_{c4} = \frac{\pi d^2}{4} g$$

Peso do concreto

$$P_c = \gamma_c \cdot V_c$$

Carga de compressão máxima

$$F_{cm} = C_i + P_c$$

Resistência devida ao atrito lateral (Fig. 7.63):

$$R_a = \pi \cdot d \cdot h \cdot \tau_A$$

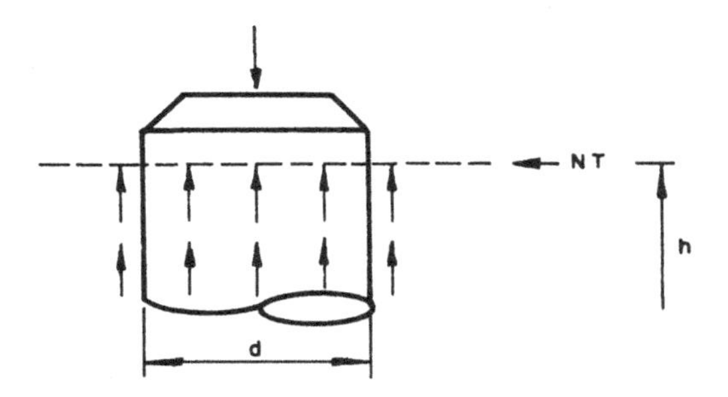

Fig. 7.63 - Atrito lateral

Compresão máxima do solo (Fig. 7.64)

$$\sigma = \frac{4(Fcm - Ra)}{\pi \cdot D^2}$$

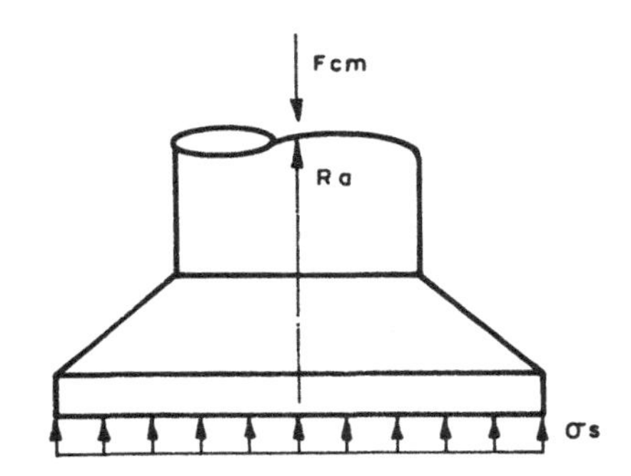

Fig. 7.64 - Compressão da base do tubulão

- Dimensionamento ao arrancamento - as forças verticais de tração (arrancamento e empuxo da parte submersa), são abvsorvidas pelo peso próprio do concreto e pelo peso do volume do cone de arrancamento.

Volume de concreto abaixo do NA

$$V_{C5} = V_{c3} + V_{c2} + V_{c5}$$

Onde

$$V_{c5} = \frac{\pi d^2}{4} (h_1 - f) \qquad \text{para } f \leq h_1$$

$$V_{c2} = \frac{\pi \cdot b}{12} (d'^2 + D^2 + Dd')$$

$$V_{c3} = \frac{\pi \cdot D^2}{4} c$$

Volume de concreto acima do NA

$V_{ce} = V_c - V_{cs}$

Peso do concreto considerando o empuxo (Fig. 7.64)

$P_{ct} = V_{cs} \cdot \gamma_c - E + V_{ce} \cdot \gamma_a$

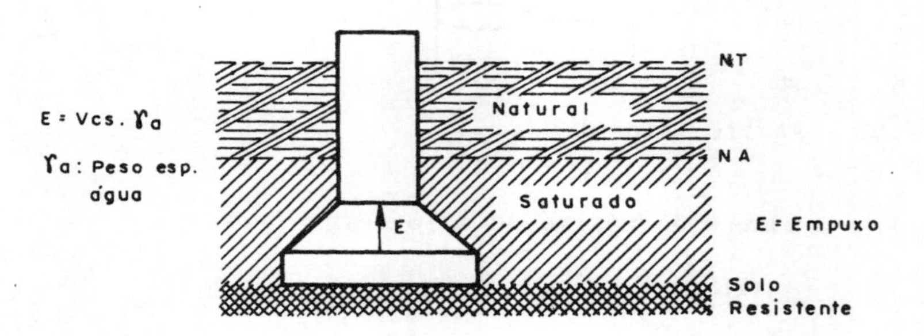

Fig. 7.65 - Consideração do empuxo

Volume de solo estabilizante:

$V_s = V_{s1} - V_{s2} - V_{s3} - V_{s4}$

Onde:

$$V_{s1} = \frac{\pi \cdot h}{12} \left[D^2 + (2h \cdot tg\beta + D)^2 + D \cdot (2h \cdot tg\beta + D)\right]$$

$$V_{s2} = \frac{\pi \cdot D^2}{4} c$$

$$V_{s3} = \frac{\pi \cdot d^2}{4} h_1$$

$$V_{s4} = \frac{\pi \cdot b}{12} (D^2 + d^2 + Dd)$$

Volume de solo abaixo do nível da água:

$V_{ss} = V_{s5} - V_{s6} - V_{s2} - V_{s4}$

Onde:

$$V_{s5} = \frac{\pi \cdot (h-f)}{12} \left\{D^2 + [2(h - f) \cdot tg\beta + d]^2 + D \cdot [2(h - f) \cdot tg\beta + d]\right\}$$

$$V_{s6} = \frac{\pi \cdot d^2}{4} (h_1 - f) f \leq h_1$$

Volume de solo acima do nível da água:

$V_{SE} = V_S - V_{SS}$

Peso do solo estabilizante:

$P_S = V_{SS} \cdot (\gamma_s - \gamma_a) + V_{SE} \cdot \gamma_N \cdot \gamma_a$ = peso esp. da água

Peso estabilizante total, considerando o empuxo:

$P_E = P_S + P_{CT}$

Fator de segurança ao arrancamento:

$$K_A = \frac{P_E}{T_j}$$

Onde $K_A \geq 1,5$

- Verificação ao reviramento:

Momento de reviramento:

$M = F_{tmax} \cdot (\Delta + h)$

Momento resistente lateral

$$M_R = \frac{\gamma_c}{2}\left[d \cdot h_1^3 + \frac{(D + d) \cdot (h_2^3 + h_1^3)}{2} + D \cdot (h_3^3 - h_2^3)\right]$$

Coeficiente de segurança

$$K_R = \frac{M_R}{M} \geq 1,5$$

- Dimensionamento da ferragem - Os tubulões devem ser dimensionados à flexo-compressão, segundo as normas do cálculo estrutural.

Exemplo 7.5

Verificar a estabilidade do tubulão mostrado abaixo (Fig. 7.66), para as seguintes hipóteses de cálculo:

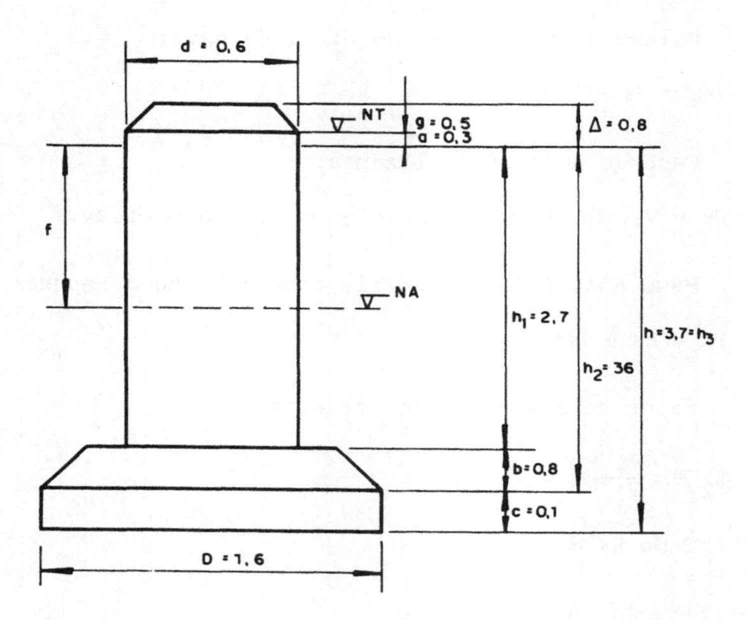

Fig. 7.66 - Exemplo 7.5

Hipótese 1

Compressão máxima - F_{c1} = 46.789kgf
Esforço transversal - F_{t1} = 08.062kgf
Esforço longitudinal - F_{l1} = 04.236kgf
Esforço transv. máx - $F_{t\,max\,1}$ = 09.108kgf

Hipótese 2

Tração máxima - T_{T2} = 32.230kgf
Esforço transversal - F_{t2} = 06.052kgf
Esforço longitudinal - F_{l2} = 02.928kgf
Esforço transv. máx - $F_{t\,max\,2}$ = 06.727kgf

Características do solo

Peso específico.......... γ_N = 1.400kgf/m^3
Peso específico saturado.. γ_s = 1.700kgf/m^3
Tensão de compressão...... σ_s = 2kgf/cm^2
Tensão de aderência....... τ_a = 2kgf/cm^2
Ângulo de atrito.......... β = 20°
NA abaixo do terreno...... f = 2m

Características do concreto

Resist. cálculo a compressão:

$$F_{CD} = \frac{FCk}{\gamma^*_c} = \frac{150}{1.4} = 107\text{kgf/cm}^2$$

Tensão carac. do concreto a compressão:

$F_{ck} = 150kgf/cm^2$

Peso específico:

$\gamma_c = 2.200kgf/cm^2$

Coeficiente de segurança:

$\gamma^*_c = 1,4$

Características do aço

Tipo de aço - CA 50

Tensão de escoamento:

$F_{yk} = 5.000kgf/cm^2$

Resist. calc. escoamento:

$$F_{yD} = \frac{Fyk}{\gamma^*_s} = \frac{5.000}{1.15} = 4.348kgf/cm^2$$

Coeficiente de segurança:

$\gamma^*_s = 1,15$

Cálculo

1 - Cargas de cálculo nas fundações - majoradas de 10%

$FL1=1,1 \cdot F11=04.662kgf$

$t_1 = 1,1 \cdot F_{t1} = 08.868kgf$

$F_{t\,max\,1} = 1,1 \cdot F_{t\,max\,1} = 10.109kgf$

$T_2 = 1,1 \cdot F_{c2} = 35.563kgf$

$F_{L2} = 1,1 \cdot F_{L2} = 03.221kgf$

$t_2 = 1,1 \cdot F_{t2} = 07.395kgf$

$F_{t\,max\,2} = 1,1 \cdot F_{t\,max\,2} = 07.395kgf$

2 - Dimensionamento à compressão:

- Volume de concreto

$V_c = V_{c1} + V_{c2} + V_{c3} + V_{c4}$

$$V_c = \frac{\pi d^2}{4}(a + h_1) + \frac{V_b}{12}(D^2 + d^2 + Dd') + \frac{\pi D^2}{4} c + \frac{\pi d^2}{4} g$$

$V_c = 2,104m^2$

- Peso de concreto

$Pc = \gamma c \cdot Vc = 2.200 \cdot 2{,}104$

$Pc = 4.629kgf$

- Compressão máxima do terreno

$Fcm = C_1 + Pc = 51.468 + 4.629$

$Fcm = 56.097kfg$

- Resistência devido ao atrito lateral

$Ra = \pi d \cdot h \cdot \tau a$

$Ra = 13.949kgf$

- Compressão máxima do solo

$$\sigma s = \frac{4\ (Fcm - Ra)}{\pi D^2}$$

$\sigma s = 2{,}1kgf/cm^2 \cong \sigma s$ aceitável

3 - Dimensionamento ao arrancamento

- Volume de concreto abaixo do NA

$Vcs = Vc_2 + Vc_3 + Vc_5$

$$Vcs = \frac{\pi b}{12}\ (d'^2 + D^2 + Dd') + \frac{\pi D^2}{4}\ c + \frac{\pi d^2}{4}\ (h_1 - f)$$

$Vcs = 1{,}313m^3$

- Volume de concreto acima do NA

$Vce = Vc - Vcs$

$Vce = 0{,}791m^3$

- Peso do concreto considerando o empuxo

$E = Vcs \cdot \gamma a$

$E = 1.313kgf$

$Pct = Pc - E$

$Pct = 3.316kgf$

- Volume de solo estabilizante

$Vs = Vs_1 - Vs_2 - Vs_3 - Vs_4$

$$Vs_1 = \frac{\pi h}{12}\ [D^2 + (2h \cdot tg\beta + D)^2 + D\ (2h \cdot tg\beta + D)]$$

$$Vs_2 = \frac{\pi D^2}{4}\ c$$

$$V_{s4} = \frac{\pi b}{12}(D^2 + d^2 + Dd)$$

$$V_s = 25{,}118m^3$$

- Volume do solo abaixo do NA

$$V_{ss} = V_{s5} - V_{s2} - V_{s4} - V_{s6}$$

$$V_{s5} = \frac{\pi(h-t)}{12}\{D^2+[2(h-f)tg\beta+d]^2 + D[2(h-f)tg\beta+d]\}$$

$$V_{s2} = \frac{\pi D^2}{4}c$$

$$V_{s4} = \frac{\pi b}{12}(D^2 + d^2 + Dd)$$

$$V_{s6} = \frac{\pi d^2}{4}(h1 - f)$$

$$V_{ss} = 2{,}354m^3$$

- Volume de solo acima do NA

$$V_{sE} = V_s - V_{ss}$$

$$V_{sE} = 22{,}764m^3$$

- Peso do solo estabilizante

$$P_s = V_{ss}(\gamma_s - \gamma_a) + V_{sE} \cdot \gamma_s$$

$$P_s = 33.517kgf$$

- Peso estabilizante total considerando o empuxo

$$P_E = P_{ct} + P_s$$

$$P_E = 36.833kgf$$

- Fator de seguranca ao arrancamento

$$K_a = \frac{P_E}{T_j} = 1{,}04 < 1{,}5$$

Deve-se voltar e alterar as dimensões iniciais de D, por exemplo para D = 2,0m.

4 - Verificação ao reviramento

- Momento de reviramento

$$M = F_{t\,max}(\Delta + h)$$

$$M = 33.700kgf \cdot m$$

- Momento resistente lateral

$$M_R = \frac{\gamma_c}{2}\left[d \cdot h1^3 + \frac{(D+d)\cdot(h2^3+h1^3)}{2} + D(h_3^3 - h_2^2)\right]$$

$$M_R = 52.663kgf$$

- Coeficiente de segurança ao reviramento

$$K_R = \frac{M_R}{M} = 1,56 > 1,5$$

7.8.5 - "Stub" e "cleats"

A transição dos esforços entre estrutura metálica de uma torre e o concreto das fundações, sempre é feito por uma peça metálica, denominada *"stub"*, que é engastada no concreto e deixada na forma de arranque acima do arrasamento da fundação. Para diminuir o empuxo e melhorar a aderência no concreto, usam-se reforços metálicos, denominados de *"cleats"*, parafusados nos *"stubs"* (Fig. 7.67).

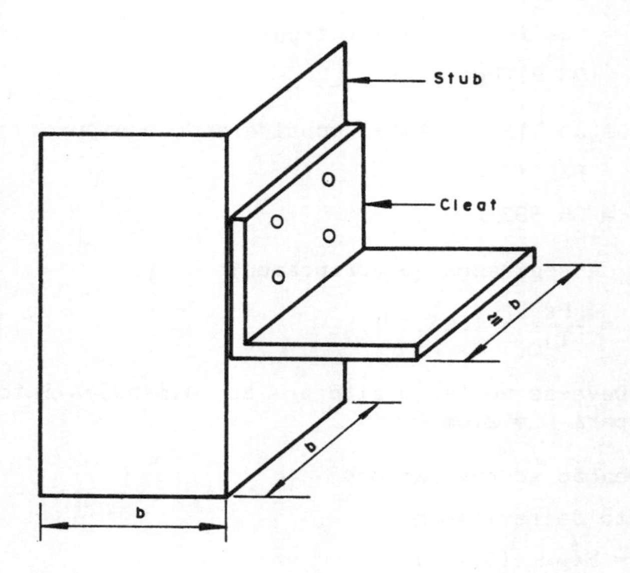

Fig. 7.67 - *"Stub"* e *"cleat"*

Estas peças, normalmente em aço ASTM 36 galvanizado ($\sigma_{fl} = 2.530 kgf/cm^2$), são executadas em cantoneiras e posicionadas com exatidão durante a concretagem da parte superior das fundações.

Dados necessários ao projeto dos *"stubs"* e *"cleats"*:

- Esforços nas fundações:

F_{Ti} - maior esforço de arrancamentoconforme a hipótese i

F_{ci} - maior esforço de compresão conforme a hipótese i

- Características do concreto:

σ_R - (kgf/cm^2) tensão admissível de ruptura do concreto

τ_a - (kgf/cm^2) tensão de aderência entre concreto e aço

- Dimensionamento do *"stub"* - considerando o esforço de tração F_{Ti} faz-se uma pré-escolha do perfil cantoneira, tal que:

$$A \geq \frac{1,5\ F_{Ti}}{\sigma_{fl}}$$

Isto levará a um perfil **L** de dimensões $b_1 x t_1$. Em seguida, determina-se o comprimento l_1 de engastamento do *"stub"* no concreto, considerando a tensão de aderência e a área de contato entre concreto e aço.

$$l_1 \geq \frac{0,75\ F_{Ti}}{(2+\sqrt{2}\ )\tau_a}$$

- Dimensionamento dos *"cleats"* - considerando-se o esforço de compressão F_{ci} e a tensão admissível de esmagamento do concreto, determina-se a cantoneira de *"cleat"*, tal que:

$$b_2 \geq \frac{0,75\ F_{ci}}{N \cdot l_2 \cdot \sigma_R}$$

Onde:

N é o número de *"cleats"*

$l_2 \leq b_1$ é o comprimento de cada *"cleat"*

Isto levará à escolha de de um perfil **L** de abas b_2. Em seguida, adota-se a espessura t_2 da cantoneira, coerente com as outras dimensões transversais, de tal forma que fique verificada a relação prática abaixo, que garante o não dobramento das abas dos *"cleats"*.

$$b \geq R + t_2 \cdot \sqrt{\frac{\sigma_{fl}}{3\sigma_R}}$$

Onde:

R é o raio de concordância da cantoneira

σ_{fl} é a tensão admissível de flexão do aço ASTM A36 (2.530)

Caso necessário, o valor de b deve ser revisto.

- Dimensionamento dos parafusos de fixação dos *"cleats"* no *"stub"* — considerando-se que todos os N *"cleats"* são fixados com o mesmo número "n" de parafusos de aço de alta resistência, determina-se o diâmetro dos parafusos, tal que:

$$d \geq \sqrt{\frac{4 \cdot K \cdot F_{ci}}{n \cdot N \cdot \pi \cdot \nu}} \quad \text{e}$$

$$d \geq \frac{K \cdot F_{ci}}{n \cdot N \cdot t_2 \cdot \sigma_c}$$

Onde:

ν é a tensão admissível de cisalhamento (1.500Kgf/cm^2)

σ_c é a compressão admissível no aço da cantoneira

Desprezou-se a força de atrito entre os *"cleats"* e o *"stub"*, devido ao aperto dos parafusos.

Exemplo 7.6

Dimensionar os *stubs* de uma torre de uma L.T., cujos esforços máximos são:

$F_{T\,max}$ = 19.105kgf
$F_{c\,max}$ = 23.000kgf

Usar:

σ_R = 135kgf/cm^2
τ_a = 10kgf/cm^2
σ_{fl} = 2.530kgf/cm^2

Dimensionamento do perfil do *stub*:

Definição do perfil:

$$A \geq \frac{1,5\ F_{T\,max}}{\tau_a} \geq 11,33\text{cm}^2$$

Perfil adotado:

L 3"x3"x5/16" (7,62x7,62 cm) e secção 11,48cm^2

Comprimento de engaste:

$$l_1 \geq \frac{0,75 \cdot F_{T\,max}}{3,41 \cdot \tau_a \cdot b_1} \geq 55,08cm$$

Comprimento adotado = 55,08/0,75 ≅ 75cm

Dimensionamento dos *cleats*:

Definição do perfil:

usando 3 *cleats* de 12 = 7,5cm em cada face do *stub*, teremos:

$$b_a \geq \frac{0,75 \cdot F_{c\,max}}{N \cdot 12 \cdot \sigma_R} \geq 2,84cm$$

Perfil adotado:

L 1-1/2x1-1/2x1/4" (3,81x3,81cm)

Verificação final:

$$b_2 \geq R + t_2 \sqrt{\frac{\sigma f_1}{3\sigma_R}} \geq 3,02cm \ (R = 1,43cm)$$

Dimensionamento dos parafusos: usando-se dois parafusos por cleat, e fator de segurança de 1,5:

$$d \geq \sqrt{\frac{4 \cdot K \cdot F_{c1}}{N \cdot n \cdot \pi \cdot v}} = 1,56cm$$

Parafusos adotados: parafusos de alta resistência - padrão americano - A-325 diametro 5/8".

7.8 - BIBLIOGRAFIA

1 - BALLA, A., "Uplift resistance of bulb type foundations for overhead line foundations". Minutes of the 5th International Congress on Soil Mechanics and Foundations Works, Paris, 1961.

2 - BARRAUD, Y., "Fondations de pylônes classiques on hawbannés. Recherches expérimentales". Bulletin sté. française des electriciens, (classical and guy anchor fondations, experimental research), outubro de 1958.

3 - BIAREZ, J., "Contribution à l'étude des proprietés méchaniques des soils et des matériaux pulvérulents". Thèse de Doctorat en Science, Faculté des Sciences de Grenoble, julho de 1961.

4 - BARRAUD, Y., "Contribution à l'étude expérimentale des fondations sollicités à l'arrachement", Bulletin de la Societé Française des electriciens, setembro, 1962.

5 - PATERSON, G. e URIE, R.L., "Full-scale uplift resistence tests on fondations of over head lines towers". CIGRÉ, Paper nº 203, 1964.

6 - MORS, H., "Methods of uplift fondation design for over head line towers". CIGRÉ, Paper nº 210, 1964.

7 - MONTEL, B., "Contribution à l'étude de fondation sollicités à l'arrachement. Phénomène plan, mileux pulvé rulents". Thèse de Spécialité, Faculté des Sciences de Grenoble, fevereiro, 1966.

8 - ZOPPETTI, G.J., Redes Eléctricas de alta y baja tensión, (2º ed.). Editorial Gustavo Gili, S.A., Barcelona.

9 - CONPANHIA SIDERÚRGICA NACIONAL, "Catálogo de produtos".

10 - ABNT, Normas NB 182/72, "Projetos de linhas aéreas de transmissão e subtransmissão de energia elétrica". Associação Brasileira de Normas Técnicas, Rio de Janeiro, 1972.